数据库技术丛书

Inside MySQL: InnoDB Storage Engine, Second Edition

MySQL技术内幕

InnoDB存储引擎

第2版

姜承尧◎著

图书在版编目（CIP）数据

MySQL 技术内幕：InnoDB 存储引擎 / 姜承尧著 .—2 版 . —北京：机械工业出版社，2013.6（2022.5 重印）
（数据库技术丛书）

ISBN 978-7-111-42206-8

I. M… II. 姜… III. 关系数据库系统 IV. TP311.138

中国版本图书馆 CIP 数据核字（2013）第 079001 号

本书由国内资深 MySQL 专家亲自执笔，国内外多位数据库专家联袂推荐。作为国内唯一一本关于 InnoDB 的专著，本书的第 1 版广受好评，第 2 版不仅针对最新的 MySQL 5.6 对相关内容进行了全面的补充，还根据广大读者的反馈意见对第 1 版中存在的不足进行了完善，全书大约重写了 50% 的内容。本书从源代码的角度深度解析了 InnoDB 的体系结构、实现原理、工作机制，并给出了大量最佳实践，能帮助你系统而深入地掌握 InnoDB，更重要的是，它能为你设计管理高性能、高可用的数据库系统提供绝佳的指导。

全书一共 10 章，首先宏观地介绍了 MySQL 的体系结构和各种常见的存储引擎以及它们之间的比较；接着以 InnoDB 的内部实现为切入点，逐一详细讲解了 InnoDB 存储引擎内部的各个功能模块的实现原理，包括 InnoDB 存储引擎的体系结构、内存中的数据结构、基于 InnoDB 存储引擎的表和页的物理存储、索引与算法、文件、锁、事务、备份与恢复，以及 InnoDB 的性能调优等重要的知识；最后对 InnoDB 存储引擎源代码的编译和调试做了介绍，对大家阅读和理解 InnoDB 的源代码有重要的指导意义。

本书适合所有希望构建和管理高性能、高可用性的 MySQL 数据库系统的开发者和 DBA 阅读。

机械工业出版社（北京市西城区百万庄大街 22 号　　邮政编码　100037）
责任编辑：杨福川
北京诚信伟业印刷有限公司印刷
2022 年 5 月第 2 版第 25 次印刷
186mm×240mm • 27.25 印张
标准书号：ISBN 978-7-111-42206-8
定　　价：99.00 元

客服电话：（010）88361066　88379833　68326294　　投稿热线：（010）88379604
华章网站：www.hzbook.com　　读者信箱：hzjsj@hzbook.com

推荐序

It's fair to say that MySQL is the most popular open source database. It has a very large installed base and number of users. Let's see what are the reasons MySQL is so popular, where it stands currently, and maybe touch on some of its future (although predicting the future is rarely successful).

Looking at the customer area of MySQL, which includes Facebook, Flickr, Adobe (in Creative Suite 3), Drupal, Digg, LinkedIn, Wikipedia, eBay, YouTube, Google AdSense (source http://mysql.com/customers/ and public resources), it's obvious that MySQL is everywhere. When you log in to your popular forum (powered by Bulleting) or blog (powered by WordPress), most likely it has MySQL as its backend database. Traditionally, two MySQL's characteristics, simplicity of use and performance, were what allowed it to gain such popularity. In addition to that, availability on a very wide range of platforms (including Windows) and built-in replication, which provides an easy scale-out solution for read-only clients, gave more user attractions and production deployments. There is simple evidence of MySQL's simplicity: In 15 minutes or less, you really can get installed, have a working database, and start running queries and store data. From its early stages MySQL had a good interface to most popular languages for Web development - PHP and Perl, and also Java and ODBC connectors.

There are two best known storage engines in MySQL: MyISAM and InnoDB (I don't cover NDB cluster here; it's a totally different story). MyISAM comes as the default storage engine and historically it is the oldest, but InnoDB is ACID compliant and provides transactions, row-level locking, MVCC, automatic recovery and data corruption detection. This makes it the storage engine you want to choose for your application. Also, there is the third-party transaction storage engine PBXT, with characteristics similar to InnoDB, which is included in the MariaDB distribution.

MySQL's simplicity has its own drawback. Just as it is very easy to start working with it, it is very easy to start getting into trouble with it. As soon as your website or forum gets popular, you may figure out that the database is a bottleneck, and that you need special skills and tools to fix it.

The author of this book is a MySQL expert, especially in InnoDB storage engineB. Hence, I highly recommend this book to new users of InnoDB as well as uers who already have well-tuned InnoDB-based applications but need to get internal out of them.

Vadim Tkachenko
全球知名 MySQL 数据库服务提供商 Percona 公司 CTO
知名 MySQL 数据库博客 MySQLPerformanceBlog.com 作者
《高性能 MySQL（第 2 版）》作者之一

前　　言

为什么要写这本书

过去这些年我一直在和各种不同的数据库打交道，见证了 MySQL 从一个小型的关系型数据库发展为各大企业的核心数据库系统的过程，并且参与了一些大大小小的项目的开发工作，成功地帮助开发人员构建了可靠的、健壮的应用程序。在这个过程中积累了一些经验，正是这些不断累积的经验赋予了我灵感，于是有了这本书。这本书实际上反映了这些年来我做了哪些事情，其中汇集了很多同行每天可能都会遇到的一些问题，并给出了解决方案。

MySQL 数据库独有的插件式存储引擎架构使其和其他任何数据库都不同。不同的存储引擎有着完全不同的功能，而 InnoDB 存储引擎的存在使得 MySQL 跃入了企业级数据库领域。本书完整地讲解了 InnoDB 存储引擎中最重要的一些内容，即 InnoDB 的体系结构和工作原理，并结合 InnoDB 的源代码讲解了它的内部实现机制。

本书不仅讲述了 InnoDB 存储引擎的诸多功能和特性，还阐述了如何正确地使用这些功能和特性，更重要的是，还尝试了教我们如何 Think Different。Think Different 是 20 世纪 90 年代苹果公司在其旷日持久的宣传活动中提出的一个口号，借此来重振公司的品牌，更重要的是，这个口号改变了人们对技术在日常生活中的作用的看法。需要注意的是，苹果的口号不是 Think Differently，是 Think Different，Different 在这里做名词，意味该思考些什么。

很多 DBA 和开发人员都相信某些“神话”，然而这些“神话”往往都是错误的。无论计算机技术发展的速度变得多快，数据库的使用变得多么简单，任何时候 Why 都比 What 重要。只有真正理解了内部实现原理、体系结构，才能更好地去使用。这正是人类正确思考问题的原则。因此，对于当前出现的技术，尽管学习其应用很重要，但更重要的是，应当正确地理解和使用这些技术。

关于本书，我的头脑里有很多个目标，但最重要的是想告诉大家如下几个简单的观点：

- 不要相信任何的“神话”，学会自己思考；
- 不要墨守成规，大部分人都知道的事情可能是错误的；
- 不要相信网上的传言，去测试，根据自己的实践做出决定；
- 花时间充分地思考，敢于提出质疑。

当前有关 MySQL 的书籍大部分都集中在教读者如何使用 MySQL，例如 SQL 语句的使用、复制的搭建的、数据的切分等。没错，这对快速掌握和使用 MySQL 数据库非常有好处，但是真正的数据库工作者需要了解的不仅仅是应用，更多的是内部的具体实现。

MySQL 数据库独有的插件式存储引擎使得想要在一本书内完整地讲解各个存储引擎变得十分困难，有的书可能偏重对 MyISAM 的介绍，有的可能偏重对 InnoDB 存储引擎的介绍。对于初级的 DBA 来说，这可能会使他们的理解变得更困难。对于大多数 MySQL DBA 和开发人员来说，他们往往更希望了解作为 MySQL 企业级数据库应用的第一存储引擎的 InnoDB，我想在本书中，他们完全可以找到他们希望了解的内容。

再强调一遍，任何时候 Why 都比 What 重要，本书从源代码的角度对 InnoDB 的存储引擎的整个体系架构的各个组成部分进行了系统的分析和讲解，剖析了 InnoDB 存储引擎的核心实现和工作机制，相信这在其他书中是很难找到的。

第 1 版与第 2 版的区别

本书是第 2 版，在写作中吸收了读者对上一版内容的许多意见和建议，同时对于最新 MySQL 5.6 中许多关于 InnoDB 存储引擎的部分进行了详细的解析与介绍。希望通过这些改进，给读者一个从应用到设计再到实现的完整理解，弥补上一版中深度有余，内容层次不够丰富、分析手法单一等诸多不足。

较第 1 版而言，第 2 版的改动非常大，基本上重写了 50% 的内容。其主要体现在以下几个方面，希望读者能够在阅读中体会到。

- 本书增加了对最新 MySQL 5.6 中的 InnoDB 存储引擎特性的介绍。MySQL 5.6 版本是有史以来最大的一次更新，InnoDB 存储引擎更是添加了许多功能，如多线程清理线程、全文索引、在线索引添加、独立回滚段、非递归死锁检测、新的刷新算法、新的元数据表等。读者通过本书可以知道如何使用这些特性、新特性存在的局限性，并明白新功能与老版本 InnoDB 存储引擎之间实现的区别，从而在实际应用中充分利用这些特性。
- 根据读者的要求对于 InnoDB 存储引擎的 redo 日志和 undo 日志进行了详细的分析。读者应该能更好地理解 InnoDB 存储引擎事务的实现。在 undo 日志分析中，通过 InnoSQL 自带的元数据表，用户终于可对 undo 日志进行统计和分析，极大提高了 DBA 对于 InnoDB 存储引擎内部的认知。

- ❑ 对第 6 章进行大幅度的重写，读者可以更好地理解 InnoDB 存储引擎特有的 next-key locking 算法，并且通过分析锁的实现来了解死锁可能产生的情况，以及 InnoDB 存储引擎内部是如何来避免死锁问题的产生的。
- ❑ 根据读者的反馈，对 InnoDB 存储引擎的 insert buffer 模块实现进行了更为详细的介绍，读者可以了解其使用方法以及其内部的实现原理。此外还增加了对 insert buffer 的升级版本功能——change buffer 的介绍。

读者对象

本书不是一本面向应用的数据库类书籍，也不是一本参考手册，更不会教你如何在 MySQL 中使用 SQL 语句。**本书面向那些使用 MySQL InnoDB 存储引擎作为数据库后端开发应用程序的开发者和有一定经验的 MySQL DBA**。书中的大部分例子都是用 SQL 语句来展示关键特性的，如果想通过本书来了解如何启动 MySQL、如何配置 Replication 环境，可能并不能如愿。不过，在本书中，你将知道 InnoDB 存储引擎是如何工作的，它的关键特性的功能和作用是什么，以及如何正确配置和使用这些特性。

如果你想更好地使用 InnoDB 存储引擎，如果你想让你的数据库应用获得更好的性能，就请阅读本书。从某种程度上讲，技术经理或总监也要非常了解数据库，要知道数据库对于企业的重要性。如果技术经理或总监想安排员工参加 MySQL 数据库技术方面的培训，完全可以利用本书来“充电”，相信你一定不会失望的。

要想更好地学习本书的内容，要求具备以下条件：

- ❑ 掌握 SQL。
- ❑ 掌握基本的 MySQL 操作。
- ❑ 接触过一些高级语言，如 C、C++、Python 或 Java。
- ❑ 对一些基本算法有所了解，因为本书会分析 InnoDB 存储引擎的部分源代码，如果你能看懂这些算法，这会对你的理解非常有帮助。

如何阅读本书

本书一共有 10 章，每一章都像一本“迷你书”，可以单独成册，也就说你完全可以从书中任何一章开始阅读。例如，要了解第 10 章中的 InnoDB 源代码编译和调试的知识，就不必先去阅读第 3 章有关文件的知识。当然，如果你不太确定自己是否已经对本书所涉及的内容完全掌握了，建议你系统性地阅读本书。

本书不是一本入门书籍，不会一步步引导你去如何操作。倘若你尚不了解 InnoDB 存储引擎，本书对你来说可能就显得沉重一些，建议你先查阅官方的 API 文档，大致掌握 InnoDB 的基础知识，然后再来学习本书，相信你会领略到不同的风景。

为了便于大家阅读，本书在提供源代码下载（下载地址：www.hzbook.com）的同时也将源代码附在了书中，因此占去了一些篇幅，还请大家理解。

勘误和支持

由于作者对 InnoDB 存储引擎的认知水平有限，再加上写作时可能存在疏漏，书中还存在许多需要改进的地方。在此，欢迎读者朋友们指出书中存在的问题，并提出指导性意见，不甚感谢。如果大家有任何与本书相关的内容需要与我探讨，请发邮件到 jiangchengyao@gmail.com，或者通过新浪微博 @insidemysql 与我联系，我会及时给予回复。最后，衷心地希望本书能给大家带来帮助，并祝大家阅读愉快！

致谢

在编写本书的过程中，我得到了很多朋友的热心帮助。首先要感谢 Pecona 公司的 CEO Peter Zaitsev 和 CTO Vadim Tkachenko，通过和他们的不断交流，使我对 InnoDB 存储引擎有了更进一步的了解，同时知道了怎样才能正确地将 InnoDB 存储引擎的补丁应用到生产环境。

其次，要感谢网易公司的各位同事们，能在才华横溢、充满创意的团队中工作我感到非常荣幸和兴奋。也因为在这个开放的工作环境中，我可以不断进行研究和创新。

此外，我还要感谢我的母亲，写本书不是一件容易的事，特别是这本书还想传达一些思想，在这个过程中我遇到了很多的困难，感谢她在这个过程中给予我的支持和鼓励。

最后，一份特别的感谢要送给本书的策划编辑杨福川和姜影，他们使得本书变得生动和更具有灵魂。此外还要感谢出版社的其他默默工作的同事们。

姜承尧

目　录

第 1 章　MySQL 体系结构和存储引擎

MySQL 被设计为一个可移植的数据库，几乎在当前所有系统上都能运行，如 Linux，Solaris、FreeBSD、Mac 和 Windows。尽管各平台在底层（如线程）实现方面都各有不同，但是 MySQL 基本上能保证在各平台上的物理体系结构的一致性。因此，用户应该能很好地理解 MySQL 数据库在所有这些平台上是如何运作的。

1.1　定义数据库和实例

在数据库领域中有两个词很容易混淆，这就是“数据库”（database）和“实例”（instance）。作为常见的数据库术语，这两个词的定义如下。

- **数据库**：物理操作系统文件或其他形式文件类型的集合。在 MySQL 数据库中，数据库文件可以是 frm、MYD、MYI、ibd 结尾的文件。当使用 NDB 引擎时，数据库的文件可能不是操作系统上的文件，而是存放于内存之中的文件，但是定义仍然不变。
- **实例**：MySQL 数据库由后台线程以及一个共享内存区组成。共享内存可以被运行的后台线程所共享。需要牢记的是，数据库实例才是真正用于操作数据库文件的。

这两个词有时可以互换使用，不过两者的概念完全不同。在 MySQL 数据库中，实例与数据库的关通常系是一一对应的，即一个实例对应一个数据库，一个数据库对应一个实例。但是，在集群情况下可能存在一个数据库被多个数据实例使用的情况。

MySQL 被设计为一个单进程多线程架构的数据库，这点与 SQL Server 比较类似，但与 Oracle 多进程的架构有所不同（Oracle 的 Windows 版本也是单进程多线程架构的）。这也就是说，**MySQL 数据库实例在系统上的表现就是一个进程**。

在 Linux 操作系统中通过以下命令启动 MySQL 数据库实例，并通过命令 ps 观察 MySQL 数据库启动后的进程情况：

```
[root@xen-server bin]# ./mysqld_safe&

[root@xen-server bin]# ps -ef | grep mysqld
```

```
root      3441  3258  0 10:23 pts/3    00:00:00 /bin/sh ./mysqld_safe
mysql 3578 3441 0 10:23 pts/3 00:00:00
/usr/local/mysql/libexec/mysqld --basedir=/usr/local/mysql
--datadir=/usr/local/mysql/var --user=mysql
--log-error=/usr/local/mysql/var/xen-server.err
--pid-file=/usr/local/mysql/var/xen-server.pid
--socket=/tmp/mysql.sock --port=3306
root      3616  3258  0 10:27 pts/3    00:00:00 grep mysqld
```

注意进程号为3578的进程，该进程就是MySQL实例。在上述例子中使用了mysqld_safe命令来启动数据库，当然启动MySQL实例的方法还有很多，在各种平台下的方式可能又会有所不同。在这里不一一赘述。

当启动实例时，MySQL数据库会去读取配置文件，根据配置文件的参数来启动数据库实例。这与Oracle的参数文件（spfile）相似，不同的是，Oracle中如果没有参数文件，在启动实例时会提示找不到该参数文件，数据库启动失败。而在MySQL数据库中，可以没有配置文件，在这种情况下，MySQL会按照编译时的默认参数设置启动实例。用以下命令可以查看当MySQL数据库实例启动时，会在哪些位置查找配置文件。

```
[root@xen-server bin]# mysql --help | grep my.cnf
order of preference, my.cnf, $MYSQL_TCP_PORT,
/etc/my.cnf /etc/mysql/my.cnf /usr/local/mysql/etc/my.cnf ~/.my.cnf
```

可以看到，MySQL数据库是按/etc/my.cnf→/etc/mysql/my.cnf→/usr/local/mysql/etc/my.cnf→～/.my.cnf的顺序读取配置文件的。可能有读者会问："如果几个配置文件中都有同一个参数，MySQL数据库以哪个配置文件为准？"答案很简单，MySQL数据库会以读取到的最后一个配置文件中的参数为准。在Linux环境下，配置文件一般放在/etc/my.cnf下。在Windows平台下，配置文件的后缀名可能是.cnf，也可能是.ini。例如在Windows操作系统下运行mysql--help，可以找到如下类似内容：

```
    Default options are read from the following files in the given order:
    C:\Windows\my.ini C:\Windows\my.cnf C:\my.ini C:\my.cnf C:\Program Files\
MySQL\M
    \MySQL Server 5.1\my.cnf
```

配置文件中有一个参数datadir，该参数指定了数据库所在的路径。在Linux操作系统下默认datadir为/usr/local/mysql/data，用户可以修改该参数，当然也可以使用该路径，不过该路径只是一个链接，具体如下：

```
mysql>SHOW VARIABLES LIKE 'datadir'\G;
*************************** 1. row ***************************
Variable_name: datadir
       Value: /usr/local/mysql/data/
1 row in set (0.00 sec)1 row in set (0.00 sec)

mysql>system ls-lh /usr/local/mysql/data
total 32K
drwxr-xr-x  2 root mysql 4.0K Aug  6 16:23 bin
drwxr-xr-x  2 root mysql 4.0K Aug  6 16:23 docs
drwxr-xr-x  3 root mysql 4.0K Aug  6 16:04 include
drwxr-xr-x  3 root mysql 4.0K Aug  6 16:04 lib
drwxr-xr-x  2 root mysql 4.0K Aug  6 16:23 libexec
drwxr-xr-x 10 root mysql 4.0K Aug  6 16:23 mysql-test
drwxr-xr-x  5 root mysql 4.0K Aug  6 16:04 share
drwxr-xr-x  5 root mysql 4.0K Aug  6 16:23 sql-bench
lrwxrwxrwx  1 root mysql   16 Aug  6 16:05 data -> /opt/mysql_data/
```

从上面可以看到，其实 data 目录是一个链接，该链接指向了 /opt/mysql_data 目录。当然，用户必须保证 /opt/mysql_data 的用户和权限，使得只有 mysql 用户和组可以访问（通常 MySQL 数据库的权限为 mysql：mysql）。

1.2 MySQL 体系结构

由于工作的缘故，笔者的大部分时间需要与开发人员进行数据库方面的沟通，并对他们进行培训。不论他们是 DBA，还是开发人员，似乎都对 MySQL 的体系结构了解得不够透彻。很多人喜欢把 MySQL 与他们以前使用的 SQL Server、Oracle、DB2 作比较。因此笔者常常会听到这样的疑问：

- ❑ 为什么 MySQL 不支持全文索引？
- ❑ MySQL 速度快是因为它不支持事务吗？
- ❑ 数据量大于 1000 万时 MySQL 的性能会急剧下降吗？

……

对于 MySQL 数据库的疑问有很多很多，在解释这些问题之前，笔者认为不管对于使用哪种数据库的开发人员，了解数据库的体系结构都是最为重要的内容。

在给出体系结构图之前，用户应该理解了前一节提出的两个概念：数据库和数据库实例。很多人会把这两个概念混淆，即 MySQL 是数据库，MySQL 也是数据库实例。

这样来理解 Oracle 和 Microsoft SQL Server 数据库可能是正确的，但是这会给以后理解 MySQL 体系结构中的存储引擎带来问题。从概念上来说，数据库是文件的集合，是依照某种数据模型组织起来并存放于二级存储器中的数据集合；数据库实例是程序，是位于用户与操作系统之间的一层数据管理软件，用户对数据库数据的任何操作，包括数据库定义、数据查询、数据维护、数据库运行控制等都是在数据库实例下进行的，应用程序只有通过数据库实例才能和数据库打交道。

如果这样讲解后读者还是不明白，那这里再换一种更为直白的方式来解释：数据库是由一个个文件组成（一般来说都是二进制的文件）的，要对这些文件执行诸如 SELECT、INSERT、UPDATE 和 DELETE 之类的数据库操作是不能通过简单的操作文件来更改数据库的内容，需要通过数据库实例来完成对数据库的操作。所以，用户把 Oracle、SQL Server、MySQL 简单地理解成数据库可能是有失偏颇的，虽然在实际使用中并不会这么强调两者之间的区别。

好了，在给出上述这些复杂枯燥的定义后，现在可以来看看 MySQL 数据库的体系结构了，其结构如图 1-1 所示（摘自 MySQL 官方手册）。

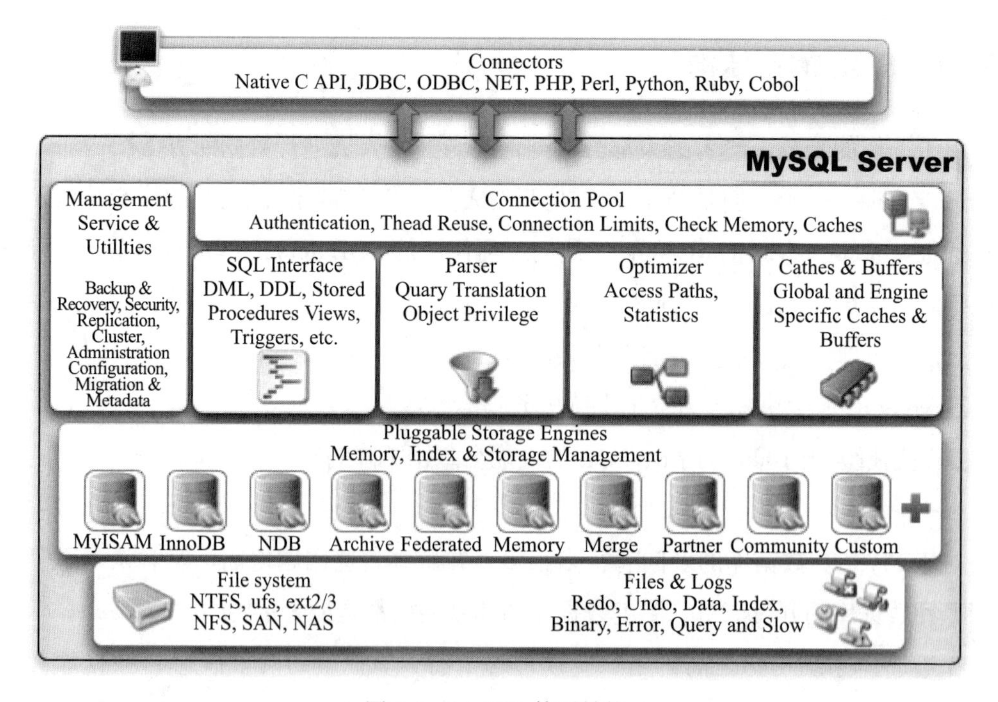

图 1-1 MySQL 体系结构

从图 1-1 可以发现，MySQL 由以下几部分组成：

- 连接池组件
- 管理服务和工具组件
- SQL 接口组件
- 查询分析器组件
- 优化器组件
- 缓冲（Cache）组件
- 插件式存储引擎
- 物理文件

从图 1-1 还可以发现，MySQL 数据库区别于其他数据库的最重要的一个特点就是其插件式的表存储引擎。MySQL 插件式的存储引擎架构提供了一系列标准的管理和服务支持，这些标准与存储引擎本身无关，可能是每个数据库系统本身都必需的，如 SQL 分析器和优化器等，而存储引擎是底层物理结构的实现，每个存储引擎开发者可以按照自己的意愿来进行开发。

需要特别注意的是，存储引擎是基于表的，而不是数据库。此外，要牢记图 1-1 的 MySQL 体系结构，它对于以后深入理解 MySQL 数据库会有极大的帮助。

1.3 MySQL 存储引擎

通过 1.2 节大致了解了 MySQL 数据库独有的插件式体系结构，并了解到存储引擎是 MySQL 区别于其他数据库的一个最重要特性。存储引擎的好处是，每个存储引擎都有各自的特点，能够根据具体的应用建立不同存储引擎表。对于开发人员来说，存储引擎对其是透明的，但了解各种存储引擎的区别对于开发人员来说也是有好处的。对于 DBA 来说，他们应该深刻地认识到 MySQL 数据库的核心在于存储引擎。

由于 MySQL 数据库的开源特性，用户可以根据 MySQL 预定义的存储引擎接口编写自己的存储引擎。若用户对某一种存储引擎的性能或功能不满意，可以通过修改源码来得到想要的特性，这就是开源带给我们的方便与力量。比如，eBay 的工程师 Igor Chernyshev 对 MySQL Memory 存储引擎的改进（http://code.google.com/p/mysql-heap-dynamic-rows/）并应用于 eBay 的 Personalization Platform，类似的修改还有 Google 和 Facebook 等公司。笔者曾尝试过对 InnoDB 存储引擎的缓冲池进行扩展，为其添加了基于 SSD 的辅助缓冲池[⊖]，通过利用 SSD 的高随机读取性能来进一步提高数据库本身的性能。当然，MySQL 数据库自身提供的存储引擎已经足够满足绝大多数应用的需求。如果用户有兴趣，完全可以开发自己的存储引擎，满足自己特定的需求。MySQL 官方手册的第 16 章给出了编写自定义存储引擎的过程，不过这已超出了本书所涵盖的范围。

由于 MySQL 数据库开源特性，存储引擎可以分为 MySQL 官方存储引擎和第三方存储引擎。有些第三方存储引擎很强大，如大名鼎鼎的 InnoDB 存储引擎（最早是第三方存储引擎，后被 Oracle 收购），其应用就极其广泛，甚至是 MySQL 数据库 OLTP（Online Transaction Processing 在线事务处理）应用中使用最广泛的存储引擎。还是那句话，用户应该根据具体的应用选择适合的存储引擎，以下是对一些存储引擎的简单介绍，以便于读者选择存储引擎时参考。

1.3.1　InnoDB 存储引擎

InnoDB 存储引擎支持事务，其设计目标主要面向在线事务处理（OLTP）的应用。其特点是行锁设计、支持外键，并支持类似于 Oracle 的非锁定读，即默认读取操作不会产生锁。从 MySQL 数据库 5.5.8 版本开始，InnoDB 存储引擎是默认的存储引擎。

InnoDB 存储引擎将数据放在一个逻辑的表空间中，这个表空间就像黑盒一样由 InnoDB 存储引擎自身进行管理。从 MySQL 4.1（包括 4.1）版本开始，它可以将每个 InnoDB 存储引擎的表单独存放到一个独立的 ibd 文件中。此外，InnoDB 存储引擎支持用裸设备（row disk）用来建立其表空间。

InnoDB 通过使用多版本并发控制（MVCC）来获得高并发性，并且实现了 SQL 标准的 4 种隔离级别，默认为 REPEATABLE 级别。同时，使用一种被称为 next-key locking 的策略来避免幻读（phantom）现象的产生。除此之外，InnoDB 储存引擎还提供了插入缓冲（insert buffer）、二次写（double write）、自适应哈希索引（adaptive hash index）、预读（read ahead）等高性能和高可用的功能。

对于表中数据的存储，InnoDB 存储引擎采用了聚集（clustered）的方式，因此每张表的存储都是按主键的顺序进行存放。如果没有显式地在表定义时指定主键，InnoDB 存储引擎会为每一行生成一个 6 字节的 ROWID，并以此作为主键。

⊖　详见：http://code.google.com/p/david-mysql-tools/wiki/innodb_secondary_buffer_pool

InnoDB 存储引擎是 MySQL 数据库最为常用的一种引擎，而 Facebook、Google、Yahoo！等公司的成功应用已经证明了 InnoDB 存储引擎具备的高可用性、高性能以及高可扩展性。

1.3.2 MyISAM 存储引擎

MyISAM 存储引擎不支持事务、表锁设计，支持全文索引，主要面向一些 OLAP 数据库应用。在 MySQL 5.5.8 版本之前 MyISAM 存储引擎是默认的存储引擎（除 Windows 版本外）。数据库系统与文件系统很大的一个不同之处在于对事务的支持，然而 MyISAM 存储引擎是不支持事务的。究其根本，这也不是很难理解。试想用户是否在所有的应用中都需要事务呢？在数据仓库中，如果没有 ETL 这些操作，只是简单的报表查询是否还需要事务的支持呢？此外，MyISAM 存储引擎的另一个与众不同的地方是它的缓冲池只缓存（cache）索引文件，而不缓冲数据文件，这点和大多数的数据库都非常不同。

MyISAM 存储引擎表由 MYD 和 MYI 组成，MYD 用来存放数据文件，MYI 用来存放索引文件。可以通过使用 myisampack 工具来进一步压缩数据文件，因为 myisampack 工具使用赫夫曼（Huffman）编码静态算法来压缩数据，因此使用 myisampack 工具压缩后的表是只读的，当然用户也可以通过 myisampack 来解压数据文件。

在 MySQL 5.0 版本之前，MyISAM 默认支持的表大小为 4GB，如果需要支持大于 4GB 的 MyISAM 表时，则需要制定 MAX_ROWS 和 AVG_ROW_LENGTH 属性。从 MySQL 5.0 版本开始，MyISAM 默认支持 256TB 的单表数据，这足够满足一般应用需求。

注意 对于 MyISAM 存储引擎表，MySQL 数据库只缓存其索引文件，数据文件的缓存交由操作系统本身来完成，这与其他使用 LRU 算法缓存数据的大部分数据库大不相同。此外，在 MySQL 5.1.23 版本之前，无论是在 32 位还是 64 位操作系统环境下，缓存索引的缓冲区最大只能设置为 4GB。在之后的版本中，64 位系统可以支持大于 4GB 的索引缓冲区。

1.3.3 NDB 存储引擎

2003 年，MySQL AB 公司从 Sony Ericsson 公司收购了 NDB 集群引擎（见图 1-1）。

NDB存储引擎是一个集群存储引擎，类似于Oracle的RAC集群，不过与Oracle RAC share everything架构不同的是，其结构是share nothing的集群架构，因此能提供更高的可用性。NDB的特点是数据全部放在内存中（从MySQL 5.1版本开始，可以将非索引数据放在磁盘上），因此主键查找（primary key lookups）的速度极快，并且通过添加NDB数据存储节点（Data Node）可以线性地提高数据库性能，是高可用、高性能的集群系统。

关于NDB存储引擎，有一个问题值得注意，那就是NDB存储引擎的连接操作（JOIN）是在MySQL数据库层完成的，而不是在存储引擎层完成的。这意味着，复杂的连接操作需要巨大的网络开销，因此查询速度很慢。如果解决了这个问题，NDB存储引擎的市场应该是非常巨大的。

注意 MySQL NDB Cluster存储引擎有社区版本和企业版本两种，并且NDB Cluster已作为Carrier Grade Edition单独下载版本而存在，可以通过http://dev.mysql.com/downloads/cluster/index.html获得最新版本的NDB Cluster存储引擎。

1.3.4 Memory存储引擎

Memory存储引擎（之前称HEAP存储引擎）将表中的数据存放在内存中，如果数据库重启或发生崩溃，表中的数据都将消失。它非常适合用于存储临时数据的临时表，以及数据仓库中的纬度表。Memory存储引擎默认使用哈希索引，而不是我们熟悉的B+树索引。

虽然Memory存储引擎速度非常快，但在使用上还是有一定的限制。比如，只支持表锁，并发性能较差，并且不支持TEXT和BLOB列类型。最重要的是，存储变长字段（varchar）时是按照定常字段（char）的方式进行的，因此会浪费内存（这个问题之前已经提到，eBay的工程师Igor Chernyshev已经给出了patch解决方案）。

此外有一点容易被忽视，MySQL数据库使用Memory存储引擎作为临时表来存放查询的中间结果集（intermediate result）。如果中间结果集大于Memory存储引擎表的容量设置，又或者中间结果含有TEXT或BLOB列类型字段，则MySQL数据库会把其转换到MyISAM存储引擎表而存放到磁盘中。之前提到MyISAM不缓存数据文件，因此这时产生的临时表的性能对于查询会有损失。

1.3.5 Archive 存储引擎

Archive 存储引擎只支持 INSERT 和 SELECT 操作，从 MySQL 5.1 开始支持索引。Archive 存储引擎使用 zlib 算法将数据行（row）进行压缩后存储，压缩比一般可达 1∶10。正如其名字所示，Archive 存储引擎非常适合存储归档数据，如日志信息。Archive 存储引擎使用行锁来实现高并发的插入操作，但是其本身并不是事务安全的存储引擎，其设计目标主要是提供高速的插入和压缩功能。

1.3.6 Federated 存储引擎

Federated 存储引擎表并不存放数据，它只是指向一台远程 MySQL 数据库服务器上的表。这非常类似于 SQL Server 的链接服务器和 Oracle 的透明网关，不同的是，当前 Federated 存储引擎只支持 MySQL 数据库表，不支持异构数据库表。

1.3.7 Maria 存储引擎

Maria 存储引擎是新开发的引擎，设计目标主要是用来取代原有的 MyISAM 存储引擎，从而成为 MySQL 的默认存储引擎。Maria 存储引擎的开发者是 MySQL 的创始人之一的 Michael Widenius。因此，它可以看做是 MyISAM 的后续版本。Maria 存储引擎的特点是：支持缓存数据和索引文件，应用了行锁设计，提供了 MVCC 功能，支持事务和非事务安全的选项，以及更好的 BLOB 字符类型的处理性能。

1.3.8 其他存储引擎

除了上面提到的 7 种存储引擎外，MySQL 数据库还有很多其他的存储引擎，包括 Merge、CSV、Sphinx 和 Infobright，它们都有各自使用的场合，这里不再一一介绍。在了解 MySQL 数据库拥有这么多存储引擎后，现在我可以回答 1.2 节中提到的问题了。

- 为什么 MySQL 数据库不支持全文索引？不！ MySQL 支持，MyISAM、InnoDB（1.2 版本）和 Sphinx 存储引擎都支持全文索引。
- MySQL 数据库速度快是因为不支持事务？错！虽然 MySQL 的 MyISAM 存储引擎不支持事务，但是 InnoDB 支持。“快”是相对于不同应用来说的，对于 ETL 这种操作，MyISAM 会有其优势，但在 OLTP 环境中，InnoDB 存储引擎的效率更好。

- ❑ 当表的数据量大于 1000 万时 MySQL 的性能会急剧下降吗？不！ MySQL 是数据库，不是文件，随着数据行数的增加，性能当然会有所下降，但是这些下降不是线性的，如果用户选择了正确的存储引擎，以及正确的配置，再多的数据量 MySQL 也能承受。如官方手册上提及的，Mytrix 和 Inc. 在 InnoDB 上存储超过 1 TB 的数据，还有一些其他网站使用 InnoDB 存储引擎，处理插入 / 更新的操作平均 800 次 / 秒。

1.4　各存储引擎之间的比较

通过 1.3 节的介绍，我们了解了存储引擎是 MySQL 体系结构的核心。本节我们将通过简单比较几个存储引擎来让读者更直观地理解存储引擎的概念。图 1-2 取自于 MySQL 的官方手册，展现了一些常用 MySQL 存储引擎之间的不同之处，包括存储容量的限制、事务支持、锁的粒度、MVCC 支持、支持的索引、备份和复制等。

Feature	MyISAM	BDB	Memory	InnoDB	Archive	NDB
Storage Limits	No	No	Yes	64TB	No	Yes
Transactions (commit, rollback, etc.)		✔		✔		
Locking granularity	Table	Page	Table	Row	Row	Row
MVCC/Snapshot Read				✔	✔	✔
Geospatial support	✔					
B-Tree indexes	✔	✔	✔	✔		✔
Hash indexes			✔	✔		✔
Full text search index	✔					
Clustered index				✔		
Data Caches			✔	✔		✔
Index Caches	✔		✔	✔		✔
Compressed data	✔				✔	
Encrypted data (via function)	✔	✔	✔	✔	✔	✔
Storage cost (space used)	Low	Low	N/A	High	Very Low	Low
Memory cost	Low	Low	Medium	High	Low	High
Bulk Insert Speed	High	High	High	Low	Very High	High
Cluster database support						✔
Replication support	✔	✔	✔	✔	✔	✔
Foreign key support				✔		
Backup/Point-in-time recovery	✔	✔	✔	✔	✔	✔
Query cache support	✔	✔	✔	✔	✔	✔
Update Statistics for Data Dictionary	✔	✔	✔	✔	✔	✔

图 1-2　不同 MySQL 存储引擎相关特性比较

可以看到，每种存储引擎的实现都不相同。有些竟然不支持事务，相信在任何一本关于数据库原理的书中，可能都会提到数据库与传统文件系统的最大区别在于数据库是支持事务的。而 MySQL 数据库的设计者在开发时却认为可能不是所有的应用都需要事务，所以存在不支持事务的存储引擎。更有不明其理的人把 MySQL 称做文件系统数据库，其实不然，只是 MySQL 数据库的设计思想和存储引擎的关系可能让人产生了理解上的偏差。

可以通过 SHOW ENGINES 语句查看当前使用的 MySQL 数据库所支持的存储引擎，也可以通过查找 information_schema 架构下的 ENGINES 表，如下所示：

```
mysql>SHOW ENGINES\G;
*************************** 1. row ***************************
      Engine: InnoDB
     Support: YES
     Comment: Supports transactions, row-level locking, and foreign keys
Transactions: YES
          XA: YES
  Savepoints: YES
*************************** 2. row ***************************
      Engine: MRG_MYISAM
     Support: YES
     Comment: Collection of identical MyISAM tables
Transactions: NO
          XA: NO
  Savepoints: NO
*************************** 3. row ***************************
      Engine: BLACKHOLE
     Support: YES
     Comment: /dev/null storage engine (anything you write to it disappears)
Transactions: NO
          XA: NO
  Savepoints: NO
*************************** 4. row ***************************
      Engine: CSV
     Support: YES
     Comment: CSV storage engine
Transactions: NO
          XA: NO
  Savepoints: NO
*************************** 5. row ***************************
      Engine: MEMORY
     Support: YES
```

```
     Comment: Hash based, stored in memory, useful for temporary tables
Transactions: NO
          XA: NO
  Savepoints: NO
*************************** 6. row ***************************
      Engine: FEDERATED
     Support: NO
     Comment: Federated MySQL storage engine
Transactions: NULL
          XA: NULL
  Savepoints: NULL
*************************** 7. row ***************************
      Engine: ARCHIVE
     Support: YES
     Comment: Archive storage engine
Transactions: NO
          XA: NO
  Savepoints: NO
*************************** 8. row ***************************
      Engine: MyISAM
     Support: DEFAULT
     Comment: Default engine as of MySQL 3.23 with great performance
Transactions: NO
          XA: NO
  Savepoints: NO
8 rows in set (0.00 sec)
```

下面将通过MySQL提供的示例数据库来简单显示各存储引擎之间的不同。这里将分别运行以下语句，然后统计每次使用各存储引擎后表的大小。

```
mysql>CREATE TABLE mytest Engine=MyISAM
    ->AS SELECT * FROM salaries;
Query OK, 2844047 rows affected (4.37 sec)
Records: 2844047  Duplicates: 0  Warnings: 0

mysql>ALTER TABLE mytest Engine=InnoDB;
Query OK, 2844047 rows affected (15.86 sec)
Records: 2844047  Duplicates: 0  Warnings: 0

mysql>ALTER TABLE mytest Engine=ARCHIVE;
Query OK, 2844047 rows affected (16.03 sec)
Records: 2844047  Duplicates: 0  Warnings: 0
```

通过每次的统计，可以发现当最初表使用 MyISAM 存储引擎时，表的大小为 40.7MB，使用 InnoDB 存储引擎时表增大到了 113.6MB，而使用 Archive 存储引擎时表的大小却只有 20.2MB。该例子只从表的大小方面简单地揭示了各存储引擎的不同。

注意 MySQL 提供了一个非常好的用来演示 MySQL 各项功能的示例数据库，如 SQL Server 提供的 AdventureWorks 示例数据库和 Oracle 提供的示例数据库。据我所知，知道 MySQL 示例数据库的人很少，可能是因为这个示例数据库没有在安装的时候提示用户是否安装（如 Oracle 和 SQL Server）以及这个示例数据库的下载竟然和文档放在一起。用户可以通过以下地址找到并下载示例数据库：http://dev.mysql.com/doc/。

1.5 连接 MySQL

本节将介绍连接 MySQL 数据库的常用方式。需要理解的是，连接 MySQL 操作是一个连接进程和 MySQL 数据库实例进行通信。从程序设计的角度来说，本质上是进程通信。如果对进程通信比较了解，可以知道常用的进程通信方式有管道、命名管道、命名字、TCP/IP 套接字、UNIX 域套接字。MySQL 数据库提供的连接方式从本质上看都是上述提及的进程通信方式。

1.5.1 TCP/IP

TCP/IP 套接字方式是 MySQL 数据库在任何平台下都提供的连接方式，也是网络中使用得最多的一种方式。这种方式在 TCP/IP 连接上建立一个基于网络的连接请求，一般情况下客户端（client）在一台服务器上，而 MySQL 实例（server）在另一台服务器上，这两台机器通过一个 TCP/IP 网络连接。例如用户可以在 Windows 服务器下请求一台远程 Linux 服务器下的 MySQL 实例，如下所示：

```
C:\>mysql -h192.168.0.101 -u david -p
Enter password:
Welcome to the MySQL monitor.  Commands end with ; or \g.
Your MySQL connection id is 18358
```

```
Server version: 5.0.77-log MySQL Community Server (GPL)

Type 'help;' or '\h' for help.Type '\c' to clear the current input statement.

mysql>
```

这里的客户端是Windows，它向一台Host IP为192.168.0.101的MySQL实例发起了TCP/IP连接请求，并且连接成功。之后就可以对MySQL数据库进行一些数据库操作，如DDL和DML等。

这里需要注意的是，在通过TCP/IP连接到MySQL实例时，MySQL数据库会先检查一张权限视图，用来判断发起请求的客户端IP是否允许连接到MySQL实例。该视图在mysql架构下，表名为user，如下所示：

```
mysql>USE mysql;
Database changed
mysql>SELECT host,user,password FROM user;
*************************** 1. row ***************************
host: 192.168.24.%
user: root
password: *75DBD4FA548120B54FE693006C41AA9A16DE8FBE
*************************** 2. row ***************************
host: nineyou0-43
user: root
password: *75DBD4FA548120B54FE693006C41AA9A16DE8FBE
*************************** 3. row ***************************
host: 127.0.0.1
user: root
password: *75DBD4FA548120B54FE693006C41AA9A16DE8FBE
*************************** 4. row ***************************
host: 192.168.0.100
user: zlm
password: *DAE0939275CC7CD8E0293812A31735DA9CF0953C
*************************** 5. row ***************************
host: %
user: david
password:
5 rows in set (0.00 sec)
```

从这张权限表中可以看到，MySQL允许david这个用户在任何IP段下连接该实例，并且不需要密码。此外，还给出了root用户在各个网段下的访问控制权限。

1.5.2　命名管道和共享内存

在 Windows 2000、Windows XP、Windows 2003 和 Windows Vista 以及在此之上的平台上，如果两个需要进程通信的进程在同一台服务器上，那么可以使用命名管道，Microsoft SQL Server 数据库默认安装后的本地连接也是使用命名管道。在 MySQL 数据库中须在配置文件中启用 --enable-named-pipe 选项。在 MySQL 4.1 之后的版本中，MySQL 还提供了共享内存的连接方式，这是通过在配置文件中添加 --shared-memory 实现的。如果想使用共享内存的方式，在连接时，MySQL 客户端还必须使用 --protocol=memory 选项。

1.5.3　UNIX 域套接字

在 Linux 和 UNIX 环境下，还可以使用 UNIX 域套接字。UNIX 域套接字其实不是一个网络协议，所以只能在 MySQL 客户端和数据库实例在一台服务器上的情况下使用。用户可以在配置文件中指定套接字文件的路径，如 --socket=/tmp/mysql.sock。当数据库实例启动后，用户可以通过下列命令来进行 UNIX 域套接字文件的查找：

```
mysql>SHOW VARIABLES LIKE 'socket';
*************************** 1. row ***************************
Variable_name: socket
        Value: /tmp/mysql.sock
1 row in set (0.00 sec)
```

在知道了 UNIX 域套接字文件的路径后，就可以使用该方式进行连接了，如下所示：

```
[root@stargazer ~]# mysql -udavid -S /tmp/mysql.sock
Welcome to the MySQL monitor.  Commands end with ; or \g.
Your MySQL connection id is 20333
Server version: 5.0.77-log MySQL Community Server (GPL)

Type 'help;' or '\h' for help.Type '\c' to clear the buffer.


mysql>
```

1.6　小结

本章首先介绍了数据库和数据库实例的定义，紧接着分析了 MySQL 数据库的体系结构，从而进一步突出强调了“实例”和“数据库”的区别。相信不管是MySQL DBA还是MySQL的开发人员都应该从宏观上了解了MySQL体系结构，特别是MySQL独有的插件式存储引擎的概念。因为很多MySQL用户很少意识到这一点，这给他们的管理、使用和开发带来了困扰。

本章还详细讲解了各种常见的表存储引擎的特性、适用情况以及它们之间的区别，以便于大家在选择存储引擎时作为参考。最后强调一点，虽然MySQL有许多的存储引擎，但是它们之间不存在优劣性的差异，用户应根据不同的应用选择适合自己的存储引擎。当然，如果你能力很强，完全可以修改存储引擎的源代码，甚至是创建属于自己特定应用的存储引擎，这不就是开源的魅力吗？

第 2 章　InnoDB 存储引擎

InnoDB 是事务安全的 MySQL 存储引擎，设计上采用了类似于 Oracle 数据库的架构。通常来说，InnoDB 存储引擎是 OLTP 应用中核心表的首选存储引擎。同时，也正是因为 InnoDB 的存在，才使 MySQL 数据库变得更有魅力。本章将详细介绍 InnoDB 存储引擎的体系架构及其不同于其他存储引擎的特性。

2.1　InnoDB 存储引擎概述

InnoDB 存储引擎最早由 Innobase Oy 公司[㊀]开发，被包括在 MySQL 数据库所有的二进制发行版本中，从 MySQL 5.5 版本开始是默认的表存储引擎（之前的版本 InnoDB 存储引擎仅在 Windows 下为默认的存储引擎）。该存储引擎是第一个完整支持 ACID 事务的 MySQL 存储引擎（BDB 是第一个支持事务的 MySQL 存储引擎，现在已经停止开发），其特点是行锁设计、支持 MVCC、支持外键、提供一致性非锁定读，同时被设计用来最有效地利用以及使用内存和 CPU。

Heikki Tuuri（1964 年，芬兰赫尔辛基）是 InnoDB 存储引擎的创始人，和著名的 Linux 创始人 Linus 是芬兰赫尔辛基大学校友。在 1990 年获得赫尔辛基大学的数学逻辑博士学位后，他于 1995 年成立 Innobase Oy 公司并担任 CEO。同时，在 InnoDB 存储引擎的开发团队中，有来自中国科技大学的 Calvin Sun。而最近又有一个中国人 Jimmy Yang 也加入了 InnoDB 存储引擎的核心开发团队，负责全文索引的开发，其之前任职于 Sybase 数据库公司，负责数据库的相关开发工作。

InnoDB 存储引擎已经被许多大型网站使用，如用户熟知的 Google、Yahoo!、Facebook、YouTube、Flickr，在网络游戏领域有《魔兽世界》、《Second Life》、《神兵玄奇》等。我不是 MySQL 数据库的布道者，也不是 InnoDB 的鼓吹者，但是我认为当前实施一个新的 OLTP 项目不使用 MySQL InnoDB 存储引擎将是多么的愚蠢。

㊀ 2006年该公司已经被Oracle公司收购。

从MySQL数据库的官方手册可得知，著名的Internet新闻站点Slashdot.org运行在InnoDB上。Mytrix、Inc.在InnoDB上存储超过1 TB的数据，还有一些其他站点在InnoDB上处理插入/更新操作的速度平均为800次/秒。这些都证明了InnoDB是一个高性能、高可用、高可扩展的存储引擎。

InnoDB存储引擎同MySQL数据库一样，在GNU GPL 2下发行。更多有关MySQL证书的信息，可参考http://www.mysql.com/about/legal/，这里不再详细介绍。

2.2　InnoDB存储引擎的版本

InnoDB存储引擎被包含于所有MySQL数据库的二进制发行版本中。早期其版本随着MySQL数据库的更新而更新。从MySQL 5.1版本时，MySQL数据库允许存储引擎开发商以动态方式加载引擎，这样存储引擎的更新可以不受MySQL数据库版本的限制。所以在MySQL 5.1中，可以支持两个版本的InnoDB，一个是静态编译的InnoDB版本，可将其视为老版本的InnoDB；另一个是动态加载的InnoDB版本，官方称为InnoDB Plugin，可将其视为InnoDB 1.0.x版本。MySQL 5.5版本中又将InnoDB的版本升级到了1.1.x。而在最近的MySQL 5.6版本中InnoDB的版本也随着升级为1.2.x版本。表2-1显示了各个版本中InnoDB存储引擎的功能。

表2-1　InnoDB各版本功能对比

版　本	功　能
老版本InnoDB	支持ACID、行锁设计、MVCC
InnoDB 1.0.x	继承了上述版本所有功能，增加了compress和dynamic页格式
InnoDB 1.1.x	继承了上述版本所有功能，增加了Linux AIO、多回滚段
InnoDB 1.2.x	继承了上述版本所有功能，增加了全文索引支持、在线索引添加

在现实工作中我发现很多MySQL数据库还是停留在MySQL 5.1版本，并使用InnoDB Plugin。很多DBA错误地认为InnoDB Plugin和InnoDB 1.1版本之间是没有区别的。但从表2-1中还是可以发现，虽然都增加了对于compress和dynamic页的支持，但是InnoDB Plugin是不支持Linux Native AIO功能的。此外，由于不支持多回滚段，InnoDB Plugin支持的最大支持并发事务数量也被限制在1023。而且随着MySQL 5.5版本的发布，InnoDB Plugin也变成了一个历史产品。

2.3 InnoDB 体系架构

通过第 1 章读者已经了解了 MySQL 数据库的体系结构，现在可能想更深入地了解 InnoDB 存储引擎的架构。图 2-1 简单显示了 InnoDB 的存储引擎的体系架构，从图可见，InnoDB 存储引擎有多个内存块，可以认为这些内存块组成了一个大的内存池，负责如下工作：

- 维护所有进程 / 线程需要访问的多个内部数据结构。
- 缓存磁盘上的数据，方便快速地读取，同时在对磁盘文件的数据修改之前在这里缓存。
- 重做日志（redo log）缓冲。

……

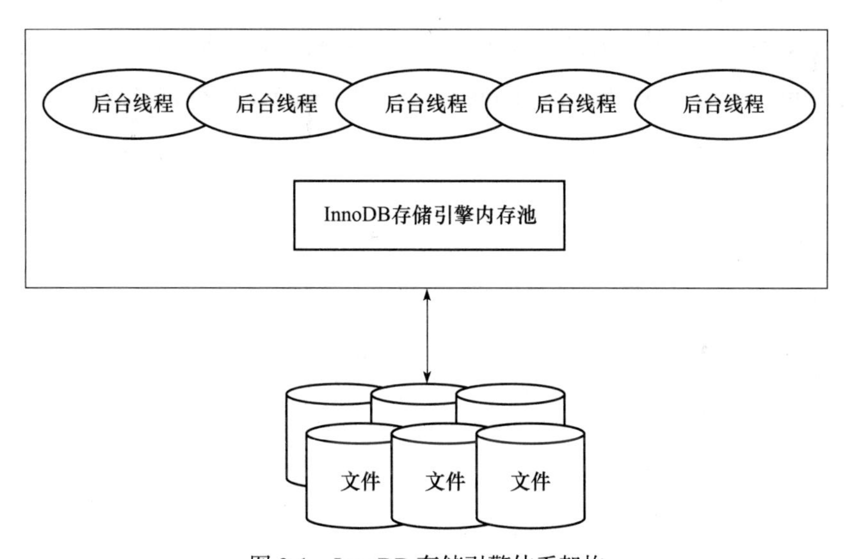

图 2-1 InnoDB 存储引擎体系架构

后台线程的主要作用是负责刷新内存池中的数据，保证缓冲池中的内存缓存的是最近的数据。此外将已修改的数据文件刷新到磁盘文件，同时保证在数据库发生异常的情况下 InnoDB 能恢复到正常运行状态。

2.3.1 后台线程

InnoDB 存储引擎是多线程的模型，因此其后台有多个不同的后台线程，负责处理不同的任务。

1. Master Thread

Master Thread是一个非常核心的后台线程，主要负责将缓冲池中的数据异步刷新到磁盘，保证数据的一致性，包括脏页的刷新、合并插入缓冲（INSERT BUFFER）、UNDO页的回收等。2.5节会详细地介绍各个版本中Master Thread的工作方式。

2. IO Thread

在InnoDB存储引擎中大量使用了AIO（Async IO）来处理写IO请求，这样可以极大提高数据库的性能。而IO Thread的工作主要是负责这些IO请求的回调（call back）处理。InnoDB 1.0版本之前共有4个IO Thread，分别是write、read、insert buffer和log IO thread。在Linux平台下，IO Thread的数量不能进行调整，但是在Windows平台下可以通过参数innodb_file_io_threads来增大IO Thread。从InnoDB 1.0.x版本开始，read thread和write thread分别增大到了4个，并且不再使用innodb_file_io_threads参数，而是分别使用innodb_read_io_threads和innodb_write_io_threads参数进行设置，如：

```
mysql>SHOW VARIABLES LIKE 'innodb_version'\G;
*************************** 1. row ***************************
Variable_name: innodb_version
       Value: 1.0.6
1 row in set (0.00 sec)

mysql>SHOW VARIABLES LIKE 'innodb_%io_threads'\G;
*************************** 1. row ***************************
Variable_name: innodb_read_io_threads
       Value: 4
*************************** 2. row ***************************
Variable_name: innodb_write_io_threads
       Value: 4
2 rows in set (0.00 sec)
```

可以通过命令SHOW ENGINE INNODB STATUS来观察InnoDB中的IO Thread：

```
mysql>SHOW ENGINE INNODB STATUS\G;
*************************** 1. row ***************************
  Type: InnoDB
  Name:
Status:
=====================================
100719 21:55:26 INNODB MONITOR OUTPUT
=====================================
```

```
Per second averages calculated from the last 36 seconds
......
--------
FILE I/O
--------
I/O thread 0 state: waiting for i/o request (insert buffer thread)
I/O thread 1 state: waiting for i/o request (log thread)
I/O thread 2 state: waiting for i/o request (read thread)
I/O thread 3 state: waiting for i/o request (read thread)
I/O thread 4 state: waiting for i/o request (read thread)
I/O thread 5 state: waiting for i/o request (read thread)
I/O thread 6 state: waiting for i/o request (write thread)
I/O thread 7 state: waiting for i/o request (write thread)
I/O thread 8 state: waiting for i/o request (write thread)
I/O thread 9 state: waiting for i/o request (write thread)
......
----------------------------
END OF INNODB MONITOR OUTPUT
============================

1 row in set (0.01 sec)
```

可以看到 IO Thread 0 为 insert buffer thread。IO Thread 1 为 log thread。之后就是根据参数 innodb_read_io_threads 及 innodb_write_io_threads 来设置的读写线程，并且读线程的 ID 总是小于写线程。

3. Purge Thread

事务被提交后，其所使用的 undolog 可能不再需要，因此需要 PurgeThread 来回收已经使用并分配的 undo 页。在 InnoDB 1.1 版本之前，purge 操作仅在 InnoDB 存储引擎的 Master Thread 中完成。而从 InnoDB 1.1 版本开始，purge 操作可以独立到单独的线程中进行，以此来减轻 Master Thread 的工作，从而提高 CPU 的使用率以及提升存储引擎的性能。用户可以在 MySQL 数据库的配置文件中添加如下命令来启用独立的 Purge Thread：

```
[mysqld]
innodb_purge_threads=1
```

在 InnoDB 1.1 版本中，即使将 innodb_purge_threads 设为大于 1，InnoDB 存储引擎启动时也会将其设为 1，并在错误文件中出现如下类似的提示：

```
120529 22:54:16 [Warning] option 'innodb-purge-threads': unsigned value 4 adjusted to 1
```

从 InnoDB 1.2 版本开始，InnoDB 支持多个 Purge Thread，这样做的目的是为了进一步加快 undo 页的回收。同时由于 Purge Thread 需要离散地读取 undo 页，这样也能更进一步利用磁盘的随机读取性能。如用户可以设置 4 个 Purge Thread：

```
mysql> SELECT VERSION()\G;
*************************** 1. row ***************************
VERSION(): 5.6.6
1 row in set (0.00 sec)

mysql> SHOW VARIABLES LIKE 'innodb_purge_threads'\G;
*************************** 1. row ***************************
Variable_name: innodb_purge_threads
       Value: 4
1 row in set (0.00 sec)
```

4. Page Cleaner Thread

Page Cleaner Thread 是在 InnoDB 1.2.x 版本中引入的。其作用是将之前版本中脏页的刷新操作都放入到单独的线程中来完成。而其目的是为了减轻原 Master Thread 的工作及对于用户查询线程的阻塞，进一步提高 InnoDB 存储引擎的性能。

2.3.2　内存

1. 缓冲池

InnoDB 存储引擎是基于磁盘存储的，并将其中的记录按照页的方式进行管理。因此可将其视为基于磁盘的数据库系统（Disk-base Database）。在数据库系统中，由于 CPU 速度与磁盘速度之间的鸿沟，基于磁盘的数据库系统通常使用缓冲池技术来提高数据库的整体性能。

缓冲池简单来说就是一块内存区域，通过内存的速度来弥补磁盘速度较慢对数据库性能的影响。在数据库中进行读取页的操作，首先将从磁盘读到的页存放在缓冲池中，这个过程称为将页“FIX”在缓冲池中。下一次再读相同的页时，首先判断该页是否在缓冲池中。若在缓冲池中，称该页在缓冲池中被命中，直接读取该页。否则，读取磁盘上的页。

对于数据库中页的修改操作，则首先修改在缓冲池中的页，然后再以一定的频率刷新到磁盘上。这里需要注意的是，页从缓冲池刷新回磁盘的操作并不是在每次页发生更新时触发，而是通过一种称为 Checkpoint 的机制刷新回磁盘。同样，这也是为了提高数据库的整体性能。

综上所述，缓冲池的大小直接影响着数据库的整体性能。由于 32 位操作系统的限制，在该系统下最多将该值设置为 3G。此外用户可以打开操作系统的 PAE 选项来获得 32 位操作系统下最大 64GB 内存的支持。随着内存技术的不断成熟，其成本也在不断下降。单条 8GB 的内存变得非常普遍，而 PC 服务器已经能支持 512GB 的内存。因此为了让数据库使用更多的内存，强烈建议数据库服务器都采用 64 位的操作系统。

对于 InnoDB 存储引擎而言，其缓冲池的配置通过参数 innodb_buffer_pool_size 来设置。下面显示一台 MySQL 数据库服务器，其将 InnoDB 存储引擎的缓冲池设置为 15GB。

```
mysql>SHOW VARIABLES LIKE 'innodb_buffer_pool_size'\G;
*************************** 1. row ***************************
Variable_name: innodb_buffer_pool_size
        Value: 16106127360
1 row in set (0.00 sec)
```

具体来看，缓冲池中缓存的数据页类型有：索引页、数据页、undo 页、插入缓冲（insert buffer）、自适应哈希索引（adaptive hash index）、InnoDB 存储的锁信息（lock info）、数据字典信息（data dictionary）等。不能简单地认为，缓冲池只是缓存索引页和数据页，它们只是占缓冲池很大的一部分而已。图 2-2 很好地显示了 InnoDB 存储引擎中内存的结构情况。

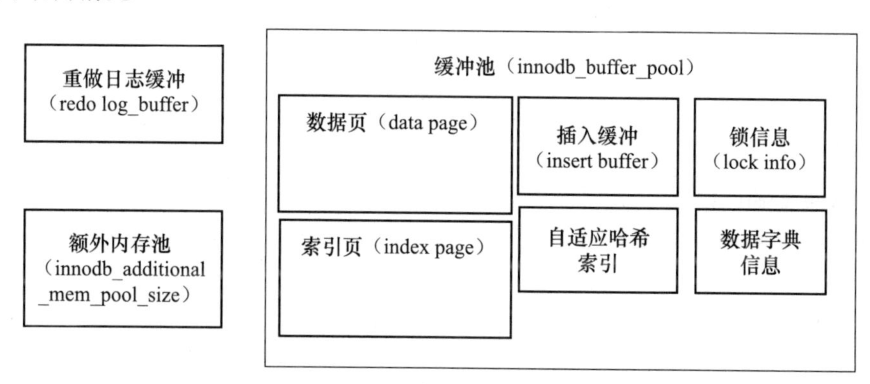

图 2-2 InnoDB 内存数据对象

从 InnoDB 1.0.x 版本开始，允许有多个缓冲池实例。每个页根据哈希值平均分配到不同缓冲池实例中。这样做的好处是减少数据库内部的资源竞争，增加数据库的并发处理能力。可以通过参数innodb_buffer_pool_instances来进行配置，该值默认为1。

```
mysql> SHOW VARIABLES LIKE 'innodb_buffer_pool_instances'\G;
*************************** 1. row ***************************
Variable_name: innodb_buffer_pool_instances
        Value: 1
1 row in set (0.00 sec)
```

在配置文件中将innodb_buffer_pool_instances设置为大于1的值就可以得到多个缓冲池实例。再通过命令SHOW ENGINE INNODB STATUS可以观察到如下的内容：

```
mysql> SHOW ENGINE INNODB STATUS\G;
*************************** 1. row ***************************
  Type: InnoDB
......
----------------------
INDIVIDUAL BUFFER POOL INFO
----------------------
---BUFFER POOL 0
Buffer pool size   65535
Free buffers       65451
Database pages     84
Old database pages 0
Modified db pages  0
Pending reads 0
Pending writes: LRU 0, flush list 0 single page 0
Pages made young 0, not young 0
0.00 youngs/s, 0.00 non-youngs/s
Pages read 84, created 0, written 1
9.33 reads/s, 0.00 creates/s, 0.11 writes/s
Buffer pool hit rate 764 / 1000, young-making rate 0 / 1000 not 0 / 1000
Pages read ahead 0.00/s, evicted without access 0.00/s, Random read ahead 0.00/s
LRU len: 84, unzip_LRU len: 0
I/O sum[0]:cur[0], unzip sum[0]:cur[0]
---BUFFER POOL 1
Buffer pool size   65536
Free buffers       65473
Database pages     63
Old database pages 0
Modified db pages  0
Pending reads 0
Pending writes: LRU 0, flush list 0 single page 0
Pages made young 0, not young 0
0.00 youngs/s, 0.00 non-youngs/s
```

```
Pages read 63, created 0, written 0
7.00 reads/s, 0.00 creates/s, 0.00 writes/s
Buffer pool hit rate 500 / 1000, young-making rate 0 / 1000 not 0 / 1000
Pages read ahead 0.00/s, evicted without access 0.00/s, Random read ahead 0.00/s
LRU len: 63, unzip_LRU len: 0
I/O sum[0]:cur[0], unzip sum[0]:cur[0]
```

这里将参数 innodb_buffer_pool_instances 设置为 2，即数据库用户拥有两个缓冲池实例。通过命令 SHOW ENGINE INNODB STATUS 可以观察到每个缓冲池实例对象运行的状态，并且通过类似 ---BUFFER POOL 0 的注释来表明是哪个缓冲池实例。

从 MySQL 5.6 版本开始，还可以通过 information_schema 架构下的表 INNODB_BUFFER_POOL_STATS 来观察缓冲的状态，如运行下列命令可以看到各个缓冲池的使用状态：

```
mysql> SELECT POOL_ID,POOL_SIZE,
    -> FREE_BUFFERS,DATABASE_PAGES
    -> FROM INNODB_BUFFER_POOL_STATS\G;
*************************** 1. row ***************************
       POOL_ID: 0
     POOL_SIZE: 65535
  FREE_BUFFERS: 65451
DATABASE_PAGES: 84
*************************** 2. row ***************************
       POOL_ID: 1
     POOL_SIZE: 65536
  FREE_BUFFERS: 65473
DATABASE_PAGES: 63
```

2. LRU List、Free List 和 Flush List

在前一小节中我们知道了缓冲池是一个很大的内存区域，其中存放各种类型的页。那么 InnoDB 存储引擎是怎么对这么大的内存区域进行管理的呢？这就是本小节要告诉读者的。

通常来说，数据库中的缓冲池是通过 LRU（Latest Recent Used，最近最少使用）算法来进行管理的。即最频繁使用的页在 LRU 列表的前端，而最少使用的页在 LRU 列表的尾端。当缓冲池不能存放新读取到的页时，将首先释放 LRU 列表中尾端的页。

在 InnoDB 存储引擎中，缓冲池中页的大小默认为 16KB，同样使用 LRU 算法对缓冲池进行管理。稍有不同的是InnoDB存储引擎对传统的LRU算法做了一些优化。在InnoDB的存储引擎中，LRU列表中还加入了midpoint位置。新读取到的页，虽然是最新访问的页，但并不是直接放入到LRU列表的首部，而是放入到LRU列表的midpoint位置。这个算法在InnoDB存储引擎下称为midpoint insertion strategy。在默认配置下，该位置在LRU列表长度的5/8处。midpoint位置可由参数innodb_old_blocks_pct控制，如：

```
mysql> SHOW VARIABLES LIKE 'innodb_old_blocks_pct'\G;
*************************** 1. row ***************************
Variable_name: innodb_old_blocks_pct
        Value: 37
1 row in set (0.00 sec)
```

从上面的例子可以看到，参数innodb_old_blocks_pct默认值为37，表示新读取的页插入到LRU列表尾端的37%的位置（差不多3/8的位置）。在InnoDB存储引擎中，把midpoint之后的列表称为old列表，之前的列表称为new列表。可以简单地理解为new列表中的页都是最为活跃的热点数据。

那为什么不采用朴素的LRU算法，直接将读取的页放入到LRU列表的首部呢？这是因为若直接将读取到的页放入到LRU的首部，那么某些SQL操作可能会使缓冲池中的页被刷新出，从而影响缓冲池的效率。常见的这类操作为索引或数据的扫描操作。这类操作需要访问表中的许多页，甚至是全部的页，而这些页通常来说又仅在这次查询操作中需要，并不是活跃的热点数据。如果页被放入LRU列表的首部，那么非常可能将所需要的热点数据页从LRU列表中移除，而在下一次需要读取该页时，InnoDB存储引擎需要再次访问磁盘。

为了解决这个问题，InnoDB存储引擎引入了另一个参数来进一步管理LRU列表，这个参数是innodb_old_blocks_time，用于表示页读取到mid位置后需要等待多久才会被加入到LRU列表的热端。因此当需要执行上述所说的SQL操作时，可以通过下面的方法尽可能使LRU列表中热点数据不被刷出。

```
mysql> SET GLOBAL innodb_old_blocks_time=1000;
Query OK, 0 rows affected (0.00 sec)

# data or index scan operation
……

mysql> SET GLOBAL innodb_old_blocks_time=0;
```

```
Query OK, 0 rows affected (0.00 sec)
```

如果用户预估自己活跃的热点数据不止63%，那么在执行SQL语句前，还可以通过下面的语句来减少热点页可能被刷出的概率。

```
mysql> SET GLOBAL innodb_old_blocks_pct=20;
Query OK, 0 rows affected (0.00 sec)
```

LRU列表用来管理已经读取的页，但当数据库刚启动时，LRU列表是空的，即没有任何的页。这时页都存放在Free列表中。当需要从缓冲池中分页时，首先从Free列表中查找是否有可用的空闲页，若有则将该页从Free列表中删除，放入到LRU列表中。否则，根据LRU算法，淘汰LRU列表末尾的页，将该内存空间分配给新的页。当页从LRU列表的old部分加入到new部分时，称此时发生的操作为page made young，而因为innodb_old_blocks_time的设置而导致页没有从old部分移动到new部分的操作称为page not made young。可以通过命令SHOW ENGINE INNODB STATUS来观察LRU列表及Free列表的使用情况和运行状态。

```
mysql> SHOW ENGINE INNODB STATUS\G;
*************************** 1. row ***************************
  Type: InnoDB
  Name:
Status:
=====================================
120725 22:04:25 INNODB MONITOR OUTPUT
=====================================
Per second averages calculated from the last 24 seconds
......
Buffer pool size   327679
Free buffers       0
Database pages     307717
Old database pages 113570
Modified db pages  24673
Pending reads 0
Pending writes: LRU 0, flush list 0, single page 0
Pages made young 6448526, not young 0
48.75 youngs/s, 0.00 non-youngs/s
Pages read 5354420, created 239625, written 3486063
55.68 reads/s, 81.74 creates/s, 955.88 writes/s
Buffer pool hit rate 1000 / 1000, young-making rate 0 / 1000 not 0 / 1000
......
```

通过命令 SHOW ENGINE INNODB STATUS 可以看到：当前 Buffer pool size 共有 327 679 个页，即 327679*16K，总共 5GB 的缓冲池。Free buffers 表示当前 Free 列表中页的数量，Database pages 表示 LRU 列表中页的数量。可能的情况是 Free buffers 与 Database pages 的数量之和不等于 Buffer pool size。正如图 2-2 所示的那样，因为缓冲池中的页还可能会被分配给自适应哈希索引、Lock 信息、Insert Buffer 等页，而这部分页不需要 LRU 算法进行维护，因此不存在于 LRU 列表中。

pages made young 显示了 LRU 列表中页移动到前端的次数，因为该服务器在运行阶段没有改变 innodb_old_blocks_time 的值，因此 not young 为 0。youngs/s、non-youngs/s 表示每秒这两类操作的次数。这里还有一个重要的观察变量——Buffer pool hit rate，表示缓冲池的命中率，这个例子中为 100%，说明缓冲池运行状态非常良好。通常该值不应该小于 95%。若发生 Buffer pool hit rate 的值小于 95% 这种情况，用户需要观察是否是由于全表扫描引起的 LRU 列表被污染的问题。

注意　执行命令 SHOW ENGINE INNODB STATUS 显示的不是当前的状态，而是过去某个时间范围内 InnoDB 存储引擎的状态。从上面的例子可以发现，Per second averages calculated from the last 24 seconds 代表的信息为过去 24 秒内的数据库状态。

从 InnoDB 1.2 版本开始，还可以通过表 INNODB_BUFFER_POOL_STATS 来观察缓冲池的运行状态，如：

```
mysql> SELECT POOL_ID,HIT_RATE,
-> PAGES_MADE_YOUNG, PAGES_NOT_MADE_YOUNG
-> FROM information_schema.INNODB_BUFFER_POOL_STATS\G;
*************************** 1. row ***************************
         POOL_ID: 0
        HIT_RATE: 980
 PAGES_MADE_YOUNG: 450
PAGES_NOT_MADE_YOUNG: 0
```

此外，还可以通过表 INNODB_BUFFER_PAGE_LRU 来观察每个 LRU 列表中每个页的具体信息，例如通过下面的语句可以看到缓冲池 LRU 列表中 SPACE 为 1 的表的页类型：

```
mysql> SELECT TABLE_NAME,SPACE,PAGE_NUMBER,PAGE_TYPE
    -> FROM INNODB_BUFFER_PAGE_LRU WHERE SPACE = 1;
```

```
+------------+-------+-------------+-------------------+
| TABLE_NAME | SPACE | PAGE_NUMBER | PAGE_TYPE         |
+------------+-------+-------------+-------------------+
| NULL       |     1 |           0 | FILE_SPACE_HEADER |
| NULL       |     1 |           1 | IBUF_BITMAP       |
| NULL       |     1 |           2 | INODE             |
| test/t|          1 |           3 | INDEX             |
+------------+-------+-------------+-------------------+
4 rows in set (0.00 sec)
```

InnoDB 存储引擎从 1.0.x 版本开始支持压缩页的功能，即将原本 16KB 的页压缩为 1KB、2KB、4KB 和 8KB。而由于页的大小发生了变化，LRU 列表也有了些许的改变。对于非 16KB 的页，是通过 unzip_LRU 列表进行管理的。通过命令 SHOW ENGINE INNODB STATUS 可以观察到如下内容：

```
mysql> SHOW ENGINE INNODB STATUS\G;
……
Buffer pool hit rate 999 / 1000, young-making rate 0 / 1000 not 0 / 1000
Pages read ahead 0.00/s, evicted without access 0.00/s, Random read ahead 0.00/s
LRU len: 1539, unzip_LRU len: 156
I/O sum[0]:cur[0], unzip sum[0]:cur[0]
……
```

可以看到 LRU 列表中一共有 1539 个页，而 unzip_LRU 列表中有 156 个页。这里需要注意的是，LRU 中的页包含了 unzip_LRU 列表中的页。

对于压缩页的表，每个表的压缩比率可能各不相同。可能存在有的表页大小为 8KB，有的表页大小为 2KB 的情况。unzip_LRU 是怎样从缓冲池中分配内存的呢？

首先，在 unzip_LRU 列表中对不同压缩页大小的页进行分别管理。其次，通过伙伴算法进行内存的分配。例如对需要从缓冲池中申请页为 4KB 的大小，其过程如下：

1）检查 4KB 的 unzip_LRU 列表，检查是否有可用的空闲页；

2）若有，则直接使用；

3）否则，检查 8KB 的 unzip_LRU 列表；

4）若能够得到空闲页，将页分成 2 个 4KB 页，存放到 4KB 的 unzip_LRU 列表；

5）若不能得到空闲页，从 LRU 列表中申请一个 16KB 的页，将页分为 1 个 8KB 的页、2 个 4KB 的页，分别存放到对应的 unzip_LRU 列表中。

同样可以通过 information_schema 架构下的表 INNODB_BUFFER_PAGE_LRU 来观察 unzip_LRU 列表中的页，如：

```
mysql> SELECT
-> TABLE_NAME,SPACE,PAGE_NUMBER,COMPRESSED_SIZE
-> FROM INNODB_BUFFER_PAGE_LRU
-> WHERE COMPRESSED_SIZE <> 0;
+------------+-------+-------------+-----------------+
| TABLE_NAME | SPACE | PAGE_NUMBER | COMPRESSED_SIZE |
+------------+-------+-------------+-----------------+
| sbtest/t   |     9 |         134 |            8192 |
| sbtest/t   |     9 |         135 |            8192 |
| sbtest/t   |     9 |          96 |            8192 |
| sbtest/t   |     9 |         136 |            8192 |
| sbtest/t   |     9 |          32 |            8192 |
| sbtest/t   |     9 |          97 |            8192 |
| sbtest/t   |     9 |         137 |            8192 |
| sbtest/t   |     9 |          98 |            8192 |
 ……
```

在LRU列表中的页被修改后，称该页为脏页（dirty page），即缓冲池中的页和磁盘上的页的数据产生了不一致。这时数据库会通过CHECKPOINT机制将脏页刷新回磁盘，而Flush列表中的页即为脏页列表。需要注意的是，脏页既存在于LRU列表中，也存在于Flush列表中。LRU列表用来管理缓冲池中页的可用性，Flush列表用来管理将页刷新回磁盘，二者互不影响。

同LRU列表一样，Flush列表也可以通过命令SHOW ENGINE INNODB STATUS来查看，前面例子中Modified db pages 24673就显示了脏页的数量。information_schema架构下并没有类似INNODB_BUFFER_PAGE_LRU的表来显示脏页的数量及脏页的类型，但正如前面所述的那样，脏页同样存在于LRU列表中，故用户可以通过元数据表INNODB_BUFFER_PAGE_LRU来查看，唯一不同的是需要加入OLDEST_MODIFICATION大于0的SQL查询条件，如：

```
mysql> SELECT TABLE_NAME,SPACE,PAGE_NUMBER,PAGE_TYPE
    -> FROM INNODB_BUFFER_PAGE_LRU
    -> WHERE OLDEST_MODIFICATION> 0;
+------------+-------+-------------+-------------------+
| TABLE_NAME | SPACE | PAGE_NUMBER | PAGE_TYPE         |
+------------+-------+-------------+-------------------+
| NULL       |     0 |          56 | SYSTEM            |
| NULL       |     0 |           0 | FILE_SPACE_HEADER |
| test/t     |     1 |           3 | INDEX             |
| NULL       |     0 |         320 | INODE             |
```

```
| NULL       |     0 |       325   | UNDO_LOG          |
+------------+-------+-------------+-------------------+
5 rows in set (0.00 sec)
```

可以看到当前共有 5 个脏页及它们对应的表和页的类型。TABLE_NAME 为 NULL 表示该页属于系统表空间。

3. 重做日志缓冲

从图 2-2 可以看到，InnoDB 存储引擎的内存区域除了有缓冲池外，还有重做日志缓冲（redo log buffer）。InnoDB 存储引擎首先将重做日志信息先放入到这个缓冲区，然后按一定频率将其刷新到重做日志文件。重做日志缓冲一般不需要设置得很大，因为一般情况下每一秒钟会将重做日志缓冲刷新到日志文件，因此用户只需要保证每秒产生的事务量在这个缓冲大小之内即可。该值可由配置参数 innodb_log_buffer_size 控制，默认为 8MB：

```
mysql> SHOW VARIABLES LIKE 'innodb_log_buffer_size'\G;
*************************** 1. row ***************************
Variable_name: innodb_log_buffer_size
        Value: 8388608
1 row in set (0.00 sec)
```

在通常情况下，8MB 的重做日志缓冲池足以满足绝大部分的应用，因为重做日志在下列三种情况下会将重做日志缓冲中的内容刷新到外部磁盘的重做日志文件中。

- Master Thread 每一秒将重做日志缓冲刷新到重做日志文件；
- 每个事务提交时会将重做日志缓冲刷新到重做日志文件；
- 当重做日志缓冲池剩余空间小于 1/2 时，重做日志缓冲刷新到重做日志文件。

4. 额外的内存池

额外的内存池通常被 DBA 忽略，他们认为该值并不十分重要，事实恰恰相反，该值同样十分重要。在 InnoDB 存储引擎中，对内存的管理是通过一种称为内存堆（heap）的方式进行的。在对一些数据结构本身的内存进行分配时，需要从额外的内存池中进行申请，当该区域的内存不够时，会从缓冲池中进行申请。例如，分配了缓冲池（innodb_buffer_pool），但是每个缓冲池中的帧缓冲（frame buffer）还有对应的缓冲控制对象（buffer control block），这些对象记录了一些诸如 LRU、锁、等待等信息，而这个对象的内存需要从额外内存池中申请。因此，在申请了很大的 InnoDB 缓冲池时，也应考虑相应地增加这个值。

2.4 Checkpoint技术

前面已经讲到了，缓冲池的设计目的为了协调CPU速度与磁盘速度的鸿沟。因此页的操作首先都是在缓冲池中完成的。如果一条DML语句，如Update或Delete改变了页中的记录，那么此时页是脏的，即缓冲池中的页的版本要比磁盘的新。数据库需要将新版本的页从缓冲池刷新到磁盘。

倘若每次一个页发生变化，就将新页的版本刷新到磁盘，那么这个开销是非常大的。若热点数据集中在某几个页中，那么数据库的性能将变得非常差。同时，如果在从缓冲池将页的新版本刷新到磁盘时发生了宕机，那么数据就不能恢复了。为了避免发生数据丢失的问题，当前事务数据库系统普遍都采用了Write Ahead Log策略，即当事务提交时，先写重做日志，再修改页。当由于发生宕机而导致数据丢失时，通过重做日志来完成数据的恢复。这也是事务ACID中D（Durability持久性）的要求。

思考下面的场景，如果重做日志可以无限地增大，同时缓冲池也足够大，能够缓冲所有数据库的数据，那么是不需要将缓冲池中页的新版本刷新回磁盘。因为当发生宕机时，完全可以通过重做日志来恢复整个数据库系统中的数据到宕机发生的时刻。但是这需要两个前提条件：

- 缓冲池可以缓存数据库中所有的数据；
- 重做日志可以无限增大。

对于第一个前提条件，有经验的用户都知道，当数据库刚开始创建时，表中没有任何数据。缓冲池的确可以缓存所有的数据库文件。然而随着市场的推广，用户的增加，产品越来越受到关注，使用量也越来越大。这时负责后台存储的数据库的容量必定会不断增大。当前3TB的MySQL数据库已并不少见，但是3 TB的内存却非常少见。目前Oracle Exadata旗舰数据库一体机也就只有2 TB的内存。因此第一个假设对于生产环境应用中的数据库是很难得到保证的。

再来看第二个前提条件：重做日志可以无限增大。也许是可以的，但是这对成本的要求太高，同时不便于运维。DBA或SA不能知道什么时候重做日志是否已经接近于磁盘可使用空间的阈值，并且要让存储设备支持可动态扩展也是需要一定的技巧和设备支持的。

好的，即使上述两个条件都满足，那么还有一个情况需要考虑：宕机后数据库的恢复时间。当数据库运行了几个月甚至几年时，这时发生宕机，重新应用重做日志的时间会非常久，此时恢复的代价也会非常大。

因此 Checkpoint（检查点）技术的目的是解决以下几个问题：

- 缩短数据库的恢复时间；
- 缓冲池不够用时，将脏页刷新到磁盘；
- 重做日志不可用时，刷新脏页。

当数据库发生宕机时，数据库不需要重做所有的日志，因为 Checkpoint 之前的页都已经刷新回磁盘。故数据库只需对 Checkpoint 后的重做日志进行恢复。这样就大大缩短了恢复的时间。

此外，当缓冲池不够用时，根据 LRU 算法会溢出最近最少使用的页，若此页为脏页，那么需要强制执行 Checkpoint，将脏页也就是页的新版本刷回磁盘。

重做日志出现不可用的情况是因为当前事务数据库系统对重做日志的设计都是循环使用的，并不是让其无限增大的，这从成本及管理上都是比较困难的。重做日志可以被重用的部分是指这些重做日志已经不再需要，即当数据库发生宕机时，数据库恢复操作不需要这部分的重做日志，因此这部分就可以被覆盖重用。若此时重做日志还需要使用，那么必须强制产生 Checkpoint，将缓冲池中的页至少刷新到当前重做日志的位置。

对于 InnoDB 存储引擎而言，其是通过 LSN（Log Sequence Number）来标记版本的。而 LSN 是 8 字节的数字，其单位是字节。每个页有 LSN，重做日志中也有 LSN，Checkpoint 也有 LSN。可以通过命令 SHOW ENGINE INNODB STATUS 来观察：

```
mysql> SHOW ENGINE INNODB STATUS\G;
……
---
LOG
---
Log sequence number 92561351052
Log flushed up to   92561351052
Last checkpoint at  92561351052
……
```

在 InnoDB 存储引擎中，Checkpoint 发生的时间、条件及脏页的选择等都非常复杂。

而Checkpoint所做的事情无外乎是将缓冲池中的脏页刷回到磁盘。不同之处在于每次刷新多少页到磁盘，每次从哪里取脏页，以及什么时间触发Checkpoint。在InnoDB存储引擎内部，有两种Checkpoint，分别为：

- Sharp Checkpoint
- Fuzzy Checkpoint

Sharp Checkpoint发生在数据库关闭时将所有的脏页都刷新回磁盘，这是默认的工作方式，即参数innodb_fast_shutdown=1。

但是若数据库在运行时也使用Sharp Checkpoint，那么数据库的可用性就会受到很大的影响。故在InnoDB存储引擎内部使用Fuzzy Checkpoint进行页的刷新，即只刷新一部分脏页，而不是刷新所有的脏页回磁盘。

这里笔者进行了概括，在InnoDB存储引擎中可能发生如下几种情况的Fuzzy Checkpoint：

- Master Thread Checkpoint
- FLUSH_LRU_LIST Checkpoint
- Async/Sync Flush Checkpoint
- Dirty Page too much Checkpoint

对于Master Thread（2.5节会详细介绍各个版本中Master Thread的实现）中发生的Checkpoint，差不多以每秒或每十秒的速度从缓冲池的脏页列表中刷新一定比例的页回磁盘。这个过程是异步的，即此时InnoDB存储引擎可以进行其他的操作，用户查询线程不会阻塞。

FLUSH_LRU_LIST Checkpoint是因为InnoDB存储引擎需要保证LRU列表中需要有差不多100个空闲页可供使用。在InnoDB1.1.x版本之前，需要检查LRU列表中是否有足够的可用空间操作发生在用户查询线程中，显然这会阻塞用户的查询操作。倘若没有100个可用空闲页，那么InnoDB存储引擎会将LRU列表尾端的页移除。如果这些页中有脏页，那么需要进行Checkpoint，而这些页是来自LRU列表的，因此称为FLUSH_LRU_LIST Checkpoint。

而从MySQL 5.6版本，也就是InnoDB1.2.x版本开始，这个检查被放在了一个单独的Page Cleaner线程中进行，并且用户可以通过参数innodb_lru_scan_depth控制LRU列表中可用页的数量，该值默认为1024，如：

```
mysql> SHOW VARIABLES LIKE 'innodb_lru_scan_depth'\G;
*************************** 1. row ***************************
Variable_name: innodb_lru_scan_depth
        Value: 1024
1 row in set (0.00 sec)
```

Async/Sync Flush Checkpoint 指的是重做日志文件不可用的情况，这时需要强制将一些页刷新回磁盘，而此时脏页是从脏页列表中选取的。若将已经写入到重做日志的 LSN 记为 redo_lsn，将已经刷新回磁盘最新页的 LSN 记为 checkpoint_lsn，则可定义：

```
checkpoint_age = redo_lsn - checkpoint_lsn
```

再定义以下的变量：

```
async_water_mark = 75% * total_redo_log_file_size
sync_water_mark = 90% * total_redo_log_file_size
```

若每个重做日志文件的大小为 1GB，并且定义了两个重做日志文件，则重做日志文件的总大小为 2GB。那么 async_water_mark=1.5GB，sync_water_mark=1.8GB。则：

- 当 checkpoint_age<async_water_mark 时，不需要刷新任何脏页到磁盘；
- 当 async_water_mark<checkpoint_age<sync_water_mark 时触发 Async Flush，从 Flush 列表中刷新足够的脏页回磁盘，使得刷新后满足 checkpoint_age<async_water_mark；
- checkpoint_age>sync_water_mark 这种情况一般很少发生，除非设置的重做日志文件太小，并且在进行类似 LOAD DATA 的 BULK INSERT 操作。此时触发 Sync Flush 操作，从 Flush 列表中刷新足够的脏页回磁盘，使得刷新后满足 checkpoint_age<async_water_mark。

可见，Async/Sync Flush Checkpoint 是为了保证重做日志的循环使用的可用性。在 InnoDB 1.2.x 版本之前，Async Flush Checkpoint 会阻塞发现问题的用户查询线程，而 Sync Flush Checkpoint 会阻塞所有的用户查询线程，并且等待脏页刷新完成。从 InnoDB 1.2.x 版本开始——也就是 MySQL 5.6 版本，这部分的刷新操作同样放入到了单独的 Page Cleaner Thread 中，故不会阻塞用户查询线程。

MySQL 官方版本并不能查看刷新页是从 Flush 列表中还是从 LRU 列表中进行 Checkpoint 的，也不知道因为重做日志而产生的 Async/Sync Flush 的次数。但是 InnoSQL 版本提供了方法，可以通过命令 SHOW ENGINE INNODB STATUS 来观察，如：

```
mysql> SHOW ENGINE INNODB STATUS\G;
*************************** 1. row ***************************
  Type: InnoDB
……
LRU len: 112902, unzip_LRU len: 0
I/O sum[0]:cur[0], unzip sum[0]:cur[0]
Async Flush: 0, Sync Flush: 0, LRU List Flush: 0, Flush List Flush: 111736
……
1 row in set (0.01 sec)
```

根据上述的信息，还可以对InnoDB存储引擎做更为深入的调优，这部分将在第9章中讲述。

最后一种Checkpoint的情况是Dirty Page too much，即脏页的数量太多，导致InnoDB存储引擎强制进行Checkpoint。其目的总的来说还是为了保证缓冲池中有足够可用的页。其可由参数innodb_max_dirty_pages_pct控制：

```
mysql>SHOW VARIABLES LIKE 'innodb_max_dirty_pages_pct'\G;
*************************** 1. row ***************************
Variable_name: innodb_max_dirty_pages_pct
       Value: 75
1 row in set (0.00 sec)
```

innodb_max_dirty_pages_pct值为75表示，当缓冲池中脏页的数量占据75%时，强制进行Checkpoint，刷新一部分的脏页到磁盘。在InnoDB 1.0.x版本之前，该参数默认值为90，之后的版本都为75。

2.5 Master Thread工作方式

在2.3节中我们知道了，InnoDB存储引擎的主要工作都是在一个单独的后台线程Master Thread中完成的，这一节将具体解释该线程的具体实现及该线程可能存在的问题。

2.5.1 InnoDB 1.0.x版本之前的Master Thread

Master Thread具有最高的线程优先级别。其内部由多个循环（loop）组成：主循环（loop）、后台循环（backgroup loop）、刷新循环（flush loop）、暂停循环（suspend loop）。Master Thread会根据数据库运行的状态在loop、background loop、flush loop和suspend loop 中进行切换。

Loop 被称为主循环，因为大多数的操作是在这个循环中，其中有两大部分的操作——每秒钟的操作和每 10 秒的操作。伪代码如下：

```
void master_thread(){
loop:
for(int i= 0; i<10; i++){
   do thing once per second
   sleep 1 second if necessary
}
do things once per ten seconds
goto loop;
}
```

可以看到，loop 循环通过 thread sleep 来实现，这意味着所谓的每秒一次或每 10 秒一次的操作是不精确的。在负载很大的情况下可能会有延迟（delay），只能说大概在这个频率下。当然，InnoDB 源代码中还通过了其他的方法来尽量保证这个频率。

每秒一次的操作包括：

- ❑ 日志缓冲刷新到磁盘，即使这个事务还没有提交（总是）；
- ❑ 合并插入缓冲（可能）；
- ❑ 至多刷新 100 个 InnoDB 的缓冲池中的脏页到磁盘（可能）；
- ❑ 如果当前没有用户活动，则切换到 background loop（可能）。

即使某个事务还没有提交，InnoDB 存储引擎仍然每秒会将重做日志缓冲中的内容刷新到重做日志文件。这一点是必须要知道的，因为这可以很好地解释为什么再大的事务提交（commit）的时间也是很短的。

合并插入缓冲（Insert Buffer）并不是每秒都会发生的。InnoDB 存储引擎会判断当前一秒内发生的 IO 次数是否小于 5 次，如果小于 5 次，InnoDB 认为当前的 IO 压力很小，可以执行合并插入缓冲的操作。

同样，刷新 100 个脏页也不是每秒都会发生的。InnoDB 存储引擎通过判断当前缓冲池中脏页的比例（buf_get_modified_ratio_pct）是否超过了配置文件中 innodb_max_dirty_pages_pct 这个参数（默认为 90，代表 90%），如果超过了这个阈值，InnoDB 存储引擎认为需要做磁盘同步的操作，将 100 个脏页写入磁盘中。

总结上述操作，伪代码可以进一步具体化，如下所示：

```
void master_thread(){
   goto loop;
loop:
for(int i = 0; i<10; i++){
   thread_sleep(1) // sleep 1 second
   do log buffer flush to disk
   if (last_one_second_ios < 5 )
      do merge at most 5 insert buffer
   if ( buf_get_modified_ratio_pct > innodb_max_dirty_pages_pct )
      do buffer pool flush 100 dirty page
   if ( no user activity )
      goto backgroud loop
}
do things once per ten seconds
background loop:
   do something
   goto loop:
}
```

接着来看每10秒的操作，包括如下内容：

- 刷新100个脏页到磁盘（可能的情况下）；
- 合并至多5个插入缓冲（总是）；
- 将日志缓冲刷新到磁盘（总是）；
- 删除无用的Undo页（总是）；
- 刷新100个或者10个脏页到磁盘（总是）。

在以上的过程中，InnoDB存储引擎会先判断过去10秒之内磁盘的IO操作是否小于200次，如果是，InnoDB存储引擎认为当前有足够的磁盘IO操作能力，因此将100个脏页刷新到磁盘。接着，InnoDB存储引擎会合并插入缓冲。不同于每秒一次操作时可能发生的合并插入缓冲操作，这次的合并插入缓冲操作总会在这个阶段进行。之后，InnoDB存储引擎会再进行一次将日志缓冲刷新到磁盘的操作。这和每秒一次时发生的操作是一样的。

接着InnoDB存储引擎会进行一步执行full purge操作，即删除无用的Undo页。对表进行update、delete这类操作时，原先的行被标记为删除，但是因为一致性读（consistent read）的关系，需要保留这些行版本的信息。但是在full purge过程中，InnoDB存储引擎会判断当前事务系统中已被删除的行是否可以删除，比如有时候可能还有查询操作需要读取之前版本的undo信息，如果可以删除，InnoDB会立即将其删除。

从源代码中可以发现，InnoDB 存储引擎在执行 full purge 操作时，每次最多尝试回收 20 个 undo 页。

然后，InnoDB 存储引擎会判断缓冲池中脏页的比例（buf_get_modified_ratio_pct），如果有超过 70% 的脏页，则刷新 100 个脏页到磁盘，如果脏页的比例小于 70%，则只需刷新 10% 的脏页到磁盘。

现在我们可以完整地把主循环（main loop）的伪代码写出来了，内容如下：

```
void master_thread(){
   goto loop;
loop:
for(int i = 0; i<10; i++){
   thread_sleep(1) // sleep 1 second
   do log buffer flush to disk
   if (last_one_second_ios < 5 )
      do merge at most 5 insert buffer
   if ( buf_get_modified_ratio_pct > innodb_max_dirty_pages_pct )
      do buffer pool flush 100 dirty page
   if ( no user activity )
      goto backgroud loop
}
if ( last_ten_second_ios < 200 )
   do buffer pool flush 100 dirty page
do merge at most 5 insert buffer
do log buffer flush to disk
do full purge
if ( buf_get_modified_ratio_pct > 70% )
   do buffer pool flush 100 dirty page
else
   buffer pool flush 10 dirty page
goto loop
background loop:
   do something
goto loop:
}
```

接着来看 background loop，若当前没有用户活动（数据库空闲时）或者数据库关闭（shutdown），就会切换到这个循环。background loop 会执行以下操作：

- 删除无用的 Undo 页（总是）；
- 合并 20 个插入缓冲（总是）；
- 跳回到主循环（总是）；

❑ 不断刷新100个页直到符合条件（可能，跳转到flush loop中完成）。

若flush loop中也没有什么事情可以做了，InnoDB存储引擎会切换到suspend__loop，将Master Thread挂起，等待事件的发生。若用户启用（enable）了InnoDB存储引擎，却没有使用任何InnoDB存储引擎的表，那么Master Thread总是处于挂起的状态。

最后，Master Thread完整的伪代码如下：

```
void master_thread(){
   goto loop;
loop:
for(int i = 0; i<10; i++){
   thread_sleep(1) // sleep 1 second
   do log buffer flush to disk
   if ( last_one_second_ios < 5 )
      do merge at most 5 insert buffer
   if ( buf_get_modified_ratio_pct > innodb_max_dirty_pages_pct )
      do buffer pool flush 100 dirty page
   if ( no user activity )
      goto backgroud loop
}
if ( last_ten_second_ios < 200 )
   do buffer pool flush 100 dirty page
do merge at most 5 insert buffer
do log buffer flush to disk
do full purge
if ( buf_get_modified_ratio_pct > 70% )
   do buffer pool flush 100 dirty page
else
   buffer pool flush 10 dirty page
goto loop
background loop:
do full purge
do merge 20 insert buffer
if not idle:
goto loop:
else:
   goto flush loop
flush loop:
do buffer pool flush 100 dirty page
if ( buf_get_modified_ratio_pct>innodb_max_dirty_pages_pct )
   goto flush loop
goto suspend loop
```

```
suspend loop:
suspend_thread()
waiting event
goto loop;
}
```

2.5.2 InnoDB1.2.x 版本之前的 Master Thread

在了解了 1.0.x 版本之前的 Master Thread 的具体实现过程后，细心的读者会发现 InnoDB 存储引擎对于 IO 其实是有限制的，在缓冲池向磁盘刷新时其实都做了一定的硬编码（hard coding）。在磁盘技术飞速发展的今天，当固态磁盘（SSD）出现时，这种规定在很大程度上限制了 InnoDB 存储引擎对磁盘 IO 的性能，尤其是写入性能。

从前面的伪代码来看，无论何时，InnoDB 存储引擎最大只会刷新 100 个脏页到磁盘，合并 20 个插入缓冲。如果是在写入密集的应用程序中，每秒可能会产生大于 100 个的脏页，如果是产生大于 20 个插入缓冲的情况，Master Thread 似乎会“忙不过来”，或者说它总是做得很慢。即使磁盘能在 1 秒内处理多于 100 个页的写入和 20 个插入缓冲的合并，但是由于 hard coding，Master Thread 也只会选择刷新 100 个脏页和合并 20 个插入缓冲。同时，当发生宕机需要恢复时，由于很多数据还没有刷新回磁盘，会导致恢复的时间可能需要很久，尤其是对于 insert buffer 来说。

这个问题最初由 Google 的工程师 Mark Callaghan 提出，之后 InnoDB 官方对其进行了修正并发布了补丁（patch）。InnoDB 存储引擎的开发团队参考了 Google 的 patch，提供了类似的方法来修正该问题。因此 InnoDB Plugin（从 InnoDB1.0.x 版本开始）提供了参数 innodb_io_capacity，用来表示磁盘 IO 的吞吐量，默认值为 200。对于刷新到磁盘页的数量，会按照 innodb_io_capacity 的百分比来进行控制。规则如下：

- 在合并插入缓冲时，合并插入缓冲的数量为 innodb_io_capacity 值的 5%；
- 在从缓冲区刷新脏页时，刷新脏页的数量为 innodb_io_capacity。

若用户使用了 SSD 类的磁盘，或者将几块磁盘做了 RAID，当存储设备拥有更高的 IO 速度时，完全可以将 innodb_io_capacity 的值调得再高点，直到符合磁盘 IO 的吞吐量为止。

另一个问题是，参数 innodb_max_dirty_pages_pct 默认值的问题，在 InnoDB 1.0.x 版本之前，该值的默认为 90，意味着脏页占缓冲池的 90%。但是该值“太大”了，因为InnoDB存储引擎在每秒刷新缓冲池和flush loop时会判断这个值，如果该值大于innodb_max_dirty_pages_pct，才刷新100个脏页，如果有很大的内存，或者数据库服务器的压力很大，这时刷新脏页的速度反而会降低。同样，在数据库的恢复阶段可能需要更多的时间。

在很多论坛上都有对这个问题的讨论，有人甚至将这个值调到了20或10，然后测试发现性能会有所提高，但是将innodb_max_dirty_pages_pct调到20或10会增加磁盘的压力，系统的负担还是会有所增加的。Google在这个问题上进行了测试，证明20并不是一个最优值㊀。而从InnoDB 1.0.x版本开始，innodb_max_dirty_pages_pct默认值变为了75，和Google测试的80比较接近。这样既可以加快刷新脏页的频率，又能保证了磁盘IO的负载。

InnoDB 1.0.x版本带来的另一个参数是innodb_adaptive_flushing（自适应地刷新），该值影响每秒刷新脏页的数量。原来的刷新规则是：脏页在缓冲池所占的比例小于innodb_max_dirty_pages_pct时，不刷新脏页；大于innodb_max_dirty_pages_pct时，刷新100个脏页。随着innodb_adaptive_flushing参数的引入，InnoDB存储引擎会通过一个名为buf_flush_get_desired_flush_rate的函数来判断需要刷新脏页最合适的数量。粗略地翻阅源代码后发现buf_flush_get_desired_flush_rate通过判断产生重做日志（redo log）的速度来决定最合适的刷新脏页数量。因此，当脏页的比例小于innodb_max_dirty_pages_pct时，也会刷新一定量的脏页。

还有一个改变是：之前每次进行full purge操作时，最多回收20个Undo页，从InnoDB 1.0.x版本开始引入了参数innodb_purge_batch_size，该参数可以控制每次full purge回收的Undo页的数量。该参数的默认值为20，并可以动态地对其进行修改，具体如下：

```
mysql> SHOW VARIABLES LIKE 'innodb_purge_batch_size'\G;
*************************** 1. row ***************************
Variable_name: innodb_purge_batch_size
        Value: 20

mysql> SET GLOBAL innodb_purge_batch_size=50;
Query OK, 0 rows affected (0.00 sec)
```

㊀ 有兴趣的读者可参考：http://code.google.com/p/google-mysql-tools/wiki/InnodbIoOltpDisk。

通过上述的讨论和解释我们知道，从 InnoDB 1.0.x 版本开始，Master Thread 的伪代码必将有所改变，最终变成：

```
void master_thread(){
   goto loop;
loop:
for(int i = 0; i<10; i++){
   thread_sleep(1) // sleep 1 second
   do log buffer flush to disk
   if ( last_one_second_ios < 5% innodb_io_capacity )
      do merge 5% innodb_io_capacity insert buffer
   if ( buf_get_modified_ratio_pct > innodb_max_dirty_pages_pct )
      do buffer pool flush 100% innodb_io_capacity dirty page
   else if enable adaptive flush
      do buffer pool flush desired amount dirty page
   if ( no user activity )
      goto backgroud loop
}
if ( last_ten_second_ios <innodb_io_capacity)
   do buffer pool flush 100% innodb_io_capacity dirty page
do merge 5% innodb_io_capacity insert buffer
do log buffer flush to disk
do full purge
if ( buf_get_modified_ratio_pct > 70% )
   do buffer pool flush 100% innodb_io_capacity dirty page
else
   dobuffer pool flush 10% innodb_io_capacity dirty page
goto loop
background loop:
do full purge
do merge 100% innodb_io_capacity insert buffer
if not idle:
goto loop:
else:
   goto flush loop
flush loop:
do buffer pool flush 100% innodb_io_capacity dirty page
if ( buf_get_modified_ratio_pct>innodb_max_dirty_pages_pct )
   go to flush loop
   goto suspend loop
suspend loop:
suspend_thread()
waiting event
goto loop;
}
```

很多测试都显示，InnoDB 1.0.x版本在性能方面取得了极大的提高，其实这和前面提到的Master Thread的改动是密不可分的，因为InnoDB存储引擎的核心操作大部分都集中在Master Thread后台线程中。

从InnoDB 1.0.x开始，命令SHOW ENGINE INNODB STATUS可以查看当前Master Thread的状态信息，如下所示：

```
mysql>SHOW ENGINE INNODB STATUS\G;
*************************** 1. row ***************************
  Type: InnoDB
  Name:
Status:
=====================================
090921 14:24:56 INNODB MONITOR OUTPUT
=====================================
Per second averages calculated from the last 6 seconds
----------
BACKGROUND THREAD
----------
srv_master_thread loops: 45 1_second, 45 sleeps, 4 10_second, 6 background, 6 flush
srv_master_thread log flush and writes: 45  log writes only: 69
……
```

这里可以看到主循环进行了45次，每秒挂起（sleep）的操作进行了45次（说明负载不是很大），10秒一次的活动进行了4次，符合1∶10。background loop进行了6次，flush loop也进行了6次。因为当前这台服务器的压力很小，所以能在理论值上运行。如果是在一台压力很大的MySQL数据库服务器上，看到的可能会是下面的情景：

```
mysql> show engine innodb status\G;
*************************** 1. row ***************************
  Type: InnoDB
  Name:
Status:
=====================================
091009 10:14:34 INNODB MONITOR OUTPUT
=====================================
Per second averages calculated from the last 42 seconds
----------
BACKGROUND THREAD
----------
srv_master_thread loops: 2188 1_second, 1537 sleeps, 218 10_second, 2
background, 2 flush
```

```
srv_master_thread log flush and writes: 1777  log writes only: 5816
......
```

可以看到当前主循环运行了 2188 次，但是循环中的每秒挂起（sleep）的操作只运行了 1537 次。这是因为 InnoDB 对其内部进行了一些优化，当压力大时并不总是等待 1 秒。因此，并不能认为 1_second 和 sleeps 的值总是相等的。在某些情况下，可以通过两者之间差值的比较来反映当前数据库的负载压力。

2.5.3 InnoDB 1.2.x 版本的 Master Thread

在 InnoDB 1.2.x 版本中再次对 Master Thread 进行了优化，由此也可以看出 Master Thread 对性能所起到的关键作用。在 InnoDB 1.2.x 版本中，Master Thread 的伪代码如下：

```
if InnoDB is idle
  srv_master_do_idle_tasks();
else
  srv_master_do_active_tasks();
```

其中 srv_master_do_idle_tasks() 就是之前版本中每 10 秒的操作，srv_master_do_active_tasks() 处理的是之前每秒中的操作。同时对于刷新脏页的操作，从 Master Thread 线程分离到一个单独的 Page Cleaner Thread，从而减轻了 Master Thread 的工作，同时进一步提高了系统的并发性。

2.6 InnoDB 关键特性

InnoDB 存储引擎的关键特性包括：

- ❑ 插入缓冲（Insert Buffer）
- ❑ 两次写（Double Write）
- ❑ 自适应哈希索引（Adaptive Hash Index）
- ❑ 异步 IO（Async IO）
- ❑ 刷新邻接页（Flush Neighbor Page）

上述这些特性为 InnoDB 存储引擎带来更好的性能以及更高的可靠性。

2.6.1 插入缓冲

1. Insert Buffer

Insert Buffer可能是InnoDB存储引擎关键特性中最令人激动与兴奋的一个功能。不过这个名字可能会让人认为插入缓冲是缓冲池中的一个组成部分。其实不然，InnoDB缓冲池中有Insert Buffer信息固然不错，但是Insert Buffer和数据页一样，也是物理页的一个组成部分。

在InnoDB存储引擎中，主键是行唯一的标识符。通常应用程序中行记录的插入顺序是按照主键递增的顺序进行插入的。因此，插入聚集索引（Primary Key）一般是顺序的，不需要磁盘的随机读取。比如按下列SQL定义表：

```
CREATE TABLE t (
    a INT AUTO_INCREMENT,
    b VARCHAR(30),
    PRIMARY KEY(a)
);
```

其中a列是自增长的，若对a列插入NULL值，则由于其具有AUTO_INCREMENT属性，其值会自动增长。同时页中的行记录按a的值进行顺序存放。在一般情况下，不需要随机读取另一个页中的记录。因此，对于这类情况下的插入操作，速度是非常快的。

注意 并不是所有的主键插入都是顺序的。若主键类是UUID这样的类，那么插入和辅助索引一样，同样是随机的。即使主键是自增类型，但是插入的是指定的值，而不是NULL值，那么同样可能导致插入并非连续的情况。

但是不可能每张表上只有一个聚集索引，更多情况下，一张表上有多个非聚集的辅助索引（secondary index）。比如，用户需要按照b这个字段进行查找，并且b这个字段不是唯一的，即表是按如下的SQL语句定义的：

```
CREATE TABLE t (
    a INT AUTO_INCREMENT,
    b VARCHAR(30),
    PRIMARY KEY(a),
    key(b)
);
```

在这样的情况下产生了一个非聚集的且不是唯一的索引。在进行插入操作时，数据页的存放还是按主键 a 进行顺序存放的，但是对于非聚集索引叶子节点的插入不再是顺序的了，这时就需要离散地访问非聚集索引页，由于随机读取的存在而导致了插入操作性能下降。当然这并不是这个 b 字段上索引的错误，而是因为 B+ 树的特性决定了非聚集索引插入的离散性。

需要注意的是，在某些情况下，辅助索引的插入依然是顺序的，或者说是比较顺序的，比如用户购买表中的时间字段。在通常情况下，用户购买时间是一个辅助索引，用来根据时间条件进行查询。但是在插入时却是根据时间的递增而插入的，因此插入也是“较为”顺序的。

InnoDB 存储引擎开创性地设计了 Insert Buffer，对于非聚集索引的插入或更新操作，不是每一次直接插入到索引页中，而是先判断插入的非聚集索引页是否在缓冲池中，若在，则直接插入；若不在，则先放入到一个 Insert Buffer 对象中，好似欺骗。数据库这个非聚集的索引已经插到叶子节点，而实际并没有，只是存放在另一个位置。然后再以一定的频率和情况进行 Insert Buffer 和辅助索引页子节点的 merge（合并）操作，这时通常能将多个插入合并到一个操作中（因为在一个索引页中），这就大大提高了对于非聚集索引插入的性能。

然而 Insert Buffer 的使用需要同时满足以下两个条件：

- 索引是辅助索引（secondary index）；
- 索引不是唯一（unique）的。

当满足以上两个条件时，InnoDB 存储引擎会使用 Insert Buffer，这样就能提高插入操作的性能了。不过考虑这样一种情况：应用程序进行大量的插入操作，这些都涉及了不唯一的非聚集索引，也就是使用了 Insert Buffer。若此时 MySQL 数据库发生了宕机，这时势必有大量的 Insert Buffer 并没有合并到实际的非聚集索引中去。因此这时恢复可能需要很长的时间，在极端情况下甚至需要几个小时。

辅助索引不能是唯一的，因为在插入缓冲时，数据库并不去查找索引页来判断插入的记录的唯一性。如果去查找肯定又会有离散读取的情况发生，从而导致 Insert Buffer 失去了意义。

用户可以通过命令 SHOW ENGINE INNODB STATUS 来查看插入缓冲的信息：

```
mysql>SHOW ENGINE INNODB STATUS\G;
*************************** 1. row ***************************
```

```
  Type: InnoDB
  Name:
Status:
=====================================
100727 22:21:48 INNODB MONITOR OUTPUT
=====================================
Per second averages calculated from the last 44 seconds
……
-------------------------------------
INSERT BUFFER AND ADAPTIVE HASH INDEX
-------------------------------------
Ibuf: size 7545, free list len 3790, seg size 11336,
8075308 inserts, 7540969 merged recs, 2246304 merges
……
----------------------------
END OF INNODB MONITOR OUTPUT
============================

1 row in set (0.00 sec)
```

seg size显示了当前Insert Buffer的大小为11336×16KB，大约为177MB；free list len代表了空闲列表的长度；size代表了已经合并记录页的数量。而黑体部分的第2行可能是用户真正关心的，因为它显示了插入性能的提高。Inserts代表了插入的记录数；merged recs代表了合并的插入记录数量；merges代表合并的次数，也就是实际读取页的次数。merges:merged recs大约为1∶3，代表了插入缓冲将对于非聚集索引页的离散IO逻辑请求大约降低了2/3。

正如前面所说的，目前Insert Buffer存在一个问题是：在写密集的情况下，插入缓冲会占用过多的缓冲池内存（innodb_buffer_pool），默认最大可以占用到1/2的缓冲池内存。以下是InnoDB存储引擎源代码中对于insert buffer的初始化操作：

```
/** Buffer pool size per the maximum insert buffer size */
#define IBUF_POOL_SIZE_PER_MAX_SIZE        2
ibuf->max_size = buf_pool_get_curr_size() / UNIV_PAGE_SIZE
            / IBUF_POOL_SIZE_PER_MAX_SIZE;
```

这对于其他的操作可能会带来一定的影响。Percona上发布一些patch来修正插入缓冲占用太多缓冲池内存的情况，具体可以到Percona官网进行查找。简单来说，修改IBUF_POOL_SIZE_PER_MAX_SIZE就可以对插入缓冲的大小进行控制。比如将IBUF_

POOL_SIZE_PER_MAX_SIZE 改为 3，则最大只能使用 1/3 的缓冲池内存。

2. Change Buffer

InnoDB 从 1.0.x 版本开始引入了 Change Buffer，可将其视为 Insert Buffer 的升级。从这个版本开始，InnoDB 存储引擎可以对 DML 操作——INSERT、DELETE、UPDATE 都进行缓冲，他们分别是：Insert Buffer、Delete Buffer、Purge buffer。

当然和之前 Insert Buffer 一样，Change Buffer 适用的对象依然是非唯一的辅助索引。

对一条记录进行 UPDATE 操作可能分为两个过程：

- ❑ 将记录标记为已删除；
- ❑ 真正将记录删除。

因此 Delete Buffer 对应 UPDATE 操作的第一个过程，即将记录标记为删除。Purge Buffer 对应 UPDATE 操作的第二个过程，即将记录真正的删除。同时，InnoDB 存储引擎提供了参数 innodb_change_buffering，用来开启各种 Buffer 的选项。该参数可选的值为：inserts、deletes、purges、changes、all、none。inserts、deletes、purges 就是前面讨论过的三种情况。changes 表示启用 inserts 和 deletes，all 表示启用所有，none 表示都不启用。该参数默认值为 all。

从 InnoDB 1.2.x 版本开始，可以通过参数 innodb_change_buffer_max_size 来控制 Change Buffer 最大使用内存的数量：

```
mysql> SHOW VARIABLES LIKE 'innodb_change_buffer_max_size'\G;
*************************** 1. row ***************************
Variable_name: innodb_change_buffer_max_size
        Value: 25
1 row in set (0.00 sec)
```

innodb_change_buffer_max_size 值默认为 25，表示最多使用 1/4 的缓冲池内存空间。而需要注意的是，该参数的最大有效值为 50。

在 MySQL 5.5 版本中通过命令 SHOW ENGINE INNODB STATUS，可以观察到类似如下的内容：

```
mysql> SHOW ENGINE INNODB STATUS\G;
*************************** 1. row ***************************
  Type: InnoDB
......
-------------------------------------
INSERT BUFFER AND ADAPTIVE HASH INDEX
```

```
-----------------------------------
Ibuf: size 1, free list len 34397, seg size 34399, 10875 merges
merged operations:
 insert 20462, delete mark 20158, delete 4215
discarded operations:
 insert 0, delete mark 0, delete 0
……
```

可以看到这里显示了merged operations和discarded operation，并且下面具体显示Change Buffer中每个操作的次数。insert表示Insert Buffer；delete mark表示Delete Buffer；delete表示Purge Buffer；discarded operations表示当Change Buffer发生merge时，表已经被删除，此时就无需再将记录合并（merge）到辅助索引中了。

3. Insert Buffer的内部实现

通过前一个小节读者应该已经知道了Insert Buffer的使用场景，即非唯一辅助索引的插入操作。但是对于Insert Buffer具体是什么，以及内部怎么实现可能依然模糊，这正是本节所要阐述的内容。

可能令绝大部分用户感到吃惊的是，Insert Buffer的数据结构是一棵B+树。在MySQL 4.1之前的版本中每张表有一棵Insert Buffer B+树。而在现在的版本中，全局只有一棵Insert Buffer B+树，负责对所有的表的辅助索引进行Insert Buffer。而这棵B+树存放在共享表空间中，默认也就是ibdata1中。因此，试图通过独立表空间ibd文件恢复表中数据时，往往会导致CHECK TABLE失败。这是因为表的辅助索引中的数据可能还在Insert Buffer中，也就是共享表空间中，所以通过ibd文件进行恢复后，还需要进行REPAIR TABLE操作来重建表上所有的辅助索引。

Insert Buffer是一棵B+树，因此其也由叶节点和非叶节点组成。非叶节点存放的是查询的search key（键值），其构造如图2-3所示。

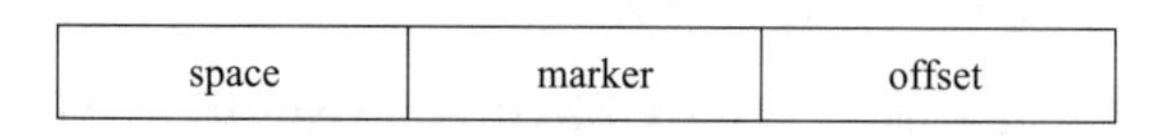

图2-3　Insert Buffer非叶节点中的search key

search key一共占用9个字节，其中space表示待插入记录所在表的表空间id，在InnoDB存储引擎中，每个表有一个唯一的space id，可以通过space id查询得知是哪张表。space占用4字节。marker占用1字节，它是用来兼容老版本的Insert Buffer。offset表示页所在的偏移量，占用4字节。

当一个辅助索引要插入到页（space，offset）时，如果这个页不在缓冲池中，那么 InnoDB 存储引擎首先根据上述规则构造一个 search key，接下来查询 Insert Buffer 这棵 B+ 树，然后再将这条记录插入到 Insert Buffer B+ 树的叶子节点中。

对于插入到 Insert Buffer B+ 树叶子节点的记录（如图 2-4 所示），并不是直接将待插入的记录插入，而是需要根据如下的规则进行构造：

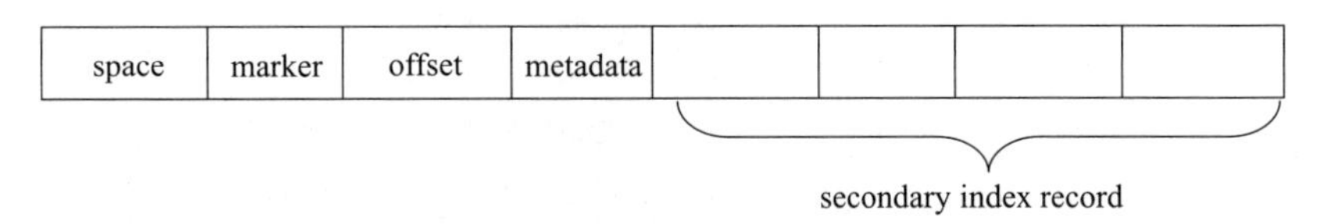

图 2-4　Insert Buffer 叶子节点中的记录

space、marker、page_no 字段和之前非叶节点中的含义相同，一共占用 9 字节。第 4 个字段 metadata 占用 4 字节，其存储的内容如表 2-2 所示。

表 2-2　metadata 字段存储的内容

名　称	字　节
IBUF_REC_OFFSET_COUNT	2
IBUF_REC_OFFSET_TYPE	1
IBUF_REC_OFFSET_FLAGS	1

IBUF_REC_OFFSET_COUNT 是保存两个字节的整数，用来排序每个记录进入 Insert Buffer 的顺序。因为从 InnoDB1.0.x 开始支持 Change Buffer，所以这个值同样记录进入 Insert Buffer 的顺序。通过这个顺序回放（replay）才能得到记录的正确值。

从 Insert Buffer 叶子节点的第 5 列开始，就是实际插入记录的各个字段了。因此较之原插入记录，Insert Buffer B+ 树的叶子节点记录需要额外 13 字节的开销。

因为启用 Insert Buffer 索引后，辅助索引页（space，page_no）中的记录可能被插入到 Insert Buffer B+ 树中，所以为了保证每次 Merge Insert Buffer 页必须成功，还需要有一个特殊的页用来标记每个辅助索引页（space，page_no）的可用空间。这个页的类型为 Insert Buffer Bitmap。

每个 Insert Buffer Bitmap 页用来追踪 16384 个辅助索引页，也就是 256 个区（Extent）。每个 Insert Buffer Bitmap 页都在 16384 个页的第二个页中。关于 Insert Buffer Bitmap 页的作用会在下一小节中详细介绍。

每个辅助索引页在 Insert Buffer Bitmap 页中占用 4 位（bit），由表 2-3 中的三个部分组成。

表 2-3 每个辅助索引页在 Insert Buffer Bitmap 中存储的信息

名 称	大小（bit）	说 明
IBUF_BITMAP_FREE	2	表示该辅助索引页中的可用空间数量，可取值为： ❑ 0 表示无可用剩余空间 ❑ 1 表示剩余空间大于 1/32 页（512 字节） ❑ 2 表示剩余空间大于 1/16 页 ❑ 3 表示剩余空间大于 1/8 页
IBUF_BITMAP_BUFFERED	1	1 表示该辅助索引页有记录被缓存在 Insert Buffer B+ 树中
IBUF_BITMAP_IBUF	1	1 表示该页为 Insert Buffer B+ 树的索引页

4. Merge Insert Buffer

通过前面的小节读者应该已经知道了 Insert/Change Buffer 是一棵 B+ 树。若需要实现插入记录的辅助索引页不在缓冲池中，那么需要将辅助索引记录首先插入到这棵 B+ 树中。但是 Insert Buffer 中的记录何时合并（merge）到真正的辅助索引中呢？这是本小节需要关注的重点。

概括地说，Merge Insert Buffer 的操作可能发生在以下几种情况下：

- ❑ 辅助索引页被读取到缓冲池时；
- ❑ Insert Buffer Bitmap 页追踪到该辅助索引页已无可用空间时；
- ❑ Master Thread。

第一种情况为当辅助索引页被读取到缓冲池中时，例如这在执行正常的 SELECT 查询操作，这时需要检查 Insert Buffer Bitmap 页，然后确认该辅助索引页是否有记录存放于 Insert Buffer B+ 树中。若有，则将 Insert Buffer B+ 树中该页的记录插入到该辅助索引页中。可以看到对该页多次的记录操作通过一次操作合并到了原有的辅助索引页中，因此性能会有大幅提高。

Insert Buffer Bitmap 页用来追踪每个辅助索引页的可用空间，并至少有 1/32 页的空间。若插入辅助索引记录时检测到插入记录后可用空间会小于 1/32 页，则会强制进行一个合并操作，即强制读取辅助索引页，将 Insert Buffer B+ 树中该页的记录及待插入的记录插入到辅助索引页中。这就是上述所说的第二种情况。

还有一种情况，之前在分析 Master Thread 时曾讲到，在 Master Thread 线程中每秒或每 10 秒会进行一次 Merge Insert Buffer 的操作，不同之处在于每次进行 merge 操作的页的数量不同。

在 Master Thread 中，执行 merge 操作的不止是一个页，而是根据 srv_innodb_io_capactiy 的百分比来决定真正要合并多少个辅助索引页。但 InnoDB 存储引擎又是根据怎样的算法来得知需要合并的辅助索引页呢？

在 Insert Buffer B+ 树中，辅助索引页根据（space，offset）都已排序好，故可以根据（space，offset）的排序顺序进行页的选择。然而，对于 Insert Buffer 页的选择，InnoDB 存储引擎并非采用这个方式，它随机地选择 Insert Buffer B+ 树的一个页，读取该页中的 space 及之后所需要数量的页。该算法在复杂情况下应有更好的公平性。同时，若进行 merge 时，要进行 merge 的表已经被删除，此时可以直接丢弃已经被 Insert/Change Buffer 的数据记录。

2.6.2 两次写

如果说 Insert Buffer 带给 InnoDB 存储引擎的是性能上的提升，那么 doublewrite（两次写）带给 InnoDB 存储引擎的是数据页的可靠性。

当发生数据库宕机时，可能 InnoDB 存储引擎正在写入某个页到表中，而这个页只写了一部分，比如 16KB 的页，只写了前 4KB，之后就发生了宕机，这种情况被称为部分写失效（partial page write）。在 InnoDB 存储引擎未使用 doublewrite 技术前，曾经出现过因为部分写失效而导致数据丢失的情况。

有经验的 DBA 也许会想，如果发生写失效，可以通过重做日志进行恢复。这是一个办法。但是必须清楚地认识到，重做日志中记录的是对页的物理操作，如偏移量 800，写 'aaaa' 记录。如果这个页本身已经发生了损坏，再对其进行重做是没有意义的。这就是说，在应用（apply）重做日志前，用户需要一个页的副本，当写入失效发生时，先通过页的副本来还原该页，再进行重做，这就是 doublewrite。在 InnoDB 存储引擎中 doublewrite 的体系架构如图 2-5 所示。

doublewrite 由两部分组成，一部分是内存中的 doublewrite buffer，大小为 2MB，另一部分是物理磁盘上共享表空间中连续的 128 个页，即 2 个区（extent），大小同样为 2MB。在对缓冲池的脏页进行刷新时，并不直接写磁盘，而是会通过 memcpy 函数将脏页先复制到内存中的 doublewrite buffer，之后通过 doublewrite buffer 再分两次，每次 1MB 顺序地写入共享表空间的物理磁盘上，然后马上调用 fsync 函数，同步磁盘，避免缓冲写带来的问题。在这个过程中，因为 doublewrite 页是连续的，因此这个过程是顺序

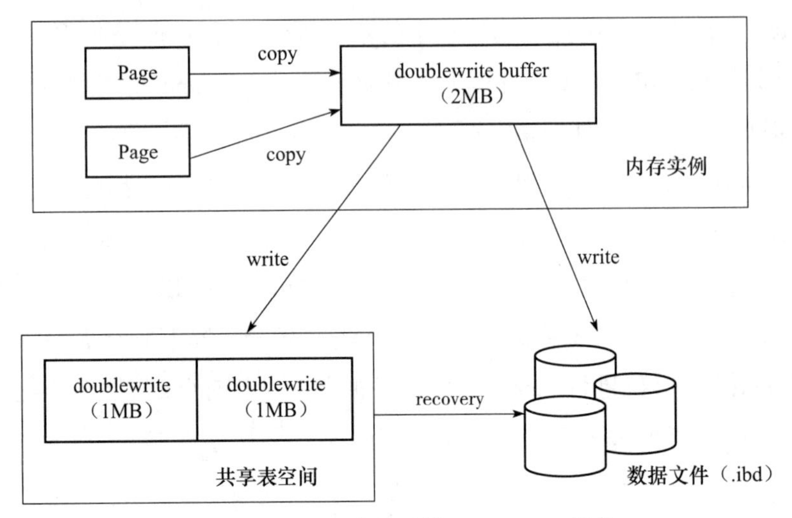

图2-5 InnoDB存储引擎doublewrite架构

写的，开销并不是很大。在完成doublewrite页的写入后，再将doublewrite buffer中的页写入各个表空间文件中，此时的写入则是离散的。可以通过以下命令观察到doublewrite运行的情况：

```
mysql>SHOW GLOBAL STATUS LIKE 'innodb_dblwr%'\G;
*************************** 1. row ***************************
Variable_name: Innodb_dblwr_pages_written
        Value: 6325194
*************************** 2. row ***************************
Variable_name: Innodb_dblwr_writes
        Value: 100399
2 rows in set (0.00 sec)
```

可以看到，doublewrite一共写了6 325 194个页，但实际的写入次数为100 399，基本上符合64 : 1。如果发现系统在高峰时的Innodb_dblwr_pages_written:Innodb_dblwr_writes远小于64 : 1，那么可以说明系统写入压力并不是很高。

如果操作系统在将页写入磁盘的过程中发生了崩溃，在恢复过程中，InnoDB存储引擎可以从共享表空间中的doublewrite中找到该页的一个副本，将其复制到表空间文件，再应用重做日志。下面显示了一个由doublewrite进行恢复的情况：

```
090924 11:36:32  mysqld restarted
090924 11:36:33  InnoDB: Database was not shut down normally!
InnoDB: Starting crash recovery.
InnoDB: Reading tablespace information from the .ibd files...
InnoDB: Crash recovery may have failed for some .ibd files!
```

```
InnoDB: Restoring possible half-written data pages from the doublewrite
InnoDB: buffer...
```

若查看MySQL官方手册，会发现在命令SHOW GLOBAL STATUS中Innodb_buffer_pool_pages_flushed变量表示当前从缓冲池中刷新到磁盘页的数量。根据之前的介绍，用户应该了解到，在默认情况下所有页的刷新首先都需要放入到doublewrite中，因此该变量应该和Innodb_dblwr_pages_written一致。然而在MySQL 5.5.24版本之前，Innodb_buffer_pool_pages_flushed总是为Innodb_dblwr_pages_written的2倍，而此Bug直到MySQL5.5.24才被修复。因此用户若需要统计数据库在生产环境中写入的量，最安全的方法还是根据Innodb_dblwr_pages_written来进行统计，这在所有版本的MySQL数据库中都是正确的。

参数skip_innodb_doublewrite可以禁止使用doublewrite功能，这时可能会发生前面提及的写失效问题。不过如果用户有多个从服务器（slave server），需要提供较快的性能（如在slaves erver上做的是RAID0），也许启用这个参数是一个办法。不过对于需要提供数据高可靠性的主服务器（master server），任何时候用户都应确保开启doublewrite功能。

注意 有些文件系统本身就提供了部分写失效的防范机制，如ZFS文件系统。在这种情况下，用户就不要启用doublewrite了。

2.6.3 自适应哈希索引

哈希（hash）是一种非常快的查找方法，在一般情况下这种查找的时间复杂度为O(1)，即一般仅需要一次查找就能定位数据。而B+树的查找次数，取决于B+树的高度，在生产环境中，B+树的高度一般为3～4层，故需要3～4次的查询。

InnoDB存储引擎会监控对表上各索引页的查询。如果观察到建立哈希索引可以带来速度提升，则建立哈希索引，称之为自适应哈希索引（Adaptive Hash Index，AHI）。AHI是通过缓冲池的B+树页构造而来，因此建立的速度很快，而且不需要对整张表构建哈希索引。InnoDB存储引擎会自动根据访问的频率和模式来自动地为某些热点页建立哈希索引。

AHI有一个要求，即对这个页的连续访问模式必须是一样的。例如对于（a，b）这样的联合索引页，其访问模式可以是以下情况：

❑ WHERE a=xxx

❑ WHERE a=xxx and b=xxx

访问模式一样指的是查询的条件一样，若交替进行上述两种查询，那么InonDB存储引擎不会对该页构造AHI。此外AHI还有如下的要求：

❑ 以该模式访问了100次

❑ 页通过该模式访问了*N*次，其中*N*=页中记录*1/16

根据InnoDB存储引擎官方的文档显示，启用AHI后，读取和写入速度可以提高2倍，辅助索引的连接操作性能可以提高5倍。毫无疑问，AHI是非常好的优化模式，其设计思想是数据库自优化的（self-tuning），即无需DBA对数据库进行人为调整。

通过命令SHOW ENGINE INNODB STATUS可以看到当前AHI的使用状况：

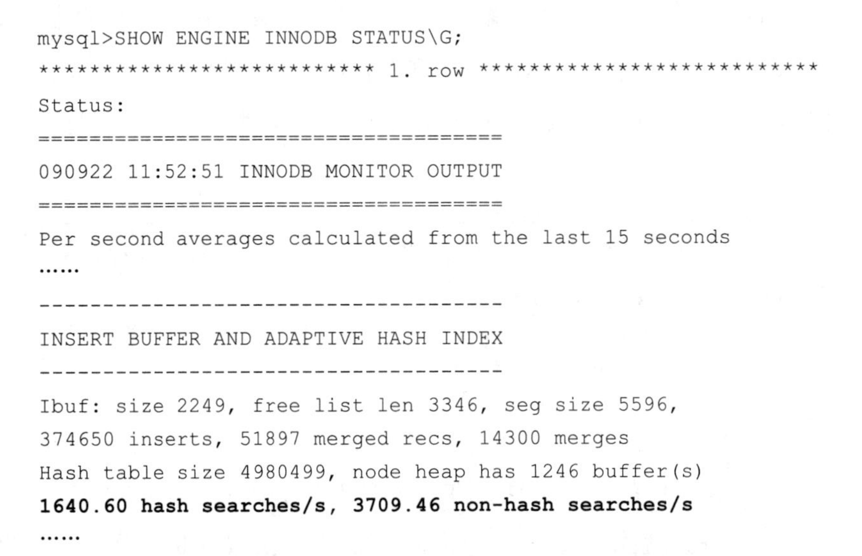

```
mysql>SHOW ENGINE INNODB STATUS\G;
*************************** 1. row ***************************
Status:
=====================================
090922 11:52:51 INNODB MONITOR OUTPUT
=====================================
Per second averages calculated from the last 15 seconds
……
-------------------------------------
INSERT BUFFER AND ADAPTIVE HASH INDEX
-------------------------------------
Ibuf: size 2249, free list len 3346, seg size 5596,
374650 inserts, 51897 merged recs, 14300 merges
Hash table size 4980499, node heap has 1246 buffer(s)
1640.60 hash searches/s, 3709.46 non-hash searches/s
……
```

现在可以看到AHI的使用信息了，包括AHI的大小、使用情况、每秒使用AHI搜索的情况。值得注意的是，哈希索引只能用来搜索等值的查询，如SELECT*FROM table WHERE index_col='xxx'。而对于其他查找类型，如范围查找，是不能使用哈希索引的，因此这里出现了non-hash searches/s的情况。通过hash searches:non-hash searches可以大概了解使用哈希索引后的效率。

由于AHI是由InnoDB存储引擎控制的，因此这里的信息只供用户参考。不过用户可以通过观察SHOW ENGINE INNODB STATUS的结果及参数innodb_adaptive_hash_ index 来考虑是禁用或启动此特性，默认 AHI 为开启状态。

2.6.4 异步 IO

为了提高磁盘操作性能，当前的数据库系统都采用异步 IO（Asynchronous IO，AIO）的方式来处理磁盘操作。InnoDB 存储引擎亦是如此。

与 AIO 对应的是 Sync IO，即每进行一次 IO 操作，需要等待此次操作结束才能继续接下来的操作。但是如果用户发出的是一条索引扫描的查询，那么这条 SQL 查询语句可能需要扫描多个索引页，也就是需要进行多次的 IO 操作。在每扫描一个页并等待其完成后再进行下一次的扫描，这是没有必要的。用户可以在发出一个 IO 请求后立即再发出另一个 IO 请求，当全部 IO 请求发送完毕后，等待所有 IO 操作的完成，这就是 AIO。

AIO 的另一个优势是可以进行 IO Merge 操作，也就是将多个 IO 合并为 1 个 IO，这样可以提高 IOPS 的性能。例如用户需要访问页的（space，page_no）为：

（8，6）、（8，7），（8，8）

每个页的大小为 16KB，那么同步 IO 需要进行 3 次 IO 操作。而 AIO 会判断到这三个页是连续的（显然可以通过（space，page_no）得知）。因此 AIO 底层会发送一个 IO 请求，从（8，6）开始，读取 48KB 的页。

若通过 Linux 操作系统下的 iostat 命令，可以通过观察 rrqm/s 和 wrqm/s，例如：

```
    avg-cpu:  %user   %nice %system %iowait  %steal   %idle
               4.70    0.00    1.60   13.20    0.00   80.50

    Device:    rrqm/s   wrqm/s     r/s     w/s    rMB/s     wMB/s avgrq-sz avgqu-sz
await  svctm  %util
    sdc        3905.67   172.00 6910.33  466.67   168.81    18.15    51.91    19.17
2.59   0.13  97.73
```

在 InnoDB1.1.x 之前，AIO 的实现通过 InnoDB 存储引擎中的代码来模拟实现。而从 InnoDB 1.1.x 开始（InnoDB Plugin 不支持），提供了内核级别 AIO 的支持，称为 Native AIO。因此在编译或者运行该版本 MySQL 时，需要 libaio 库的支持。若没有则会出现如下的提示：

```
    /usr/local/mysql/bin/mysqld: error while loading shared libraries: libaio.so.1:
cannot open shared object file: No such file or directory
```

需要注意的是，Native AIO 需要操作系统提供支持。Windows 系统和 Linux 系统都提供 Native AIO 支持，而 Mac OSX 系统则未提供。因此在这些系统下，依旧只能使用原模拟的方式。在选择 MySQL 数据库服务器的操作系统时，需要考虑这方面的因素。

参数 innodb_use_native_aio 用来控制是否启用 Native AIO，在 Linux 操作系统下，默认值为 ON：

```
mysql> SHOW VARIABLES LIKE 'innodb_use_native_aio'\G;
*************************** 1. row ***************************
Variable_name: innodb_use_native_aio
        Value: ON
1 row in set (0.00 sec)
```

用户可以通过开启和关闭 Native AIO 功能来比较 InnoDB 性能的提升。官方的测试显示，启用 Native AIO，恢复速度可以提高 75%。

在 InnoDB 存储引擎中，read ahead 方式的读取都是通过 AIO 完成，脏页的刷新，即磁盘的写入操作则全部由 AIO 完成。

2.6.5　刷新邻接页

InnoDB 存储引擎还提供了 Flush Neighbor Page（刷新邻接页）的特性。其工作原理为：当刷新一个脏页时，InnoDB 存储引擎会检测该页所在区（extent）的所有页，如果是脏页，那么一起进行刷新。这样做的好处显而易见，通过 AIO 可以将多个 IO 写入操作合并为一个 IO 操作，故该工作机制在传统机械磁盘下有着显著的优势。但是需要考虑到下面两个问题：

- 是不是可能将不怎么脏的页进行了写入，而该页之后又会很快变成脏页？
- 固态硬盘有着较高的 IOPS，是否还需要这个特性？

为此，InnoDB 存储引擎从 1.2.x 版本开始提供了参数 innodb_flush_neighbors，用来控制是否启用该特性。对于传统机械硬盘建议启用该特性，而对于固态硬盘有着超高 IOPS 性能的磁盘，则建议将该参数设置为 0，即关闭此特性。

2.7　启动、关闭与恢复

InnoDB 是 MySQL 数据库的存储引擎之一，因此 InnoDB 存储引擎的启动和关闭，更准确的是指在 MySQL 实例的启动过程中对 InnoDB 存储引擎的处理过程。

在关闭时，参数 innodb_fast_shutdown 影响着表的存储引擎为 InnoDB 的行为。该参数可取值为 0、1、2，默认值为 1。

- 0 表示在 MySQL 数据库关闭时，InnoDB 需要完成所有的 full purge 和 merge insert buffer，并且将所有的脏页刷新回磁盘。这需要一些时间，有时甚至需要几个小时来完成。如果在进行 InnoDB 升级时，必须将这个参数调为 0，然后再关闭数据库。
- 1 是参数 innodb_fast_shutdown 的默认值，表示不需要完成上述的 full purge 和 merge insert buffer 操作，但是在缓冲池中的一些数据脏页还是会刷新回磁盘。
- 2 表示不完成 full purge 和 merge insert buffer 操作，也不将缓冲池中的数据脏页写回磁盘，而是将日志都写入日志文件。这样不会有任何事务的丢失，但是下次 MySQL 数据库启动时，会进行恢复操作（recovery）。

当正常关闭 MySQL 数据库时，下次的启动应该会非常“正常”。但是如果没有正常地关闭数据库，如用 kill 命令关闭数据库，在 MySQL 数据库运行中重启了服务器，或者在关闭数据库时，将参数 innodb_fast_shutdown 设为了 2 时，下次 MySQL 数据库启动时都会对 InnoDB 存储引擎的表进行恢复操作。

参数 innodb_force_recovery 影响了整个 InnoDB 存储引擎恢复的状况。该参数值默认为 0，代表当发生需要恢复时，进行所有的恢复操作，当不能进行有效恢复时，如数据页发生了 corruption，MySQL 数据库可能发生宕机（crash），并把错误写入错误日志中去。

但是，在某些情况下，可能并不需要进行完整的恢复操作，因为用户自己知道怎么进行恢复。比如在对一个表进行 alter table 操作时发生意外了，数据库重启时会对 InnoDB 表进行回滚操作，对于一个大表来说这需要很长时间，可能是几个小时。这时用户可以自行进行恢复，如可以把表删除，从备份中重新导入数据到表，可能这些操作的速度要远远快于回滚操作。

参数 innodb_force_recovery 还可以设置为 6 个非零值：1 ～ 6。大的数字表示包含了前面所有小数字表示的影响。具体情况如下：

- 1(SRV_FORCE_IGNORE_CORRUPT)：忽略检查到的 corrupt 页。
- 2(SRV_FORCE_NO_BACKGROUND)：阻止 Master Thread 线程的运行，如 Master Thread 线程需要进行 full purge 操作，而这会导致 crash。
- 3(SRV_FORCE_NO_TRX_UNDO)：不进行事务的回滚操作。

- 4(SRV_FORCE_NO_IBUF_MERGE)：不进行插入缓冲的合并操作。
- 5(SRV_FORCE_NO_UNDO_LOG_SCAN)：不查看撤销日志（Undo Log），InnoDB存储引擎会将未提交的事务视为已提交。
- 6(SRV_FORCE_NO_LOG_REDO)：不进行前滚的操作。

需要注意的是，在设置了参数innodb_force_recovery大于0后，用户可以对表进行select、create和drop操作，但insert、update和delete这类DML操作是不允许的。

现在来做一个实验，模拟故障的发生。在第一个会话中（session），对一张接近1 000万行的InnoDB存储引擎表进行更新操作，但是完成后不要马上提交：

```
mysql>START TRANSACTION;
Query OK, 0 rows affected (0.00 sec)

mysql>UPDATE Profile SET password='';
Query OK, 9587770 rows affected (7 min 55.73 sec)
Rows matched: 9999248  Changed: 9587770  Warnings: 0
```

START TRANSACTION语句开启了事务，同时防止了自动提交（auto commit）的发生，UPDATE操作则会产生大量的UNDO日志（undo log）。这时，人为通过kill命令杀掉MySQL数据库服务器：

```
[root@nineyou0-43 ~]# ps -ef | grep mysqld
root     28007     1  0 13:40 pts/1    00:00:00 /bin/sh./bin/mysqld_safe --datadir =/usr/local/mysql/data --pid-file=/usr/local/mysql/data/nineyou0-43.pid
mysql    28045 28007 42 13:40 pts/1    00:04:23 /usr/local/mysql/bin/mysqld -- basedir=/usr/local/mysql --datadir=/usr/local/mysql/data --user=mysql --pid-file=/usr/local/mysql/data/nineyou0-43.pid --skip-external-locking --port=3306 --socket=/tmp/mysql.sock
root     28110 26963  0 13:50 pts/11   00:00:00 grep mysqld
[root@nineyou0-43 ~]# kill -9 28007
[root@nineyou0-43 ~]# kill -9 28045
```

通过kill命令可以模拟数据库的宕机操作。下次MySQL数据库启动时会对之前的UPDATE事务进行回滚操作，而这些信息都会记录在错误日志文件（默认后缀名为err）中。如果查看错误日志文件，可得如下结果：

```
090922 13:40:20  InnoDB: Started; log sequence number 6 2530474615
InnoDB: Starting in background the rollback of uncommitted transactions
090922 13:40:20  InnoDB: Rolling back trx with id 0 5281035, 8867280 rows to undo

InnoDB: Progress in percents: 1090922 13:40:20
```

```
    090922 13:40:20 [Note] /usr/local/mysql/bin/mysqld: ready for connections.
    Version: '5.0.45-log'  socket: '/tmp/mysql.sock'  port: 3306  MySQL Community
Server (GPL)
     2 3 4 5 6 7 8 9 10 11 12 13 14 15 16 17 18 19 20 21 22 23 24 25 26 27 28 29 30
31 32 33 34 35 36 37 38 39 40 41 42 43 44 45 46 47 48 49 50 51 52 53 54 55 56 57 58
59 60 61 62 63 64 65 66 67 68 69 70 71 72 73 74 75 76 77 78 79 80 81 82 83 84 85 86
87 88 89 90 91 92 93 94 95 96 97 98 99 100
    InnoDB: Rolling back of trx id 0 5281035 completed
    090922 13:49:21  InnoDB: Rollback of non-prepared transactions completed
```

可以看到，采用默认的策略，即将 innodb_force_recovery 设为 0，InnoDB 会在每次启动后对发生问题的表进行恢复操作。通过错误日志文件，可知这次回滚操作需要回滚 8867280 行记录，差不多总共进行了 9 分钟。

再做一次同样的测试，只不过这次在启动 MySQL 数据库前，将参数 innodb_force_recovery 设为 3，然后观察 InnoDB 存储引擎是否还会进行回滚操作。查看错误日志文件，可得：

```
    090922 14:26:23  InnoDB: Started; log sequence number 7 2253251193
    InnoDB: !!!innodb_force_recovery is set to 3 !!!
    090922 14:26:23 [Note] /usr/local/mysql/bin/mysqld: ready for connections.
    Version: '5.0.45-log'  socket: '/tmp/mysql.sock'  port: 3306  MySQL Community
Server (GPL)
```

这里出现了“!!!”，InnoDB 警告已经将 innodb_force_recovery 设置为 3，不会进行回滚操作了，因此数据库很快启动完成了。但是用户应该小心当前数据库的状态，并仔细确认是否不需要回滚事务的操作。

2.8 小结

本章对 InnoDB 存储引擎及其体系结构进行了概述，先给出了 InnoDB 存储引擎的历史、InnoDB 存储引擎的体系结构（包括后台线程和内存结构）；之后又详细介绍了 InnoDB 存储引擎的关键特性，这些特性使 InnoDB 存储引擎变得更具“魅力”；最后介绍了启动和关闭 MySQL 时一些配置文件参数对 InnoDB 存储引擎的影响。

通过本章的铺垫，读者在学习后面的内容时就会对 InnoDB 引擎理解得更深入和更全面。第 3 章开始介绍 MySQL 的文件，包括 MySQL 本身的文件和与 InnoDB 存储引擎本身有关的文件。之后本书将介绍基于 InnoDB 存储引擎的表，并揭示内部的存储构造。

第3章　文　　件

本章将分析构成MySQL数据库和InnoDB存储引擎表的各种类型文件。这些文件有以下这些。

- ❑ 参数文件：告诉MySQL实例启动时在哪里可以找到数据库文件，并且指定某些初始化参数，这些参数定义了某种内存结构的大小等设置，还会介绍各种参数的类型。
- ❑ 日志文件：用来记录MySQL实例对某种条件做出响应时写入的文件，如错误日志文件、二进制日志文件、慢查询日志文件、查询日志文件等。
- ❑ socket文件：当用UNIX域套接字方式进行连接时需要的文件。
- ❑ pid文件：MySQL实例的进程ID文件。
- ❑ MySQL表结构文件：用来存放MySQL表结构定义文件。
- ❑ 存储引擎文件：因为MySQL表存储引擎的关系，每个存储引擎都会有自己的文件来保存各种数据。这些存储引擎真正存储了记录和索引等数据。本章主要介绍与InnoDB有关的存储引擎文件。

3.1　参数文件

在第1章中已经介绍过了，当MySQL实例启动时，数据库会先去读一个配置参数文件，用来寻找数据库的各种文件所在位置以及指定某些初始化参数，这些参数通常定义了某种内存结构有多大等。在默认情况下，MySQL实例会按照一定的顺序在指定的位置进行读取，用户只需通过命令mysql--help | grep my.cnf来寻找即可。

MySQL数据库参数文件的作用和Oracle数据库的参数文件极其类似，不同的是，Oracle实例在启动时若找不到参数文件，是不能进行装载（mount）操作的。MySQL稍微有所不同，MySQL实例可以不需要参数文件，这时所有的参数值取决于编译MySQL时指定的默认值和源代码中指定参数的默认值。但是，如果MySQL实例在默认的数据库目录下找不到mysql架构，则启动同样会失败，此时可能在错误日志文件中找到如下内容：

```
    090922 16:25:52  mysqld started
    090922 16:25:53  InnoDB: Started; log sequence number 8 2801063211
    InnoDB: !!! innodb_force_recovery is set to 1 !!!
    090922 16:25:53 [ERROR] Fatal error: Can't open and lock privilege tables:
Table 'mysql.host' doesn't exist
    090922 16:25:53  mysqld ended
```

MySQL的mysql架构中记录了访问该实例的权限，当找不到这个架构时，MySQL实例不会成功启动。

MySQL数据库的参数文件是以文本方式进行存储的。用户可以直接通过一些常用的文本编辑软件（如vi和emacs）进行参数的修改。

3.1.1 什么是参数

简单地说，可以把数据库参数看成一个键/值（key/value）对。第2章已经介绍了一个对于InnoDB存储引擎很重要的参数innodb_buffer_pool_size。如我们将这个参数设置为1G，即innodb_buffer_pool_size=1G。这里的“键”是innodb_buffer_pool_size，“值”是1G，这就是键值对。可以通过命令SHOW VARIABLES查看数据库中的所有参数，也可以通过LIKE来过滤参数名。从MySQL 5.1版本开始，还可以通过information_schema架构下的GLOBAL_VARIABLES视图来进行查找，如下所示。

```
mysql>  SELECT * FROM
    ->  GLOBAL_VARIABLES
    ->  WHERE VARIABLE_NAME LIKE 'innodb_buffer%'\G;
*************************** 1. row ***************************
 VARIABLE_NAME: INNODB_BUFFER_POOL_SIZE
VARIABLE_VALUE: 1073741824
1 row in set (0.00 sec)

mysql>SHOW VARIABLES LIKE 'innodb_buffer%'\G;
*************************** 1. row ***************************
Variable_name: innodb_buffer_pool_size
        Value: 1073741824
1 row in set (0.00 sec)
```

无论使用哪种方法，输出的信息基本上都一样的，只不过通过视图GLOBAL_

VARIABLES 需要指定视图的列名。推荐使用命令 SHOW VARIABLES，因为这个命令使用更为简单，且各版本的 MySQL 数据库都支持。

Oracle 数据库存在所谓的隐藏参数（undocumented parameter），以供 Oracle“内部人士”使用，SQL Server 也有类似的参数。有些 DBA 曾问我，MySQL 中是否也有这类参数。我的回答是：没有，也不需要。即使 Oracle 和 SQL Server 中都有些所谓的隐藏参数，在绝大多数的情况下，这些数据库厂商也不建议用户在生产环境中对其进行很大的调整。

3.1.2 参数类型

MySQL 数据库中的参数可以分为两类：

- ❑ 动态（dynamic）参数
- ❑ 静态（static）参数

动态参数意味着可以在 MySQL 实例运行中进行更改，静态参数说明在整个实例生命周期内都不得进行更改，就好像是只读（read only）的。可以通过 SET 命令对动态的参数值进行修改，SET 的语法如下：

```
SET
| [global | session] system_var_name= expr
| [@@global. | @@session. | @@]system_var_name= expr
```

这里可以看到 global 和 session 关键字，它们表明该参数的修改是基于当前会话还是整个实例的生命周期。有些动态参数只能在会话中进行修改，如 autocommit；而有些参数修改完后，在整个实例生命周期中都会生效，如 binlog_cache_size；而有些参数既可以在会话中又可以在整个实例的生命周期内生效，如 read_buffer_size。举例如下：

```
mysql>SET read_buffer_size=524288;
Query OK, 0 rows affected (0.00 sec)

mysql>SELECT @@session.read_buffer_size\G;
*************************** 1. row ***************************
@@session.read_buffer_size: 524288
1 row in set (0.00 sec)

mysql>SELECT @@global.read_buffer_size\G;
*************************** 1. row ***************************
```

```
@@global.read_buffer_size: 2093056
1 row in set (0.00 sec)
```

上述示例中将当前会话的参数 read_buffer_size 从 2MB 调整为了 512KB，而用户可以看到全局的 read_buffer_size 的值仍然是 2MB，也就是说如果有另一个会话登录到 MySQL 实例，它的 read_buffer_size 的值是 2MB，而不是 512KB。这里使用了 set global|session 来改变动态变量的值。用户同样可以直接使用 SET@@globl|@@session 来更改，如下所示：

```
mysql>SET @@global.read_buffer_size=1048576;
Query OK, 0 rows affected (0.00 sec)

mysql>SELECT @@session.read_buffer_size\G;
*************************** 1. row ***************************
@@session.read_buffer_size: 524288
1 row in set (0.00 sec)

mysql>SELECT @@global.read_buffer_size\G;
*************************** 1. row ***************************
@@global.read_buffer_size: 1048576
1 row in set (0.00 sec)
```

这次把 read_buffer_size 全局值更改为 1MB，而当前会话的 read_buffer_size 的值还是 512KB。这里需要注意的是，对变量的全局值进行了修改，在这次的实例生命周期内都有效，但 MySQL 实例本身并不会对参数文件中的该值进行修改。也就是说，在下次启动时 MySQL 实例还是会读取参数文件。若想在数据库实例下一次启动时该参数还是保留为当前修改的值，那么用户必须去修改参数文件。要想知道 MySQL 所有动态变量的可修改范围，可以参考 MySQL 官方手册的 Dynamic System Variables 的相关内容。

对于静态变量，若对其进行修改，会得到类似如下错误：

```
mysql>SET GLOBAL datadir='/db/mysql';
ERROR 1238 (HY000): Variable 'datadir' is a read only variable
```

3.2 日志文件

日志文件记录了影响 MySQL 数据库的各种类型活动。MySQL 数据库中常见的日志文件有：

- ❑ 错误日志（error log）
- ❑ 二进制日志（binlog）
- ❑ 慢查询日志（slow query log）
- ❑ 查询日志（log）

这些日志文件可以帮助DBA对MySQL数据库的运行状态进行诊断，从而更好地进行数据库层面的优化。

3.2.1 错误日志

错误日志文件对MySQL的启动、运行、关闭过程进行了记录。MySQL DBA在遇到问题时应该首先查看该文件以便定位问题。该文件不仅记录了所有的错误信息，也记录一些警告信息或正确的信息。用户可以通过命令SHOW VARIABLES LIKE 'log_error'来定位该文件，如：

```
mysql> SHOW VARIABLES LIKE 'log_error'\G;
*************************** 1. row ***************************
Variable_name: log_error
        Value: /mysql_data_2/stargazer.log
1 row in set (0.00 sec)

mysql> system hostname
stargazer
```

可以看到错误文件的路径和文件名，在默认情况下错误文件的文件名为服务器的主机名。如上面看到的，该主机名为stargazer，所以错误文件名为startgazer.err。当出现MySQL数据库不能正常启动时，第一个必须查找的文件应该就是错误日志文件，该文件记录了错误信息，能很好地指导用户发现问题。当数据库不能重启时，通过查错误日志文件可以得到如下内容：

```
[root@nineyou0-43 data]# tail -n 50 nineyou0-43.err
090924 11:31:18  mysqld started
090924 11:31:18  InnoDB: Started; log sequence number 8 2801063331
090924 11:31:19 [ERROR] Fatal error: Can't open and lock privilege tables: 
Table 'mysql.host' doesn't exist
090924 11:31:19  mysqld ended
```

这里，错误日志文件提示了找不到权限库mysql，所以启动失败。有时用户可以直接在错误日志文件中得到优化的帮助，因为有些警告（warning）很好地说明了问题所在。而这时可以不需要通过查看数据库状态来得知，例如，下面的错误文件中的信息可能告诉用户需要增大 InnoDB 存储引擎的 redo log：

```
090924 11:39:44  InnoDB: ERROR: the age of the last checkpoint is 9433712,
InnoDB: which exceeds the log group capacity 9433498.
InnoDB: If you are using big BLOB or TEXT rows, you must set the
InnoDB: combined size of log files at least 10 times bigger than the
InnoDB: largest such row.
090924 11:40:00  InnoDB: ERROR: the age of the last checkpoint is 9433823,
InnoDB: which exceeds the log group capacity 9433498.
InnoDB: If you are using big BLOB or TEXT rows, you must set the
InnoDB: combined size of log files at least 10 times bigger than the
InnoDB: largest such row.
090924 11:40:16  InnoDB: ERROR: the age of the last checkpoint is 9433645,
InnoDB: which exceeds the log group capacity 9433498.
InnoDB: If you are using big BLOB or TEXT rows, you must set the
InnoDB: combined size of log files at least 10 times bigger than the
InnoDB: largest such row.
```

3.2.2 慢查询日志

3.2.1 小节提到可以通过错误日志得到一些关于数据库优化的信息，而慢查询日志（slow log）可帮助 DBA 定位可能存在问题的 SQL 语句，从而进行 SQL 语句层面的优化。例如，可以在 MySQL 启动时设一个阈值，将运行时间超过该值的所有 SQL 语句都记录到慢查询日志文件中。DBA 每天或每过一段时间对其进行检查，确认是否有 SQL 语句需要进行优化。该阈值可以通过参数 long_query_time 来设置，默认值为 10，代表 10 秒。

在默认情况下，MySQL 数据库并不启动慢查询日志，用户需要手工将这个参数设为 ON：

```
mysql> SHOW VARIABLES LIKE 'long_query_time'\G;
*************************** 1. row ***************************
Variable_name: long_query_time
        Value: 10.000000
1 row in set (0.00 sec)

mysql> SHOW VARIABLES LIKE 'log_slow_queries'\G;
*************************** 1. row ***************************
```

```
Variable_name: log_slow_queries
        Value: ON
1 row in set (0.00 sec)
```

这里有两点需要注意。首先，设置 long_query_time 这个阈值后，MySQL 数据库会记录运行时间超过该值的所有 SQL 语句，但运行时间正好等于 long_query_time 的情况并不会被记录下。也就是说，在源代码中判断的是大于 long_query_time，而非大于等于。其次，从 MySQL 5.1 开始，long_query_time 开始以微秒记录 SQL 语句运行的时间，之前仅用秒为单位记录。而这样可以更精确地记录 SQL 的运行时间，供 DBA 分析。对 DBA 来说，一条 SQL 语句运行 0.5 秒和 0.05 秒是非常不同的，前者可能已经进行了表扫，后面可能是进行了索引。

另一个和慢查询日志有关的参数是 log_queries_not_using_indexes，如果运行的 SQL 语句没有使用索引，则 MySQL 数据库同样会将这条 SQL 语句记录到慢查询日志文件。首先确认打开了 log_queries_not_using_indexes：

```
mysql> SHOW VARIABLES LIKE 'log_queries_not_using_indexes'\G;
*************************** 1. row ***************************
Variable_name: log_queries_not_using_indexes
        Value: ON
1 row in set (0.00 sec)
```

MySQL 5.6.5 版本开始新增了一个参数 log_throttle_queries_not_using_indexes，用来表示每分钟允许记录到 slow log 的且未使用索引的 SQL 语句次数。该值默认为 0，表示没有限制。在生产环境下，若没有使用索引，此类 SQL 语句会频繁地被记录到 slow log，从而导致 slow log 文件的大小不断增加，故 DBA 可通过此参数进行配置。

DBA 可以通过慢查询日志来找出有问题的 SQL 语句，对其进行优化。然而随着 MySQL 数据库服务器运行时间的增加，可能会有越来越多的 SQL 查询被记录到了慢查询日志文件中，此时要分析该文件就显得不是那么简单和直观的了。而这时 MySQL 数据库提供的 mysqldumpslow 命令，可以很好地帮助 DBA 解决该问题：

```
[root@nh122-190 data]# mysqldumpslow nh122-190-slow.log
Reading mysql slow query log from nh122-190-slow.log
Count: 11  Time=10.00s (110s)  Lock=0.00s (0s)  Rows=0.0 (0), dbother[dbother]@
localhost
    insert into test.DbStatus select now(),(N-com_select)/(N-uptime),(N-com_insert)/
(N-uptime),(N-com_update)/(N-uptime),(N-com_delete)/(N-uptime),N-(N/N),N-(N/N),N.N/
N,N-N/(N*N),GetCPULoadInfo(N) from test.CheckDbStatus order by check_id desc limit N
```

```
Count: 653  Time=0.00s (0s)  Lock=0.00s (0s)  Rows=0.0 (0), 9YOUgs_SC[9YOUgs_
SC]@[192.168.43.7]
  select custom_name_one from 'low_game_schema'.'role_details' where role_id='S'
rse and summarize the MySQL slow query log. Options are

  --verbose    verbose
  --debug      debug
  --help       write this text to standard output

  -v           verbose
  -d           debug
  -s ORDER     what to sort by (al, at, ar, c, l, r, t), 'at' is default
               al: average lock time
               ar: average rows sent
               at: average query time
                c: count
                l: lock time
                r: rows sent
                t: query time
  -r           reverse the sort order (largest last instead of first)
  -t NUM       just show the top n queries
  -a           don't abstract all numbers to N and strings to 'S'
  -n NUM       abstract numbers with at least n digits within names
  -g PATTERN   grep: only consider stmts that include this string
  -h HOSTNAME  hostname of db server for *-slow.log filename (can be wildcard),
               default is '*', i.e. match all
  -i NAME      name of server instance (if using mysql.server startup script)
  -l           don't subtract lock time from total time
```

如果用户希望得到执行时间最长的10条SQL语句，可以运行如下命令：

```
[root@nh119-141 data]# mysqldumpslow -s al -n 10 david.log
Reading mysql slow query log from david.log
Count: 5  Time=0.00s (0s)  Lock=0.20s (1s)  Rows=4.4 (22), Audition[Audition]@
[192.168.30.108]
  SELECT OtherSN, State FROM wait_friend_info WHERE UserSN = N

Count: 1  Time=0.00s (0s)  Lock=0.00s (0s)  Rows=1.0 (1), audition-kr[audition-
kr]@[192.168.30.105]
  SELECT COUNT(N) FROM famverifycode WHERE UserSN=N AND verifycode='S'
……
```

MySQL 5.1开始可以将慢查询的日志记录放入一张表中，这使得用户的查询更加方便和直观。慢查询表在mysql架构下，名为slow_log，其表结构定义如下：

```
mysql> SHOW CREATE TABLE mysql.slow_log\G;
*************************** 1. row ***************************
       Table: slow_log
Create Table: CREATE TABLE 'slow_log' (
  'start_time' timestamp NOT NULL DEFAULT CURRENT_TIMESTAMP ON UPDATE CURRENT_
TIMESTAMP,
  'user_host' mediumtext NOT NULL,
  'query_time' time NOT NULL,
  'lock_time' time NOT NULL,
  'rows_sent' int(11) NOT NULL,
  'rows_examined' int(11) NOT NULL,
  'db' varchar(512) NOT NULL,
  'last_insert_id' int(11) NOT NULL,
  'insert_id' int(11) NOT NULL,
  'server_id' int(11) NOT NULL,
  'sql_text' mediumtext NOT NULL
) ENGINE=CSV DEFAULT CHARSET=utf8 COMMENT='Slow log'
1 row in set (0.00 sec)
```

参数log_output指定了慢查询输出的格式，默认为FILE，可以将它设为TABLE，然后就可以查询mysql架构下的slow_log表了，如：

```
mysql>SHOW VARIABLES LIKE 'log_output'\G;
+---------------+---------+
| Variable_name | Value |
+---------------+---------+
| log_output    | FILE |
+---------------+---------+
1 row in set (0.00 sec)

mysql>SET GLOBAL log_output='TABLE';
Query OK, 0 rows affected (0.00 sec)

mysql>SHOW VARIABLES LIKE 'log_output'\G;
+---------------+---------+
| Variable_name | Value |
+---------------+---------+
| log_output   | TABLE |
+---------------+---------+
1 row in set (0.00 sec)

mysql> select sleep(10)\G;
+-----------+
| sleep(10)|
```

```
+-----------+
|       0 |
+-----------+
1 row in set (10.01 sec)

mysql>  SELECT * FROM mysql.slow_log\G;
*************************** 1. row ***************************
    start_time: 2009-09-25 13:44:29
     user_host: david[david] @ localhost []
    query_time: 00:00:09
     lock_time: 00:00:00
     rows_sent: 1
 rows_examined: 0
            db: mysql
last_insert_id: 0
     insert_id: 0
     server_id: 0
      sql_text: select sleep(10)
1 row in set (0.00 sec)
```

参数 log_output 是动态的，并且是全局的，因此用户可以在线进行修改。在上表中人为设置了睡眠（sleep）10 秒，那么这句 SQL 语句就会被记录到 slow_log 表了。

查看 slow_log 表的定义会发现该表使用的是 CSV 引擎，对大数据量下的查询效率可能不高。用户可以把 slow_log 表的引擎转换到 MyISAM，并在 start_time 列上添加索引以进一步提高查询的效率。但是，如果已经启动了慢查询，将会提示错误：

```
mysql>ALTER TABLE mysql.slow_log ENGINE=MyISM;
ERROR 1580 (HY000): You cannot 'ALTER' a log table if logging is enabled

mysql>SET GLOBAL slow_query_log=off;
Query OK, 0 rows affected (0.00 sec)

mysql>ALTER TABLE mysql.slow_log ENGINE=MyISAM;
Query OK, 1 row affected (0.00 sec)
Records: 1  Duplicates: 0  Warnings: 0
```

不能忽视的是，将 slow_log 表的存储引擎更改为 MyISAM 后，还是会对数据库造成额外的开销。不过好在很多关于慢查询的参数都是动态的，用户可以方便地在线进行设置或修改。

MySQL 的 slow log 通过运行时间来对 SQL 语句进行捕获，这是一个非常有用的优化技巧。但是当数据库的容量较小时，可能因为数据库刚建立，此时非常大的可能是数据全部被缓存在缓冲池中，SQL 语句运行的时间可能都是非常短的，一般都是 0.5 秒。

InnoSQL 版本加强了对于 SQL 语句的捕获方式。在原版 MySQL 的基础上在 slow log 中增加了对于逻辑读取（logical reads）和物理读取（physical reads）的统计。这里的物理读取是指从磁盘进行 IO 读取的次数，逻辑读取包含所有的读取，不管是磁盘还是缓冲池。例如：

```
# Time: 111227 23:49:16
# User@Host: root[root] @ localhost [127.0.0.1]
# Query_time: 6.081214 Lock_time: 0.046800 Rows_sent: 42 Rows_examined: 727558
Logical_reads: 91584 Physical_reads: 19
use tpcc;
SET timestamp=1325000956;
SELECT orderid,customerid,employeeid,orderdate
FROM orders
WHERE orderdate IN
( SELECT MAX(orderdate)
FROM orders
GROUP BY (DATE_FORMAT(orderdate,'%Y%M'))
);
```

从上面的例子可以看到该子查询的逻辑读取次数是 91 584 次，物理读取为 19 次。从逻辑读与物理读的比例上看，该 SQL 语句可进行优化。

用户可以通过额外的参数 long_query_io 将超过指定逻辑 IO 次数的 SQL 语句记录到 slow log 中。该值默认为 100，即表示对于逻辑读取次数大于 100 的 SQL 语句，记录到 slow log 中。而为了兼容原 MySQL 数据库的运行方式，还添加了参数 slow_query_type，用来表示启用 slow log 的方式，可选值为：

- 0 表示不将 SQL 语句记录到 slow log
- 1 表示根据运行时间将 SQL 语句记录到 slow log
- 2 表示根据逻辑 IO 次数将 SQL 语句记录到 slow log
- 3 表示根据运行时间及逻辑 IO 次数将 SQL 语句记录到 slow log

3.2.3 查询日志

查询日志记录了所有对 MySQL 数据库请求的信息，无论这些请求是否得到了正确的执行。默认文件名为：主机名 .log。如查看一个查询日志：

```
[root@nineyou0-43 data]# tail nineyou0-43.log
090925 11:00:24    44 Connect     zlm@192.168.0.100 on
44 Query        SET AUTOCOMMIT=0
                44 Query        set autocommit=0
                44 Quit
090925 11:02:37  45 Connect    Access denied for user 'root'@'localhost' (using
password: NO)
090925 11:03:51  46 Connect    Access denied for user 'root'@'localhost' (using
password: NO)
090925 11:04:38   23 Query        rollback
```

通过上述查询日志会发现，查询日志甚至记录了对 Access denied 的请求，即对于未能正确执行的 SQL 语句，查询日志也会进行记录。同样地，从 MySQL 5.1 开始，可以将查询日志的记录放入 mysql 架构下的 general_log 表中，该表的使用方法和前面小节提到的 slow_log 基本一样，这里不再赘述。

3.2.4 二进制日志

二进制日志（binary log）记录了对 MySQL 数据库执行更改的所有操作，但是不包括 SELECT 和 SHOW 这类操作，因为这类操作对数据本身并没有修改。然而，若操作本身并没有导致数据库发生变化，那么该操作可能也会写入二进制日志。例如：

```
mysql> UPDATE t SET a = 1 WHERE a = 2;
Query OK, 0 rows affected (0.00 sec)
Rows matched: 0  Changed: 0  Warnings: 0

mysql> SHOW MASTER STATUS\G;
*************************** 1. row ***************************
             File: mysqld.000008
         Position: 383
     Binlog_Do_DB:
 Binlog_Ignore_DB:
Executed_Gtid_Set:
1 row in set (0.00 sec)

mysql> SHOW BINLOG EVENTS IN 'mysqld.000008'\G;
*************************** 1. row ***************************
   Log_name: mysqld.000008
        Pos: 4
 Event_type: Format_desc
  Server_id: 1
```

```
End_log_pos: 120
       Info: Server ver: 5.6.6-m9-log, Binlog ver: 4
*************************** 2. row ***************************
   Log_name: mysqld.000008
        Pos: 120
 Event_type: Query
  Server_id: 1
End_log_pos: 199
       Info: BEGIN
*************************** 3. row ***************************
   Log_name: mysqld.000008
        Pos: 199
 Event_type: Query
  Server_id: 1
End_log_pos: 303
       Info: use 'test'; UPDATE t SET a = 1 WHERE a = 2
*************************** 4. row ***************************
   Log_name: mysqld.000008
        Pos: 303
 Event_type: Query
  Server_id: 1
End_log_pos: 383
       Info: COMMIT
4 rows in set (0.00 sec)
```

从上述例子中可以看到，MySQL数据库首先进行UPDATE操作，从返回的结果看到Changed为0，这意味着该操作并没有导致数据库的变化。但是通过命令SHOW BINLOG EVENT可以看出在二进制日志中的确进行了记录。

如果用户想记录SELECT和SHOW操作，那只能使用查询日志，而不是二进制日志。此外，二进制日志还包括了执行数据库更改操作的时间等其他额外信息。总的来说，二进制日志主要有以下几种作用。

- **恢复**（recovery）：某些数据的恢复需要二进制日志，例如，在一个数据库全备文件恢复后，用户可以通过二进制日志进行point-in-time的恢复。
- **复制**（replication）：其原理与恢复类似，通过复制和执行二进制日志使一台远程的MySQL数据库（一般称为slave或standby）与一台MySQL数据库（一般称为master或primary）进行实时同步。
- **审计**（audit）：用户可以通过二进制日志中的信息来进行审计，判断是否有对数据库进行注入的攻击。

通过配置参数 log-bin [=name] 可以启动二进制日志。如果不指定 name，则默认二进制日志文件名为主机名，后缀名为二进制日志的序列号，所在路径为数据库所在目录（datadir），如：

```
mysql> show variables like 'datadir';
+---------------+--------------------------+
| Variable_name | Value     |
+---------------+--------------------------+
| datadir       | /usr/local/mysql/data/ |
+---------------+--------------------------+
1 row in set (0.00 sec)

mysql> system ls -lh /usr/local/mysql/data/;
total 2.1G
-rw-rw----  1 mysql mysql 6.5M Sep 25 15:13 bin_log.000001
-rw-rw----  1 mysql mysql   17 Sep 25 00:32 bin_log.index
-rw-rw----  1 mysql mysql 300M Sep 25 15:13 ibdata1
-rw-rw----  1 mysql mysql 256M Sep 25 15:13 ib_logfile0
-rw-rw----  1 mysql mysql 256M Sep 25 15:13 ib_logfile1
drwxr-xr-x  2 mysql mysql 4.0K May  7 10:08 mysql
drwx------  2 mysql mysql 4.0K May  7 10:09 test
```

这里的 bin_log.00001 即为二进制日志文件，我们在配置文件中指定了名字，所以没有用默认的文件名。bin_log.index 为二进制的索引文件，用来存储过往产生的二进制日志序号，在通常情况下，不建议手工修改这个文件。

二进制日志文件在默认情况下并没有启动，需要手动指定参数来启动。可能有人会质疑，开启这个选项是否会对数据库整体性能有所影响。不错，开启这个选项的确会影响性能，但是性能的损失十分有限。根据 MySQL 官方手册中的测试表明，开启二进制日志会使性能下降 1%。但考虑到可以使用复制（replication）和 point-in-time 的恢复，这些性能损失绝对是可以且应该被接受的。

以下配置文件的参数影响着二进制日志记录的信息和行为：

- max_binlog_size
- binlog_cache_size
- sync_binlog
- binlog-do-db
- binlog-ignore-db

- log-slave-update
- binlog_format

参数 max_binlog_size 指定了单个二进制日志文件的最大值，如果超过该值，则产生新的二进制日志文件，后缀名 +1，并记录到 .index 文件。从 MySQL 5.0 开始的默认值为 1 073 741 824，代表 1 G（在之前版本中 max_binlog_size 默认大小为 1.1G）。

当使用事务的表存储引擎（如 InnoDB 存储引擎）时，所有未提交（uncommitted）的二进制日志会被记录到一个缓存中去，等该事务提交（committed）时直接将缓冲中的二进制日志写入二进制日志文件，而该缓冲的大小由 binlog_cache_size 决定，默认大小为 32K。此外，binlog_cache_size 是基于会话（session）的，也就是说，当一个线程开始一个事务时，MySQL 会自动分配一个大小为 binlog_cache_size 的缓存，因此该值的设置需要相当小心，不能设置过大。当一个事务的记录大于设定的 binlog_cache_size 时，MySQL 会把缓冲中的日志写入一个临时文件中，因此该值又不能设得太小。通过 SHOW GLOBAL STATUS 命令查看 binlog_cache_use、binlog_cache_disk_use 的状态，可以判断当前 binlog_cache_size 的设置是否合适。Binlog_cache_use 记录了使用缓冲写二进制日志的次数，binlog_cache_disk_use 记录了使用临时文件写二进制日志的次数。现在来看一个数据库的状态：

```
mysql> show variables like 'binlog_cache_size';
+-------------------+-------+
| Variable_name   | Value |
+-------------------+-------+
| binlog_cache_size | 32768 |
+-------------------+-------+
1 row in set (0.00 sec)

mysql> show global status like 'binlog_cache%';
+-----------------------+--------------+
| Variable_name  | Value |
+-----------------------+---------------+
| binlog_cache_disk_use | 0     |
| binlog_cache_use      | 33553 |
+-----------------------+---------------+
2 rows in set (0.00 sec)
```

使用缓冲次数为 33 553，临时文件使用次数为 0。看来 32KB 的缓冲大小对于当前这个 MySQL 数据库完全够用，暂时没有必要增加 binlog_cache_size 的值。

在默认情况下，二进制日志并不是在每次写的时候同步到磁盘（用户可以理解为缓冲写）。因此，当数据库所在操作系统发生宕机时，可能会有最后一部分数据没有写入二进制日志文件中，这会给恢复和复制带来问题。参数 sync_binlog=［N］表示每写缓冲多少次就同步到磁盘。如果将 N 设为 1，即 sync_binlog=1 表示采用同步写磁盘的方式来写二进制日志，这时写操作不使用操作系统的缓冲来写二进制日志。sync_binlog 的默认值为 0，如果使用 InnoDB 存储引擎进行复制，并且想得到最大的高可用性，建议将该值设为 ON。不过该值为 ON 时，确实会对数据库的 IO 系统带来一定的影响。

但是，即使将 sync_binlog 设为 1，还是会有一种情况导致问题的发生。当使用 InnoDB 存储引擎时，在一个事务发出 COMMIT 动作之前，由于 sync_binlog 为 1，因此会将二进制日志立即写入磁盘。如果这时已经写入了二进制日志，但是提交还没有发生，并且此时发生了宕机，那么在 MySQL 数据库下次启动时，由于 COMMIT 操作并没有发生，这个事务会被回滚掉。但是二进制日志已经记录了该事务信息，不能被回滚。这个问题可以通过将参数 innodb_support_xa 设为 1 来解决，虽然 innodb_support_xa 与 XA 事务有关，但它同时也确保了二进制日志和 InnoDB 存储引擎数据文件的同步。

参数 binlog-do-db 和 binlog-ignore-db 表示需要写入或忽略写入哪些库的日志。默认为空，表示需要同步所有库的日志到二进制日志。

如果当前数据库是复制中的 slave 角色，则它不会将从 master 取得并执行的二进制日志写入自己的二进制日志文件中去。如果需要写入，要设置 log-slave-update。如果需要搭建 master=>slave=>slave 架构的复制，则必须设置该参数。

binlog_format 参数十分重要，它影响了记录二进制日志的格式。在 MySQL 5.1 版本之前，没有这个参数。所有二进制文件的格式都是基于 SQL 语句（statement）级别的，因此基于这个格式的二进制日志文件的复制（Replication）和 Oracle 的逻辑 Standby 有点相似。同时，对于复制是有一定要求的。如在主服务器运行 rand、uuid 等函数，又或者使用触发器等操作，这些都可能会导致主从服务器上表中数据的不一致（not sync）。另一个影响是，会发现 InnoDB 存储引擎的默认事务隔离级别是 REPEATABLE READ。这其实也是因为二进制日志文件格式的关系，如果使用 READ COMMITTED 的事务隔离级别（大多数数据库，如 Oracle，Microsoft SQL Server 数据库的默认隔离级别），会出现类似丢失更新的现象，从而出现主从数据库上的数据不一致。

MySQL 5.1 开始引入了 binlog_format 参数，该参数可设的值有 STATEMENT、

ROW和MIXED。

（1）STATEMENT格式和之前的MySQL版本一样，二进制日志文件记录的是日志的逻辑SQL语句。

（2）在ROW格式下，二进制日志记录的不再是简单的SQL语句了，而是记录表的行更改情况。基于ROW格式的复制类似于Oracle的物理Standby（当然，还是有些区别）。同时，对上述提及的Statement格式下复制的问题予以解决。从MySQL 5.1版本开始，如果设置了binlog_format为ROW，可以将InnoDB的事务隔离基本设为READ COMMITTED，以获得更好的并发性。

（3）在MIXED格式下，MySQL默认采用STATEMENT格式进行二进制日志文件的记录，但是在一些情况下会使用ROW格式，可能的情况有：

1）表的存储引擎为NDB，这时对表的DML操作都会以ROW格式记录。

2）使用了UUID()、USER()、CURRENT_USER()、FOUND_ROWS()、ROW_COUNT()等不确定函数。

3）使用了INSERT DELAY语句。

4）使用了用户定义函数（UDF）。

5）使用了临时表（temporary table）。

此外，binlog_format参数还有对于存储引擎的限制，如表3-1所示。

表3-1 存储引擎对二进制日志格式的支持情况

存储引擎	Row格式	Statement格式
InnoDB	Yes	Yes
MyISAM	Yes	Yes
HEAP	Yes	Yes
MERGE	Yes	Yes
NDB	Yes	No
Archive	Yes	Yes
CSV	Yes	Yes
Federate	Yes	Yes
Blockhole	No	Yes

binlog_format是动态参数，因此可以在数据库运行环境下进行更改，例如，我们可以将当前会话的binlog_format设为ROW，如：

```
mysql>SET @@session.binlog_format='ROW';
```

```
Query OK, 0 rows affected (0.00 sec)

mysql>SELECT@@session.binlog_format;
+-------------------------------+
| @@session.binlog_format |
+-------------------------------+
| ROW                    |
+-------------------------------+
1 row in set (0.00 sec)
```

当然，也可以将全局的 binlog_format 设置为想要的格式，不过通常这个操作会带来问题，运行时要确保更改后不会对复制带来影响。如：

```
mysql>SET GLOBAL binlog_format='ROW';
Query OK, 0 rows affected (0.00 sec)

mysql>SELECT @@global.binlog_format;
+------------------------------+
| @@global.binlog_format |
+------------------------------+
| ROW                |
+------------------------------+
1 row in set (0.00 sec)
```

在通常情况下，我们将参数 binlog_format 设置为 ROW，这可以为数据库的恢复和复制带来更好的可靠性。但是不能忽略的一点是，这会带来二进制文件大小的增加，有些语句下的 ROW 格式可能需要更大的容量。比如我们有两张一样的表，大小都为 100W，分别执行 UPDATE 操作，观察二进制日志大小的变化：

```
mysql>SELECT @@session.binlog_format\G;
*************************** 1. row ***************************
@@session.binlog_format: STATEMENT
1 row in set (0.00 sec)

mysql>SHOW MASTER STATUS\G;
*************************** 1. row ***************************
            File: test.000003
        Position: 106
    Binlog_Do_DB:
Binlog_Ignore_DB:
1 row in set (0.00 sec)

mysql>UPDATE t1 SET username=UPPER(username);
```

```
Query OK, 89279 rows affected (1.83 sec)
Rows matched: 100000  Changed: 89279  Warnings: 0

mysql>SHOW MASTER STATUS\G;
*************************** 1. row ***************************
            File: test.000003
        Position: 306
    Binlog_Do_DB:
Binlog_Ignore_DB:
1 row in set (0.00 sec)
```

可以看到，在binlog_format格式为STATEMENT的情况下，执行UPDATE语句后二进制日志大小只增加了200字节（306−106）。如果使用ROW格式，同样对t2表进行操作，可以看到：

```
mysql>SET SESSION binlog_format='ROW';
Query OK, 0 rows affected (0.00 sec)

mysql>SHOW MASTER STATUS\G;
*************************** 1. row ***************************
            File: test.000003
        Position: 306
    Binlog_Do_DB:
Binlog_Ignore_DB:
1 row in set (0.00 sec)

mysql>UPDATE t2 SET username=UPPER(username);
Query OK, 89279 rows affected (2.42 sec)
Rows matched: 100000  Changed: 89279  Warnings: 0

mysql>SHOW MASTER STATUS\G;
*************************** 1. row ***************************
            File: test.000003
        Position: 13782400
    Binlog_Do_DB:
Binlog_Ignore_DB:
1 row in set (0.00 sec)
```

这时会惊讶地发现，同样的操作在ROW格式下竟然需要13 782 094字节，二进制日志文件的大小差不多增加了13MB，要知道t2表的大小也不超过17MB。而且执行时间也有所增加（这里我设置了sync_binlog=1）。这是因为这时MySQL数据库不再将逻辑的SQL操作记录到二进制日志中，而是记录对于每行的更改。

上面的这个例子告诉我们，将参数 binlog_format 设置为 ROW，会对磁盘空间要求有一定的增加。而由于复制是采用传输二进制日志方式实现的，因此复制的网络开销也有所增加。

二进制日志文件的文件格式为二进制（好像有点废话），不能像错误日志文件、慢查询日志文件那样用 cat、head、tail 等命令来查看。要查看二进制日志文件的内容，必须通过 MySQL 提供的工具 mysqlbinlog。对于 STATEMENT 格式的二进制日志文件，在使用 mysqlbinlog 后，看到的就是执行的逻辑 SQL 语句，如：

```
[root@nineyou0-43 data]# mysqlbinlog --start-position=203 test.000004
/*!40019 SET @@session.max_insert_delayed_threads=0*/;
….
#090927 15:43:11 server id 1  end_log_pos 376   Query   thread_id=188   exec_
time=1     error_code=0
SET TIMESTAMP=1254037391/*!*/;
update t2 set username=upper(username) where id=1
/*!*/;
# at 376
#090927 15:43:11 server id 1  end_log_pos 403   Xid = 1009
COMMIT/*!*/;
DELIMITER ;
# End of log file
ROLLBACK /* added by mysqlbinlog */;
/*!50003 SET COMPLETION_TYPE=@OLD_COMPLETION_TYPE*/;
```

通过 SQL 语句 UPDATE t2 SET username=UPPER（username）WHERE id=1 可以看到，二进制日志的记录采用 SQL 语句的方式（为了排版的方便，省去了一些开始的信息）。在这种情况下，mysqlbinlog 和 Oracle LogMiner 类似。但是如果这时使用 ROW 格式的记录方式，会发现 mysqlbinlog 的结果变得“不可读”（unreadable），如：

```
[root@nineyou0-43 data]# mysqlbinlog  --start-position=1065 test.000004
/*!40019 SET @@session.max_insert_delayed_threads=0*/;
……
# at 1135
# at 1198
#090927 15:53:52 server id 1  end_log_pos 1198  Table_map: 'member'.'t2' mapped
to number 58
#090927 15:53:52 server id 1  end_log_pos 1378  Update_rows: table id 58 flags:
STMT_END_F

BINLOG '
```

```
EBq/ShMBAAAAPwAAAK4EAAAAADoAAAAAAAAABm1lbWJlcgACdDIACgMPDw/+CgsPAQwKJAAoAEAA
/gJAAAAA
EBq/ShgBAAAAtAAAAGIFAAAQADoAAAAAAAEACv////8A/AEAAAALYWxleDk5ODh5b3UEOXlvdSA3
Y2JiMzI1MmJhNmI3ZTljNDIyZmFjNTMzNGQyMjA1NAFNLacPAAAAAABjEnpxPBIAAAD8AQAAAAtB
TEVYOTk4OFlPVQQ5eW91IDdjYmIzMjUyYmE2YjdlOWM0MjJmYWM1MzM0ZDIyMDU0AU0tpw8AAAAA
AGMSenE8EgAA
'/*!*/;
# at 1378
#090927 15:53:52 server id 1  end_log_pos 1405  Xid = 1110
COMMIT/*!*/;
DELIMITER ;
# End of log file
ROLLBACK /* added by mysqlbinlog */;
/*!50003 SET COMPLETION_TYPE=@OLD_COMPLETION_TYPE*/;
```

这里看不到执行的SQL语句，反而是一大串用户不可读的字符。其实只要加上参数 -v 或 -vv 就能清楚地看到执行的具体信息了。-vv 会比 -v 多显示出更新的类型。加上 -vv 选项，可以得到：

```
[root@nineyou0-43 data]# mysqlbinlog -vv  --start-position=1065 test.000004
......
BINLOG '
EBq/ShMBAAAAPwAAAK4EAAAAADoAAAAAAAAABm1lbWJlcgACdDIACgMPDw/+CgsPAQwKJAAoAEAA
/gJAAAAA
EBq/ShgBAAAAtAAAAGIFAAAQADoAAAAAAAEACv////8A/AEAAAALYWxleDk5ODh5b3UEOXlvdSA3
Y2JiMzI1MmJhNmI3ZTljNDIyZmFjNTMzNGQyMjA1NAFNLacPAAAAAABjEnpxPBIAAAD8AQAAAAtB
TEVYOTk4OFlPVQQ5eW91IDdjYmIzMjUyYmE2YjdlOWM0MjJmYWM1MzM0ZDIyMDU0AU0tpw8AAAAA
AGMSenE8EgAA
'/*!*/;
### UPDATE member.t2
### WHERE
###   @1=1 /* INT meta=0 nullable=0 is_null=0 */
###   @2='david' /* VARSTRING(36) meta=36 nullable=0 is_null=0 */
###   @3='family' /* VARSTRING(40) meta=40 nullable=0 is_null=0 */
###   @4='7cbb3252ba6b7e9c422fac5334d22054' /* VARSTRING(64) meta=64 nullable=0
is_null=0 */
###   @5='M' /* STRING(2) meta=65026 nullable=0 is_null=0 */
###   @6='2009:09:13' /* DATE meta=0 nullable=0 is_null=0 */
###   @7='00:00:00' /* TIME meta=0 nullable=0 is_null=0 */
###   @8='' /* VARSTRING(64) meta=64 nullable=0 is_null=0 */
###   @9=0 /* TINYINT meta=0 nullable=0 is_null=0 */
###   @10=2009-08-11 16:32:35 /* DATETIME meta=0 nullable=0 is_null=0 */
### SET
###   @1=1 /* INT meta=0 nullable=0 is_null=0 */
```

```
### @2='DAVID' /* VARSTRING(36) meta=36 nullable=0 is_null=0 */
### @3=family /* VARSTRING(40) meta=40 nullable=0 is_null=0 */
### @4='7cbb3252ba6b7e9c422fac5334d22054' /* VARSTRING(64) meta=64 nullable=0
is_null=0 */
### @5='M' /* STRING(2) meta=65026 nullable=0 is_null=0 */
### @6='2009:09:13' /* DATE meta=0 nullable=0 is_null=0 */
### @7='00:00:00' /* TIME meta=0 nullable=0 is_null=0 */
### @8='' /* VARSTRING(64) meta=64 nullable=0 is_null=0 */
### @9=0 /* TINYINT meta=0 nullable=0 is_null=0 */
### @10=2009-08-11 16:32:35 /* DATETIME meta=0 nullable=0 is_null=0 */
# at 1378
#090927 15:53:52 server id 1  end_log_pos 1405  Xid = 1110
COMMIT/*!*/;
DELIMITER ;
# End of log file
ROLLBACK /* added by mysqlbinlog */;
/*!50003 SET COMPLETION_TYPE=@OLD_COMPLETION_TYPE*/;
```

现在 mysqlbinlog 向我们解释了它具体做的事情。可以看到，一句简单的 update t2 set username=upper(username)where id=1 语句记录了对于整个行更改的信息，这也解释了为什么前面更新了 10W 行的数据，在 ROW 格式下，二进制日志文件会增大 13MB。

3.3 套接字文件

前面提到过，在 UNIX 系统下本地连接 MySQL 可以采用 UNIX 域套接字方式，这种方式需要一个套接字（socket）文件。套接字文件可由参数 socket 控制。一般在 /tmp 目录下，名为 mysql.sock：

```
mysql>SHOW VARIABLES LIKE 'socket'\G;
*************************** 1. row ***************************
Variable_name: socket
       Value: /tmp/mysql.sock
1 row in set (0.00 sec)
```

3.4 pid 文件

当 MySQL 实例启动时，会将自己的进程 ID 写入一个文件中——该文件即为 pid 文件。该文件可由参数 pid_file 控制，默认位于数据库目录下，文件名为主机名 .pid：

```
mysql> show variables like 'pid_file'\G;
*************************** 1. row ***************************
Variable_name: pid_file
       Value: /usr/local/mysql/data/xen-server.pid
1 row in set (0.00 sec)
```

3.5 表结构定义文件

因为MySQL插件式存储引擎的体系结构的关系，MySQL数据的存储是根据表进行的，每个表都会有与之对应的文件。但不论表采用何种存储引擎，MySQL都有一个以frm为后缀名的文件，这个文件记录了该表的表结构定义。

frm还用来存放视图的定义，如用户创建了一个v_a视图，那么对应地会产生一个v_a.frm文件，用来记录视图的定义，该文件是文本文件，可以直接使用cat命令进行查看：

```
[root@xen-server test]# cat v_a.frm
TYPE=VIEW
query=select 'test'.'a'.'b' AS 'b' from 'test'.'a'
md5=4eda70387716a4d6c96f3042dd68b742
updatable=1
algorithm=0
definer_user=root
definer_host=localhost
suid=2
with_check_option=0
timestamp=2010-08-04 07:23:36
create-version=1
source=select * from a
client_cs_name=utf8
connection_cl_name=utf8_general_ci
view_body_utf8=select 'test'.'a'.'b' AS 'b' from 'test'.'a'
```

3.6 InnoDB存储引擎文件

之前介绍的文件都是MySQL数据库本身的文件，和存储引擎无关。除了这些文件外，每个表存储引擎还有其自己独有的文件。本节将具体介绍与InnoDB存储引擎密切相关的文件，这些文件包括重做日志文件、表空间文件。

3.6.1 表空间文件

InnoDB采用将存储的数据按表空间（tablespace）进行存放的设计。在默认配置下会有一个初始大小为10MB，名为ibdata1的文件。该文件就是默认的表空间文件（tablespace file），用户可以通过参数innodb_data_file_path对其进行设置，格式如下：

```
innodb_data_file_path=datafile_spec1[;datafile_spec2]...
```

用户可以通过多个文件组成一个表空间，同时制定文件的属性，如：

```
[mysqld]
innodb_data_file_path = /db/ibdata1:2000M;/dr2/db/ibdata2:2000M:autoextend
```

这里将/db/ibdata1和/dr2/db/ibdata2两个文件用来组成表空间。若这两个文件位于不同的磁盘上，磁盘的负载可能被平均，因此可以提高数据库的整体性能。同时，两个文件的文件名后都跟了属性，表示文件idbdata1的大小为2000MB，文件ibdata2的大小为2000MB，如果用完了这2000MB，该文件可以自动增长（autoextend）。

设置innodb_data_file_path参数后，所有基于InnoDB存储引擎的表的数据都会记录到该共享表空间中。若设置了参数innodb_file_per_table，则用户可以将每个基于InnoDB存储引擎的表产生一个独立表空间。独立表空间的命名规则为：表名.ibd。通过这样的方式，用户不用将所有数据都存放于默认的表空间中。下面这台MySQL数据库服务器设置了innodb_file_per_table，故可以观察到：

```
mysql>SHOW VARIABLES LIKE 'innodb_file_per_table'\G;
*************************** 1. row ***************************
Variable_name: innodb_file_per_table
        Value: ON
1 row in set (0.00 sec)

mysql> system ls -lh /usr/local/mysql/data/member/*
-rw-r-----   1 mysql  mysql  8.7K   2009-02-24    /usr/local/mysql/data/member/
Profile.frm
-rw-r-----   1 mysql  mysql  1.7G   9月  25  11:13  /usr/local/mysql/data/member/
Profile.ibd
-rw-rw----   1 mysql  mysql  8.7K   9月  27  13:38  /usr/local/mysql/data/member/
t1.frm
-rw-rw----   1 mysql  mysql   17M   9月  27  13:40  /usr/local/mysql/data/member/
t1.ibd
-rw-rw----   1 mysql  mysql  8.7K   9月  27  15:42  /usr/local/mysql/data/member/
t2.frm
```

```
-rw-rw----   1 mysql mysql   17M   9月 27 15:54 /usr/local/mysql/data/member/
t2.ibd
```

表Profile、t1和t2都是基于InnoDB存储的表，由于设置参数innodb_file_per_table=ON，因此产生了单独的.ibd独立表空间文件。需要注意的是，这些单独的表空间文件仅存储该表的数据、索引和插入缓冲BITMAP等信息，其余信息还是存放在默认的表空间中。图3-1显示了InnoDB存储引擎对于文件的存储方式：

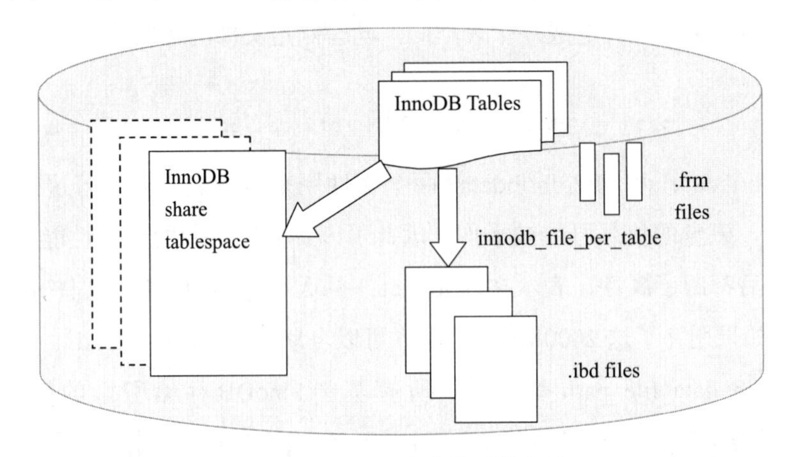

图3-1 InnoDB表存储引擎文件

3.6.2 重做日志文件

在默认情况下，在InnoDB存储引擎的数据目录下会有两个名为ib_logfile0和ib_logfile1的文件。在MySQL官方手册中将其称为InnoDB存储引擎的日志文件，不过更准确的定义应该是重做日志文件（redo log file）。为什么强调是重做日志文件呢？因为重做日志文件对于InnoDB存储引擎至关重要，它们记录了对于InnoDB存储引擎的事务日志。

当实例或介质失败（media failure）时，重做日志文件就能派上用场。例如，数据库由于所在主机掉电导致实例失败，InnoDB存储引擎会使用重做日志恢复到掉电前的时刻，以此来保证数据的完整性。

每个InnoDB存储引擎至少有1个重做日志文件组（group），每个文件组下至少有2个重做日志文件，如默认的ib_logfile0和ib_logfile1。为了得到更高的可靠性，用户可以设置多个的镜像日志组（mirrored log groups），将不同的文件组放在不同的磁盘上，以此提高重做日志的高可用性。在日志组中每个重做日志文件的大小一致，并以循环写入的方式运行。InnoDB 存储引擎先写重做日志文件 1，当达到文件的最后时，会切换至重做日志文件 2，再当重做日志文件 2 也被写满时，会再切换到重做日志文件 1 中。图 3-2 显示了一个拥有 3 个重做日志文件的重做日志文件组。

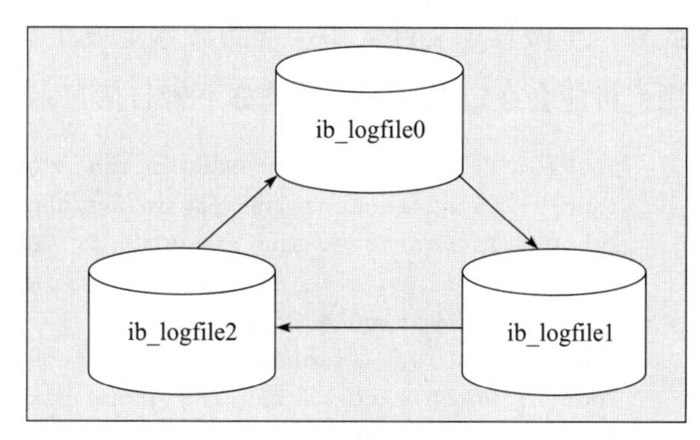

图 3-2 日志文件组

下列参数影响着重做日志文件的属性：

- innodb_log_file_size
- innodb_log_files_in_group
- innodb_mirrored_log_groups
- innodb_log_group_home_dir

参数 innodb_log_file_size 指定每个重做日志文件的大小。在 InnoDB1.2.x 版本之前，重做日志文件总的大小不得大于等于 4GB，而 1.2.x 版本将该限制扩大为了 512GB。

参数 innodb_log_files_in_group 指定了日志文件组中重做日志文件的数量，默认为 2。参数 innodb_mirrored_log_groups 指定了日志镜像文件组的数量，默认为 1，表示只有一个日志文件组，没有镜像。若磁盘本身已经做了高可用的方案，如磁盘阵列，那么可以不开启重做日志镜像的功能。最后，参数 innodb_log_group_home_dir 指定了日志文件组所在路径，默认为 ./，表示在 MySQL 数据库的数据目录下。以下显示了一个关于重做日志组的配置：

```
mysql>SHOW VARIABLES LIKE 'innodb%log%'\G;
......
*************************** 4. row ***************************
Variable_name: innodb_log_file_size
        Value: 5242880
*************************** 5. row ***************************
Variable_name: innodb_log_files_in_group
        Value: 2
*************************** 6. row ***************************
Variable_name: innodb_log_group_home_dir
        Value: ./
*************************** 7. row ***************************
Variable_name: innodb_mirrored_log_groups
        Value: 1
7 rows in set (0.00 sec)
```

重做日志文件的大小设置对于 InnoDB 存储引擎的性能有着非常大的影响。一方面重做日志文件不能设置得太大，如果设置得很大，在恢复时可能需要很长的时间；另一方面又不能设置得太小了，否则可能导致一个事务的日志需要多次切换重做日志文件。此外，重做日志文件太小会导致频繁地发生async checkpoint，导致性能的抖动。例如，用户可能会在错误日志中看到如下警告信息：

```
090924 11:39:44  InnoDB: ERROR: the age of the last checkpoint is 9433712,
InnoDB: which exceeds the log group capacity 9433498.
InnoDB: If you are using big BLOB or TEXT rows, you must set the
InnoDB: combined size of log files at least 10 times bigger than the
InnoDB: largest such row.
090924 11:40:00  InnoDB: ERROR: the age of the last checkpoint is 9433823,
InnoDB: which exceeds the log group capacity 9433498.
InnoDB: If you are using big BLOB or TEXT rows, you must set the
InnoDB: combined size of log files at least 10 times bigger than the
InnoDB: largest such row.
090924 11:40:16  InnoDB: ERROR: the age of the last checkpoint is 9433645,
InnoDB: which exceeds the log group capacity 9433498.
InnoDB: If you are using big BLOB or TEXT rows, you must set the
InnoDB: combined size of log files at least 10 times bigger than the
InnoDB: largest such row.
```

上面错误集中在InnoDB:ERROR:the age of the last checkpoint is 9433645，InnoDB:which exceeds the log group capacity 9433498。这是因为重做日志有一个capacity变量，该值代表了最后的检查点不能超过这个阈值，如果超过则必须将缓冲池（innodb buffer pool）中脏页列表（flush list）中的部分脏数据页写回磁盘，这时会导致用户线程的阻塞。

也许有人会问，既然同样是记录事务日志，和之前介绍的二进制日志有什么区别？

首先，二进制日志会记录所有与MySQL数据库有关的日志记录，包括InnoDB、MyISAM、Heap等其他存储引擎的日志。而InnoDB存储引擎的重做日志只记录有关该存储引擎本身的事务日志。

其次，记录的内容不同，无论用户将二进制日志文件记录的格式设为STATEMENT还是ROW，又或者是MIXED，其记录的都是关于一个事务的具体操作内容，即该日志是逻辑日志。而InnoDB存储引擎的重做日志文件记录的是关于每个页（Page）的更改的物理情况。

此外，写入的时间也不同，二进制日志文件仅在事务提交前进行提交，即只写磁盘一次，不论这时该事务多大。而在事务进行的过程中，却不断有重做日志条目（redo entry）被写入到重做日志文件中。

在 InnoDB 存储引擎中，对于各种不同的操作有着不同的重做日志格式。到 InnoDB 1.2.x 版本为止，总共定义了 51 种重做日志类型。虽然各种重做日志的类型不同，但是它们有着基本的格式，表 3-2 显示了重做日志条目的结构：

表 3-2 重做日志条目结构

redo_log_type	space	page_no	redo_log_body

从表 3-2 可以看到重做日志条目是由 4 个部分组成：

- ❑ redo_log_type 占用 1 字节，表示重做日志的类型
- ❑ space 表示表空间的 ID，但采用压缩的方式，因此占用的空间可能小于 4 字节
- ❑ page_no 表示页的偏移量，同样采用压缩的方式
- ❑ redo_log_body 表示每个重做日志的数据部分，恢复时需要调用相应的函数进行解析

在第 2 章中已经提到，写入重做日志文件的操作不是直接写，而是先写入一个重做日志缓冲（redo log buffer）中，然后按照一定的条件顺序地写入日志文件。图 3-3 很好地诠释了重做日志的写入过程。

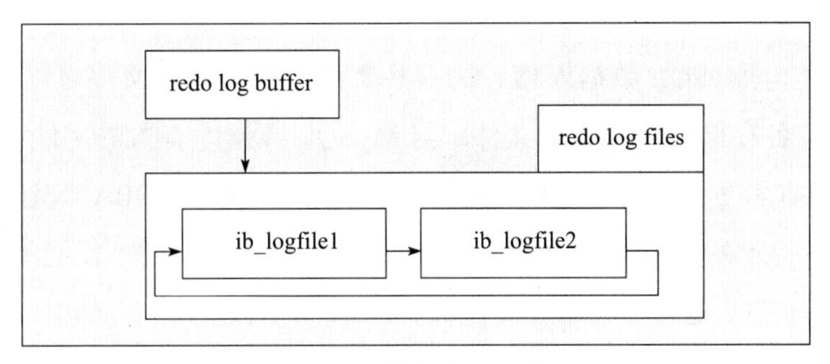

图 3-3 重做日志写入过程

从重做日志缓冲往磁盘写入时，是按 512 个字节，也就是一个扇区的大小进行写入。因为扇区是写入的最小单位，因此可以保证写入必定是成功的。因此在重做日志的写入过程中不需要有 doublewrite。

前面提到了从日志缓冲写入磁盘上的重做日志文件是按一定条件进行的，那这些条件有哪些呢？第 2 章分析了主线程（master thread），知道在主线程中每秒会将重做日志缓冲写入磁盘的重做日志文件中，不论事务是否已经提交。另一个触发写磁盘的过程是由参数 innodb_flush_log_at_trx_commit 控制，表示在提交（commit）操作时，处理重做日志的方式。

参数 innodb_flush_log_at_trx_commit 的有效值有 0、1、2。0 代表当提交事务时，并不将事务的重做日志写入磁盘上的日志文件，而是等待主线程每秒的刷新。1 和 2 不同的地方在于：1 表示在执行 commit 时将重做日志缓冲同步写到磁盘，即伴有 fsync 的调用。2 表示将重做日志异步写到磁盘，即写到文件系统的缓存中。因此不能完全保证在执行 commit 时肯定会写入重做日志文件，只是有这个动作发生。

因此为了保证事务的 ACID 中的持久性，必须将 innodb_flush_log_at_trx_commit 设置为 1，也就是每当有事务提交时，就必须确保事务都已经写入重做日志文件。那么当数据库因为意外发生宕机时，可以通过重做日志文件恢复，并保证可以恢复已经提交的事务。而将重做日志文件设置为 0 或 2，都有可能发生恢复时部分事务的丢失。不同之处在于，设置为 2 时，当 MySQL 数据库发生宕机而操作系统及服务器并没有发生宕机时，由于此时未写入磁盘的事务日志保存在文件系统缓存中，当恢复时同样能保证数据不丢失。

3.7　小结

本章介绍了与 MySQL 数据库相关的一些文件，并了解了文件可以分为 MySQL 数据库文件以及与各存储引擎相关的文件。与 MySQL 数据库有关的文件中，错误文件和二进制日志文件非常重要。当 MySQL 数据库发生任何错误时，DBA 首先就应该去查看错误文件，从文件提示的内容中找出问题的所在。当然，错误文件不仅记录了错误的内容，也记录了警告的信息，通过一些警告也有助于 DBA 对于数据库和存储引擎进行优化。

二进制日志的作用非常关键，可以用来进行 point in time 的恢复以及复制（replication）环境的搭建。因此，建议在任何时候时都启用二进制日志的记录。从 MySQL 5.1 开始，二进制日志支持 STATEMENT、ROW、MIX 三种格式，这样可以更好地保证从数据库与主数据库之间数据的一致性。当然 DBA 应该十分清楚这三种不同格式之间的差异。

本章的最后介绍了和 InnoDB 存储引擎相关的文件，包括表空间文件和重做日志文件。表空间文件是用来管理 InnoDB 存储引擎的存储，分为共享表空间和独立表空间。重做日志非常的重要，用来记录 InnoDB 存储引擎的事务日志，也因为重做日志的存在，才使得 InnoDB 存储引擎可以提供可靠的事务。

第4章　表

本章将从 InnoDB 存储引擎表的逻辑存储及实现开始进行介绍，然后将重点分析表的物理存储特征，即数据在表中是如何组织和存放的。简单来说，表就是关于特定实体的数据集合，这也是关系型数据库模型的核心。

4.1　索引组织表

在 InnoDB 存储引擎中，表都是根据主键顺序组织存放的，这种存储方式的表称为索引组织表（index organized table）。在 InnoDB 存储引擎表中，每张表都有个主键（Primary Key），如果在创建表时没有显式地定义主键，则 InnoDB 存储引擎会按如下方式选择或创建主键：

- 首先判断表中是否有非空的唯一索引（Unique NOT NULL），如果有，则该列即为主键。
- 如果不符合上述条件，InnoDB 存储引擎自动创建一个 6 字节大小的指针。

当表中有多个非空唯一索引时，InnoDB 存储引擎将选择建表时第一个定义的非空唯一索引为主键。这里需要非常注意的是，主键的选择根据的是定义索引的顺序，而不是建表时列的顺序。看下面的例子：

```
mysql> CREATE TABLE z (
    -> a INT NOT NULL,
    -> b INT NULL,
    -> c INT NOT NULL,
    -> d INT NOT NULL,
    -> UNIQUE KEY (b),
    -> UNIQUE KEY (d), UNIQUE KEY (c));
Query OK, 0 rows affected (0.02 sec)

mysql> INSERT INTO z SELECT 1,2,3,4;
Query OK, 1 row affected (0.00 sec)
Records: 1  Duplicates: 0  Warnings: 0
```

```
mysql> INSERT INTO z SELECT 5,6,7,8;
Query OK, 1 row affected (0.00 sec)
Records: 1  Duplicates: 0  Warnings: 0

mysql> INSERT INTO z SELECT 9,10,11,12;
Query OK, 1 row affected (0.00 sec)
Records: 1  Duplicates: 0  Warnings: 0
```

上述示例创建了一张表z，有a、b、c、d四个列。b、c、d三列上都有唯一索引，不同的是b列允许NULL值。由于没有显式地定义主键，因此会选择非空的唯一索引，可以通过下面的SQL语句判断表的主键值：

```
mysql> SELECT a,b,c,d,_rowid FROM z;
+---+------+----+----+--------+
| a | b    | c  | d  | _rowid |
+---+------+----+----+--------+
| 1 |    2 |  3 |  4 |      4 |
| 5 |    6 |  7 |  8 |      8 |
| 9 |   10 | 11 | 12 |     12 |
+---+------+----+----+--------+
3 rows in set (0.00 sec)
```

_rowid可以显示表的主键，因此通过上述查询可以找到表z的主键。此外，虽然c、d列都是非空唯一索引，都可以作为主键的候选，但是在定义的过程中，由于d列首先定义为唯一索引，故InnoDB存储引擎将其视为主键。

另外需要注意的是，_rowid只能用于查看单个列为主键的情况，对于多列组成的主键就显得无能为力了，如：

```
mysql> CREATE TABLE a (
   -> a INT,
   -> b INT,
   -> PRIMARY KEY(a,b)
   -> )ENGINE=InnoDB;
Query OK, 0 rows affected (0.03 sec)

mysql> INSERT INTO a SELECT 1,1;
Query OK, 1 row affected (0.01 sec)
Records: 1  Duplicates: 0  Warnings: 0

mysql> SELECT a,_rowid FROM a;
ERROR 1054 (42S22): Unknown column '_rowid' in 'field list'
```

4.2 InnoDB 逻辑存储结构

从 InnoDB 存储引擎的逻辑存储结构看，所有数据都被逻辑地存放在一个空间中，称之为表空间（tablespace）。表空间又由段（segment）、区（extent）、页（page）组成。页在一些文档中有时也称为块（block），InnoDB 存储引擎的逻辑存储结构大致如图 4-1 所示。

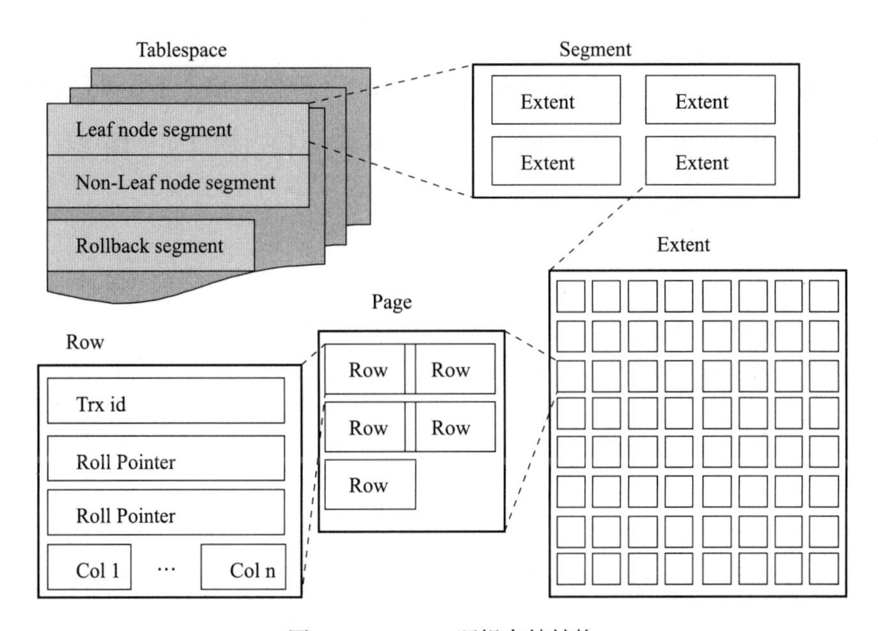

图 4-1 InnoDB 逻辑存储结构

4.2.1 表空间

表空间可以看做是 InnoDB 存储引擎逻辑结构的最高层，所有的数据都存放在表空间中。第 3 章中已经介绍了在默认情况下 InnoDB 存储引擎有一个共享表空间 ibdata1，即所有数据都存放在这个表空间内。如果用户启用了参数 innodb_file_per_table，则每张表内的数据可以单独放到一个表空间内。

如果启用了 innodb_file_per_table 的参数，需要注意的是每张表的表空间内存放的只是数据、索引和插入缓冲 Bitmap 页，其他类的数据，如回滚（undo）信息，插入缓冲索引页、系统事务信息，二次写缓冲（Double write buffer）等还是存放在原来的共享表空间内。这同时也说明了另一个问题：即使在启用了参数 innodb_file_per_table 之后，共享表空间还是会不断地增加其大小。可以来做一个实验，在实验之前已经将 innodb_file_per_table 设为 ON 了。现在看看初始共享表空间文件的大小：

```
mysql> SHOW VARIABLES LIKE 'innodb_file_per_table'\G;
*************************** 1. row ***************************
Variable_name: innodb_file_per_table
        Value: ON
1 row in set (0.00 sec)

mysql> system ls -lh /usr/local/mysql/data/ibdata*
-rw-rw---- 1 mysql mysql 58M Mar 11 13:58 /usr/local/mysql/data/ibdata1
```

可以看到，共享表空间 ibdata1 的大小为 58MB，接着模拟产生 undo 的操作，利用第 1 章已生成的表 mytest，并把其存储引擎更改为 InnoDB，执行如下操作：

```
mysql> SET autocommit=0;
Query OK, 0 rows affected (0.00 sec)

mysql> UPDATE mytest SET salary=0;
Query OK, 2844047 rows affected (19.47 sec)
Rows matched: 2844047  Changed: 2844047  Warnings: 0

mysql> system ls -lh /usr/local/mysql/data/ibdata*
-rw-rw---- 1 mysql mysql 114M Mar 11 14:00 /usr/local/mysql/data/ibdata1
```

这里首先将自动提交设为 0，即用户需要显式提交事务（注意，在上面操作结束时，并没有对该事务执行 commit 或 rollback）。接着执行会产生大量 undo 操作的语句 update mytest set salary=0，完成后再观察共享表空间，会发现 ibdata1 已经增长到了 114MB。这个例子虽然简单，但是足以说明共享表空间中还包含有 undo 信息。

有用户会问，如果对 k 这个事务执行 rollback，ibdata1 这个表空间会不会缩减至原来的大小（58MB）？这可以通过继续运行下面的语句得到验证：

```
mysql> ROLLBACK;
Query OK, 0 rows affected (0.00 sec)

mysql> system ls -lh /usr/local/mysql/data/ibdata*
-rw-rw---- 1 mysql mysql 114M Mar 11 14:00 /usr/local/mysql/data/ibdata1
```

很“可惜”，共享表空间的大小还是 114MB，即 InnoDB 存储引擎不会在执行 rollback 时去收缩这个表空间。虽然 InnoDB 不会回收这些空间，但是会自动判断这些 undo 信息是否还需要，如果不需要，则会将这些空间标记为可用空间，供下次 undo 使用。

回想一下，在第 2 章中提到的 master thread 每 10 秒会执行一次的 full purge 操作，很有可能的一种情况是：用户再次执行上述的 UPDATE 语句后，会发现 ibdata1 不会再增大了，那就是这个原因了。

我用 python 写了一个 py_innodb_page_info 小工具，用来查看表空间中各页的类型和信息，用户可以在 code.google.com 上搜索 david-mysql-tools 进行查找。使用方法如下：

```
[root@nineyou0-43 py]# python py_innodb_page_info.py /usr/local/mysql/data/
ibdata1
    Total number of page: 83584:
    Insert Buffer Free List: 204
    Freshly Allocated Page: 5467
    Undo Log Page: 38675
    File Segment inode: 4
    B-tree Node: 39233
    File Space Header: 1
```

可以看到共有 83 584 个页，其中插入缓冲的空闲列表有 204 个页、5467 个可用页、38 675 个 undo 页、39 233 个数据页等。用户可以通过添加 -v 参数来查看更详细的内容。由于该工具还在开发之中，因此并不保证在本书出版时此工具最终显示结果的变化。

4.2.2 段

图 4-1 中显示了表空间是由各个段组成的，常见的段有数据段、索引段、回滚段等。因为前面已经介绍过了 InnoDB 存储引擎表是索引组织的（index organized），因此数据即索引，索引即数据。那么数据段即为 B+ 树的叶子节点（图 4-1 的 Leaf node segment），索引段即为 B+ 树的非索引节点（图 4-1 的 Non-leaf node segment）。回滚段较为特殊，将会在后面的章节进行单独的介绍。

在 InnoDB 存储引擎中，对段的管理都是由引擎自身所完成，DBA 不能也没有必要对其进行控制。这和 Oracle 数据库中的自动段空间管理（ASSM）类似，从一定程度上简化了 DBA 对于段的管理。

4.2.3 区

区是由连续页组成的空间，在任何情况下每个区的大小都为 1MB。为了保证区中页的连续性，InnoDB 存储引擎一次从磁盘申请 4 ～ 5 个区。在默认情况下，InnoDB 存储引擎页的大小为 16KB，即一个区中一共有 64 个连续的页。

InnoDB 1.0.x 版本开始引入压缩页，即每个页的大小可以通过参数 KEY_BLOCK_SIZE 设置为 2K、4K、8K，因此每个区对应页的数量就应该为 512、256、128。

InnoDB 1.2.x 版本新增了参数 innodb_page_size，通过该参数可以将默认页的大小设置为 4K、8K，但是页中的数据库不是压缩。这时区中页的数量同样也为 256、128。总之，不论页的大小怎么变化，区的大小总是为 1M。

但是，这里还有这样一个问题：在用户启用了参数 innodb_file_per_talbe 后，创建的表默认大小是 96KB。区中是 64 个连续的页，创建的表的大小至少是 1MB 才对啊？其实这是因为在每个段开始时，先用 32 个页大小的碎片页（fragment page）来存放数据，在使用完这些页之后才是 64 个连续页的申请。这样做的目的是，对于一些小表，或者是 undo 这类的段，可以在开始时申请较少的空间，节省磁盘容量的开销。这里可以通过一个很小的示例来显示 InnoDB 存储引擎对于区的申请方式：

```
mysql> CREATE TABLE t1 (
    -> col1 INT NOT NULL AUTO_INCREMENT,
    -> col2 VARCHAR(7000) ,
    -> PRIMARY KEY (col1))ENGINE=InnoDB;

mysql> system ls -lh /usr/local/mysql/data/test/t1.ibd;
-rw-rw----  1 mysql mysql 96K 10月 12 14:59 /usr/local/mysql/data/test/t1.ibd
```

上述的 SQL 语句创建了 t1 表，将 col2 字段设为 VARCHAR（7000），这样能保证一个页最多可以存放 2 条记录。通过 ls 命令可以发现，初始化并创建 t1 表后，表空间默认大小为 96KB，接着运行如下 SQL 语句：

```
mysql> INSERT t1 SELECT NULL,REPEAT('a',7000);
Query OK, 1 row affected (0.04 sec)
Records: 1  Duplicates: 0  Warnings: 0

mysql> INSERT into t1 SELECT NULL,REPEAT('a',7000);
Query OK, 1 row affected (0.01 sec)
Records: 1  Duplicates: 0  Warnings: 0

mysql> system ls -lh /usr/local/mysql/data/test/t1.ibd;
-rw-rw----  1 mysql mysql 96K 10月 12 16:24 /usr/local/mysql/data/test/t1.ibd
```

插入两条记录，根据之前对表的定义，这两条记录应该位于同一个页中。如果这时通过 py_innodb_page_info 工具来查看表空间，可以看到：

```
[root@nineyou0-43 py]# ./py_innodb_page_info.py -v /usr/local/mysql/data/test/
t1.ibd
```

```
page offset 00000000, page type <File Space Header>
page offset 00000001, page type <Insert Buffer Bitmap>
page offset 00000002, page type <File Segment inode>
page offset 00000003, page type <B-tree Node>, page level <0000>
page offset 00000000, page type <Freshly Allocated Page>
page offset 00000000, page type <Freshly Allocated Page>
Total number of page: 6:
Freshly Allocated Page: 2
Insert Buffer Bitmap: 1
File Space Header: 1
B-tree Node: 1
File Segment inode: 1
```

这次用 -v 详细模式来看表空间的内容，注意到了 page offset 为 3 的页，这个就是数据页。page level 表示所在索引层，0 表示叶子节点。因为当前所有记录都在一个页中，因此没有非叶节点。但是如果这时用户再插入一条记录，就会产生一个非叶节点：

```
mysql> INSERT into t1 SELECT NULL,REPEAT('a',7000);
Query OK, 1 row affected (0.01 sec)
Records: 1  Duplicates: 0  Warnings: 0

[root@nineyou0-43 py]# ./py_innodb_page_info.py -v /usr/local/mysql/data/test/
t1.ibd
page offset 00000000, page type <File Space Header>
page offset 00000001, page type <Insert Buffer Bitmap>
page offset 00000002, page type <File Segment inode>
page offset 00000003, page type <B-tree Node>, page level <0001>
page offset 00000004, page type <B-tree Node>, page level <0000>
page offset 00000005, page type <B-tree Node>, page level <0000>
Total number of page: 6:
Insert Buffer Bitmap: 1
File Space Header: 1
B-tree Node: 3
File Segment inode: 1
```

现在可以看到 page offset 为 3 的页的 page level 由之前的 0 变为了 1，这时虽然新插入的记录导致了 B+ 树的分裂操作，但这个页的类型还是 B-tree Node。

接着继续上述同样的操作，再插入 60 条记录，也就是说当前表 t1 中共有 63 条记录，32 个页。为了导入的方便，在这之前先建立一个导入的存储过程：

```
mysql> DELIMITER//

mysql> CREATE PROCEDURE load_t1(count INT UNSIGNED)
```

```
    -> BEGIN
    -> DECLARE s INT UNSIGNED DEFAULT  1;
    -> DECLARE c VARCHAR(7000) DEFAULT REPEAT('a',7000);
    -> WHILE s <= count DO
    -> INSERT INTO t1 SELECT NULL,c;
    -> SET s = s+1;
    -> END WHILE;
    -> END;
    -> //
Query OK, 0 rows affected (0.04 sec)

mysql> DELIMITER ;

mysql> CALL load_t1(60);
Query OK, 1 row affected (1.59 sec)

mysql> SELECT COUNT(*) FROM t1\G;
*************************** 1. row ***************************
count(*): 63
1 row in set (0.00 sec)1 row in set (0.00 sec)

mysql> system ls -lh /usr/local/mysql/data/test/t1.ibd;
-rw-rw----  1 mysql mysql 576K 10月 12 16:56 /usr/local/mysql/data/test/t1.ibd
```

可以看到，在导入了63条数据后，表空间的大小还是小于1MB，即表示数据空间的申请还是通过碎片页，而不是通过64个连续页的区。这时如果通过py_innodb_page_info工具再来观察表空间t.ibd文件，可得：

```
[root@nineyou0-43 py]# ./py_innodb_page_info.py -v /usr/local/mysql/data/test/t1.ibd
page offset 00000000, page type <File Space Header>
page offset 00000001, page type <Insert Buffer Bitmap>
page offset 00000002, page type <File Segment inode>
page offset 00000003, page type <B-tree Node>, page level <0001>
page offset 00000004, page type <B-tree Node>, page level <0000>
page offset 00000005, page type <B-tree Node>, page level <0000>
page offset 00000006, page type <B-tree Node>, page level <0000>
page offset 00000007, page type <B-tree Node>, page level <0000>
page offset 00000008, page type <B-tree Node>, page level <0000>
page offset 00000009, page type <B-tree Node>, page level <0000>
page offset 0000000a, page type <B-tree Node>, page level <0000>
page offset 0000000b, page type <B-tree Node>, page level <0000>
page offset 0000000c, page type <B-tree Node>, page level <0000>
page offset 0000000d, page type <B-tree Node>, page level <0000>
```

```
page offset 0000000e, page type <B-tree Node>, page level <0000>
page offset 0000000f, page type <B-tree Node>, page level <0000>
page offset 00000010, page type <B-tree Node>, page level <0000>
page offset 00000011, page type <B-tree Node>, page level <0000>
page offset 00000012, page type <B-tree Node>, page level <0000>
page offset 00000013, page type <B-tree Node>, page level <0000>
page offset 00000014, page type <B-tree Node>, page level <0000>
page offset 00000015, page type <B-tree Node>, page level <0000>
page offset 00000016, page type <B-tree Node>, page level <0000>
page offset 00000017, page type <B-tree Node>, page level <0000>
page offset 00000018, page type <B-tree Node>, page level <0000>
page offset 00000019, page type <B-tree Node>, page level <0000>
page offset 0000001a, page type <B-tree Node>, page level <0000>
page offset 0000001b, page type <B-tree Node>, page level <0000>
page offset 0000001c, page type <B-tree Node>, page level <0000>
page offset 0000001d, page type <B-tree Node>, page level <0000>
page offset 0000001e, page type <B-tree Node>, page level <0000>
page offset 0000001f, page type <B-tree Node>, page level <0000>
page offset 00000020, page type <B-tree Node>, page level <0000>
page offset 00000021, page type <B-tree Node>, page level <0000>
page offset 00000022, page type <B-tree Node>, page level <0000>
page offset 00000023, page type <B-tree Node>, page level <0000>
Total number of page: 36:
Insert Buffer Bitmap: 1
File Space Header: 1
B-tree Node: 33
File Segment inode: 1
```

可以观察到 B-tree Node 页一共有 33 个，除去一个 page level 为 1 的非叶节点页，一共有 32 个 page level 为 0 的页，也就是说，对于数据段，已经有 32 个碎片页了。之后用户再申请空间，则表空间按连续 64 个页的大小开始增长了。好了，接着就这样来操作，插入一条数据，看之后表空间的大小：

```
mysql> CALL load_t1(1);
Query OK, 1 row affected (0.10 sec)

mysql> system ls -lh /usr/local/mysql/data/test/t1.ibd;
-rw-rw----  1 mysql mysql 2.0M 10月 12 17:02 /usr/local/mysql/data/test/t1.ibd
```

因为已经用完了 32 个碎片页，新的页会采用区的方式进行空间的申请，如果此时用户再通过 py_innodb_page_info 工具来看表空间文件 t1.ibd，应该可以看到很多类型为 Freshly Allocated Page 的页：

```
[root@nineyou0-43 test2]# ~/py/py_innodb_page_info.py t1.ibd -v
```

```
page offset 00000000, page type <File Space Header>
page offset 00000001, page type <Insert Buffer Bitmap>
page offset 00000002, page type <File Segment inode>
page offset 00000003, page type <B-tree Node>, page level <0001>
page offset 00000004, page type <B-tree Node>, page level <0000>
page offset 00000005, page type <B-tree Node>, page level <0000>
page offset 00000006, page type <B-tree Node>, page level <0000>
page offset 00000007, page type <B-tree Node>, page level <0000>
page offset 00000008, page type <B-tree Node>, page level <0000>
page offset 00000009, page type <B-tree Node>, page level <0000>
page offset 0000000a, page type <B-tree Node>, page level <0000>
page offset 0000000b, page type <B-tree Node>, page level <0000>
page offset 0000000c, page type <B-tree Node>, page level <0000>
page offset 0000000d, page type <B-tree Node>, page level <0000>
page offset 0000000e, page type <B-tree Node>, page level <0000>
page offset 0000000f, page type <B-tree Node>, page level <0000>
page offset 00000010, page type <B-tree Node>, page level <0000>
page offset 00000011, page type <B-tree Node>, page level <0000>
page offset 00000012, page type <B-tree Node>, page level <0000>
page offset 00000013, page type <B-tree Node>, page level <0000>
page offset 00000014, page type <B-tree Node>, page level <0000>
page offset 00000015, page type <B-tree Node>, page level <0000>
page offset 00000016, page type <B-tree Node>, page level <0000>
page offset 00000017, page type <B-tree Node>, page level <0000>
page offset 00000018, page type <B-tree Node>, page level <0000>
page offset 00000019, page type <B-tree Node>, page level <0000>
page offset 0000001a, page type <B-tree Node>, page level <0000>
page offset 0000001b, page type <B-tree Node>, page level <0000>
page offset 0000001c, page type <B-tree Node>, page level <0000>
page offset 0000001d, page type <B-tree Node>, page level <0000>
page offset 0000001e, page type <B-tree Node>, page level <0000>
page offset 0000001f, page type <B-tree Node>, page level <0000>
page offset 00000020, page type <B-tree Node>, page level <0000>
page offset 00000021, page type <B-tree Node>, page level <0000>
page offset 00000022, page type <B-tree Node>, page level <0000>
page offset 00000023, page type <B-tree Node>, page level <0000>
page offset 00000000, page type <Freshly Allocated Page>
……
page offset 00000000, page type <Freshly Allocated Page>
page offset 00000000, page type <Freshly Allocated Page>
page offset 00000000, page type <Freshly Allocated Page>
Total number of page: 128:
Freshly Allocated Page: 91
Insert Buffer Bitmap: 1
```

```
File Space Header: 1
B-tree Node: 34
File Segment inode: 1
```

4.2.4 页

同大多数数据库一样，InnoDB 有页（Page）的概念（也可以称为块），页是 InnoDB 磁盘管理的最小单位。在 InnoDB 存储引擎中，默认每个页的大小为 16KB。而从 InnoDB 1.2.x 版本开始，可以通过参数 innodb_page_size 将页的大小设置为 4K、8K、16K。若设置完成，则所有表中页的大小都为 innodb_page_size，不可以对其再次进行修改。除非通过 mysqldump 导入和导出操作来产生新的库。

在 InnoDB 存储引擎中，常见的页类型有：

- 数据页（B-tree Node）
- undo 页（undo Log Page）
- 系统页（System Page）
- 事务数据页（Transaction system Page）
- 插入缓冲位图页（Insert Buffer Bitmap）
- 插入缓冲空闲列表页（Insert Buffer Free List）
- 未压缩的二进制大对象页（Uncompressed BLOB Page）
- 压缩的二进制大对象页（compressed BLOB Page）

4.2.5 行

InnoDB 存储引擎是面向列的（row-oriented），也就说数据是按行进行存放的。每个页存放的行记录也是有硬性定义的，最多允许存放 16KB / 2 –200 行的记录，即 7992 行记录。这里提到了 row-oriented 的数据库，也就是说，存在有 column-oriented 的数据库。MySQL infobright 存储引擎就是按列来存放数据的，这对于数据仓库下的分析类 SQL 语句的执行及数据压缩非常有帮助。类似的数据库还有 Sybase IQ、Google Big Table。面向列的数据库是当前数据库发展的一个方向，但这超出了本书涵盖的内容，有兴趣的读者可以在网上寻找相关资料。

4.3 InnoDB行记录格式

InnoDB存储引擎和大多数数据库一样（如Oracle和Microsoft SQL Server数据库），记录是以行的形式存储的。这意味着页中保存着表中一行行的数据。在InnoDB 1.0.x版本之前，InnoDB存储引擎提供了Compact和Redundant两种格式来存放行记录数据，这也是目前使用最多的一种格式。Redundant格式是为兼容之前版本而保留的，如果阅读过InnoDB的源代码，用户会发现源代码中是用PHYSICAL RECORD（NEW STYLE）和PHYSICAL RECORD（OLD STYLE）来区分两种格式的。在MySQL 5.1版本中，默认设置为Compact行格式。用户可以通过命令SHOW TABLE STATUS LIKE 'table_name'来查看当前表使用的行格式，其中row_format属性表示当前所使用的行记录结构类型。如：

```
mysql> SHOW TABLE STATUS like 'mytest%'\G;
*************************** 1. row ***************************
           Name: mytest
         Engine: InnoDB
        Version: 10
     Row_format: Compact
           Rows: 6
 Avg_row_length: 2730
    Data_length: 16384
Max_data_length: 0
   Index_length: 0
      Data_free: 0
 Auto_increment: NULL
    Create_time: 2009-03-17 13:33:50
    Update_time: NULL
     Check_time: NULL
      Collation: latin1_swedish_ci
       Checksum: NULL
 Create_options:
        Comment:
*************************** 2. row ***************************
           Name: mytest2
         Engine: InnoDB
        Version: 10
     Row_format: Redundant
           Rows: 0
 Avg_row_length: 0
    Data_length: 16384
```

```
Max_data_length: 0
   Index_length: 0
      Data_free: 0
 Auto_increment: NULL
    Create_time: 2009-03-17 13:57:23
    Update_time: NULL
     Check_time: NULL
      Collation: latin1_swedish_ci
       Checksum: NULL
 Create_options: row_format=REDUNDANT
        Comment:
2 rows in set (0.00 sec)
```

可以看到，这里的 mytest 表是 Compact 的行格式，mytest2 表是 Redundant 的行格式。通过之前的介绍可以知道，数据库实例的作用之一就是读取页中存放的行记录。如果用户自己知道页中行记录的组织规则，也可以自行通过编写工具的方式来读取其中的记录，如之前介绍的 py_innodb_page_info 工具。本节的其余小节将具体分析各格式存放数据的规则。

4.3.1 Compact 行记录格式

Compact 行记录是在 MySQL 5.0 中引入的，其设计目标是高效地存储数据。简单来说，一个页中存放的行数据越多，其性能就越高。图 4-2 显示了 Compact 行记录的存储方式：

变长字段长度列表	NULL标志位	记录头信息	列1数据	列2数据	……

图 4-2 Compact 行记录的格式

从图 4-2 可以观察到，Compact 行记录格式的首部是一个非 NULL 变长字段长度列表，并且其是按照列的顺序逆序放置的，其长度为：

- 若列的长度小于 255 字节，用 1 字节表示；
- 若大于 255 个字节，用 2 字节表示。

变长字段的长度最大不可以超过 2 字节，这是因在 MySQL 数据库中 VARCHAR 类型的最大长度限制为 65 535。变长字段之后的第二个部分是 NULL 标志位，该位指示了该行数据中是否有 NULL 值，有则用 1 表示。该部分所占的字节应该为 1 字节。接下来的部分是记录头信息（record header），固定占用 5 字节（40 位），每位的含义见表 4-1。

表 4-1 Compact 记录头信息

名　称	大小 (bit)	描　述
()	1	未知
()	1	未知
deleted_flag	1	该行是否已被删除
min_rec_flag	1	为 1，如果该记录是预先被定义为最小的记录
n_owned	4	该记录拥有的记录数
heap_no	13	索引堆中该条记录的排序记录
record_type	3	记录类型，000 表示普通，001 表示 B+ 树节点指针，010 表示 Infimum，011 表示 Supremum，1xx 表示保留
next_record	16	页中下一条记录的相对位置
Total	40	

最后的部分就是实际存储每个列的数据。需要特别注意的是，NULL 不占该部分任何空间，即 NULL 除了占有 NULL 标志位，实际存储不占有任何空间。另外有一点需要注意的是，每行数据除了用户定义的列外，还有两个隐藏列，事务 ID 列和回滚指针列，分别为 6 字节和 7 字节的大小。若 InnoDB 表没有定义主键，每行还会增加一个 6 字节的 rowid 列。

接下去用一个具体示例来分析 Compact 行记录的内部结构：

```
mysql> CREATE TABLE mytest (
    -> t1 VARCHAR(10),
    -> t2 VARCHAR(10),
    -> t3 CHAR(10),
    -> t4 VARCHAR(10)
    ->) ENGINE=INNODB CHARSET=LATIN1 ROW_FORMAT=COMPACT;
Query OK, 0 rows affected (0.00 sec)

mysql> INSERT INTO mytest
    -> VALUES ('a','bb','bb','ccc');
Query OK, 1 row affected (0.01 sec)

mysql> INSERT INTO mytest
    -> VALUES ('d','ee','ee','fff');
Query OK, 1 row affected (0.00 sec)

mysql> INSERT INTO mytest
    -> VALUES ('d',NULL,NULL,'fff');
Query OK, 1 row affected (0.00 sec)

mysql> SELECT * FROM mytest\G;
*************************** 1. row ***************************
```

```
t1: a
t2: bb
t3: bb
t4: ccc
*************************** 2. row ***************************
t1: d
t2: ee
t3: ee
t4: fff
*************************** 3. row ***************************
t1: d
t2: NULL
t3: NULL
t4: fff
3 rows in set (0.00 sec)
```

在上述示例中，创建表 mytest，该表共有 4 个列。t1、t2、t4 都为 VARCHAR 变长字段类型，t3 为固定长度类型 CHAR。接着插入了 3 条有代表性的数据，然后将打开表空间文件 mytest.ibd（这里启用了 innodb_file_per_table，若没有启用该选项，打开默认的共享表空间文件 ibdata1）。

在 Windows 操作系统下，可以选择通过程序 UltraEdit 打开该二进制文件。在 Linux 环境下，使用命令 hexdump-C-v mytest.ibd > mytest.txt。这里将结果重定向到了文件 mytest.txt，打开 mytest.txt 文件，找到如下内容：

```
0000c070  73 75 70 72 65 6d 75 6d  03 02 01 00 00 00 10 00  |supremum........|
0000c080  2c 00 00 00 2b 68 00 00  00 00 00 06 05 80 00 00  |,...+h..........|
0000c090  00 32 01 10 61 62 62 62  62 20 20 20 20 20 20 20  |.2..abbbb       |
0000c0a0  20 63 63 63 03 02 01 00  00 00 18 00 2b 00 00 00  | ccc........+...|
0000c0b0  2b 68 01 00 00 00 00 06  06 80 00 00 00 32 01 10  |+h...........2..|
0000c0c0  64 65 65 65 65 20 20 20  20 20 20 20 20 66 66 66  |deeeefff|
0000c0d0  03 01 06 00 00 20 ff 98  00 00 00 2b 68 02 00 00  |..... .....+h...|
0000c0e0  00 00 06 07 80 00 00 00  32 01 10 64 66 66 66 00  |........2..dfff.|
```

该行记录从 0000c078 开始，若整理一下，相信用户会有更好的理解：

```
03 02 01/* 变长字段长度列表，逆序 */
00 /*NULL 标志位，第一行没有 NULL 值 */
00 00 10 00 2c /*Record Header，固定 5 字节长度 */
00 00 00 2b 68 00/*RowID InnoDB 自动创建，6 字节 */
00 00 00 00 06 05/*TransactionID*/
80 00 0000 32 01 10/*Roll Pointer*/
61/* 列 1 数据 'a'*/
```

```
62 62/* 列 2 数据 'bb'*/
62 62 20 20 20 20 20 20 20 20/* 列 3 数据 'bb' */
63 63 63/* 列 4 数据 'ccc'*/
```

现在第一行数据就展现在用户眼前了。需要注意的是，变长字段长度列表是逆序存放的，因此变长字段长度列表为 03 02 01，而不是 01 02 03。此外还需要注意 InnoDB 每行有隐藏列 TransactionID 和 Roll Pointer。同时可以发现，固定长度 CHAR 字段在未能完全占用其长度空间时，会用 0x20 来进行填充。

接着再来分析下 Record Header 的最后两个字节，这两个字节代表 next_recorder，0x2c 代表下一个记录的偏移量，即当前记录的位置加上偏移量 0x2c 就是下条记录的起始位置。所以 InnoDB 存储引擎在页内部是通过一种链表的结构来串连各个行记录的。

第二行将不做整理，除了 RowID 不同外，它和第一行大同小异，有兴趣的读者可以用上面的方法自己试试。现在来关心有 NULL 值的第三行：

```
03 01/* 变长字段长度列表，逆序 */
06 /*NULL 标志位，第三行有 NULL 值 */
00 00 20 ff 98/*Record Header*/
00 00 00 2b 68 02/*RowID*/
00 00 00 00 06 07/*TransactionID*/
80 00 00 00 32 01 10/*Roll Pointer*/
64/* 列 1 数据 'd'*/
66 66 66/* 列 4 数据 'fff'*/
```

第三行有 NULL 值，因此 NULL 标志位不再是 00 而是 06，转换成二进制为 00000110，为 1 的值代表第 2 列和第 3 列的数据为 NULL。在其后存储列数据的部分，用户会发现没有存储 NULL 列，而只存储了第 1 列和第 4 列非 NULL 的值。因此这个例子很好地说明了：不管是 CHAR 类型还是 VARCHAR 类型，在 compact 格式下 NULL 值都不占用任何存储空间。

4.3.2 Redundant 行记录格式

Redundant 是 MySQL 5.0 版本之前 InnoDB 的行记录存储方式，MySQL 5.0 支持 Redundant 是为了兼容之前版本的页格式。Redundant 行记录采用如图 4-3 所示的方式存储。

字段长度偏移列表	记录头信息	列1数据	列2数据	列3数据	……

图 4-3 Redundant 行记录格式

从图 4-3 可以看到，不同于 Compact 行记录格式，Redundant 行记录格式的首部是一个字段长度偏移列表，同样是按照列的顺序逆序放置的。若列的长度小于 255 字节，用 1 字节表示；若大于 255 字节，用 2 字节表示。第二个部分为记录头信息（record header），不同于 Compact 行记录格式，Redundant 行记录格式的记录头占用 6 字节（48 位），每位的含义见表 4-2。从表 4-2 中可以发现，n_fields 值代表一行中列的数量，占用 10 位。同时这也很好地解释了为什么 MySQL 数据库一行支持最多的列为 1023。另一个需要注意的值为 1byte_offs_flags，该值定义了偏移列表占用 1 字节还是 2 字节。而最后的部分就是实际存储的每个列的数据了。

表 4-2 Redundant 记录头信息

名　　称	大小 (bit)	描　　述
()	1	未知
()	1	未知
deleted_flag	1	该行是否已被删除
min_rec_flag	1	为 1，如果该记录是预先被定义为最小的记录
n_owned	4	该记录拥有的记录数
heap_no	13	索引堆中该条记录的索引号
n_fields	10	记录中列的数量
1byte_offs_flag	1	偏移列表为 1 字节还是 2 字节
next_record	16	页中下一条记录的相对位置
Total	48	

接着创建一张和 4.3.1 节中表 mytest 内容完全一样但行格式为 Redundant 的表 mytest2。

```
mysql> CREATE TABLE mytest2
    -> ENGINE=InnodB ROW_FORMAT=Redundant
    -> AS
    -> SELECT * FROM mytest;
Query OK, 3 rows affected (0.00 sec)
Records: 3  Duplicates: 0  Warnings: 0

mysql> SHOW TABLE STATUS LIKE 'mytest2'\G;
*************************** 1. row ***************************
        Name: mytest2
      Engine: InnoDB
```

```
      Version: 10
   Row_format: Redundant
         Rows: 3
 Avg_row_length: 5461
    Data_length: 16384
Max_data_length: 0
   Index_length: 0
      Data_free: 0
 Auto_increment: NULL
    Create_time: 2009-03-18 15:49:42
    Update_time: NULL
     Check_time: NULL
      Collation: latin1_swedish_ci
       Checksum: NULL
 Create_options: row_format=REDUNDANT
        Comment:
1 row in set (0.00 sec)

mysql> SELECT * FROM mytest2\G;
*************************** 1. row ***************************
t1: a
t2: bb
t3: bb
t4: ccc
*************************** 2. row ***************************
t1: d
t2: ee
t3: ee
t4: fff
*************************** 3. row ***************************
t1: d
t2: NULL
t3: NULL
t4: fff
3 rows in set (0.00 sec)
```

可以看到，现在row_format变为Redundant。同样通过hexdump将表空间mytest2.ibd导出到文本文件mytest2.txt。打开文件，找到类似如下行：

```
0000c070  08 03 00 00 73 75 70 72  65 6d 75 6d 00 23 20 16  |....supremum.# .|
0000c080  14 13 0c 06 00 00 10 0f  00 ba 00 00 00 2b 68 0b  |.............+h.|
0000c090  00 00 00 00 06 53 80 00  00 00 32 01 10 61 62 62  |.....S....2..abb|
0000c0a0  62 62 20 20 20 20 20 20  20 20 63 63 63 23 20 16  |bb        ccc# .|
```

```
0000c0b0  14 13 0c 06 00 00 18 0f  00 ea 00 00 00 2b 68 0c  |.............+h.|
0000c0c0  00 00 00 00 06 53 80 00  00 00 32 01 1e 64 65 65  |.....S....2..dee|
0000c0d0  65 65 20 20 20 20 20 20  20 20 66 66 66 21 9e 94  |ee        fff!..|
0000c0e0  14 13 0c 06 00 00 20 0f  00 74 00 00 00 2b 68 0d  |...... ..t...+h.|
0000c0f0  00 00 00 00 06 53 80 00  00 00 32 01 2c 64 00 00  |.....S....2.,d..|
0000c100  00 00 00 00 00 00 00 00  66 66 66 00 00 00 00 00  |........fff.....|
```

整理可以得到如下内容：

```
23 20 16 14 13 0c 06/* 长度偏移列表，逆序 */
00 00 10 0f 00 ba/* Record Header，固定 6 个字节 */
00 00 00 2b 68 0b/* RowID*/
00 00 00 00 06 53/*TransactionID*/
80 00 00 00 32 01 10/*Roll Point*/
61/* 列 1 数据 'a'*/
62 62/* 列 2 数据 'bb'*/
62 62 20 20 20 20 20 20 20 20/* 列 3 数据 'bb' Char 类型 */
63 63 63/* 列 4 数据 'ccc'*/
```

23 20 16 14 13 0c 06 逆转为 06，0c，13，14，16，20，23，分别代表第一列长度 6，第二列长度 6（6+6=0x0C），第三列长度为 7（6+6+7=0x13），第四列长度 1（6+6+7+1=0x14），第五列长度 2（6+6+7+1+2=0x16），第六列长度 10（6+6+7+1+2+10=0x20），第七列长度 3（6+6+7+1+2+10+3=0x23）。

在接下来的记录头信息（Record Header）中应该注意 48 位中的第 22 ～ 32 位，为 0000000111，表示表共有 7 个列（包含了隐藏的 3 列），接下来的第 33 位为 1，代表偏移列表为一个字节。

后面的信息就是实际每行存放的数据了，这同 Redundant 行记录格式大致相同，注意是大致相同，因为如果分析第三行，会发现对于 NULL 值的处理两者是非常不同的：

```
21 9e 94 14 13 0c 06/* 长度偏移列表，逆序 */
00 00 20 0f 00 74/*Record Header，固定 6 字节 */
00 00 00 2b 68 0d/*RowID*/
00 00 00 00 06 53/*TransactionID*/
80 00 00 00 32 01 10/*Roll Point*/
64/* 列 1 数据 'd'*/
00 00 00 00 00 00 00 00 00 00/* 列 3 数据 NULL*/
66 66 66/* 列 4 数据 'fff'*/
```

这里与之前 Compact 行记录格式有着很大的不同了，首先来看长度偏移列表，逆序排列后得到 06 0c 13 14 94 9e 21，前 4 个值都很好理解，第 5 个 NULL 值变为了 94，接着第6个CHAR类型的NULL值为9e（94+10=0x9e），之后的21代表（14+3=0x21）。可以看到对于VARCHAR类型的NULL值，Redundant行记录格式同样不占用任何存储空间，而CHAR类型的NULL值需要占用空间。

当前表mytest2的字符集为Latin1，每个字符最多只占用1字节。若用户将表mytest2的字符集转换为utf8，第三列CHAR固定长度类型不再是只占用10字节了，而是10×3=30字节。所以在Redundant行记录格式下，CHAR类型将会占用可能存放的最大值字节数。有兴趣的读者可以自行尝试。

4.3.3　行溢出数据

InnoDB存储引擎可以将一条记录中的某些数据存储在真正的数据页面之外。一般认为BLOB、LOB这类的大对象列类型的存储会把数据存放在数据页面之外。但是，这个理解有点偏差，BLOB可以不将数据放在溢出页面，而且即便是VARCHAR列数据类型，依然有可能被存放为行溢出数据。

首先对VARCHAR数据类型进行研究。很多DBA喜欢MySQL数据库提供的VARCHAR类型，因为相对于Oracle VARCHAR2最大存放4000字节，SQL Server最大存放8000字节，MySQL数据库的VARCHAR类型可以存放65535字节。但是，这是真的吗？真的可以存放65535字节吗？如果创建VARCHAR长度为65535的表，用户会得到下面的错误信息：

```
mysql> CREATE TABLE test (
    -> a VARCHAR(65535)
    -> )CHARSET=latin1 ENGINE=InnoDB;
ERROR 1118 (42000): Row size too large. The maximum row size for the used table
type, not counting BLOBs, is 65535. You have to change some columns to TEXT or
BLOBs
```

从错误消息可以看到InnoDB存储引擎并不支持65535长度的VARCHAR。这是因为还有别的开销，通过实际测试发现能存放VARCHAR类型的最大长度为65532。例如，按下面的命令创建表就不会报错了。

```
mysql> CREATE TABLE test (
    -> a VARCHAR(65532)
    -> )CHARSET=latin1 ENGINE=InnoDB;
Query OK, 0 rows affected (0.15 sec)
```

需要注意的是，如果在执行上述示例的时候没有将SQL_MODE设为严格模式，或许可以建立表，但是MySQL数据库会抛出一个warning，如：

```
mysql> CREATE TABLE test (
    -> a VARCHAR(65535)
    -> )CHARSET=latin1 ENGINE=InnoDB;
Query OK, 0 rows affected, 1 warning (0.14 sec)

mysql> SHOW WARNINGS\G;
*************************** 1. row ***************************
  Level: Note
   Code: 1246
Message: Converting column 'a' from VARCHAR to TEXT
1 row in set (0.00 sec)
```

warning信息提示了这次可以创建是因为MySQL数据库自动地将VARCHAR类型转换成了TEXT类型。查看test的表结构会发现：

```
mysql> SHOW CREATE TABLE test\G;
*************************** 1. row ***************************
       Table: test
Create Table: CREATE TABLE 'test' (
  'a' mediumtext
) ENGINE=InnoDB DEFAULT CHARSET=utf8
1 row in set (0.00 sec)
```

还需要注意上述创建的VARCHAR长度为65 532的表，其字符类型是latin1的，如果换成GBK又或UTF-8的，会产生怎样的结果呢？

```
mysql> CREATE TABLE test (
    -> a VARCHAR(65532)
    -> )CHARSET=GBK ENGINE=InnoDB;
ERROR 1074 (42000): Column length too big for column 'a' (max = 32767); use
BLOB or TEXT instead

mysql> mysql> CREATE TABLE test (
    -> a VARCHAR(65532)
    -> )CHARSET=UTF8 ENGINE=InnoDB;
ERROR 1074 (42000): Column length too big for column 'a' (max = 21845); use
BLOB or TEXT instead
```

这次即使创建列的VARCHAR长度为65532，也会提示报错，但是两次报错对max值的提示是不同的。因此从这个例子中用户也应该理解VARCHAR（*N*）中的*N*指的是字符的长度。而文档中说明VARCHAR类型最大支持65535，单位是字节。

此外需要注意的是，MySQL 官方手册中定义的 65535 长度是指所有 VARCHAR 列的长度总和，如果列的长度总和超出这个长度，依然无法创建，如下所示：

```
mysql> CREATE TABLE test2 (
    -> a VARCHAR(22000),
    -> b VARCHAR(22000),
    -> c VARCHAR(22000)
    -> )CHARSET=latin1 ENGINE=InnoDB;
ERROR 1118 (42000): Row size too large. The maximum row size for the used table type, not counting BLOBs, is 65535. You have to change some columns to TEXT or BLOBs
```

3 个列长度总和是 66000，因此 InnoDB 存储引擎再次报了同样的错误。即使能存放 65532 个字节，但是有没有想过，InnoDB 存储引擎的页为 16KB，即 16384 字节，怎么能存放 65532 字节呢？因此，在一般情况下，InnoDB 存储引擎的数据都是存放在页类型为 B-tree node 中。但是当发生行溢出时，数据存放在页类型为 Uncompress BLOB 页中。来看下面一个例子：

```
mysql> CREATE TABLE t (
    -> a VARCHAR(65532)
    -> )ENGINE=InnoDB CHARSET=latin1;
Query OK, 0 rows affected (0.15 sec)

mysql> INSERT INTO t
    -> SELECT REPEAT('a',65532);
Query OK, 1 row affected (0.08 sec)
Records: 1  Duplicates: 0  Warnings: 0
```

在上述例子中，首先创建了一个列 a 长度为 65 532 的 VARCHAR 类型表 t，然后插入了列 a 长度为 65 532 的记录，接着通过工具 py_innodb_page_info 看表空间文件，可以看到的页类型有：

```
[root@nineyou0-43 mytest]# py_innodb_page_info.py -v t.ibd
page offset 00000000, page type <File Space Header>
page offset 00000001, page type <Insert Buffer Bitmap>
page offset 00000002, page type <File Segment inode>
page offset 00000003, page type <B-tree Node>, page level <0000>
page offset 00000004, page type <Uncompressed BLOB Page>
page offset 00000005, page type <Uncompressed BLOB Page>
page offset 00000006, page type <Uncompressed BLOB Page>
page offset 00000007, page type <Uncompressed BLOB Page>
Total number of page: 8:
Insert Buffer Bitmap: 1
```

```
Uncompressed BLOB Page: 4
File Space Header: 1
B-tree Node: 1
File Segment inode: 1
```

通过工具可以观察到表空间中有一个数据页节点 B-tree Node，另外有 4 个未压缩的二进制大对象页 Uncompressed BLOB Page，在这些页中才真正存放了 65 532 字节的数据。既然实际存放的数据都在 BLOB 页中，那数据页中又存放了些什么内容呢？同样通过之前的 hexdump 来读取表空间文件，从数据页 c000 开始查看：

```
0000c000  67 ce fc 0b 00 00 00 03  ff ff ff ff ff ff ff ff  |g...............|
0000c010  00 00 00 0a 6a d9 c0 89  45 bf 00 00 00 00 00 00  |....j...E.......|
0000c020  00 00 00 00 00 c3 00 02  03 a7 80 03 00 00 00 00  |................|
0000c030  00 80 00 05 00 00 00 01  00 00 00 00 00 00 00 00  |................|
0000c040  00 00 00 00 00 00 00 00  01 a1 00 00 00 c3 00 00  |................|
0000c050  00 02 00 f2 00 00 00 c3  00 00 00 02 00 32 01 00  |.............2..|
0000c060  02 00 1d 69 6e 66 69 6d  75 6d 00 02 00 0b 00 00  |...infimum......|
0000c070  73 75 70 72 65 6d 75 6d  14 c3 00 00 00 10 ff f0  |supremum........|
0000c080  00 00 00 b6 2b 00 00 00  00 51 4b 06 80 00 00 00  |....+....QK.....|
0000c090  2d 01 10 61 61 61 61 61  61 61 61 61 61 61 61 61  |-..aaaaaaaaaaaaa|
0000c0a0  61 61 61 61 61 61 61 61  61 61 61 61 61 61 61 61  |aaaaaaaaaaaaaaaa|
0000c0b0  61 61 61 61 61 61 61 61  61 61 61 61 61 61 61 61  |aaaaaaaaaaaaaaaa|
0000c0c0  61 61 61 61 61 61 61 61  61 61 61 61 61 61 61 61  |aaaaaaaaaaaaaaaa|
0000c0d0  61 61 61 61 61 61 61 61  61 61 61 61 61 61 61 61  |aaaaaaaaaaaaaaaa|
0000c0e0  61 61 61 61 61 61 61 61  61 61 61 61 61 61 61 61  |aaaaaaaaaaaaaaaa|
0000c0f0  61 61 61 61 61 61 61 61  61 61 61 61 61 61 61 61  |aaaaaaaaaaaaaaaa|
0000c100  61 61 61 61 61 61 61 61  61 61 61 61 61 61 61 61  |aaaaaaaaaaaaaaaa|
0000c110  61 61 61 61 61 61 61 61  61 61 61 61 61 61 61 61  |aaaaaaaaaaaaaaaa|
......
0000c390  61 61 61 00 00 00 c3 00  00 00 04 00 00 00 26 00  |aaa...........&.|
0000c3a0  00 00 00 00 00 fc fc 00  00 00 00 00 00 00 00 00  |................|
```

可以看到，从 0x0000c093 到 0x0000c392 数据页面其实只保存了 VARCHAR（65532）的前 768 字节的前缀（prefix）数据（这里都是 a），之后是偏移量，指向行溢出页，也就是前面用户看到的 Uncompressed BLOB Page。因此，对于行溢出数据，其存放采用图 4-4 的方式。

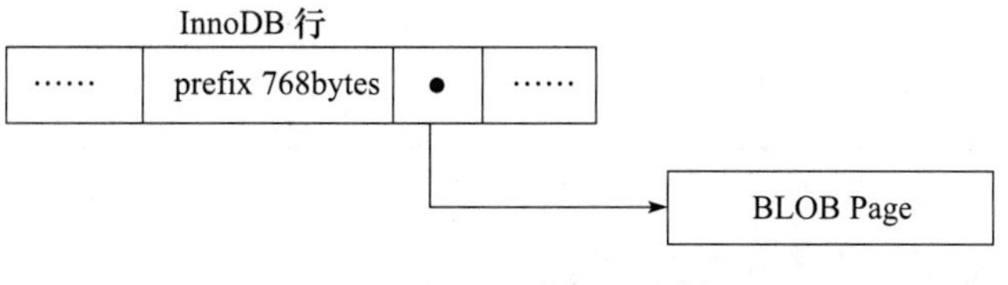

图 4-4　行溢出数据的存储

那多长的VARCHAR是保存在单个数据页中的，从多长开始又会保存在BLOB页呢？可以这样进行思考：InnoDB存储引擎表是索引组织的，即B+Tree的结构，这样每个页中至少应该有两条行记录（否则失去了B+Tree的意义，变成链表了）。因此，如果页中只能存放下一条记录，那么InnoDB存储引擎会自动将行数据存放到溢出页中。考虑下面表的一种情况：

```
mysql> CREATE TALBE t (
    -> a VARCHAR(9000)
    -> )ENGINE=InnoDB;
Query OK, 0 rows affected (0.13 sec)

mysql> INSERT INTO t
    -> SELECT REPEAT('a',9000);
Query OK, 1 row affected (0.04 sec)
Records: 1  Duplicates: 0  Warnings: 0

mysql> INSERT INTO t
    -> SELECT REPEAT ('a',9000);
Query OK, 1 row affected (0.04 sec)
Records: 1  Duplicates: 0  Warnings: 0
```

表t变长字段列a的长度为9000，故能存放在一个数据中，但是这并不能保证两条长度为9000的记录都能存放在一个页中。若此时通过py_innodb_page_info工具查看，可知行数据是否存放在BLOB页中。

```
[root@nineyou0-43 mytest]# py_innodb_page_info.py -v t.ibd
page offset 00000000, page type <File Space Header>
page offset 00000001, page type <Insert Buffer Bitmap>
page offset 00000002, page type <File Segment inode>
page offset 00000003, page type <B-tree Node>, page level <0000>
page offset 00000004, page type <Uncompressed BLOB Page>
page offset 00000005, page type <Uncompressed BLOB Page>
Total number of page: 6:
Insert Buffer Bitmap: 1
Uncompressed BLOB Page: 2
File Space Header: 1
B-tree Node: 1
File Segment inode: 1
```

注意 因为py_innodb_page_info工具查看的是磁盘文件，故运行上述示例时，需要确保缓冲池中的页都刷回到磁盘。

但是，如果可以在一个页中至少放入两行数据，那 VARCHAR 类型的行数据就不会存放到 BLOB 页中去。经过多次试验测试，发现这个阈值的长度为 8098。如用户建立一个列为 varchar（8098）的表，然后插入 2 条记录：

```
mysql> CREATE TABLE t (
    -> a varchar(8098)
    )ENGINE=InnoDB;
Query OK, 0 rows affected (0.12 sec)

mysql> INSERT INTO t SELECT REPEAT('a',8098);
Query OK, 1 row affected (0.04 sec)
Records: 1  Duplicates: 0  Warnings: 0

mysql> INSERT INTO t SELECT REPEAT ('a',8098);
Query OK, 1 row affected (0.03 sec)
Records: 1  Duplicates: 0  Warnings: 0
```

接着用 py_innodb_page_info 工具对表空间 t.ibd 进行查看，可以发现此时的行记录都是存放在数据页中，而不是在 BLOB 页中了（熟悉 Microsoft SQL Server 数据库的 DBA 可能会感觉 InnoDB 存储引擎对于 VARCHAR 类型的管理和 SQL Server 中的 varchar（MAX）类似）。

```
[root@nineyou0-43 mytest]# py_innodb_page_info.py -v t.ibd
page offset 00000000, page type <File Space Header>
page offset 00000001, page type <Insert Buffer Bitmap>
page offset 00000002, page type <File Segment inode>
page offset 00000003, page type <B-tree Node>, page level <0000>
page offset 00000000, page type <Freshly Allocated Page>
page offset 00000000, page type <Freshly Allocated Page>
Total number of page: 6:
Freshly Allocated Page: 2
Insert Buffer Bitmap: 1
File Space Header: 1
B-tree Node: 1
File Segment inode: 1
```

另一个问题是，对于 TEXT 或 BLOB 的数据类型，用户总是以为它们是存放在 Uncompressed BLOB Page 中的，其实这也是不准确的。是放在数据页中还是 BLOB 页中，和前面讨论的 VARCHAR 一样，至少保证一个页能存放两条记录，如：

```
mysql> CREATE TABLE t (
    -> a BLOB
```

```
    -> )ENGINE=InnoDB;
Query OK, 0 rows affected (0.12 sec)

mysql> INSERT INTO t SELECT REPEAT('a',8000);
Query OK, 1 row affected (0.03 sec)
Records: 1  Duplicates: 0  Warnings: 0

mysql> INSERT INTO t SELECT REPEAT('a',8000);
Query OK, 1 row affected (0.03 sec)
Records: 1  Duplicates: 0  Warnings: 0

mysql> INSERT INTO t SELECT REPEAT('a',8000);
Query OK, 1 row affected (0.01 sec)
Records: 1  Duplicates: 0  Warnings: 0

mysql> INSERT INTO t SELECT REPEAT('a',8000);
Query OK, 1 row affected (0.06 sec)
Records: 1  Duplicates: 0  Warnings: 0
```

上述例子建立含有BLOB类型列的表，然后插入4行数据长度为8000的记录。若通过py_innodb_page_info工具对表空间t.ibd进行查看，会发现其实数据并没有保存在BLOB页中。

```
[root@nineyou0-43 mytest]# py_innodb_page_info.py -v t.ibd
page offset 00000000, page type <File Space Header>
page offset 00000001, page type <Insert Buffer Bitmap>
page offset 00000002, page type <File Segment inode>
page offset 00000003, page type <B-tree Node>, page level <0001>
page offset 00000004, page type <B-tree Node>, page level <0000>
page offset 00000005, page type <B-tree Node>, page level <0000>
page offset 00000006, page type <B-tree Node>, page level <0000>
page offset 00000000, page type <Freshly Allocated Page>
Total number of page: 8:
Freshly Allocated Page: 1
Insert Buffer Bitmap: 1
File Space Header: 1
B-tree Node: 4
File Segment inode: 1
```

当然既然用户使用了BLOB列类型，一般不可能存放长度这么小的数据。因此在大多数的情况下BLOB的行数据还是会发生行溢出，实际数据保存在BLOB页中，数据页只保存数据的前768字节。

4.3.4 Compressed 和 Dynamic 行记录格式

InnoDB 1.0.x 版本开始引入了新的文件格式（file format，用户可以理解为新的页格式），以前支持的 Compact 和 Redundant 格式称为 Antelope 文件格式，新的文件格式称为 Barracuda 文件格式。Barracuda 文件格式下拥有两种新的行记录格式：Compressed 和 Dynamic。

新的两种记录格式对于存放在 BLOB 中的数据采用了完全的行溢出的方式，如图 4-5 所示，在数据页中只存放 20 个字节的指针，实际的数据都存放在 Off Page 中，而之前的 Compact 和 Redundant 两种格式会存放 768 个前缀字节。

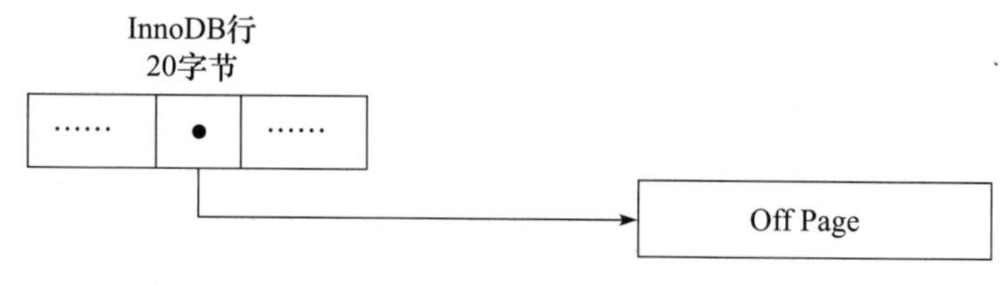

图 4-5 Barracuda 文件格式的溢出行

Compressed 行记录格式的另一个功能就是，存储在其中的行数据会以 zlib 的算法进行压缩，因此对于 BLOB、TEXT、VARCHAR 这类大长度类型的数据能够进行非常有效的存储。

4.3.5 CHAR 的行结构存储

通常理解 VARCHAR 是存储变长长度的字符类型，CHAR 是存储固定长度的字符类型。而在前面的小节中，用户已经了解行结构的内部的存储，并可以发现每行的变长字段长度的列表都没有存储 CHAR 类型的长度。

然而，值得注意的是之前给出的两个例子中的字符集都是单字节的 latin1 格式。从 MySQL 4.1 版本开始，CHR（*N*）中的 *N* 指的是字符的长度，而不是之前版本的字节长度。也就说在不同的字符集下，CHAR 类型列内部存储的可能不是定长的数据。例如下面的这个示例：

```
mysql> CREATE TABLE j (
    -> a CHAR(2)
    -> )CHARSET=GBK ENGINE=InnoDB;
Query OK, 0 rows affected (0.11 sec)

mysql> INSERT INTO j SELECT 'ab';
Query OK, 1 row affected (0.03 sec)
```

```
Records: 1  Duplicates: 0  Warnings: 0

mysql> SET NAMES GBK;
Query OK, 0 rows affected (0.00 sec)

mysql> INSERT INTO j SELECT '我们';
Query OK, 1 row affected (0.04 sec)
Records: 1  Duplicates: 0  Warnings: 0

mysql> INSERT INTO j SELECT 'a';
Query OK, 1 row affected (0.03 sec)
Records: 1  Duplicates: 0  Warnings: 0
```

在上述例子中，表j的字符集是GBK。用户分别插入了两个字符的数据 'ab' 和 '我们'，然后查看所占字节，可得如下结果：

```
mysql> SELECT a,CHAR_LENGTH(a),LENGTH(a)
    -> FROM j\G;
*************************** 1. row ***************************
           a: ab
CHAR_LENGTH(a): 2
    LENGTH(a): 2
*************************** 2. row ***************************
           a: 我们
CHAR_LENGTH(a): 2
    LENGTH(a): 4
*************************** 3. row ***************************
           a: a
CHAR_LENGTH(a): 1
    LENGTH(a): 1
3 rows in set (0.00 sec)
```

通过不同的CHAR_LENGTH和CHAR函数可以观察到：前两个记录 'ab' 和 '我们' 字符串的长度都是2。但是内部存储上 'ab' 占用2字节，而 '我们' 占用4字节。如果通过HEX函数查看内部十六进制的存储，可以看到：

```
mysql> SELECT a,HEX(a)
    -> FROM j\G;
*************************** 1. row ***************************
    a: ab
HEX(a): 6162
*************************** 2. row ***************************
    a: 我们
HEX(a): CED2C3C7
*************************** 3. row ***************************
    a: a
```

```
HEX(a): 61
3 rows in set (0.00 sec)
```

可以看到对于字符串 'ab'，其内部存储为0x6162。而字符串 ' 我们 ' 为0xCED2C3C7。因此对于多字节的字符编码，CHAR类型不再代表固定长度的字符串了。例如，对于UTF-8下CHAR（10）类型的列，其最小可以存储10字节的字符，而最大可以存储30字节的字符。因此，对于多字节字符编码的CHAR数据类型的存储，InnoDB存储引擎在内部将其视为变长字符类型。这也就意味着在变长长度列表中会记录CHAR数据类型的长度。下面通过hexdump工具来查看表空间j.ibd文件：

```
0000c070  73 75 70 72 65 6d 75 6d  02 00 00 00 10 00 1c 00  |supremum........|
0000c080  00 00 b6 2b 2b 00 00 00  51 52 da 80 00 00 00 2d  |...++...QR.....-|
0000c090  01 10 61 62 04 00 00 00  18 ff d5 00 00 00 b6 2b  |..ab..........+|
0000c0a0  2c 00 00 00 51 52 db 80  00 00 00 2d 01 10 ce d2  |,...QR.....-....|
0000c0b0  c3 c7 00 00 00 00 00 00  00 00 00 00 00 00 00 00  |................|
```

整理后可以得到如下结果：

```
# 第一行记录
02                      /* 变长字段长度 2，将 CHAR 视作变长类型 */
00                      /* NULL 标志位 */
00 00 10 00 1c          /* Recoder Header */
00 00 00 b6 2b 2b       /* RowID */
00 00 00 51 52 da       /* TransactionID */
80 00 00 00 2d 01 10    /* Roll Point */
61 62                   /* 字符 'ab' */

# 第二行记录
04                      /* 变长字段长度 4，将 CHAR 视作变长类型 */
00                      /* NULL 标志位 */
00 00 18 ff d5          /* Recoder Header */
00 00 00 b6 2b 2c       /* RowID */
00 00 00 51 52 db       /* TransactionID */
80 00 00 00 2d 01 10    /* Roll Point */
c3 d2 c3 c7             /* 字符 ' 我们 ' */

# 第三行记录
02                      /* 变长字段长度 2，将 CHAR 视作变长类型 */
00                      /* NULL 标志位 */
00 00 20 ff b7          /* Recoder Header */
00 00 00 b6 2b 2d       /* RowID */
00 00 00 51 53 17       /* TransactionID */
80 00 00 00 2d 01 10    /* Roll Point */

61 20                   /* 字符 'a' */
```

上述例子清楚地显示了InnoDB存储引擎内部对CHAR类型在多字节字符集类型的存储。CHAR类型被明确视为了变长字符类型，对于未能占满长度的字符还是填充0x20。InnoDB存储引擎内部对字符的存储和我们用HEX函数看到的也是一致的。因此可以认为在多字节字符集的情况下，CHAR和VARCHAR的实际行存储基本是没有区别的。

4.4 InnoDB数据页结构

相信通过前面几个小节的介绍，读者已经知道页是InnoDB存储引擎管理数据库的最小磁盘单位。页类型为B-tree Node的页存放的即是表中行的实际数据了。在这一节中，我们将从底层具体地介绍InnoDB数据页的内部存储结构。

注意 InnoDB公司本身并没有详细介绍其页结构的实现，MySQL的官方手册中也基本没有提及InnoDB存储引擎页的内部结构。本节通过阅读源代码来了解InnoDB的页结构，此外结合了Peter对于InnoDB页结构的分析。Peter写这部分内容的时间很久远了，在其之后InnoDB引入了Compact格式，页结构已经有所改动，因此可能出现对页结构分析错误的情况，如有错误，希望可以指出。

InnoDB数据页由以下7个部分组成，如图4-6所示。

- File Header（文件头）
- Page Header（页头）
- Infimun和Supremum Records
- User Records（用户记录，即行记录）
- Free Space（空闲空间）
- Page Directory（页目录）
- File Trailer（文件结尾信息）

其中File Header、Page Header、File Trailer的大小是固定的，分别为38、56、8字节，这些空间用来标记该页的一些信息，如Checksum，数据页所在B+树索引的层数等。User Records、Free Space、Page Directory这些部分为实际的行记录存储空间，因此大小是动态的。在接下来的各小节中将具体分析各组成部分。

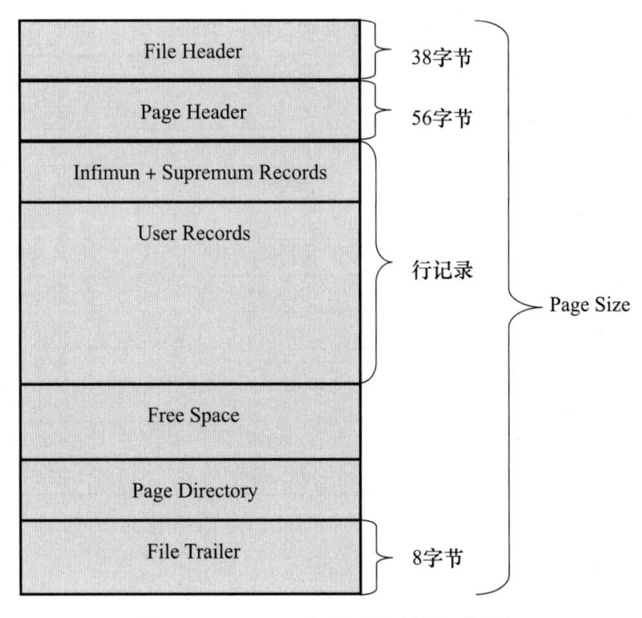

图 4-6 InnoDB 存储引擎数据页结构

4.4.1 File Header

File Header 用来记录页的一些头信息，由表 4-3 中 8 个部分组成，共占用 38 字节。

表 4-3 File Header 组成部分

名 称	大小（字节）	说 明
FIL_PAGE_SPACE_OR_CHKSUM	4	当 MySQL 为 MySQL4.0.14 之前的版本时，该值为 0。在之后的 MySQL 版本中，该值代表页的 checksum 值（一种新的 checksum 值）
FIL_PAGE_OFFSET	4	表空间中页的偏移值。如某独立表空间 a.ibd 的大小为 1GB，如果页的大小为 16KB，那么总共有 65 536 个页。FIL_PAGE_OFFSET 表示该页在所有页中的位置。若此表空间的 ID 为 10，那么搜索页（10，1）就表示查找表 a 中的第二个页
FIL_PAGE_PREV	4	当前页的上一个页，B+ Tree 特性决定了叶子节点必须是双向列表
FIL_PAGE_NEXT	4	当前页的下一个页，B+ Tree 特性决定了叶子节点必须是双向列表
FIL_PAGE_LSN	8	该值代表该页最后被修改的日志序列位置 LSN（Log Sequence Number）
FIL_PAGE_TYPE	2	InnoDB 存储引擎页的类型。常见的类型见表 4-4。记住 0x45BF，该值代表了存放的是数据页，即实际行记录的存储空间
FIL_PAGE_FILE_FLUSH_LSN	8	该值仅在系统表空间的一个页中定义，代表文件至少被更新到了该 LSN 值。对于独立表空间，该值都为 0
FIL_PAGE_ARCH_LOG_NO_OR_SPACE_ID	4	从 MySQL 4.1 开始，该值代表页属于哪个表空间

表 4-4 InnoDB 存储引擎中页的类型

名 称	十六进制	解 释
FIL_PAGE_INDEX	0x45BF	B+树叶节点
FIL_PAGE_UNDO_LOG	0x0002	Undo Log 页
FIL_PAGE_INODE	0x0003	索引节点
FIL_PAGE_IBUF_FREE_LIST	0x0004	Insert Buffer 空闲列表
FIL_PAGE_TYPE_ALLOCATED	0x0000	该页为最新分配
FIL_PAGE_IBUF_BITMAP	0x0005	Insert Buffer 位图
FIL_PAGE_TYPE_SYS	0x0006	系统页
FIL_PAGE_TYPE_TRX_SYS	0x0007	事务系统数据
FIL_PAGE_TYPE_FSP_HDR	0x0008	File Space Header
FIL_PAGE_TYPE_XDES	0x0009	扩展描述页
FIL_PAGE_TYPE_BLOB	0x000A	BLOB 页

4.4.2 Page Header

接着 File Header 部分的是 Page Header，该部分用来记录数据页的状态信息，由 14 个部分组成，共占用 56 字节，如表 4-5 所示。

表 4-5 Page Header 组成部分

名 称	大小（字节）	说 明
PAGE_N_DIR_SLOTS	2	在 Page Directory（页目录）中的 Slot（槽）数，“4.4.5 Page Directory”小节中会介绍
PAGE_HEAP_TOP	2	堆中第一个记录的指针，记录在页中是根据堆的形式存放的
PAGE_N_HEAP	2	堆中的记录数。一共占用 2 字节，但是第 15 位表示行记录格式
PAGE_FREE	2	指向可重用空间的首指针
PAGE_GARBAGE	2	已删除记录的字节数，即行记录结构中 delete flag 为 1 的记录大小的总数
PAGE_LAST_INSERT	2	最后插入记录的位置
PAGE_DIRECTION	2	最后插入的方向。可能的取值为： ❑ PAGE_LEFT（0x01） ❑ PAGE_RIGHT（0x02） ❑ PAGE_SAME_REC（0x03） ❑ PAGE_SAME_PAGE（0x04） ❑ PAGE_NO_DIRECTION（0x05）
PAGE_N_DIRECTION	2	一个方向连续插入记录的数量
PAGE_N_RECS	2	该页中记录的数量
PAGE_MAX_TRX_ID	8	修改当前页的最大事务 ID，注意该值仅在 Secondary Index 中定义
PAGE_LEVEL	2	当前页在索引树中的位置，0x00 代表叶节点，即叶节点总是在第 0 层
PAGE_INDEX_ID	8	索引 ID，表示当前页属于哪个索引

（续）

名　　称	大小（字节）	说　　明
PAGE_BTR_SEG_LEAF	10	B+ 树数据页非叶节点所在段的 segment header。注意该值仅在 B+ 树的 Root 页中定义
PAGE_BTR_SEG_TOP	10	B+ 树数据页所在段的 segment header。注意该值仅在 B+ 树的 Root 页中定义

4.4.3 Infimum 和 Supremum Record

在 InnoDB 存储引擎中，每个数据页中有两个虚拟的行记录，用来限定记录的边界。Infimum 记录是比该页中任何主键值都要小的值，Supremum 指比任何可能大的值还要大的值。这两个值在页创建时被建立，并且在任何情况下不会被删除。在 Compact 行格式和 Redundant 行格式下，两者占用的字节数各不相同。图 4-7 显示了 Infimum 和 Supremum 记录。

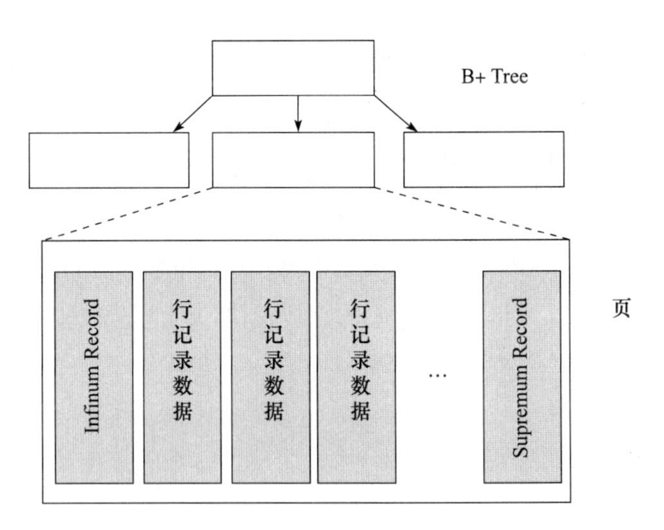

图 4-7　Infinum 和 Supremum Record

4.4.4 User Record 和 Free Space

User Record 就是之前讨论过的部分，即实际存储行记录的内容。再次强调，InnoDB 存储引擎表总是 B+ 树索引组织的。

Free Space 很明显指的就是空闲空间，同样也是个链表数据结构。在一条记录被删除后，该空间会被加入到空闲链表中。

4.4.5 Page Directory

Page Directory（页目录）中存放了记录的相对位置（注意，这里存放的是页相对位置，而不是偏移量），有些时候这些记录指针称为 Slots（槽）或目录槽（Directory Slots）。与其他数据库系统不同的是，在 InnoDB 中并不是每个记录拥有一个槽，InnoDB 存储引擎的槽是一个稀疏目录（sparse directory），即一个槽中可能包含多个记录。伪记录 Infimum 的 n_owned 值总是为 1，记录 Supremum 的 n_owned 的取值范围为 [1，8]，其他用户记录 n_owned 的取值范围为 [4，8]。当记录被插入或删除时需要对槽进行分裂或平衡的维护操作。

在 Slots 中记录按照索引键值顺序存放，这样可以利用二叉查找迅速找到记录的指针。假设有（'i'，'d'，'c'，'b'，'e'，'g'，'l'，'h'，'f'，'j'，'k'，'a'），同时假设一个槽中包含 4 条记录，则 Slots 中的记录可能是（'a'，'e'，'i'）。

由于在 InnoDB 存储引擎中 Page Direcotry 是稀疏目录，二叉查找的结果只是一个粗略的结果，因此 InnoDB 存储引擎必须通过 recorder header 中的 next_record 来继续查找相关记录。同时，Page Directory 很好地解释了 recorder header 中的 n_owned 值的含义，因为这些记录并不包括在 Page Directory 中。

需要牢记的是，B+ 树索引本身并不能找到具体的一条记录，能找到只是该记录所在的页。数据库把页载入到内存，然后通过 Page Directory 再进行二叉查找。只不过二叉查找的时间复杂度很低，同时在内存中的查找很快，因此通常忽略这部分查找所用的时间。

4.4.6 File Trailer

为了检测页是否已经完整地写入磁盘（如可能发生的写入过程中磁盘损坏、机器关机等），InnoDB 存储引擎的页中设置了 File Trailer 部分。

File Trailer 只有一个 FIL_PAGE_END_LSN 部分，占用 8 字节。前 4 字节代表该页的 checksum 值，最后 4 字节和 File Header 中的 FIL_PAGE_LSN 相同。将这两个值与 File Header 中的 FIL_PAGE_SPACE_OR_CHKSUM 和 FIL_PAGE_LSN 值进行比较，看是否一致（checksum 的比较需要通过 InnoDB 的 checksum 函数来进行比较，不是简单的等值比较），以此来保证页的完整性（not corrupted）。

在默认配置下，InnoDB 存储引擎每次从磁盘读取一个页就会检测该页的完整性，即页是否发生 Corrupt，这就是通过 File Trailer 部分进行检测，而该部分的检测会有一定的开销。用户可以通过参数 innodb_checksums 来开启或关闭对这个页完整性的检查。

MySQL 5.6.6 版本开始新增了参数 innodb_checksum_algorithm，该参数用来控制检测 checksum 函数的算法，默认值为 crc32，可设置的值有：innodb、crc32、none、strict_innodb、strict_crc32、strict_none。

innodb 为兼容之前版本 InnoDB 页的 checksum 检测方式，crc32 为 MySQL 5.6.6 版本引进的新的 checksum 算法，该算法较之前的 innodb 有着较高的性能。但是若表中所有页的 checksum 值都以 strict 算法保存，那么低版本的 MySQL 数据库将不能读取这些页。none 表示不对页启用 checksum 检查。

strict_* 正如其名，表示严格地按照设置的 checksum 算法进行页的检测。因此若低版本 MySQL 数据库升级到 MySQL 5.6.6 或之后的版本，启用 strict_crc32 将导致不能读取表中的页。启用 strict_crc32 方式是最快的方式，因为其不再对 innodb 和 crc32 算法进行两次检测。故推荐使用该设置。若数据库从低版本升级而来，则需要进行 mysql_upgrade 操作。

4.4.7 InnoDB 数据页结构示例分析

通过前面各小节的介绍，相信读者对 InnoDB 存储引擎的数据页已经有了一个大致的了解。本小节将通过一个具体的表，结合前面小节所介绍的内容来具体分析一个数据页的内部存储结构。首先建立一张表 t，并导入一定量的数据：

```
mysql> DROP TABLE IF EXISTS t;
Query OK, 0 rows affected (0.04 sec)

mysql> CREATE TABLE t (
    -> a INT UNSIGNED NOT NULL AUTO_INCREMENT,
    -> b CHAR(10),
    -> PRIMARY KEY(a),
    -> )ENGINE=InnoDB CHARSET=UTF8;
Query OK, 0 rows affected (0.00 sec)

mysql> DELIMITER $$
mysql> CREATE PROCEDURE load_t (count INT UNSIGNED)
   -> BEGIN
```

```
    -> SET @c = 0;
    -> WHILE @c < count DO
    -> INSERT INTO t
    -> SELECT NULL,REPEAT(CHAR(97+RAND()*26),10);
    -> SET @c=@c+1;
    -> END WHILE;
    -> END;
    -> $$
Query OK, 0 rows affected (0.00 sec)

mysql> DELIMITER ;
mysql> CALL load_t(100);
Query OK, 0 rows affected (0.60 sec)

mysql> SELECTa,bFROM t LIMIT 10;
+----+---------------+
| a  | b             |
+----+---------------+
|  1 | dddddddddd |
|  2 | hhhhhhhhhh |
|  3 | bbbbbbbbbb |
|  4 | iiiiiiiiii     |
|  5 | nnnnnnnnnn |
|  6 | qqqqqqqqqq |
|  7 | oooooooooo |
|  8 | yyyyyyyyyy |
|  9 | yyyyyyyyyy |
| 10 | vvvvvvvvvv |
+----+---------------+
10 rows in set (0.00 sec)
```

接着用工具py_innodb_page_info来分析t.ibd，得到如下内容：

```
[root@nineyou0-43 mytest]# py_innodb_page_info.py -v t.ibd
page offset 00000000, page type <File Space Header>
page offset 00000001, page type <Insert Buffer Bitmap>
page offset 00000002, page type <File Segment inode>
page offset 00000003, page type <B-tree Node>, page level <0000>
page offset 00000000, page type <Freshly Allocated Page>
page offset 00000000, page type <Freshly Allocated Page>
Total number of page: 6:
Freshly Allocated Page: 2
Insert Buffer Bitmap: 1
File Space Header: 1
B-tree Node: 1
File Segment inode: 1
```

可以发现第四个页（page offset 3）是数据页，然后通过 hexdump 来分析 t.ibd 文件，打开整理得到的十六进制文件，数据页从 0x0000c000（16K*3=0xc000）处开始，得到以下内容：

```
0000c000  52 1b 24 00 00 00 00 03  ff ff ff ff ff ff ff ff  |R.$.............|
0000c010  00 00 00 0a 6a e0 ac 93  45 bf 00 00 00 00 00 00  |....j...E.......|
0000c020  00 00 00 00 00 dc 00 1a  0d c0 80 66 00 00 00 00  |...........f....|
0000c030  0d a5 00 02 00 63 00 64  00 00 00 00 00 00 00 00  |.....c.d........|
0000c040  00 00 00 00 00 00 00 00  01 ba 00 00 00 dc 00 00  |................|
0000c050  00 02 00 f2 00 00 00 dc  00 00 00 02 00 32 01 00  |.............2..|
0000c060  02 00 1c 69 6e 66 69 6d  75 6d 00 05 00 0b 00 00  |...infimum......|
0000c070  73 75 70 72 65 6d 75 6d  0a 00 00 00 10 00 22 00  |supremum......".|
0000c080  00 00 01 00 00 00 51 6d  eb 80 00 00 00 2d 01 10  |......Qm.....-..|
0000c090  64 64 64 64 64 64 64 64  64 64 0a 00 00 00 18 00  |dddddddddd......|
0000c0a0  22 00 00 00 02 00 00 00  51 6d ec 80 00 00 00 2d  |".......Qm.....-|
0000c0b0  01 10 68 68 68 68 68 68  68 68 68 68 0a 00 00 00  |..hhhhhhhhhh....|
0000c0c0  20 00 22 00 00 00 03 00  00 00 51 6d ed 80 00 00  | .".......Qm....|
0000c0d0  00 2d 01 10 62 62 62 62  62 62 62 62 62 62 0a 00  |.-..bbbbbbbbbb..|
0000c0e0  04 00 28 00 22 00 00 00  04 00 00 00 51 6d ee 80  |..(.".......Qm..|
0000c0f0  00 00 00 2d 01 10 69 69  69 69 69 69 69 69 69 69  |...-..iiiiiiiiii|
0000c100  0a 00 00 00 30 00 22 00  00 00 05 00 00 00 51 6d  |....0.".......Qm|
0000c110  ef 80 00 00 00 2d 01 10  6e 6e 6e 6e 6e 6e 6e 6e  |.....-..nnnnnnnn|
0000c120  6e 6e 0a 00 00 00 38 00  22 00 00 00 06 00 00 00  |nn....8.".......|
0000c130  51 6d f0 80 00 00 00 2d  01 10 71 71 71 71 71 71  |Qm.....-..qqqqqq|
0000c140  71 71 71 71 0a 00 00 00  40 00 22 00 00 00 07 00  |qqqq....@.".....|
0000c150  00 00 51 6d f1 80 00 00  00 2d 01 10 6f 6f 6f 6f  |..Qm.....-..oooo|
0000c160  6f 6f 6f 6f 6f 6f 0a 00  04 00 48 00 22 00 00 00  |oooooo....H."...|
0000c170  08 00 00 00 51 6d f2 80  00 00 00 2d 01 10 79 79  |....Qm.....-..yy|
0000c180  79 79 79 79 79 79 79 79  0a 00 00 00 50 00 22 00  |yyyyyyyy....P.".|
0000c190  00 00 09 00 00 00 51 6d  f3 80 00 00 00 2d 01 10  |......Qm.....-..|
0000c1a0  79 79 79 79 79 79 79 79  79 79 0a 00 00 00 58 00  |yyyyyyyyyy....X.|
0000c1b0  22 00 00 00 0a 00 00 00  51 6d f4 80 00 00 00 2d  |".......Qm.....-|
0000c1c0  01 10 76 76 76 76 76 76  76 76 76 76 0a 00 00 00  |..vvvvvvvvvv....|
0000c1d0  60 00 22 00 00 00 0b 00  00 00 51 6d f5 80 00 00  |'.".......Qm....|
0000c1e0  00 2d 01 10 6b 6b 6b 6b  6b 6b 6b 6b 6b 6b 0a 00  |.-..kkkkkkkkkk..|
0000c1f0  04 00 68 00 22 00 00 00  0c 00 00 00 51 6d f6 80  |..h.".......Qm..|
……
0000ffc0  00 00 00 00 00 70 0d 1d  0c 95 0c 0d 0b 85 0a fd  |.....p..........|
0000ffd0  0a 75 09 ed 09 65 08 dd  08 55 07 cd 07 45 06 bd  |.u...e...U...E..|
0000ffe0  06 35 05 ad 05 25 04 9d  04 15 03 8d 03 05 02 7d  |.5...%.........}|
0000fff0  01 f5 01 6d 00 e5 00 63  95 ae 5d 39 6a e0 ac 93  |...m...c..]9j...|
```

先来分析前面 File Header 的 38 字节：

- 52 1b 24 00，数据页的Checksum值。
- 00 00 00 03，页的偏移量，从0开始。
- ff ff ff ff，前一个页，因为只有当前一个数据页，所以这里为0xffffffff。
- ff ff ff ff，下一个页，因为只有当前一个数据页，所以这里为0xffffffff。
- 00 00 00 0a 6a e0 ac 93，页的LSN。
- 45 bf，页类型，0x45bf代表数据页。
- 00 00 00 00 00 00 00，这里暂时不管该值。
- 00 00 00 dc，表空间的SPACE ID。

不急着看下面的Page Header部分，先来观察File Trailer部分。因为File Trailer通过比较File Header部分来保证页写入的完整性。File Trailer的8字节为：

```
95 ae 5d 39 6a e0 ac 93
```

- 95 ae 5d 39，Checksum值，该值通过checksum函数与File Header部分的checksum值进行比较。
- 6a e0 ac 93，注意该值和File Header部分页的LSN后4个值相等。

接着分析56字节的Page Header部分。对于数据页而言，Page Header部分保存了该页中行记录的大量细节信息。分析后可得：

```
Page Header (56 bytes):
PAGE_N_DIR_SLOTS = 0x001a
PAGE_HEAP_TOP=0x0dc0
PAGE_N_HEAP=0x8066
PAGE_FREE=0x0000
PAGE_GARBAGE=0x0000
PAGE_LAST_INSERT=0x0da5
PAGE_DIRECTION=0x0002
PAGE_N_DIRECTION=0x0063
PAGE_N_RECS=0x0064
PAGE_MAX_TRX_ID=0x0000000000000000
PAGE_LEVEL=00 00
PAGE_INDEX_ID=0x00000000000001ba
PAGE_BTR_SEG_LEAF=0x000000dc0000000200f2
PAGE_BTR_SEG_TOP =0x000000dc000000020032
```

PAGE_N_DIR_SLOTS=0x001a，代表Page Directory有26个槽，每个槽占用2字节，我们可以从0x0000ffc4到0x0000fff7中找到如下内容：

```
0000ffc0  00 00 00 00 00 70 0d 1d  0c 95 0c 0d 0b 85 0a fd  |.....p..........|
0000ffd0  0a 75 09 ed 09 65 08 dd  08 55 07 cd 07 45 06 bd  |.u...e...U...E..|
0000ffe0  06 35 05 ad 05 25 04 9d  04 15 03 8d 03 05 02 7d  |.5...%.........}|
0000fff0  01 f5 01 6d 00 e5 00 63  95 ae 5d 39 6a e0 ac 93  |...m...c..]9j...|
```

PAGE_HEAP_TOP=0x0dc0 代表空闲空间开始位置的偏移量，即 0xc000+0x0dc0=0xcdc0 处开始，观察这个位置的情况，可以发现这的确是最后一行的结束，接下去的部分都是空闲空间了。

```
0000cdb0  00 00 00 2d 01 10 70 70  70 70 70 70 70 70 70 70  |...-..pppppppppp|
0000cdc0  00 00 00 00 00 00 00 00  00 00 00 00 00 00 00 00  |................|
0000cdd0  00 00 00 00 00 00 00 00  00 00 00 00 00 00 00 00  |................|
0000cde0  00 00 00 00 00 00 00 00  00 00 00 00 00 00 00 00  |................|
```

PAGE_N_HEAP=0x8066，当行记录格式为 Compact 时，初始值为 0x0802；当行格式为 Redundant 时，初始值是 2。其实这些值表示页初始时就已经有 Infinimun 和 Supremum 的伪记录行，0x8066-0x8002=0x64，代表该页中实际的记录有 100 条记录。

PAGE_FREE=0x0000 代表可重用的空间首地址，因为这里没有进行过任何删除操作，故这里的值为 0。

PAGE_GARBAGE=0x0000 代表删除的记录字节为 0，同样因为我们没有进行过删除操作，这里的值依然为 0。

PAGE_LAST_INSERT=0x0da5，表示页最后插入的位置的偏移量，即最后的插入位置应该在 0xc0000+0x0da5=0xcda5，查看该位置：

```
0000cda0  00 03 28 f2 cb 00 00 00  64 00 00 00 51 6e 4e 80  |..(.....d...QnN.|
0000cdb0  00 00 00 2d 01 10 70 70  70 70 70 70 70 70 70 70  |...-..pppppppppp|
0000cdc0  00 00 00 00 00 00 00 00  00 00 00 00 00 00 00 00  |................|
```

可以看到的确是最后插入 a 列值为 100 的行记录，但是这次直接指向了行记录的内容，而不是指向行记录的变长字段长度的列表位置。

PAGE_DIRECTION=0x0002，因为通过自增长的方式进行行记录的插入，所以 PAGE_DIRECTION 的方向是向右，为 0x00002。

PAGE_N_DIRECTION=0x0063，表示一个方向连续插入记录的数量，因为我们是自增长的方式插入了 100 条记录，因此该值为 99。

PAGE_N_RECS=0x0064，表示该页的行记录数为 100，注意该值与 PAGE_N_HEAP 的比较，PAGE_N_HEAP 包含两个伪行记录，并且是通过有符号的方式记录的，因此值为 0x8066。

PAGE_LEVEL=0x00，代表该页为叶子节点。因为数据量目前较少，因此当前 B+ 树索引只有一层。B+ 数叶子层总是为 0x00。

PAGE_INDEX_ID=0x00000000000001ba，索引 ID。

上面就是数据页的 Page Header 部分了，接下去就是存放的行记录了，前面提到过 InnoDB 存储引擎有两个伪记录，用来限定行记录的边界，接着往下看：

```
0000c050  00 02 00 f2 00 00 00 dc  00 00 00 02 00 32 01 00  |.............2..|
0000c060  02 00 1c 69 6e 66 69 6d  75 6d 00 05 00 0b 00 00  |...infimum......|
0000c070  73 75 70 72 65 6d 75 6d  0a 00 00 00 10 00 22 00  |supremum......".|
```

观察 0xc05E 到 0xc077，这里存放的就是这两个伪行记录，在 InnoDB 存储引擎中设置伪行只有一个列，且类型是 Char（8）。伪行记录的读取方式和一般的行记录并无不同，我们整理后可以得到如下结果：

```
# Infimum 伪行记录
01 00 02 00 1c                    /* recorder header */
69 6e 66 69 6d 75 6d 00           /* 只有一个列的伪行记录，记录内容就是 Infimum（多了一个
                                  /* 0x00 字节）*/
# Supremum 伪行记录
05 00 0b 00 00                    /* recorder header */
73 75 70 72 65 6d 75 6d           /* 只有一个列的伪行记录，记录内容就是 Supremum */
```

然后来分析 infimum 行记录的 recorder header 部分，最后两个字节位 00 1c 表示下一个记录的位置的偏移量，即当前行记录内容的位置 0xc063+0x001c，即 0xc07f。0xc07f 应该很熟悉了，之前分析的行记录结构都是从这个位置开始，如：

```
0000c070  73 75 70 72 65 6d 75 6d  0a 00 00 00 10 00 22 00  |supremum......".|
0000c080  00 00 01 00 00 00 51 6d  eb 80 00 00 00 2d 01 10  |......Qm.....-..|
0000c090  64 64 64 64 64 64 64 64  64 64 0a 00 00 00 18 00  |dddddddddd......|
0000c0a0  22 00 00 00 02 00 00 00  51 6d ec 80 00 00 00 2d  |".......Qm.....-|
```

可以看到这就是第一条实际行记录内容的位置了，整理后我们可以得到：

```
/* 第一条行记录 */
00 00 00 01                       /* 因为我们在建表时设定了主键，这里的 ROWID 即为列 a 的值 1 */
00 00 00 51 6d eb                 /* Transaction ID */
80 00 00 00 2d 01 10              /* Roll Pointer */
64 64 64 64 64 64 64 64 64 64     /* b 列的值 'aaaaaaaaaa' */
```

这和查表得到的数据是一致的：

```
mysql> SELECT a,b,hex(b) FROM t ORDER BY a LIMIT 1;
+---+------------+------------------------------+
| a | b          | hex(b)                       |
+---+------------+------------------------------+
| 1 | dddddddddd | 64646464646464646464 |
+---+------------+------------------------------+
1 row in set (0.00 sec)
```

通过 Recorder Header 的最后两个字节记录的下一行记录的偏移量就可以得到该页中所有的行记录，通过 Page Header 的 PAGE_PREV 和 PAGE_NEXT 就可以知道上个页和下个页的位置，这样 InnoDB 存储引擎就能读到整张表所有的行记录数据。

最后分析 Page Directory。前面已经提到了从 0x0000ffc4 到 0x0000fff7 是当前页的 Page Directory，如下：

```
0000ffc0  00 00 00 00 00 70 0d 1d  0c 95 0c 0d 0b 85 0a fd  |.....p..........|
0000ffd0  0a 75 09 ed 09 65 08 dd  08 55 07 cd 07 45 06 bd  |.u...e...U...E..|
0000ffe0  06 35 05 ad 05 25 04 9d  04 15 03 8d 03 05 02 7d  |.5...%.........}|
0000fff0  01 f5 01 6d 00 e5 00 63  95 ae 5d 39 6a e0 ac 93  |...m...c..]9j...|
```

需要注意的是，Page Directory 是逆序存放的，每个槽占 2 字节，因此可以看到 00 63 是最初行的相对位置，即 0xc063；00 70 就是最后一行记录的相对位置，即 0xc070。我们发现这就是前面分析的 Infimum 和 Supremum 的伪行记录。Page Directory 槽中的数据都是按照主键的顺序存放的，因此查询具体记录就需要通过部分进行。前面已经提到 InnoDB 存储引擎的槽是稀疏的，故还需通过 Recorder Header 的 n_owned 进行进一步的判断，如 InnoDB 存储引擎需要找主键 a 为 5 的记录，通过二叉查找 Page Directory 的槽，可以定位记录的相对位置在 00 e5 处，找到行记录的实际位置 0xc0e5。

```
0000c0e0  04 00 28 00 22 00 00 00  04 00 00 00 51 6d ee 80  |..(."......Qm..|
0000c0f0  00 00 00 2d 01 10 69 69  69 69 69 69 69 69 69 69  |...-..iiiiiiiiii|
0000c100  0a 00 00 00 30 00 22 00  00 00 05 00 00 00 51 6d  |....0.".......Qm|
0000c110  ef 80 00 00 00 2d 01 10  6e 6e 6e 6e 6e 6e 6e 6e  |.....-..nnnnnnnn|
0000c120  6e 6e 0a 00 00 00 38 00  22 00 00 00 06 00 00 00  |nn....8.".......|
0000c130  51 6d f0 80 00 00 00 2d  01 10 71 71 71 71 71 71  |Qm.....-..qqqqqq|
0000c140  71 71 71 71 0a 00 00 00  40 00 22 00 00 00 07 00  |qqqq....@.".....|
```

可以看到第一行的记录是 4，不是我们要找的 6，但是可以发现前面的 5 字节的 Record Header 为 04 00 28 00 22。找到 4 ～ 8 位表示 n_owned 值得部分，该值为 4，表示该记录有 4 个记录，因此还需要进一步查找，通过 recorder header 最后两个字节的偏移量 0x0022 找到下一条记录的位置 0xc107，这才是最终要找的主键为 5 的记录。

这节通过一个示例深入浅出地分析了数据页中各信息的存储，相信这对于用户今后更好地理解 InnoDB 存储引擎和优化数据库带来益处。

4.5 Named File Formats 机制

随着 InnoDB 存储引擎的发展，新的页数据结构有时用来支持新的功能特性。比如前面提到的 InnoDB 1.0.x 版本提供了新的页数据结构来支持表压缩功能，完全的溢出（Off page）大变长字符类型字段的存储。这些新的页数据结构和之前版本的页并不兼容，因此从 InnoDB 1.0.x 版本开始，InnoDB 存储引通过 Named File Formats 机制来解决不同版本下页结构兼容性的问题。

InnoDB 存储引擎将 1.0.x 版本之前的文件格式（file format）定义为 Antelope，将这个版本支持的文件格式定义为 Barracuda。新的文件格式总是包含于之前的版本的页格式。图 4-8 显示了 Barracuda 文件格式和 Antelope 文件格式之间的关系，Antelope 文件格式有 Compact 和 Redudant 的行格式，Barracuda 文件格式既包括了 Antelope 所有的文件格式，另外新加入了之前已经提到过的 Compressed 和 Dynamic 行格式。

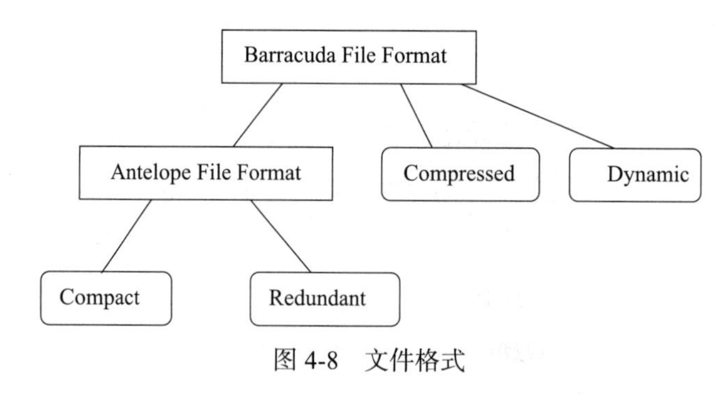

图 4-8 文件格式

InnoDB Plugin 的官方手册中提到了，未来版本的 InnoDB 存储引擎还将引入新的文件格式，此文件格式的名称取自动物的名字（这个学 Apple 的命名方式？），并按照字母排序进行命名。我翻阅了源代码，发现目前已经定义好的文件格式有：

```
/** List of animal names representing file format. */
static const char*file_format_name_map[] = {
"Antelope",
"Barracuda",
```

```
"Cheetah",
"Dragon",
"Elk",
"Fox",
"Gazelle",
"Hornet",
"Impala",
"Jaguar",
"Kangaroo",
"Leopard",
"Moose",
"Nautilus",
"Ocelot",
"Porpoise",
"Quail",
"Rabbit",
"Shark",
"Tiger",
"Urchin",
"Viper",
"Whale",
"Xenops",
"Yak",
"Zebra"
};
```

参数 innodb_file_format 用来指定文件格式，可以通过下面的方式来查看当前所使用的 InnoDB 存储引擎的文件格式。

```
mysql> SELECT @@version\G;
*************************** 1. row ***************************
@@version: 5.1.37
1 row in set (0.00 sec)

mysql> SHOW VARIABLES LIKE 'innodb_version'\G;
*************************** 1. row ***************************
Variable_name: innodb_version
        Value: 1.0.4
1 row in set (0.00 sec)


mysql> SHOW VARIABLES LIKE 'innodb_file_format'\G;
*************************** 1. row ***************************
Variable_name: innodb_file_format
        Value: Barracuda
1 row in set (0.00 sec)
```

参数 innodb_file_format_check 用来检测当前 InnoDB 存储引擎文件格式的支持度，该值默认为 ON，如果出现不支持的文件格式，用户可能在错误日志文件中看到类似如下的错误：

```
InnoDB: Warning: the system tablespace is in a
file format that this version doesn't support
```

4.6 约束

4.6.1 数据完整性

关系型数据库系统和文件系统的一个不同点是，关系数据库本身能保证存储数据的完整性，不需要应用程序的控制，而文件系统一般需要在程序端进行控制。当前几乎所有的关系型数据库都提供了约束（constraint）机制，该机制提供了一条强大而简易的途径来保证数据库中数据的完整性。一般来说，数据完整性有以下三种形式：

实体完整性保证表中有一个主键。在 InnoDB 存储引擎表中，用户可以通过定义 Primary Key 或 Unique Key 约束来保证实体的完整性。用户还可以通过编写一个触发器来保证数据完整性。

域完整性保证数据每列的值满足特定的条件。在 InnoDB 存储引擎表中，域完整性可以通过以下几种途径来保证：

- 选择合适的数据类型确保一个数据值满足特定条件。
- 外键（Foreign Key）约束。
- 编写触发器。
- 还可以考虑用 DEFAULT 约束作为强制域完整性的一个方面。

参照完整性保证两张表之间的关系。InnoDB 存储引擎支持外键，因此允许用户定义外键以强制参照完整性，也可以通过编写触发器以强制执行。

对于 InnoDB 存储引擎本身而言，提供了以下几种约束：

- Primary Key
- Unique Key
- Foreign Key
- Default

❑ NOT NULL

4.6.2 约束的创建和查找

约束的创建可以采用以下两种方式：

❑ 表建立时就进行约束定义

❑ 利用 ALTER TABLE 命令来进行创建约束

对 Unique Key（唯一索引）的约束，用户还可以通过命令 CREATE UNIQUE INDEX 来建立。对于主键约束而言，其默认约束名为 PRIMARY。而对于 Unique Key 约束而言，默认约束名和列名一样，当然也可以人为指定 Unique Key 约束的名字。Foreign Key 约束似乎会有一个比较神秘的默认名称。下面是一个简单的创建表的语句，表上有一个主键和一个唯一键：

```
mysql> CREATE TABLE u (
    -> id INT ,
    -> name VARCHAR(20),
    -> id_card CHAR(18),
    -> PRIMARY KEY ( id) ,
    -> UNIQUE KEY ( name ));
Query OK, 0 rows affected (0.16 sec)

mysql> SELECT constraint_name,constraint_type
    -> FROM
    -> information_schema.TABLE_CONSTRAINTS
    -> WHERE table_schema='mytest' AND table_name='u';\G;
*************************** 1. row ***************************
constraint_name: PRIMARY
constraint_type: PRIMARY KEY
*************************** 2. row ***************************
constraint_name: name
constraint_type: UNIQUE
2 rows in set (0.00 sec)
```

可以看到，约束名就如之前所说的，主键的约束名为 PRIMARY，唯一索引的默认约束名与列名相同。当然用户还可以通过 ALTER TABLE 来创建约束，并且可以定义用户所希望的约束名，如下面这个例子：

```
mysql> ALTER TABLE u
    -> ADD UNIQUE KEY uk_id_card (id_card);
```

```
Query OK, 0 rows affected (0.19 sec)
Records: 0  Duplicates: 0  Warnings: 0

mysql> SELECT constraint_name,constraint_type
    -> FROM
    -> information_schema.TABLE_CONSTRAINTS
    -> WHERE table_schema='mytest' AND table_name='u';\G;
*************************** 1. row ***************************
constraint_name: PRIMARY
constraint_type: PRIMARY KEY
*************************** 2. row ***************************
constraint_name: name
constraint_type: UNIQUE
*************************** 3. row ***************************
constraint_name: uk_id_card
constraint_type: UNIQUE
3 rows in set (0.00 sec)
```

接着来看 Foreign Key 的约束。为了创建 Foreign Key，用户必须创建另一张表，例如在下面的示例中创建表 p。

```
mysql> CREATE TABLE p (
    -> id INT,
    -> u_id INT,
    -> PRIMARY KEY ( id),
    -> FOREIGN KEY (u_id) REFERENCES p (id));
Query OK, 0 rows affected (0.13 sec)

mysql> SELECT constraint_name,constraint_type
    -> FROM
    -> information_schema.TABLE_CONSTRAINTS
    -> WHERE table_schema='mytest' and table_name='p'\G;
*************************** 1. row ***************************
constraint_name: PRIMARY
constraint_type: PRIMARY KEY
*************************** 2. row ***************************
constraint_name: p_ibfk_1
constraint_type: FOREIGN KEY
2 rows in set (0.00 sec)
```

在上面的例子中，通过 information_schema 架构下的表 TABLE_CONSTRAINTS 来查看当前 MySQL 库下所有的约束信息。对于 Foreign Key 的约束的命名，用户还可以通过查看表 REFERENTIAL_CONSTRAINTS，并且可以详细地了解外键的属性，如：

```
mysql> SELECT * FROM
    -> information_schema.REFERENTIAL_CONSTRAINTS
    -> WHERE constraint_schema='mytest'\G;
*************************** 1. row ***************************
       CONSTRAINT_CATALOG: NULL
        CONSTRAINT_SCHEMA: test2
          CONSTRAINT_NAME: p_ibfk_1
UNIQUE_CONSTRAINT_CATALOG: NULL
 UNIQUE_CONSTRAINT_SCHEMA: test2
   UNIQUE_CONSTRAINT_NAME: PRIMARY
             MATCH_OPTION: NONE
              UPDATE_RULE: RESTRICT
              DELETE_RULE: RESTRICT
               TABLE_NAME: p
    REFERENCED_TABLE_NAME: p
1 row in set (0.00 sec)
```

4.6.3 约束和索引的区别

在前面的小节中已经看到 Primary Key 和 Unique Key 的约束，有人不禁会问：这不就是通常创建索引的方法吗？那约束和索引有什么区别呢？

的确，当用户创建了一个唯一索引就创建了一个唯一的约束。但是约束和索引的概念还是有所不同的，约束更是一个逻辑的概念，用来保证数据的完整性，而索引是一个数据结构，既有逻辑上的概念，在数据库中还代表着物理存储的方式。

4.6.4 对错误数据的约束

在某些默认设置下，MySQL 数据库允许非法的或不正确的数据的插入或更新，又或者可以在数据库内部将其转化为一个合法的值，如向 NOT NULL 的字段插入一个 NULL 值，MySQL 数据库会将其更改为 0 再进行插入，因此数据库本身没有对数据的正确性进行约束。例如：

```
mysql> CREATE TABLE a (
    -> id INT NOT NULL,
    -> date DATE NOT NULL);
Query OK, 0 rows affected (0.13 sec)


mysql> INSERT INTO a
```

```
    -> SELECT NULL,'2009-02-30';
Query OK, 1 row affected, 2 warnings (0.04 sec)
Records: 1  Duplicates: 0  Warnings: 2

mysql> SHOW WARNINGS\G;
*************************** 1. row ***************************
  Level: Warning
   Code: 1048
Message: Column 'id' cannot be null
*************************** 2. row ***************************
  Level: Warning
   Code: 1265
Message: Data truncated for column 'date' at row 1
2 rows in set (0.00 sec)

mysql> SELECT * FROM a\G;
*************************** 1. row ***************************
  id: 0
date: 0000-00-00
1 row in set (0.00 sec)
```

在上述例子中，首先向NOT NULL的列插入了一个NULL值，同时向列date插入了一个非法日期'2009-02-30'。“奇怪”的是MySQL数据库并没有报错，而是显示了警告（warning）。如果用户想通过约束对于数据库非法数据的插入或更新，即MySQL数据库提示报错而不是警告，那么用户必须设置参数sql_mode，用来严格审核输入的参数，如：

```
mysql> SET sql_mode = 'STRICT_TRANS_TABLES';
Query OK, 0 rows affected (0.00 sec)

mysql> INSERT INTO a
    -> SELECT NULL,'2009-02-30';
ERROR 1048 (23000): Column 'id' cannot be null

mysql> INSERT INTO a
    -> SELECT 1,'2009-02-30';
ERROR 1292 (22007): Incorrect date value: '2009-02-30' for column 'date' at row 1
```

通过设置参数sql_mode的值为STRICT_TRANS_TABLES，这次MySQL数据库对于输入值的合法性进行了约束，而且针对不同的错误，提示的错误内容也都不同。参数sql_mode可设的值有很多，具体可参考MySQL官方手册。

4.6.5 ENUM 和 SET 约束

MySQL 数据库不支持传统的 CHECK 约束，但是通过 ENUM 和 SET 类型可以解决部分这样的约束需求。例如表上有一个性别类型，规定域的范围只能是 male 或 female，在这种情况下用户可以通过 ENUM 类型来进行约束。

```
mysql> CREATE TABLE a (
    -> id INT,
    -> sex ENUM('male','female'));
Query OK, 0 rows affected (0.12 sec)

mysql> INSERT INTO a
    -> SELECT 1,'female';
Query OK, 1 row affected (0.03 sec)
Records: 1  Duplicates: 0  Warnings: 0

mysql> INSERT INTO a
    -> SELECT 2,'bi';
Query OK, 1 row affected, 1 warning (0.03 sec)
Records: 1  Duplicates: 0  Warnings: 1
```

可以看到，在上述例子中对第二条记录的插入依然是报了警告。因此如果想实现 CHECK 约束，还需要配合设置参数 sql_mode。

```
mysql> SET sql_mode = 'STRICT_TRANS_TABLES';
Query OK, 0 rows affected (0.00 sec)

mysql> INSERT INTO a
    -> SELECT 2,'bi';
ERROR 1265 (01000): Data truncated for column 'sex' at row 1
```

这次对非法的输入值进行了约束，但是只限于对离散数值的约束，对于传统 CHECK 约束支持的连续值的范围约束或更复杂的约束，ENUM 和 SET 类型还是无能为力，这时用户需要通过触发器来实现对于值域的约束。

4.6.6 触发器与约束

通过前面小节的介绍，用户已经知道完整性约束通常也可以使用触发器来实现，因此在了解数据完整性前先对触发器来做一个了解。

触发器的作用是在执行 INSERT、DELETE 和 UPDATE 命令之前或之后自动调用

SQL 命令或存储过程。MySQL 5.0 对触发器的实现还不是非常完善，限制比较多，而从 MySQL 5.1 开始触发器已经相对稳定，功能也较之前有了大幅的提高。

创建触发器的命令是 CREATE TRIGGER，只有具备 Super 权限的 MySQL 数据库用户才可以执行这条命令：

```
CREATE
[DEFINER = { user | CURRENT_USER }]
TRIGGER trigger_name BEFORE|AFTER INSERT|UPDATE|DELETE
ON tbl_name FOR EACH ROW trigger_stmt
```

最多可以为一个表建立 6 个触发器，即分别为 INSERT、UPDATE、DELETE 的 BEFORE 和 AFTER 各定义一个。BEFORE 和 AFTER 代表触发器发生的时间，表示是在每行操作的之前发生还是之后发生。当前 MySQL 数据库只支持 FOR EACH ROW 的触发方式，即按每行记录进行触发，不支持像 DB2 的 FOR EACH STATEMENT 的触发方式。

通过触发器，用户可以实现 MySQL 数据库本身并不支持的一些特性，如对于传统 CHECK 约束的支持，物化视图、高级复制、审计等特性。这里先关注触发器对于约束的支持。

假设有张用户消费表，每次用户购买一样物品后其金额都是减的，若这时有“不怀好意”的用户做了类似减去一个负值的操作，这样用户的钱没减少反而会不断增加，如：

```
mysql> CREATE TABLE usercash (
    -> userid INT NOT NULL ,
    -> cash INT UNSIGNED NOT NULL);
Query OK, 0 rows affected (0.11 sec)

mysql> INSERT INTO usercash
    -> SELECT 1,1000;
Query OK, 1 row affected (0.03 sec)
Records: 1  Duplicates: 0  Warnings: 0

mysql> UPDATE usercash
    -> SET cash=cash-(-20) WHERE userid=1;
Query OK, 1 row affected (0.05 sec)
Rows matched: 1  Changed: 1  Warnings: 0
```

上述运行的 SQL 语句对数据库来说没有任何问题，都可以正常的运行，不会报错。但是从业务的逻辑上来说，这是绝对错误的。因为消费总是意味着减去一个正值，而不是负值，所以这时要通过触发器来约束这个逻辑行为，可以进行如下设置：

```
mysql> CREATE TABLE usercash_err_log (
    -> userid INT NOT NULL,
    -> old_cash INT UNSIGNED NOT NULL,
    -> new_cash INT UNSIGNED NOT NULL,
    -> user VARCHAR(30),
    -> time DATETIME);
Query OK, 0 rows affected (0.13 sec)

mysql> DELIMITER $$
Query OK, 0 rows affected (0.00 sec)

mysql> CREATE TRIGGER tgr_usercash_update BEFORE UPDATE ON usercash
    ->FOR EACH ROW
    ->BEGIN
    ->IF new.cash-old.cash > 0 THEN
    ->INSERT INTO usercash_err_log
    ->SELECT old.userid,old.cash,new.cash,USER(),NOW();
    ->SET new.cash = old.cash;
    ->END IF;
    ->END;
    ->$$
Query OK, 0 rows affected (0.00 sec)

mysql> DELIMITER $$
Query OK, 0 rows affected (0.00 sec)
```

上述例子首先创建了一张表 usercash_err_log 来记录错误数值更新的日志，然后创建了进行约束操作的触发器 tgr_usercash_update，其类型为 BEFORE。触发器首先判断新、旧值之间的差值，在正常情况下消费总是减的，新值应该总是小于原来的值，因此大于原值的数据被判断为非法的输入，将 cash 值设定为原来的值，并将非法的数据更新插入表 usercash_err_log。再次运行上述的 SQL 语句：

```
mysql> DELETE FROM usercash;
Query OK, 1 row affected (0.02 sec)

mysql> INSERT INTO usercash
    -> SELECT 1,1000;
Query OK, 1 row affected (0.03 sec)
Records: 1  Duplicates: 0  Warnings: 0

mysql> UPDATE usercash
    -> SET cash = cash - (-20)
    -> WHERE userid=1;
```

```
Query OK, 0 rows affected (0.02 sec)
Rows matched: 1  Changed: 0  Warnings: 0

mysql> SELECT * FROM usercash\G;
*************************** 1. row ***************************
userid: 1
cash: 100
1 row in set (0.00 sec)

mysql> SELECT * FROM usercash_err_log\G;
*************************** 1. row ***************************
  userid: 1
  old_cash: 1000
  new_cash: 1020
  user: root@localhost
  time: 2009-11-06 11:49:49
Message: Column 'id' cannot be null
1 row in set (0.00 sec)
```

可以看到这次对于异常的数据更新通过触发器将其保存到了 usercash_err_log。此外该触发器还记录了操作该 SQL 语句的用户及时间。通过上述的例子可以发现，创建触发器也是实现约束的一种手段和方法。

4.6.7 外键约束

外键用来保证参照完整性，MySQL 数据库的 MyISAM 存储引擎本身并不支持外键，对于外键的定义只是起到一个注释的作用。而 InnoDB 存储引擎则完整支持外键约束。外键的定义如下：

```
[CONSTRAINT [symbol]] FOREIGN KEY
[index_name] (index_col_name, ...)
REFERENCES tbl_name (index_col_name,...)
[ON DELETE reference_option]
[ON UPDATE reference_option]
reference_option:
RESTRICT | CASCADE | SET NULL | NO ACTION
```

用户可以在执行 CREATE TABLE 时就添加外键，也可以在表创建后通过 ALTER TABLE 命令来添加。一个简单的外键的创建示例如下：

```
mysql> CREATE TABLE parent (
   -> id INT NOT NULL,
```

```
    -> PRIMARY KEY (id)
    -> ) ENGINE=INNODB;
Query OK, 0 rows affected (0.13 sec)

mysql> CREATE TABLE child (
    -> id INT, parent_id INT,
    -> FOREIGN KEY (parent_id) REFERENCES parent(id)
    -> ) ENGINE=INNODB;
Query OK, 0 rows affected (0.16 sec)
```

一般来说，称被引用的表为父表，引用的表称为子表。外键定义时的ON DELETE和ON UPDATE表示在对父表进行DELETE和UPDATE操作时，对子表所做的操作，可定义的子表操作有：

- CASCADE
- SET NULL
- NO ACTION
- RESTRICT

CASCADE表示当父表发生DELETE或UPDATE操作时，对相应的子表中的数据也进行DELETE或UPDATE操作。SET NULL表示当父表发生DELETE或UPDATE操作时，相应的子表中的数据被更新为NULL值，但是子表中相对应的列必须允许为NULL值。NO ACTION表示当父表发生DELETE或UPDATE操作时，抛出错误，不允许这类操作发生。RESTRICT表示当父表发生DELETE或UPDATE操作时，抛出错误，不允许这类操作发生。如果定义外键时没有指定ON DELETE或ON UPDATE，RESTRICT就是默认的外键设置。

在其他数据库中，如Oracle数据库，有一种称为延时检查（deferred check）的外键约束，即检查在SQL语句运行完成后再进行。而目前MySQL数据库的外键约束都是即时检查（immediate check），因此从上面的定义可以看出，在MySQL数据库中NO ACTION和RESTRICT的功能是相同的。

在Oracle数据库中，对于建立外键的列，一定不要忘记给这个列加上一个索引。而InnoDB存储引擎在外键建立时会自动地对该列加一个索引，这和Microsoft SQL Server数据库的做法一样。因此可以很好地避免外键列上无索引而导致的死锁问题的产生。例如在上述的例子中，表child创建时只定义了外键，并没有手动指定parent_id列为索引，但是通过命令SHOW CREATE TABLE可以发现InnoDB存储引擎自动为外键约束的列parent_id添加了索引：

```
mysql> SHOW CREATE TABLE child\G;
*************************** 1. row ***************************
      Table: child
Create Table: CREATE TABLE 'child' (
  'id' int(11) DEFAULT NULL,
  'parent_id' int(11) NOT NULL,
  KEY 'parent_id' ('parent_id'),
  CONSTRAINT 'child_ibfk_1' FOREIGN KEY ('parent_id') REFERENCES 'parent' ('id')
) ENGINE=InnoDB DEFAULT CHARSET=utf8
1 row in set (0.00 sec)
```

对于参照完整性约束，外键能起到一个非常好的作用。但是对于数据的导入操作时，外键往往导致在外键约束的检查上花费大量时间。因为MySQL数据库的外键是即时检查的，所以对导入的每一行都会进行外键检查。但是用户可以在导入过程中忽视外键的检查，如：

```
mysql> SET foreign_key_checks = 0;
mysql> LOAD DATA ……
mysql> SET foreign_key_checks = 1;
```

4.7 视图

在MySQL数据库中，视图（View）是一个命名的虚表，它由一个SQL查询来定义，可以当做表使用。与持久表（permanent table）不同的是，视图中的数据没有实际的物理存储。

4.7.1 视图的作用

视图在数据库中发挥着重要的作用。视图的主要用途之一是被用做一个抽象装置，特别是对于一些应用程序，程序本身不需要关心基表（base table）的结构，只需要按照视图定义来取数据或更新数据，因此，视图同时在一定程度上起到一个安全层的作用。

MySQL数据库从5.0版本开始支持视图，创建视图的语法如下：

```
CREATE
```

```
[OR REPLACE]
[ALGORITHM = {UNDEFINED | MERGE | TEMPTABLE}]
[DEFINER = { user | CURRENT_USER }]
[SQL SECURITY { DEFINER | INVOKER }]
VIEW view_name [(column_list)]
AS select_statement
[WITH [CASCADED | LOCAL] CHECK OPTION]
```

虽然视图是基于基表的一个虚拟表，但是用户可以对某些视图进行更新操作，其本质就是通过视图的定义来更新基本表。一般称可以进行更新操作的视图为可更新视图（updatable view）。视图定义中的 WITH CHECK OPTION 就是针对于可更新的视图的，即更新的值是否需要检查。先看下面的一个例子：

```
mysql> CREATE TABLE t ( id INT );
Query OK, 0 rows affected (0.13 sec)

mysql> CREATE VIEW v_t
    -> AS
    -> SELECT * FROM t WHERE id<10;
Query OK, 0 rows affected (0.00 sec)

mysql> INSERT INTO v_t SELECT 20;
Query OK, 1 row affected (0.03 sec)
Records: 1  Duplicates: 0  Warnings: 0

mysql> SELECT * FROM v_t;
Empty set (0.00 sec)
```

在上面的例子中，创建了一个 id<10 的视图 v_t。但之后向视图里插入了 id 为 20 的值，插入操作并没有报错。但是用户查询视图还是没能查到数据。接着更改视图的定义，加上 WITH CHECK OPTION 选项：

```
mysql> ALTER VIEW v_t
    -> AS
    -> SELECT * FROM t WHERE id<10
    -> WITH CHECK OPTION;
Query OK, 0 rows affected (0.00 sec)


mysql> INSERT INTO v_t SELECT 20;
ERROR 1369 (HY000): CHECK OPTION failed 'mytest.v_t'
```

这次 MySQL 数据库会对更新视图插入的数据进行检查，对于不满足视图定义条件的，将会抛出一个异常，不允许视图中数据更新。

MySQL 数据库 DBA 的一个常用的命令是 SHOW TABLES，该命令会显示出当前数据库下所有的表。但因为视图是虚表，同样被作为表显示出来，例如：

```
mysql> SHOW TABLES\G;
*************************** 1. row ***************************
Tables_in_mytest: t
*************************** 2. row ***************************
Tables_in_mytest: v_t
2 rows in set (0.00 sec)
```

可见 SHOW TABLES 命令把表 t 和视图 v_t 都显示出来了。若用户只想查看当前架构下的基表，可以通过 information_schema 架构下的 TABLE 表来查询，并搜索表类型为 BASE TABLE 的表，SQL 语句如下：

```
mysql> SELECT * FROM information_schema.TABLES
    -> WHERE table_type='BASE TABLE'
    -> AND table_schema=database()\G;
*************************** 1. row ***************************
  TABLE_CATALOG: NULL
   TABLE_SCHEMA: mytest
     TABLE_NAME: t
     TABLE_TYPE: BASE TABLE
        ENGINE: InnoDB
       VERSION: 10
     ROW_FORMAT: Compact
     TABLE_ROWS: 1
 AVG_ROW_LENGTH: 16384
    DATA_LENGTH: 16384
MAX_DATA_LENGTH: 0
   INDEX_LENGTH: 0
      DATA_FREE: 0
 AUTO_INCREMENT: NULL
    CREATE_TIME: 2009-11-09 16:27:52
    UPDATE_TIME: NULL
     CHECK_TIME: NULL
TABLE_COLLATION: utf8_general_ci
       CHECKSUM: NULL
 CREATE_OPTIONS:
  TABLE_COMMENT:
1 row in set (0.00 sec)
```

要想查看视图的一些元数据（meta data），可以访问 information_schema 架构下的

VIEWS 表，该表给出了视图的详细信息，包括视图定义者（definer）、定义内容、是否是可更新视图、字符集等。如查询 VIEWS 表可得：

```
mysql> SELECT * FROM
    -> information_schema.VIEWS
    -> WHERE table_schema=database()\G;
*************************** 1. row ***************************
     TABLE_CATALOG: NULL
      TABLE_SCHEMA: mytest
        TABLE_NAME: v_t
   VIEW_DEFINITION: select 'mytest'.'t'.'id' AS 'id' from 'mytest'.'t' where
('mytest'.'t'.'id' < 10)
      CHECK_OPTION: CASCADED
      IS_UPDATABLE: YES
           DEFINER: root@localhost
     SECURITY_TYPE: DEFINER
CHARACTER_SET_CLIENT: latin1
COLLATION_CONNECTION: latin1_swedish_ci
1 row in set (0.00 sec)
```

4.7.2 物化视图

Oracle 数据库支持物化视图——该视图不是基于基表的虚表，而是根据基表实际存在的实表，即物化视图的数据存储在非易失的存储设备上。物化视图可以用于预先计算并保存多表的链接（JOIN）或聚集（GROUP BY）等耗时较多的 SQL 操作结果。这样，在执行复杂查询时，就可以避免进行这些耗时的操作，从而快速得到结果。物化视图的好处是对于一些复杂的统计类查询能直接查出结果。在 Microsoft SQL Server 数据库中，称这种视图为索引视图。

在 Oracle 数据库中，物化视图的创建方式包括以下两种：

- BUILD IMMEDIATE
- BUILD DEFERRED

BUILD IMMEDIATE 是默认的创建方式，在创建物化视图的时候就生成数据，而 BUILD DEFERRED 则在创建物化视图时不生成数据，以后根据需要再生成数据。

查询重写是指当对物化视图的基表进行查询时，数据库会自动判断能否通过查询物化视图来直接得到最终的结果，如果可以，则避免了聚集或连接等这类较为复杂的 SQL

操作，直接从已经计算好的物化视图中得到所需的数据。

物化视图的刷新是指当基表发生了DML操作后，物化视图何时采用哪种方式和基表进行同步。刷新的模式有两种：

- ON DEMAND
- ON COMMIT

ON DEMAND意味着物化视图在用户需要的时候进行刷新，ON COMMIT意味着物化视图在对基表的DML操作提交的同时进行刷新。

而刷新的方法有四种：

- FAST
- COMPLETE
- FORCE
- NEVER

FAST刷新采用增量刷新，只刷新自上次刷新以后进行的修改。COMPLETE刷新是对整个物化视图进行完全的刷新。如果选择FORCE方式，则数据库在刷新时会去判断是否可以进行快速刷新，如果可以，则采用FAST方式，否则采用COMPLETE的方式。NEVER是指物化视图不进行任何刷新。

MySQL数据库本身并不支持物化视图，换句话说，MySQL数据库中的视图总是虚拟的。但是用户可以通过一些机制来实现物化视图的功能。例如要创建一个ON DEMAND的物化视图还是比较简单的，用户只需定时把数据导入到另一张表。例如有如下的订单表，记录了用户采购电脑设备的信息：

```
mysql> CREATE TABLE Orders
   -> (
   -> order_id INT UNSIGNED NOT NULL AUTO_INCREMENT,
   -> product_name VARCHAR(30) NOT NULL,
   -> price DECIMAL(8,2) NOT NULL,
   -> amount SMALLINT     NOT NULL,
   -> PRIMARY KEY (order_id)
   -> )ENGINE=InnoDB;
Query OK, 0 rows affected (0.13 sec)


mysql> INSERT INTO Orders VALUES
   -> (NULL, 'CPU', 135.5, 1),
   -> (NULL,'Memory',48.2,3),
```

```
    -> (NULL, 'CPU', 125.6, 3),
    -> (NULL, 'CPU', 105.3,4)
    -> ;
Query OK, 4 rows affected (0.03 sec)
Records: 4  Duplicates: 0  Warnings: 0

mysql> SELECT * FROM Orders\G;
*************************** 1. row ***************************
    order_id: 1
product_name: CPU
       price: 135.50
      amount: 1
*************************** 2. row ***************************
    order_id: 2
product_name: Memory
       price: 48.20
      amount: 3
*************************** 3. row ***************************
    order_id: 3
product_name: CPU
       price: 125.60
      amount: 3
*************************** 4. row ***************************
    order_id: 4
product_name: CPU
       price: 105.30
      amount: 4
4 rows in set (0.00 sec)
```

接着建立一张物化视图的基表，用来统计每件物品的信息，如：

```
mysql> CREATE TABLE Orders_MV(
    ->      product_name VARCHAR(30)  NOT NULL
    ->    , price_sum    DECIMAL(8,2) NOT NULL
    ->    , amount_sum   INT           NOT NULL
    ->    , price_avg    FLOAT         NOT NULL
    ->    , orders_cnt    INT           NOT NULL
    ->    , UNIQUE INDEX (product_name)
    -> );
Query OK, 0 rows affected (0.13 sec)

mysql> INSERT INTO Orders_MV
    -> SELECT product_name
    ->      , SUM(price), SUM(amount), AVG(price)
    ->      , COUNT(*)
```

```
    ->    FROM Orders
    -> GROUP BY product_name;
Query OK, 2 rows affected (0.02 sec)
Records: 2  Duplicates: 0  Warnings: 0

mysql>
mysql>
mysql> SELECT * FROM Orders_MV\G;
*************************** 1. row ***************************
product_name: CPU
      price: 366.40
     amount_sum: 8
     price_avg:122.133
     orders_cnt:3
*************************** 2. row ***************************
   product_name: Memory
      price: 48.20
     amount_sum: 3
     price_avg:48.2
     orders_cnt:1
2 rows in set (0.00 sec)
```

在上面的例子中，把物化视图定义为一张表 Orders_MV。表名以 _MV 结尾，以便能让 DBA 很好地理解这张表的作用。通过上面的方式，用户就拥有了一个统计信息的物化视图。如果是要实现 ON DEMAND 的物化视图，只需把表清空，重新导入数据即可。当然，这是 COMPLETE 的刷新方式，要实现 FAST 的方式，也是可以的，只不过稍微复杂点，需要记录上次统计时 order_id 的位置。

但是，如果要实现 ON COMMIT 的物化视图，就不像上面这么简单了。在 Oracle 数据库中是通过物化视图日志来实现的，很显然 MySQL 数据库没有这个日志，不过通过触发器同样可以达到这个目的，首先需要对表 Orders 建立一个触发器，代码如下：

```
DELIMITER $$

CREATE TRIGGER tgr_Orders_insert
AFTER INSERT ON Orders
FOR EACH ROW
BEGIN
  SET @old_price_sum = 0;
  SET @old_amount_sum = 0;
  SET @old_price_avg = 0;
```

```
    SET @old_orders_cnt = 0;

     SELECT IFNULL(price_sum, 0), IFNULL(amount_sum, 0), IFNULL(price_avg, 0),
IFNULL(orders_cnt, 0)
       FROM Orders_MV
      WHERE product_name = NEW.product_name
   INTO @old_price_sum, @old_amount_sum, @old_price_avg,  @old_orders_cnt;

    SET @new_price_sum = @old_price_sum + NEW.price;
    SET @new_amount_sum = @old_amount_sum + NEW.amount;
    SET @new_orders_cnt = @old_orders_cnt + 1;
    SET @new_price_avg = @new_price_sum / @new_orders_cnt ;

    REPLACE INTO Orders_MV
    VALUES(NEW.product_name, @new_price_sum, @new_amount_sum, @new_price_avg,
@new_orders_cnt );

  END;
  $$

  DELIMITER ;
```

上述代码创建了一个 INSERT 的触发器，每次 INSERT 操作都会重新统计表 Orders_MV 中的数据。接着运行以下插入操作，并观察之后物化视图表 Orders_MV 中的记录。

```
mysql> INSERT INTO Orders VALUES (NULL,'SSD',299,3);
Query OK, 1 row affected, 1 warning (0.03 sec)

mysql> INSERT INTO Orders VALUES (NULL,'Memory',47.9,5);
Query OK, 1 row affected (0.03 sec)

mysql> SELECT * FROM Orders_MV\G;
*************************** 1. row ***************************
product_name: CPU
      price: 366.40
     amount_sum: 8
     price_avg:122.133
     orders_cnt:3
*************************** 2. row ***************************
  product_name: Memory
     price: 96.10
    amount_sum: 8
    price_avg:48.05
    orders_cnt:2
```

```
*************************** 3. row ***************************
  product_name: SSD
     price: 299.00
    amount_sum: 3
    price_avg:299
    orders_cnt:1
3 rows in set (0.00 sec)
```

可以发现在插入两条新的记录后，直接查询 Orders_MV 表就能得到统计信息。而不像之前需要重新进行 SQL 语句的统计，这就实现了 ON_COMMIT 的物化视图功能。需要注意的是，Orders 表可能还会有 UPDATE 和 DELETE 的操作，所以应该还需要实现 DELETE 和 UPDATE 的触发器，这就留给读者自己去实现了。

通过触发器，在 MySQL 数据库中实现了类似物化视图的功能。但是 MySQL 数据库本身并不支持物化视图，因此对于物化视图支持的查询重写（Query Rewrite）功能就显得无能为力，用户只能在应用程序端做一些控制。

4.8 分区表

4.8.1 分区概述

分区功能并不是在存储引擎层完成的，因此不是只有 InnoDB 存储引擎支持分区，常见的存储引擎 MyISAM、NDB 等都支持。但也并不是所有的存储引擎都支持，如 CSV、FEDORATED、MERGE 等就不支持。在使用分区功能前，应该对选择的存储引擎对分区的支持有所了解。

MySQL 数据库在 5.1 版本时添加了对分区的支持。分区的过程是将一个表或索引分解为多个更小、更可管理的部分。就访问数据库的应用而言，从逻辑上讲，只有一个表或一个索引，但是在物理上这个表或索引可能由数十个物理分区组成。每个分区都是独立的对象，可以独自处理，也可以作为一个更大对象的一部分进行处理。

MySQL 数据库支持的分区类型为水平分区[一]，并不支持垂直分区[二]。此外，MySQL 数据库的分区是局部分区索引，一个分区中既存放了数据又存放了索引。而全局分区是指，数据存放在各个分区中，但是所有数据的索引放在一个对象中。目前，MySQL 数据

㊀ 水平分区，指将同一表中不同行的记录分配到不同的物理文件中。

㊁ 垂直分区，指将同一表中不同列的记录分配到不同的物理文件中。

库还不支持全局分区。

可以通过以下命令来查看当前数据库是否启用了分区功能：

```
mysql> SHOW VARIABLES LIKE '%partition%'\G;
*************************** 1. row ***************************
Variable_name: have_partitioning
       Value: YES
1 row in set (0.00 sec)
```

也可以通过命令 SHOW PLUGINS 来查看：

```
mysql> SHOW PLUGINS\G;
……
*************************** 2. row ***************************
   Name: partition
 Status: ACTIVE
   Type: STORAGE ENGINE
Library: NULL
License: GPL
……
9 rows in set (0.01 sec)
```

大多数 DBA 会有这样一个误区：只要启用了分区，数据库就会运行得更快。这个结论是存在很多问题的。就我的经验看来，分区可能会给某些 SQL 语句性能带来提高，但是分区主要用于数据库高可用性的管理。在 OLTP 应用中，对于分区的使用应该非常小心。总之，如果只是一味地使用分区，而不理解分区是如何工作的，也不清楚你的应用如何使用分区，那么分区极有可能会对性能产生负面的影响。

当前 MySQL 数据库支持以下几种类型的分区。

- RANGE 分区：行数据基于属于一个给定连续区间的列值被放入分区。MySQL 5.5 开始支持 RANGE COLUMNS 的分区。
- LIST 分区：和 RANGE 分区类型，只是 LIST 分区面向的是离散的值。MySQL 5.5 开始支持 LIST COLUMNS 的分区。
- HASH 分区：根据用户自定义的表达式的返回值来进行分区，返回值不能为负数。
- KEY 分区：根据 MySQL 数据库提供的哈希函数来进行分区。

不论创建何种类型的分区，如果表中存在主键或唯一索引时，分区列必须是唯一索引的一个组成部分，因此下面创建分区的 SQL 语句会产生错误。

```
mysql> CREATE TABLE t1 (
```

```
   -> col1 INT NOT NULL,
   -> col2 DATE NOT NULL,
   -> col3 INT NOT NULL,
   -> col4 INT NOT NULL,
   -> UNIQUE KEY (col1, col2)
   -> )
   -> PARTITION BY HASH(col3)
   -> PARTITIONS 4;
ERROR 1503 (HY000): A PRIMARY KEY must include all columns in the table's partitioning function
```

唯一索引可以是允许NULL值的，并且分区列只要是唯一索引的一个组成部分，不需要整个唯一索引列都是分区列，如：

```
mysql> CREATE TABLE t1 (
   -> col1 INT  NULL,
   -> col2 DATE NULL,
   -> col3 INT NULL,
   -> col4 INT NULL,
   -> UNIQUE KEY (col1, col2, col3,col4)
   -> )
   -> PARTITION BY HASH(col3)
   -> PARTITIONS 4;
Query OK, 0 rows affected (0.53 sec)
```

如果建表时没有指定主键，唯一索引，可以指定任何一个列为分区列，因此下面两句创建分区的SQL语句都是可以正确运行的。

```
CREATE TABLE t1 (
    col1 INT  NULL,
    col2 DATE NULL,
    col3 INT NULL,
    col4 INT NULL
)engine=innodb
PARTITION BY HASH(col3)
PARTITIONS 4;

CREATE TABLE t1 (
    col1 INT  NULL,
    col2 DATE NULL,
    col3 INT NULL,
    col4 INT NULL,
key (col4)
)engine=innodb
```

```
PARTITION BY HASH(col3)
PARTITIONS 4;
```

4.8.2 分区类型

1. RANGE 分区

我们介绍的第一种分区类型是 RANGE 分区，也是最常用的一种分区类型。下面的 CREATE TABLE 语句创建了一个 id 列的区间分区表。当 id 小于 10 时，数据插入 p0 分区。当 id 大于等于 10 小于 20 时，数据插入 p1 分区。

```
CREATE TABLE t(
id INT
)ENGINE=INNDB
PARTITION BY RANGE (id)(
PARTITION p0 VALUES LESS THAN (10),
PARTITION p1 VALUES LESS THAN (20));
```

查看表在磁盘上的物理文件，启用分区之后，表不再由一个 ibd 文件组成了，而是由建立分区时的各个分区 ibd 文件组成，如下面的 t#P#p0.ibd，t#P#p1.ibd：

```
mysql> system ls -lh /usr/local/mysql/data/test2/t*
-rw-rw----  1 mysql mysql 8.4K  7月 31 14:11 /usr/local/mysql/data/test2/t.frm
-rw-rw----  1 mysql mysql   28  7月 31 14:11 /usr/local/mysql/data/test2/t.par
-rw-rw----  1 mysql mysql  96K  7月 31 14:12 /usr/local/mysql/data/test2/t#P#p0.
ibd
-rw-rw----  1 mysql mysql  96K  7月 31 14:12 /usr/local/mysql/data/test2/t#P#p1.
ibd
```

接着插入如下数据：

```
mysql> INSERT INTO t SELECT 9;
Query OK, 1 row affected (0.03 sec)
Records: 1  Duplicates: 0  Warnings: 0

mysql> INSERT INTO tSELECT 10;
Query OK, 1 row affected (0.03 sec)
Records: 1  Duplicates: 0  Warnings: 0

mysql> INSERT INTO t SELECT 15;
Query OK, 1 row affected (0.03 sec)
Records: 1  Duplicates: 0  Warnings: 0
```

因为表t根据列id进行分区，所以数据是根据列id的值的范围存放在不同的物理文件中的，可以通过查询information_schema架构下的PARTITIONS表来查看每个分区的具体信息：

```
mysql> SELECT * FROM information_schema.PARTITIONS
    -> WHERE table_schema=database() AND table_name='t'\G;
*************************** 1. row ***************************
                TABLE_CATALOG: NULL
                 TABLE_SCHEMA: test2
                   TABLE_NAME: t
               PARTITION_NAME: p0
            SUBPARTITION_NAME: NULL
   PARTITION_ORDINAL_POSITION: 1
SUBPARTITION_ORDINAL_POSITION: NULL
             PARTITION_METHOD: RANGE
          SUBPARTITION_METHOD: NULL
         PARTITION_EXPRESSION: id
      SUBPARTITION_EXPRESSION: NULL
        PARTITION_DESCRIPTION: 10
                   TABLE_ROWS: 1
               AVG_ROW_LENGTH: 16384
                  DATA_LENGTH: 16384
              MAX_DATA_LENGTH: NULL
                 INDEX_LENGTH: 0
                    DATA_FREE: 0
                  CREATE_TIME: NULL
                  UPDATE_TIME: NULL
                   CHECK_TIME: NULL
                     CHECKSUM: NULL
            PARTITION_COMMENT:
                    NODEGROUP: default
              TABLESPACE_NAME: NULL
*************************** 2. row ***************************
                TABLE_CATALOG: NULL
                 TABLE_SCHEMA: test2
                   TABLE_NAME: t
               PARTITION_NAME: p1
            SUBPARTITION_NAME: NULL
   PARTITION_ORDINAL_POSITION: 2
SUBPARTITION_ORDINAL_POSITION: NULL
             PARTITION_METHOD: RANGE
          SUBPARTITION_METHOD: NULL
         PARTITION_EXPRESSION: id
      SUBPARTITION_EXPRESSION: NULL
        PARTITION_DESCRIPTION: 20
```

```
              TABLE_ROWS: 2
          AVG_ROW_LENGTH: 8192
             DATA_LENGTH: 16384
         MAX_DATA_LENGTH: NULL
            INDEX_LENGTH: 0
               DATA_FREE: 0
             CREATE_TIME: NULL
             UPDATE_TIME: NULL
              CHECK_TIME: NULL
                CHECKSUM: NULL
       PARTITION_COMMENT:
               NODEGROUP: default
         TABLESPACE_NAME: NULL
2 rows in set (0.00 sec)
```

TABLE_ROWS 列反映了每个分区中记录的数量。由于之前向表中插入了 9、10、15 三条记录，因此可以看到，当前分区 p0 中有 1 条记录，分区 p1 中有 2 条记录。PARTITION_METHOD 表示分区的类型，这里显示的是 RANGE。

对于表 t，由于我们定义了分区，因此对于插入的值应该严格遵守分区的定义，当插入一个不在分区中定义的值时，MySQL 数据库会抛出一个异常。如下所示，我们向表 t 中插入 30 这个值。

```
mysql> INSERT INTO t SELECT 30;
ERROR 1526 (HY000): Table has no partition for value 30
```

对于上述问题，我们可以对分区添加一个 MAXVALUE 值的分区。MAXVALUE 可以理解为正无穷，因此所有大于等于 20 且小于 MAXVALUE 的值别放入 p2 分区。

```
mysql> ALTER TABLE t
    -> ADD PARTITION(
    -> partition p2 values less than maxvalue );
Query OK, 0 rows affected (0.45 sec)
Records: 0  Duplicates: 0  Warnings: 0

mysql> INSERT INTO t SELECT 30;
Query OK, 1 row affected (0.03 sec)
Records: 1  Duplicates: 0  Warnings: 0
```

RANGE 分区主要用于日期列的分区，例如对于销售类的表，可以根据年来分区存放销售记录，如下面的分区表 sales：

```
mysql> CREATE TABLE sales(
   -> money INT UNSIGNED NOT NULL,
   -> date DATETIME
   -> )ENGINE=INNODB
   -> PARTITION by RANGE (YEAR(date)) (
   -> PARTITION p2008 VALUE LESS THEN (2009),
   -> PARTITION p2009 VALUE LESS THEN (2010),
   -> PARTITION p2010 VALUE LESS THEN (2011)
   -> );
Query OK, 0 rows affected (0.34 sec)

mysql> INSERT INTO sales SELECT 100, '2008-01-01';
Query OK, 1 row affected (0.03 sec)
Records: 1  Duplicates: 0  Warnings: 0

mysql> INSERT INTO sales SELECT 100, '2008-02-01';
Query OK, 1 row affected (0.03 sec)
Records: 1  Duplicates: 0  Warnings: 0

mysql> INSERT INTO sales SELECT 200, '2008-01-02';
Query OK, 1 row affected (0.04 sec)
Records: 1  Duplicates: 0  Warnings: 0

mysql> INSERT INTO sales SELECT 100, '2009-03-01';
Query OK, 1 row affected (0.03 sec)
Records: 1  Duplicates: 0  Warnings: 0

mysql> INSERT INTO sales SELECT 200, '2010-03-01';
Query OK, 1 row affected (0.03 sec)
Records: 1  Duplicates: 0  Warnings: 0
```

这样创建的好处是，便于对sales这张表的管理。如果我们要删除2008年的数据，不需要执行DELETE FROM sales WHERE date>='2008-01-01' and date <'2009-01-01'，只需删除2008年数据所在的分区即可：

```
mysql> alter table sales drop partition p2008;
Query OK, 0 rows affected (0.18 sec)
Records: 0  Duplicates: 0  Warnings: 0
```

这样创建的另一个好处是可以加快某些查询操作，如果我们只需要查询2008年整年的销售额，可以这样：

```
mysql> EXPLAIN PARTITIONS
    -> SELECT * FROM sales
```

```
    -> WHERE date>='2008-01-01' AND date<='2008-12-31'\G;
*************************** 1. row ***************************
           id: 1
  select_type: SIMPLE
        table: sales
   partitions: p2008
         type: ALL
possible_keys: NULL
          key: NULL
      key_len: NULL
          ref: NULL
         rows: 5
        Extra: Using where
1 row in set (0.00 sec)
```

通过EXPLAIN PARTITION命令我们可以发现，在上述语句中，SQL优化器只需要去搜索p2008这个分区，而不会去搜索所有的分区——称为Partition Pruning（分区修剪），故查询的速度得到了大幅度的提升。需要注意的是，如果执行下列语句，结果是一样的，但是优化器的选择可能又会不同了：

```
mysql> EXPLAIN PARTITIOENS
    -> SELECT * FROM sales
    -> WHERE date>='2008-01-01' AND date<'2009-01-01'\G;
*************************** 1. row ***************************
           id: 1
  select_type: SIMPLE
        table: sales
   partitions: p2008,p2009
         type: ALL
possible_keys: NULL
          key: NULL
      key_len: NULL
          ref: NULL
         rows: 5
        Extra: Using where
1 row in set (0.00 sec)
```

这次条件改为date<'2009-01-01'而不是date<='2008-12-31'时，优化器会选择搜索p2008和p2009两个分区，这是我们不希望看到的。因此对于启用分区，应该根据分区的特性来编写最优的SQL语句。

对于sales这张分区表，我曾看到过另一种分区函数，设计者的原意是按照每年每月来进行分区，如：

```
mysql> CREATE TABLE sales(
   -> money INT UNSIGNED NOT NULL,
   -> date DATETIME
   -> )ENGINE=INNODB
   -> PARTITION by RANGE  (YEAR(date)*100+MONTH(date)) (
   -> PARTITION p201001 VALUES LESS THEN (201002),
   -> PARTITION p201002 VALUES LESS THEN (201003),
   -> PARTITION p201003 VALUES LESS THEN (201004)
   -> );
Query OK, 0 rows affected (0.37 sec)
```

但是在执行SQL语句时开发人员发现，优化器不会根据分区进行选择，即使他们编写的SQL语句已经符合了分区的要求，如：

```
mysql> EXPLAIN PARTITIONS
    -> SELECT * FROM sales
    -> WHERE date>='2010-01-01' AND date<='2010-01-31'\G;
*************************** 1. row ***************************
        id: 1
  select_type: SIMPLE
       table: sales
   partitions: p201001,p201002,p201003
        type: ALL
possible_keys: NULL
        key: NULL
     key_len: NULL
        ref: NULL
       rows: 4
      Extra: Using where
1 row in set (0.00 sec)
```

可以看到优化对分区p201001，p201002，p201003都进行了搜索。产生这个问题的主要原因是对于RANGE分区的查询，优化器只能对YEAR()，TO_DAYS()，TO_SECONDS()，UNIX_TIMESTAMP()这类函数进行优化选择，因此对于上述的要求，需要将分区函数改为TO_DAYS，如：

```
mysql> CREATE TABLE sales(
   -> money INT UNSIGNED NOT NULL,
   -> date DATETO,E
   -> )ENGINE=INNODB
   -> PARTITION by range  (TO_DAYS(date)) (
```

```
    -> PARTITION p201001
    ->   VALUES LESS THEN(TO_DAYS('2010-02-01')),
    -> PARTITION p201002
    ->   VALUES LESS THEN (TO_DAYS('2010-03-01')),
    -> PARTITION p201003
    ->   VALUES LESS THEN (TO_DAYS('2010-04-01'))
    ->  );
Query OK, 0 rows affected (0.36 sec)
```

这时再进行相同类型的查询，优化器就可以对特定的分区进行查询了。

```
mysql> EXPLAIN PATITIONS
    -> SELECT * FROM sales
    -> WHERE date>='2010-01-01' AND date<='2010-01-31'\G;
*************************** 1. row ***************************
           id: 1
  select_type: SIMPLE
        table: sales
   partitions: p201001
         type: ALL
possible_keys: NULL
          key: NULL
      key_len: NULL
          ref: NULL
         rows: 4
        Extra: Using where
1 row in set (0.00 sec)
```

2. LIST 分区

LIST 分区和 RANGE 分区非常相似，只是分区列的值是离散的，而非连续的。如：

```
mysql> CREATE TABLE t (
    -> a INT,
    -> b INT)ENGINE=INNODB
    -> PARTITION BY LIST(b)(
    -> PARTITION p0 VALUES IN (1,3,5,7,9),
    -> PARTITION p1 VALUES IN (0,2,4,6,8)
    -> );
Query OK, 0 rows affected (0.26 sec)
```

不同于 RANGE 分区中定义的 VALUES LESS THAN 语句，LIST 分区使用 VALUES IN。因为每个分区的值是离散的，因此只能定义值。例如向表 t 中插入一些数据：

```
mysql> INSERT INTO t SELECT 1,1;
Query OK, 1 row affected (0.03 sec)
```

```
Records: 1  Duplicates: 0  Warnings: 0

mysql> INSERT INTO t SELECT 1,2;
Query OK, 1 row affected (0.03 sec)
Records: 1  Duplicates: 0  Warnings: 0

mysql> INSERT INTO t SELECT 1,3;
Query OK, 1 row affected (0.03 sec)
Records: 1  Duplicates: 0  Warnings: 0

mysql> INSERT INTO t SELECT 1,4;
Query OK, 1 row affected (0.03 sec)
Records: 1  Duplicates: 0  Warnings: 0

mysql> SELECT table_name,partition_name,table_rows
    -> FROM information_schema.PARTITIONS
    -> WHERE table_name='t' AND table_schema=DATABASE()\G;
*************************** 1. row ***************************
   table_name: t
partition_name: p0
   table_rows: 2
*************************** 2. row ***************************
   table_name: t
partition_name: p1
   table_rows: 2
2 rows in set (0.00 sec)
```

如果插入的值不在分区的定义中，MySQL数据库同样会抛出异常：

```
mysql> INSERT INTO t SELECT 1,10;
ERROR 1526 (HY000): Table has no partition for value 10
```

另外，在用INSERT插入多个行数据的过程中遇到分区未定义的值时，MyISAM和InnoDB存储引擎的处理完全不同。MyISAM引擎会将之前的行数据都插入，但之后的数据不会被插入。而InnoDB存储引擎将其视为一个事务，因此没有任何数据插入。先对MyISAM存储引擎进行演示，如：

```
mysql> CRATE TABLE t (
   -> a INT,
   -> b INT)ENGINE=MyISAM
   -> PARTITION BY LIST(b)(
   -> PARTITION p0 VALUES IN (1,3,5,7,9),
   -> PARTITION p1 VALUES IN (0,2,4,6,8)
   -> );
```

```
Query OK, 0 rows affected (0.05 sec)

mysql> INSERT INTO t VALUES (1,2),(2,4),(6,10),(5,3);
ERROR 1526 (HY000): Table has no partition for value 10

mysql> SELECT * FROM t;
+------+------+
| a    | b    |
+------+------+
|    1 |    2 |
|    2 |    4 |
+------+------+
2 rows in set (0.00 sec)
```

可以看到（6，10）、（5，3）记录的插入没有成功，但是之前的（1，2），（2，4）记录都已经插入成功了。而对于同一张表，存储引擎换成 InnoDB，则结果完全不同：

```
mysql> TRUNCATE TABLE t;
Query OK, 2 rows affected (0.00 sec)

mysql> ALTER TABLE t ENGINE=InnoDB;
Query OK, 0 rows affected (0.25 sec)
Records: 0  Duplicates: 0  Warnings: 0

mysql> INSERT INTO t VALUES (1,2),(2,4),(6,10),(5,3);
ERROR 1526 (HY000): Table has no partition for value 10

mysql> SELECT * FROM t;
Empty set (0.00 sec)
```

可以看到同样在插入（6，10）记录时报错，但是没有任何一条记录被插入到表 t 中。因此在使用分区时，也需要对不同存储引擎支持的事务特性进行考虑。

3. HASH 分区

HASH 分区的目的是将数据均匀地分布到预先定义的各个分区中，保证各分区的数据数量大致都是一样的。在 RANGE 和 LIST 分区中，必须明确指定一个给定的列值或列值集合应该保存在哪个分区中；而在 HASH 分区中，MySQL 自动完成这些工作，用户所要做的只是基于将要进行哈希分区的列值指定一个列值或表达式，以及指定被分区的表将要被分割成的分区数量。

要使用 HASH 分区来分割一个表，要在 CREATE TABLE 语句上添加一个“PARTITION BY HASH（*expr*）”子句，其中“*expr*”是一个返回一个整数的表达式。它可以仅仅是字段类型为MySQL整型的列名。此外，用户很可能需要在后面再添加一个“PARTITIONS *num*”子句，其中*num*是一个非负的整数，它表示表将要被分割成分区的数量。如果没有包括一个PARTITIONS子句，那么分区的数量将默认为1。

下面的例子创建了一个HASH分区的表t，分区按日期列b进行：

```
CREATE TABLE t_hash (
    a INT,
    b DATETIME
)ENGINE=InnoDB
PARTITION BY HASH (YEAR(b))
PARTITIONS 4;
```

如果插入一个列b为2010-04-01的记录到表t_hash中，那么保存该条记录的分区如下：

```
MOD(YEAR('2010-04-01'), 4)
=MOD(2010,4)
=2
```

因此记录会放入分区p2中，我们可以按如下方法来验证：

```
mysql> INSERT INTO t_hash SELECT 1,'2010-04-01';
Query OK, 1 row affected (0.04 sec)
Records: 1  Duplicates: 0  Warnings: 0

mysql> SELECT table_name,partition_name,table_rows
    -> FROM information_schema.PARTITIONS
    -> WHERE table_schema=DATABASE() AND table_name='t_hash'\G;
*************************** 1. row ***************************
   table_name: t_hash
partition_name: p0
   table_rows: 0
*************************** 2. row ***************************
   table_name: t_hash
partition_name: p1
   table_rows: 0
*************************** 3. row ***************************
   table_name: t_hash
partition_name: p2
   table_rows: 1
*************************** 4. row ***************************
   table_name: t_hash
partition_name: p3
```

```
   table_rows: 0
4 rows in set (0.00 sec)
```

可以看到 p2 分区有 1 条记录。当然这个例子中也许并不能把数据均匀地分布到各个分区中去，因为分区是按照 YEAR 函数进行的，而这个值本身可是离散的。如果对于连续的值进行 HASH 分区，如自增长的主键，则可以较好地将数据进行平均分布。

MySQL 数据库还支持一种称为 LINEAR HASH 的分区，它使用一个更加复杂的算法来确定新行插入到已经分区的表中的位置。它的语法和 HASH 分区的语法相似，只是将关键字 HASH 改为 LINEAR HASH。下面创建一个 LINEAR HASH 的分区表 t_linear_hash，它和之前的表 t_hash 相似，只是分区类型不同。

```
CREATE TABLE t_linear_hash(
    a INT,
    b DATETIME
)ENGINE=InnoDB
PARTITION BY LINEAR HASH (YEAR(b))
PARTITIONS 4;
```

同样插入 '2010-04-01' 的记录，这次 MySQL 数据库根据以下的方法来进行分区的判断：

- 取大于分区数量 4 的下一个 2 的幂值 V，V=POWER(2，CEILING(LOG(2，*num*)))=4；
- 所在分区 N=YEAR('2010-04-01')&(V-1)=2。

虽然还是在分区 P2，但是计算的方法和之前的 HASH 分区完全不同，接着进行插入实际数据的验证：

```
mysql> INSERT INTO t_linear_hash SELECT 1,'2010-04-01';
Query OK, 1 row affected (0.02 sec)
Records: 1  Duplicates: 0  Warnings: 0

mysql> SELECT table_name,partition_name,table_rows
    -> FROM information_schema.PARTITIONS
    -> WHERE table_schema=DATABASE()
    -> AND table_name='t_linear_hash'\G;
*************************** 1. row ***************************
   table_name: t_linear_hash
partition_name: p0
   table_rows: 0
*************************** 2. row ***************************
```

```
   table_name: t_linear_hash
partition_name: p1
   table_rows: 0
*************************** 3. row ***************************
   table_name: t_linear_hash
partition_name: p2
   table_rows: 1
*************************** 4. row ***************************
   table_name: t_linear_hash
partition_name: p3
   table_rows: 0
4 rows in set (0.01 sec)
```

LINEAR HASH分区的优点在于，增加、删除、合并和拆分分区将变得更加快捷，这有利于处理含有大量数据的表。它的缺点在于，与使用HASH分区得到的数据分布相比，各个分区间数据的分布可能不大均衡。

4. KEY分区

KEY分区和HASH分区相似，不同之处在于HASH分区使用用户定义的函数进行分区，KEY分区使用MySQL数据库提供的函数进行分区。对于NDB Cluster引擎，MySQL数据库使用MD5函数来分区；对于其他存储引擎，MySQL数据库使用其内部的哈希函数，这些函数基于与PASSWORD()一样的运算法则。如：

```
mysql> CREATE TABLE t_key (
    -> a INT,
    -> b DATETIME)ENGINE=InnoDB
    -> PARTITION BY KEY (b)
    -> PARTITIONS 4;
Query OK, 0 rows affected (0.43 sec)
```

在KEY分区中使用关键字LINEAR和在HASH分区中使用具有同样的效果，分区的编号是通过2的幂（powers-of-two）算法得到的，而不是通过模数算法。

5. COLUMNS分区

在前面介绍的RANGE、LIST、HASH和KEY这四种分区中，分区的条件是：数据必须是整型（interger），如果不是整型，那应该需要通过函数将其转化为整型，如YEAR()，TO_DAYS()，MONTH()等函数。MySQL5.5版本开始支持COLUMNS分区，可视为RANGE分区和LIST分区的一种进化。COLUMNS分区可以直接使用非整型的数据进行分区，分区根据类型直接比较而得，不需要转化为整型。此外，RANGE

COLUMNS 分区可以对多个列的值进行分区。

COLUMNS 分区支持以下的数据类型：

- 所有的整型类型，如 INT、SMALLINT、TINYINT、BIGINT。FLOAT 和 DECIMAL 则不予支持。
- 日期类型，如 DATE 和 DATETIME。其余的日期类型不予支持。
- 字符串类型，如 CHAR、VARCHAR、BINARY 和 VARBINARY。BLOB 和 TEXT 类型不予支持。

对于日期类型的分区，我们不再需要 YEAR() 和 TO_DAYS() 函数了，而直接可以使用 COLUMNS，如：

```
CREATE TABLE t_columns_range(
    a INT,
    b DATETIME
)ENGINE=INNODB
PARTITION BY RANGE COLUMNS (B)(
PARTITION p0 VALUES LESS THAN ('2009-01-01'),
PARTITION p1 VALUES LESS THAN ('2010-01-01')
);
```

同样可以直接使用字符串的分区：

```
CREATE TABLE customers_1 (
first_name VARCHAR(25),
last_name VARCHAR(25),
street_1 VARCHAR(30),
street_2 VARCHAR(30),
city VARCHAR(15),
renewal DATE
)
PARTITION BY LIST COLUMNS(city) (
PARTITION pRegion_1
    VALUES IN('Oskarshamn', 'Högsby', 'Mönsterås'),
PARTITION pRegion_2
    VALUES IN('Vimmerby', 'Hultsfred', 'Västervik'),
PARTITION pRegion_3
    VALUES IN('Nässjö', 'Eksjö', 'Vetlanda'),
PARTITION pRegion_4
    VALUES IN('Uppvidinge', 'Alvesta', 'Växjo')
);
```

对于 RANGE COLUMNS 分区，可以使用多个列进行分区，如：

```
CREATE TABLE rcx (
    a INT,
    b INT,
    c CHAR(3),
    d INT
)Engine=InnoDB
PARTITION BY RANGE COLUMNS(a,d,c) (
PARTITION p0 VALUES LESS THAN (5,10,'ggg'),
PARTITION p1 VALUES LESS THAN (10,20,'mmmm'),
PARTITION p2 VALUES LESS THAN (15,30,'sss'),
PARTITION p3 VALUES LESS THAN (MAXVALUE,MAXVALUE,MAXVALUE)
);
```

MySQL5.5开始支持COLUMNS分区，对于之前的RANGE和LIST分区，用户可以用RANGE COLUMNS和LIST COLUMNS分区进行很好的代替。

4.8.3 子分区

子分区（subpartitioning）是在分区的基础上再进行分区，有时也称这种分区为复合分区（composite partitioning）。MySQL数据库允许在RANGE和LIST的分区上再进行HASH或KEY的子分区，如：

```
mysql> CREATE TABLE ts (a INT, b DATE)engine=innodb
    -> PARTITION BY RANGE( YEAR(b) )
    -> SUBPARTITION BY HASH( TO_DAYS(b) )
    -> SUBPARTITIONS 2 (
    -> PARTITION p0 VALUES LESS THAN (1990),
    -> PARTITION p1 VALUES LESS THAN (2000),
    -> PARTITION p2 VALUES LESS THAN MAXVALUE
    -> );
Query OK, 0 rows affected (0.01 sec)

mysql> system ls -lh /usr/local/mysql/data/test2/ts*
-rw-rw---- 1 mysql mysql 8.4K Aug  1 15:50 /usr/local/mysql/data/test2/ts.frm
-rw-rw---- 1 mysql mysql   96 Aug  1 15:50 /usr/local/mysql/data/test2/ts.par
-rw-rw---- 1 mysql mysql  96K Aug  1 15:50 /usr/local/mysql/data/test2/
ts#P#p0#SP#p0sp0.ibd
-rw-rw---- 1 mysql mysql  96K Aug  1 15:50 /usr/local/mysql/data/test2/
ts#P#p0#SP#p0sp1.ibd
-rw-rw---- 1 mysql mysql  96K Aug  1 15:50 /usr/local/mysql/data/test2/
ts#P#p1#SP#p1sp0.ibd
-rw-rw---- 1 mysql mysql  96K Aug  1 15:50 /usr/local/mysql/data/test2/
```

```
ts#P#p1#SP#p1sp1.ibd
    -rw-rw---- 1 mysql mysql   96K Aug   1 15:50 /usr/local/mysql/data/test2/
ts#P#p2#SP#p2sp0.ibd
    -rw-rw---- 1 mysql mysql   96K Aug   1 15:50 /usr/local/mysql/data/test2/
ts#P#p2#SP#p2sp1.ibd
```

表ts先根据b列进行了RANGE分区，然后又进行了一次HASH分区，所以分区的数量应该为（3×2=）6个，这通过查看物理磁盘上的文件也可以得到证实。我们也可以通过使用SUBPARTITION语法来显式地指出各个子分区的名字，例如对上述的ts表同样可以这样：

```
mysql> CREATE TABLE ts (a INT, b DATE)
   -> PARTITION BY RANGE( YEAR(b))
   -> SUBPARTITION BY HASH( TO_DAYS(b) ) (
   -> PARTITION p0 VALUES LESS THAN (1990) (
   -> SUBPARTITION s0,
   -> SUBPARTITION s1
   -> ),
   -> PARTITION p1 VALUES LESS THAN (2000) (
   -> SUBPARTITION s2,
   -> SUBPARTITION s3
   -> ),
   -> PARTITION p2 VALUES LESS THAN MAXVALUE (
   -> SUBPARTITION s4,
   -> SUBPARTITION s5
   -> )
   -> );
Query OK, 0 rows affected (0.00 sec)
```

子分区的建立需要注意以下几个问题：

- 每个子分区的数量必须相同。
- 要在一个分区表的任何分区上使用SUBPARTITION来明确定义任何子分区，就必须定义所有的子分区。因此下面的创建语句是错误的：

```
mysql> CREATE TABLE ts (a INT, b DATE)
   -> PARTITION BY RANGE( YEAR(b) )
   -> SUBPARTITION BY HASH( TO_DAYS(b) ) (
   -> PARTITION p0 VALUES LESS THAN (1990) (
   -> SUBPARTITION s0,
   -> SUBPARTITION s1
   -> ),
   -> PARTITION p1 VALUES LESS THAN (2000),
```

```
    -> PARTITION p2 VALUES LESS THAN MAXVALUE (
    -> SUBPARTITION s2,
    -> SUBPARTITION s3
    -> )
    -> );
ERROR 1064 (42000): Wrong number of subpartitions defined, mismatch with previous setting near '
PARTITION p2 VALUES LESS THAN MAXVALUE (
SUBPARTITION s2,
SUBPARTITION s3
)
)' at line 8
```

- 每个 SUBPARTITION 子句必须包括子分区的一个名字。
- 子分区的名字必须是唯一的。因此下面的创建语句是错误的：

```
mysql> CREATE TABLE ts (a INT, b DATE)
    -> PARTITION BY RANGE( YEAR(b) )
    -> SUBPARTITION BY HASH( TO_DAYS(b) ) (
    -> PARTITION p0 VALUES LESS THAN (1990) (
    -> SUBPARTITION s0,
    -> SUBPARTITION s1
    -> ),
    -> PARTITION p1 VALUES LESS THAN (2000) (
    -> SUBPARTITION s0,
    -> SUBPARTITION s1
    -> ),
    -> PARTITION p2 VALUES LESS THAN MAXVALUE (
    -> SUBPARTITION s0,
    -> SUBPARTITION s1
    -> )
    -> );
ERROR 1517 (HY000): Duplicate partition name s0
```

子分区可以用于特别大的表，在多个磁盘间分别分配数据和索引。假设有 6 个磁盘，分别为 /disk0、/disk1、/disk2 等。现在考虑下面的例子：

```
mysql> CREATE TABLE ts (a INT, b DATE)ENGINE=MYISAM
    -> PARTITION BY RANGE( YEAR(b) )
    -> SUBPARTITION BY HASH( TO_DAYS(b) ) (
    -> PARTITION p0 VALUES LESS THAN (2000) (
    -> SUBPARTITION s0
    -> DATA DIRECTORY = '/disk0/data'
    -> INDEX DIRECTORY = '/disk0/idx',
```

```
    -> SUBPARTITION s1
    -> DATA DIRECTORY = '/disk1/data'
    -> INDEX DIRECTORY = '/disk1/idx'
    -> ),
    -> PARTITION p1 VALUES LESS THAN (2010) (
    -> SUBPARTITION s2
    -> DATA DIRECTORY = '/disk2/data'
    -> INDEX DIRECTORY = '/disk2/idx',
    -> SUBPARTITION s3
    -> DATA DIRECTORY = '/disk3/data'
    -> INDEX DIRECTORY = '/disk3/idx'
    -> ),
    -> PARTITION p2 VALUES LESS THAN MAXVALUE (
    -> SUBPARTITION s4
    -> DATA DIRECTORY = '/disk4/data'
    -> INDEX DIRECTORY = '/disk4/idx',
    -> SUBPARTITION s5
    -> DATA DIRECTORY = '/disk5/data'
    -> INDEX DIRECTORY = '/disk5/idx'
    -> )
    -> );
Query OK, 0 rows affected (0.02 sec)
```

由于InnoDB存储引擎使用表空间自动地进行数据和索引的管理，因此会忽略DATA DIRECTORY和INDEX DIRECTORY语法，因此上述的分区表的数据和索引文件分开放置对其是无效的：

```
mysql> CREATE TABLE ts (a INT, b DATE)engine=innodb
    -> PARTITION BY RANGE( YEAR(b) )
    -> SUBPARTITION BY HASH( TO_DAYS(b) ) (
    -> PARTITION p0 VALUES LESS THAN (2000) (
    -> SUBPARTITION s0
    -> DATA DIRECTORY = '/disk0/data'
    -> INDEX DIRECTORY = '/disk0/idx',
    -> SUBPARTITION s1
    -> DATA DIRECTORY = '/disk1/data'
    -> INDEX DIRECTORY = '/disk1/idx'
    -> ),
    -> PARTITION p1 VALUES LESS THAN (2010) (
    -> SUBPARTITION s2
    -> DATA DIRECTORY = '/disk2/data'
    -> INDEX DIRECTORY = '/disk2/idx',
    -> SUBPARTITION s3
    -> DATA DIRECTORY = '/disk3/data'
```

```
    -> INDEX DIRECTORY = '/disk3/idx'
    -> ),
    -> PARTITION p2 VALUES LESS THAN MAXVALUE (
    -> SUBPARTITION s4
    -> DATA DIRECTORY = '/disk4/data'
    -> INDEX DIRECTORY = '/disk4/idx',
    -> SUBPARTITION s5
    -> DATA DIRECTORY = '/disk5/data'
    -> INDEX DIRECTORY = '/disk5/idx'
    -> )
    -> );
Query OK, 0 rows affected (0.02 sec)

mysql> system ls -lh /usr/local/mysql/data/test2/ts*
-rw-rw---- 1 mysql mysql 8.4K Aug  1 16:24 /usr/local/mysql/data/test2/ts.frm
-rw-rw---- 1 mysql mysql   80 Aug  1 16:24 /usr/local/mysql/data/test2/ts.par
-rw-rw---- 1 mysql mysql  96K Aug  1 16:25 /usr/local/mysql/data/test2/ts#P#p0#SP#s0.
ibd
-rw-rw---- 1 mysql mysql  96K Aug  1 16:25 /usr/local/mysql/data/test2/ts#P#p0#SP#s1.
ibd
-rw-rw---- 1 mysql mysql  96K Aug  1 16:25 /usr/local/mysql/data/test2/ts#P#p1#SP#s2.
ibd
-rw-rw---- 1 mysql mysql  96K Aug  1 16:25 /usr/local/mysql/data/test2/ts#P#p1#SP#s3.
ibd
-rw-rw---- 1 mysql mysql  96K Aug  1 16:25 /usr/local/mysql/data/test2/ts#P#p2#SP#s4.
ibd
-rw-rw---- 1 mysql mysql  96K Aug  1 16:25 /usr/local/mysql/data/test2/ts#P#p2#SP#s5.
ibd
```

4.8.4 分区中的NULL值

MySQL数据库允许对NULL值做分区，但是处理的方法与其他数据库可能完全不同。MYSQL数据库的分区总是视NULL值视小于任何的一个非NULL值，这和MySQL数据库中处理NULL值的ORDER BY操作是一样的。因此对于不同的分区类型，MySQL数据库对于NULL值的处理也是各不相同。

对于RANGE分区，如果向分区列插入了NULL值，则MySQL数据库会将该值放入最左边的分区。例如：

```
mysql> CREATE TABLE t_range(
    -> a INT,
    -> b INT)ENGINE=InnoDB
```

```
    -> PARTITION BY RANGE(b)(
    -> PARTITION p0 VALUES LESS THAN (10),
    -> PARTITION p1 VALUES LESS THAN (20),
    -> PARTITION p2 VALUES LESS THAN MAXVALUE
    -> );
Query OK, 0 rows affected (0.01 sec)
```

接着向表中插入（1,1），（1,NULL）两条数据，并观察每个分区中记录的数量：

```
mysql> INSERT INTO t_range SELECT 1,1;
Query OK, 1 row affected (0.00 sec)
Records: 1  Duplicates: 0  Warnings: 0

mysql> INSERT INTO t_range SELECT 1,NULL;
Query OK, 1 row affected (0.00 sec)
Records: 1  Duplicates: 0  Warnings: 0

mysql> SELECT * FROM t_range\G;
*************************** 1. row ***************************
a: 1
b: 1
*************************** 2. row ***************************
a: 1
b: NULL
2 rows in set (0.00 sec)

mysql> SELECT table_name,partition_name,table_rows
     -> FROM information_schema.PARTITIONS
     -> WHERE table_schema=DATABASE() AND table_name='t_range'\G;
*************************** 1. row ***************************
   table_name: t_range
partition_name: p0
   table_rows: 2
*************************** 2. row ***************************
   table_name: t_range
partition_name: p1
   table_rows: 0
*************************** 3. row ***************************
   table_name: t_range
partition_name: p2
   table_rows: 0
3 rows in set (0.00 sec)
```

可以看到两条数据都放入了p0分区，也就是说明了RANGE分区下，NULL值会放入最左边的分区中。另外需要注意的是，如果删除p0这个分区，删除的将是小于10的记录，并且还有NULL值的记录，这点非常重要：

```
mysql> ALTER TABLE t_range DROP PARTITION p0;
Query OK, 0 rows affected (0.01 sec)
Records: 0  Duplicates: 0  Warnings: 0

mysql> SELECT * FROM t_range;
Empty set (0.00 sec)
```

在LIST分区下要使用NULL值，则必须显式地指出哪个分区中放入NULL值，否则会报错，如：

```
mysql> CREATE TABLE t_list(
    -> a INT,
    -> b INT)ENGINE=INNODB
    -> PARTITION BY LIST(b)(
    -> PARTITION p0 VALUES IN (1,3,5,7,9),
    -> PARTITION p1 VALUES IN (0,2,4,6,8)
     );
Query OK, 0 rows affected (0.00 sec)

mysql> INSERT INTO t_list SELECT 1,NULL;
ERROR 1526 (HY000): Table has no partition for value NULL
```

若p0分区允许NULL值，则插入不会报错：

```
mysql> CREATE TABLE t_list(
    -> a INT,
    -> b INT)ENGINE=INNODB
    -> PARTITION BY LIST(b)(
    -> PARTITION p0 VALUES IN (1,3,5,7,9,NULL),
   ->PARTITION p1 VALUES IN (0,2,4,6,8)
     );
Query OK, 0 rows affected (0.00 sec)

mysql> INSERT INTO t_list SELECT 1,NULL;
Query OK, 1 row affected (0.00 sec)
Records: 1  Duplicates: 0  Warnings: 0

mysql> SELECT table_name,partition_name,table_rows
    -> FROM information_schema.PARTITIONS
    -> WHERE table_schema=DATABASE() AND table_name='t_list'\G;
*************************** 1. row ***************************
   table_name: t_list
partition_name: p0
```

```
   table_rows: 1
*************************** 2. row ***************************
   table_name: t_list
partition_name: p1
   table_rows: 0
2 rows in set (0.00 sec)
```

HASH和KEY分区对于NULL的处理方式和RANGE分区、LIST分区不一样。任何分区函数都会将含有NULL值的记录返回为0。如:

```
mysql> CREATE TABLE t_hash(
   -> a INT,
   -> b INT)ENGINE=InnoDB
   -> PARTITION BY HASH(b)
   -> PARTITIONS 4;
Query OK, 0 rows affected (0.00 sec)

mysql> INSERT INTO t_hash SELECT 1,0;
Query OK, 1 row affected (0.00 sec)
Records: 1  Duplicates: 0  Warnings: 0

mysql> INSERT INTO t_hash SELECT 1,NULL;
Query OK, 1 row affected (0.01 sec)
Records: 1  Duplicates: 0  Warnings: 0

mysql> SELECT table_name,partition_name,table_rows
    -> FROM information_schema.PARTITIONS
    -> WHERE table_schema=DATABASE() AND table_name='t_hash'\G;
*************************** 1. row ***************************
   table_name: t_hash
partition_name: p0
   table_rows: 2
*************************** 2. row ***************************
   table_name: t_hash
partition_name: p1
   table_rows: 0
*************************** 3. row ***************************
   table_name: t_hash
partition_name: p2
   table_rows: 0
*************************** 4. row ***************************
   table_name: t_hash
partition_name: p3
   table_rows: 0
```

```
4 rows in set (0.00 sec)
```

4.8.5 分区和性能

我常听到开发人员说“对表做个分区”，然后数据库的查询就会快了。这是真的吗？实际上可能根本感觉不到查询速度的提升，甚至会发现查询速度急剧下降。因此，在合理使用分区之前，必须了解分区的使用环境。

数据库的应用分为两类：一类是OLTP（在线事务处理），如Blog、电子商务、网络游戏等；另一类是OLAP（在线分析处理），如数据仓库、数据集市。在一个实际的应用环境中，可能既有OLTP的应用，也有OLAP的应用。如网络游戏中，玩家操作的游戏数据库应用就是OLTP的，但是游戏厂商可能需要对游戏产生的日志进行分析，通过分析得到的结果来更好地服务于游戏，预测玩家的行为等，而这却是OLAP的应用。

对于OLAP的应用，分区的确是可以很好地提高查询的性能，因为OLAP应用大多数查询需要频繁地扫描一张很大的表。假设有一张1亿行的表，其中有一个时间戳属性列。用户的查询需要从这张表中获取一年的数据。如果按时间戳进行分区，则只需要扫描相应的分区即可。这就是前面介绍的Partition Pruning技术。

然而对于OLTP的应用，分区应该非常小心。在这种应用下，通常不可能会获取一张大表中10%的数据，大部分都是通过索引返回几条记录即可。而根据B+树索引的原理可知，对于一张大表，一般的B+树需要2～3次的磁盘IO。因此B+树可以很好地完成操作，不需要分区的帮助，并且设计不好的分区会带来严重的性能问题。

我发现很多开发团队会认为含有1000W行的表是一张非常巨大的表，所以他们往往会选择采用分区，如对主键做10个HASH的分区，这样每个分区就只有100W的数据了，因此查询应该变得更快了，如SELECT * FROM TABLE WHERE PK=@pk。但是有没有考虑过这样一种情况：100W和1000W行的数据本身构成的B+树的层次都是一样的，可能都是2层。那么上述走主键分区的索引并不会带来性能的提高。好的，如果1000W的B+树的高度是3，100W的B+树的高度是2，那么上述按主键分区的索引可以避免1次IO，从而提高查询的效率。这没问题，但是这张表只有主键索引，没有任何其他的列需要查询的。如果还有类似如下的SQL语句：SELECT * FROM TABLE WHERE KEY=@key，这时对于KEY的查询需要扫描所有的10个分区，即使每个分区的查询开销为 2 次 IO，则一共需要 20 次 IO。而对于原来单表的设计，对于 KEY 的查询只需要 2 ～ 3 次 IO。

接着来看如下的表 Profile，根据主键 ID 进行了 HASH 分区，HASH 分区的数量为 10，表 Profile 有接近 1000W 的数据：

```
mysql> CREATE TABLE 'Profile' (
    ->   'id' int(11) NOT NULL AUTO_INCREMENT,
    ->   'nickname' varchar(20) NOT NULL DEFAULT '',
    ->   'password' varchar(32) NOT NULL DEFAULT '',
    ->   'sex' char(1) NOT NULL DEFAULT '',
    ->   'rdate' date NOT NULL DEFAULT '0000-00-00',
    ->   PRIMARY KEY ('id'),
    ->   KEY 'nickname' ('nickname')
    -> ) ENGINE=InnoDB
    -> PARTITION BY HASH (id)
    -> PARTITIONS 10;
Query OK, 0 rows affected (1.29 sec)

mysql> SELECT COUNT(nickname) FROM Profile;
*************************** 1. row ***************************
count(1): 9999248
1 row in set (1 min 24.62 sec)
```

因为是根据 HASH 分区的，所以每个区分的记录数大致是相同的，即数据分布比较均匀：

```
mysql> SELECT table_name,partition_name,table_rows
    -> FROM information_schema.PARTITIONS
    -> WHERE table_schema=DATABASE() AND table_name='Profile'\G;
*************************** 1. row ***************************
    table_name: Profile
partition_name: p0
    table_rows: 990703
*************************** 2. row ***************************
    table_name: Profile
partition_name: p1
    table_rows: 1086519
*************************** 3. row ***************************
    table_name: Profile
partition_name: p2
    table_rows: 976474
*************************** 4. row ***************************
    table_name: Profile
partition_name: p3
```

```
   table_rows: 986937
*************************** 5. row ***************************
   table_name: Profile
partition_name: p4
   table_rows: 993667
*************************** 6. row ***************************
   table_name: Profile
partition_name: p5
   table_rows: 978046
*************************** 7. row ***************************
   table_name: Profile
partition_name: p6
   table_rows: 990703
*************************** 8. row ***************************
   table_name: Profile
partition_name: p7
   table_rows: 978639
*************************** 9. row ***************************
   table_name: Profile
partition_name: p8
   table_rows: 1085334
*************************** 10. row ***************************
   table_name: Profile
partition_name: p9
   table_rows: 982788
10 rows in set (0.80 sec)
```

注意 即使是根据自增长主键进行的HASH分区也不能保证分区数据的均匀。因为插入的自增长ID并非总是连续的，如果该主键值因为某种原因被回滚了，则该值将不会再次被自动使用。

如果进行主键的查询，可以发现分区的确是有意义的：

```
mysql> EXPLAIN PARTITIONS SELECT * FROM Profile WHERE id=1\G;
*************************** 1. row ***************************
           id: 1
  select_type: SIMPLE
        table: Profile
   partitions: p1
         type: const
possible_keys: PRIMARY
          key: PRIMARY
      key_len: 4
```

```
         ref: const
        rows: 1
       Extra:
1 row in set (0.00 sec)
```

可以发现只寻找了 p1 分区，但是对于表 Profile 中 nickname 列索引的查询，EXPLAIN PARTITIONS 则会得到如下的结果：

```
mysql> EXPLAIN PARTITIONS
    -> SELECT * FROM Profile WHERE nickname='david'\G;
*************************** 1. row ***************************
           id: 1
  select_type: SIMPLE
        table: Profile
   partitions: p0,p1,p2,p3,p4,p5,p6,p7,p8,p9
         type: ref
possible_keys: nickname
          key: nickname
      key_len: 62
          ref: const
         rows: 10
        Extra: Using where
1 row in set (0.00 sec)
```

可以看到，MySQL 数据库会搜索所有分区，因此查询速度上会慢很多，比较上述的语句：

```
mysql> SELECT * FROM Profile WHERE nickname='david'\G;
*************************** 1. row ***************************
      id: 5566
nickname: david
password: 3e35d1025659d07ae28e0069ec51ab92
     sex: M
   rdate: 2003-09-20
1 row in set (1.05 sec)
```

上述简单的索引查找语句竟然需要 1.05 秒，这显然是因为查询需要遍历所有分区的关系，实际的 IO 执行了约 20 ～ 30 次。而在未分区的同样结构和大小的表上，执行上述同样的 SQL 语句只需要 0.26 秒。

因此对于使用 InnoDB 存储引擎作为 OLTP 应用的表在使用分区时应该十分小心，设计时确认数据的访问模式，否则在 OLTP 应用下分区可能不仅不会带来查询速度的提高，反而可能会使你的应用执行得更慢。

4.8.6 在表和分区间交换数据

MySQL 5.6 开始支持 ALTER TABLE … EXCHANGE PARTITION 语法。该语句允许分区或子分区中的数据与另一个非分区的表中的数据进行交换。如果非分区表中的数据为空，那么相当于将分区中的数据移动到非分区表中。若分区表中的数据为空，则相当于将外部表中的数据导入到分区中。

要使用 ALTER TABLE … EXCHANGE PARTITION 语句，必须满足下面的条件：

- 要交换的表需和分区表有着相同的表结构，但是表不能含有分区
- 在非分区表中的数据必须在交换的分区定义内
- 被交换的表中不能含有外键，或者其他的表含有对该表的外键引用
- 用户除了需要 ALTER、INSERT 和 CREATE 权限外，还需要 DROP 的权限

此外，有两个小的细节需要注意：

- 使用该语句时，不会触发交换表和被交换表上的触发器
- AUTO_INCREMENT 列将被重置

接着来看一个例子，首先创建含有 RANGE 分区的表 e，并填充相应的数据：

```
CREATE TABLE e (
   id INT NOT NULL,
   fname VARCHAR(30),
   lname VARCHAR(30)
)
PARTITION BY RANGE (id) (
       PARTITION p0 VALUES LESS THAN (50),
       PARTITION p1 VALUES LESS THAN (100),
       PARTITION p2 VALUES LESS THAN (150),
       PARTITION p3 VALUES LESS THAN (MAXVALUE)
);

INSERT INTO e VALUES
(1669, "Jim", "Smith"),
(337, "Mary", "Jones"),
(16, "Frank", "White"),
(2005, "Linda", "Black");
```

然后创建交换表 e2。表 e2 的结构和表 e 一样，但需要注意的是表 e2 不能含有分区：

```
mysql> CREATE TABLE e2 LIKE e;
Query OK, 0 rows affected (1.34 sec)
```

```
mysql> ALTER TABLE e2 REMOVE PARTITIONING;
Query OK, 0 rows affected (0.90 sec)
Records: 0  Duplicates: 0  Warnings: 0
```

通过下列语句观察分区表中的数据：

```
mysql> SELECT PARTITION_NAME, TABLE_ROWS
    -> FROM INFORMATION_SCHEMA.PARTITIONS
    -> WHERE TABLE_NAME = 'e';
+----------------+------------+
| PARTITION_NAME | TABLE_ROWS |
+----------------+------------+
| p0             |          1 |
| p1             |          0 |
| p2             |          0 |
| p3             |          3 |
+----------------+------------+
4 rows in set (0.00 sec)
```

因为表 e2 中的没有数据，使用如下语句将表 e 的分区 p0 中的数据移动到表 e2 中：

```
mysql> ALTER TABLE e EXCHANGE PARTITION p0 WITH TABLE e2;
Query OK, 0 rows affected (0.28 sec)
```

这时再观察表 e 中分区的数据，可以发现 p0 中的数据已经没有了。

```
mysql> SELECT PARTITION_NAME, TABLE_ROWS
    -> FROM INFORMATION_SCHEMA.PARTITIONS
    -> WHERE TABLE_NAME = 'e';
+----------------+------------+
| PARTITION_NAME | TABLE_ROWS |
+----------------+------------+
| p0             |          0 |
| p1             |          0 |
| p2             |          0 |
| p3             |          3 |
+----------------+------------+
4 rows in set (0.00 sec)
```

而这时可以在表 e2 中观察到被移动的数据：

```
mysql> SELECT * FROM e2;
+----+-------+-------+
| id | fname | lname |
+----+-------+-------+
| 16 | Frank | White |
+----+-------+-------+
1 row in set (0.00 sec)
```

4.9 小结

读完这一章后，希望用户对InnoDB存储引擎表有一个更深刻的理解。在这一章中首先介绍了InnoDB存储引擎表总是按照主键索引顺序进行存放的。然后深入介绍了表的物理实现（如行结构和页结构），这一部分有助于用户更进一步了解表物理存储的底层。接着介绍了和表有关的约束问题，MySQL数据库通过约束来保证表中数据的各种完整性，其中也提到了有关InnoDB存储引擎支持的外键特性。之后介绍了视图，在MySQL数据库中视图总是虚拟的表，本身不支持物化视图。但是通过一些其他的技巧（如触发器）同样也可以实现一些简单的物化视图的功能。

最后部分介绍了分区，MySQL数据库支持RANGE、LIST、HASH、KEY、COLUMNS分区，并且可以使用HASH或KEY来进行子分区。需要注意的是，分区并不总是适合于OLTP应用，用户应该根据自己的应用好好来规划自己的分区设计。

第 5 章　索引与算法

索引是应用程序设计和开发的一个重要方面。若索引太多，应用程序的性能可能会受到影响。而索引太少，对查询性能又会产生影响。要找到一个合适的平衡点，这对应用程序的性能至关重要。

一些开发人员总是在事后才想起添加索引——我一直认为，这源于一种错误的开发模式。如果知道数据的使用，从一开始就应该在需要处添加索引。开发人员往往对于数据库的使用停留在应用的层面，比如编写 SQL 语句、存储过程之类，他们甚至可能不知道索引的存在，或者认为事后让相关 DBA 加上即可。DBA 往往不够了解业务的数据流，而添加索引需要通过监控大量的 SQL 语句进而从中找到问题，这个步骤所需的时间肯定是远大于初始添加索引所需要的时间，并且可能会遗漏一部分的索引。当然索引也并不是越多越好，我曾经遇到这样一个问题：某台 MySQL 服务器 iostat 显示磁盘使用率一直处于 100%，经过分析后发现是由于开发人员添加了太多的索引，在删除一些不必要的索引之后，磁盘使用率马上下降为 20%。可见索引的添加也是非常有技术含量的。

这一章的主旨是对 InnoDB 存储引擎支持的索引做一个概述，并对索引内部的机制做一个深入的解析，通过了解索引内部构造来了解哪里可以使用索引。本章的风格和别的有关 MySQL 的书有所不同，更偏重于索引内部的实现和算法问题的讨论。

5.1　InnoDB 存储引擎索引概述

InnoDB 存储引擎支持以下几种常见的索引：

- B+ 树索引
- 全文索引
- 哈希索引

前面已经提到过，InnoDB 存储引擎支持的哈希索引是自适应的，InnoDB 存储引擎会根据表的使用情况自动为表生成哈希索引，不能人为干预是否在一张表中生成哈希索引。

B+ 树索引就是传统意义上的索引，这是目前关系型数据库系统中查找最为常用和最为有效的索引。B+ 树索引的构造类似于二叉树，根据键值（Key Value）快速找到数据。

注意 B+ 树中的 B 不是代表二叉（binary），而是代表平衡（balance），因为 B+ 树是从最早的平衡二叉树演化而来，但是 B+ 树不是一个二叉树。

另一个常常被 DBA 忽视的问题是：B+ 树索引并不能找到一个给定键值的具体行。B+ 树索引能找到的只是被查找数据行所在的页。然后数据库通过把页读入到内存，再在内存中进行查找，最后得到要查找的数据。

5.2 数据结构与算法

B+ 树索引是最为常见，也是在数据库中使用最为频繁的一种索引。在介绍该索引之前先介绍与之密切相关的一些算法与数据结构，这有助于读者更好的理解 B+ 树索引的工作方式。

5.2.1 二分查找法

二分查找法（binary search）也称为折半查找法，用来查找一组有序的记录数组中的某一记录，其基本思想是：将记录按有序化（递增或递减）排列，在查找过程中采用跳跃式方式查找，即先以有序数列的中点位置为比较对象，如果要找的元素值小于该中点元素，则将待查序列缩小为左半部分，否则为右半部分。通过一次比较，将查找区间缩小一半。

如有 5、10、19、21、31、37、42、48、50、52 这 10 个数，现要从这 10 个数中查找 48 这条记录，其查找过程如图 5-1 所示。

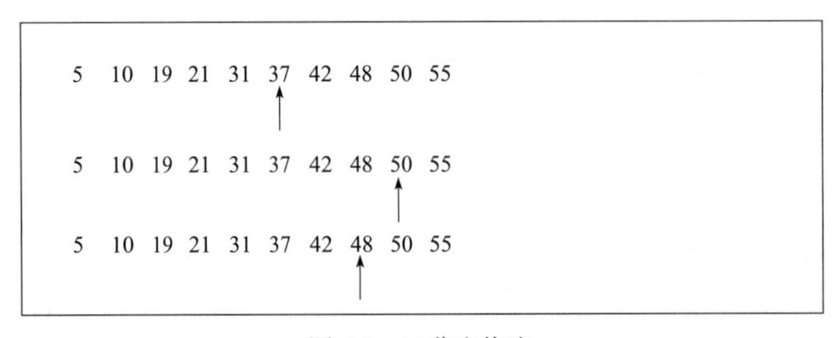

图 5-1 二分查找法

从图 5-1 可以看出，用了 3 次就找到了 48 这个数。如果是顺序查找，则需要 8 次。因此二分查找法的效率比顺序查找法要好（平均地来说）。但如果说查 5 这条记录，顺序查找只需 1 次，而二分查找法需要 4 次。我们来看，对于上面 10 个数来说，平均查找次数为（1+2+3+4+5+6+7+8+9+10）/10=5.5 次。而二分查找法为（4+3+2+4+3+1+4+3+2+3）/10=2.9 次。在最坏的情况下，顺序查找的次数为 10，而二分查找的次数为 4。

二分查找法的应用极其广泛，而且它的思想易于理解。第一个二分查找法在 1946 年就出现了，但是第一个完全正确的二分查找法直到 1962 年才出现。在前面的章节中，相信读者已经知道了，每页 Page Directory 中的槽是按照主键的顺序存放的，对于某一条具体记录的查询是通过对 Page Directory 进行二分查找得到的。

5.2.2 二叉查找树和平衡二叉树

在介绍 B+ 树前，需要先了解一下二叉查找树。B+ 树是通过二叉查找树，再由平衡二叉树，B 树演化而来。相信在任何一本有关数据结构的书中都可以找到二叉查找树的章节，二叉查找树是一种经典的数据结构。图 5-2 显示了一棵二叉查找树。

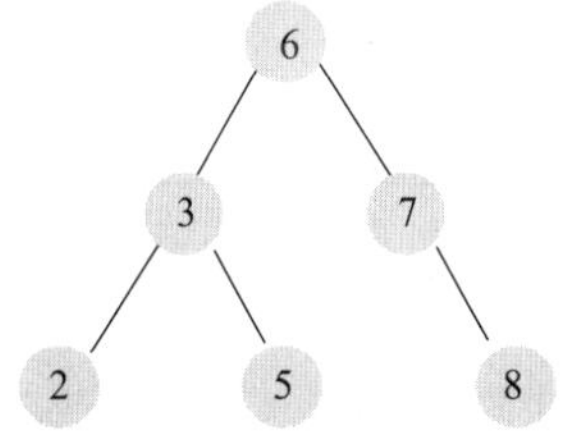

图 5-2 二叉查找树

图 5-2 中的数字代表每个节点的键值，在二叉查找树中，左子树的键值总是小于根的键值，右子树的键值总是大于根的键值。因此可以通过中序遍历得到键值的排序输出，图 5-2 的二叉查找树经过中序遍历后输出：2、3、5、6、7、8。

对图 5-2 的这棵二叉树进行查找，如查键值为 5 的记录，先找到根，其键值是 6，6 大于 5，因此查找 6 的左子树，找到 3；而 5 大于 3，再找其右子树；一共找了 3 次。如果按 2、3、5、6、7、8 的顺序来找同样需要 3 次。用同样的方法再查找键值为 8 的这个记录，这次用了 3 次查找，而顺序查找需要 6 次。计算平均查找次数可得：顺序查找的平均查找次数为（1+2+3+4+5+6）/6=3.3 次，二叉查找树的平均查找次数为（3+3+3+2+2+1）/6=2.3 次。二叉查找树的平均查找速度比顺序查找来得更快。

二叉查找树可以任意地构造，同样是 2、3、5、6、7、8 这五个数字，也可以按照图 5-3 的方式建立二叉查找树。

图 5-3 的平均查找次数为（1+2+3+4+5+5）/6=3.16 次，和顺序查找差不多。显然这棵二叉查找树的查询效率就低了。因此若想最大性能地构造一棵二叉查找树，需要这棵二叉查找树是平衡的，从而引出了新的定义——平衡二叉树，或称为 AVL 树。

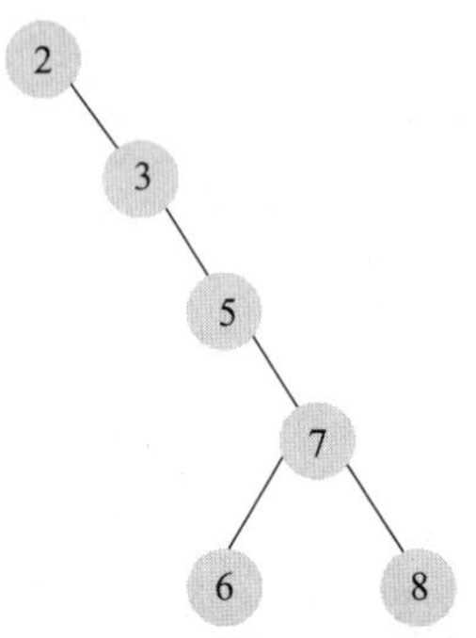

图 5-3　效率较低的一棵二叉查找树

平衡二叉树的定义如下：首先符合二叉查找树的定义，其次必须满足任何节点的两个子树的高度最大差为 1。显然，图 5-3 不满足平衡二叉树的定义，而图 5-2 是一棵平衡二叉树。平衡二叉树的查找性能是比较高的，但不是最高的，只是接近最高性能。最好的性能需要建立一棵最优二叉树，但是最优二叉树的建立和维护需要大量的操作，因此，用户一般只需建立一棵平衡二叉树即可。

平衡二叉树的查询速度的确很快，但是维护一棵平衡二叉树的代价是非常大的。通常来说，需要 1 次或多次左旋和右旋来得到插入或更新后树的平衡性。对于图 5-2 所示的平衡树，当用户需要插入一个新的键值为 9 的节点时，需做如图 5-4 所示的变动。

这里通过一次左旋操作就将插入后的树重新变为平衡的了。但是有的情况可能需要多次，如图 5-5 所示。

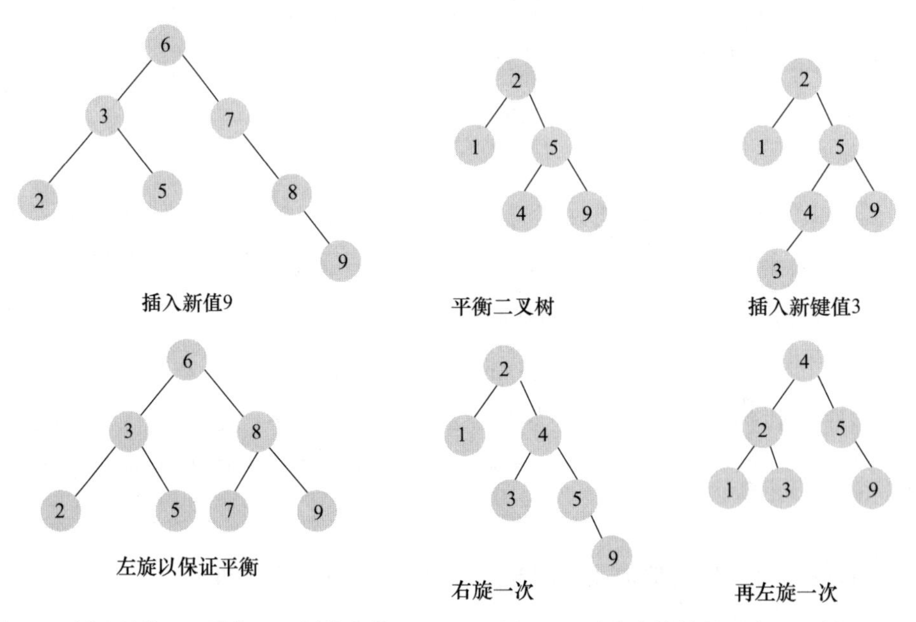

图 5-4　插入键值 9，平衡二叉树的变化　　图 5-5　需多次旋转的平衡二叉树

图 5-4 和图 5-5 中列举了向一棵平衡二叉树插入一个新的节点后，平衡二叉树需要做的旋转操作。除了插入操作，还有更新和删除操作，不过这和插入没有本质的区别，都是通过左旋或者右旋来完成的。因此对一棵平衡树的维护是有一定开销的，不过平衡二叉树多用于内存结构对象中，因此维护的开销相对较小。

5.3 B+ 树

B+ 树和二叉树、平衡二叉树一样，都是经典的数据结构。B+ 树由 B 树和索引顺序访问方法（ISAM，是不是很熟悉？对，这也是 MyISAM 引擎最初参考的数据结构）演化而来，但是在现实使用过程中几乎已经没有使用 B 树的情况了。

B+ 树的定义在任何一本数据结构书中都能找到，其定义十分复杂，在这里列出来只会让读者感到更加困惑。这里，我来精简地对 B+ 树做个介绍：B+ 树是为磁盘或其他直接存取辅助设备设计的一种平衡查找树。在 B+ 树中，所有记录节点都是按键值的大小顺序存放在同一层的叶子节点上，由各叶子节点指针进行连接。先来看一个 B+ 树，其高度为 2，每页可存放 4 条记录，扇出（fan out）为 5，如图 5-6 所示。

从图 5-6 可以看出，所有记录都在叶子节点上，并且是顺序存放的，如果用户从最左边的叶子节点开始顺序遍历，可以得到所有键值的顺序排序：5、10、15、20、25、30、50、55、60、65、75、80、85、90。

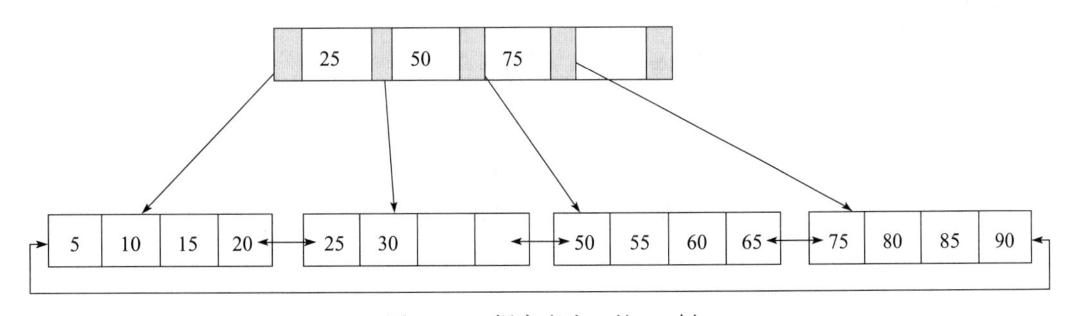

图 5-6　一棵高度为 2 的 B+ 树

5.3.1 B+ 树的插入操作

B+ 树的插入必须保证插入后叶子节点中的记录依然排序，同时需要考虑插入到 B+ 树的三种情况，每种情况都可能会导致不同的插入算法。如表 5-1 所示。

表 5-1 B+ 树插入的 3 种情况

Leaf Page 满	Index Page 满	操作
No	No	直接将记录插入到叶子节点
Yes	No	1）拆分 Leaf Page 2）将中间的节点放入到 Index Page 中 3）小于中间节点的记录放左边 4）大于或等于中间节点的记录放右边
Yes	Yes	1）拆分 Leaf Page 2）小于中间节点的记录放左边 3）大于或等于中间节点的记录放右边 4）拆分 Index Page 5）小于中间节点的记录放左边 6）大于中间节点的记录放右边 7）中间节点放入上一层 Index Page

这里用一个例子来分析 B+ 树的插入。例如，对于图 5-6 中的这棵 B+ 树，若用户插入 28 这个键值，发现当前 Leaf Page 和 Index Page 都没有满，直接进行插入即可，之后得图 5-7。

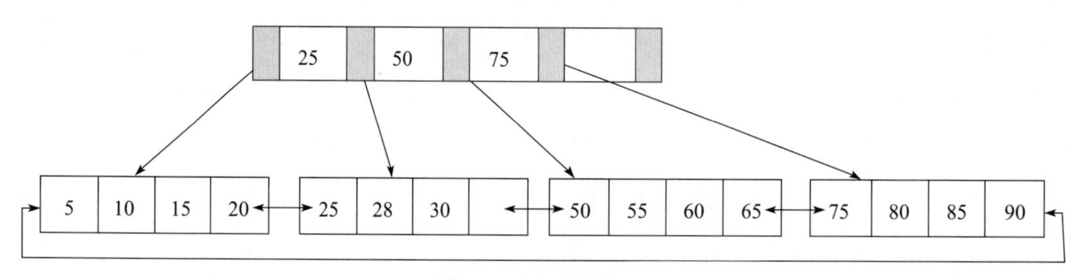

图 5-7 插入键值 28

接着再插入 70 这个键值，这时原先的 Leaf Page 已经满了，但是 Index Page 还没有满，符合表 5-1 的第二种情况，这时插入 Leaf Page 后的情况为 55、55、60、65、70，并根据中间的值 60 来拆分叶子节点，可得图 5-8。

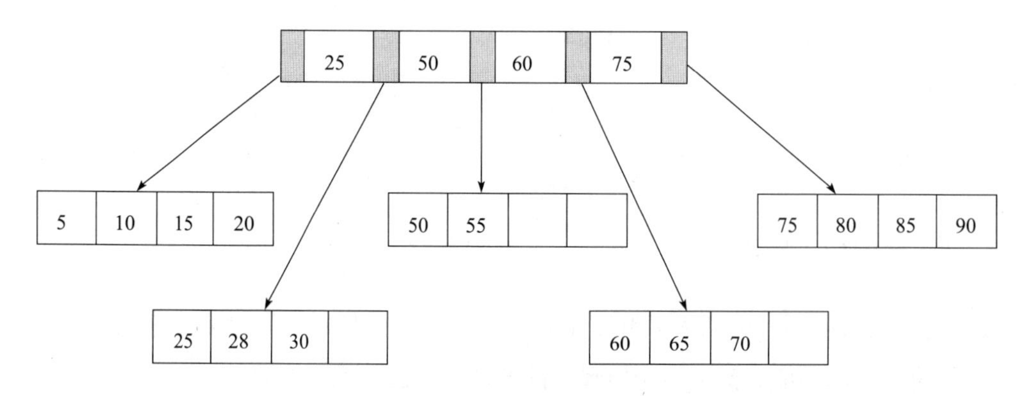

图 5-8 插入键值 70

因为图片显示的关系，这次没有能在各叶子节点加上双向链表指针。不过和图 5-6、图 5-7 一样，它还是存在的。

最后插入键值 95，这时符合表 5-1 中讨论的第三种情况，即 Leaf Page 和 Index Page 都满了，这时需要做两次拆分，如图 5-9 所示。

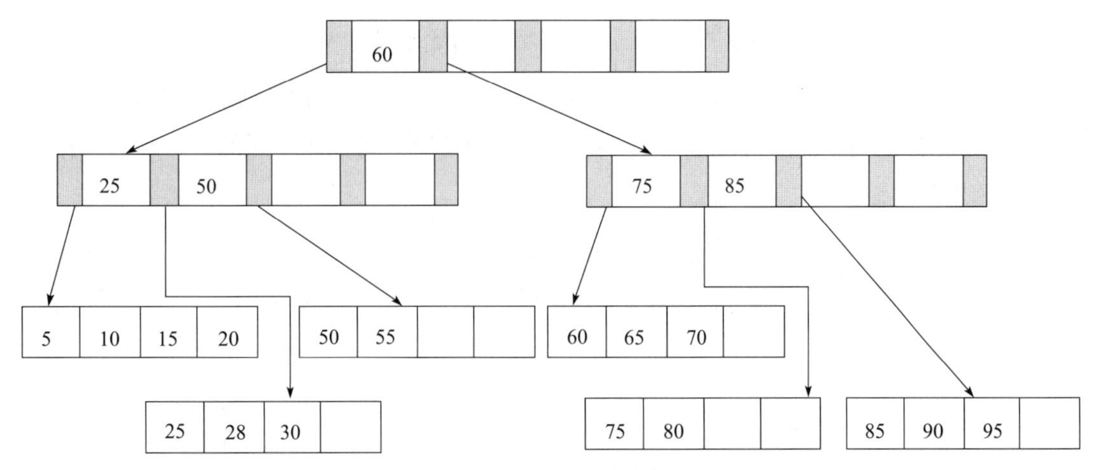

图 5-9 插入键值 95

可以看到，不管怎么变化，B+ 树总是会保持平衡。但是为了保持平衡对于新插入的键值可能需要做大量的拆分页（split）操作。因为 B+ 树结构主要用于磁盘，页的拆分意味着磁盘的操作，所以应该在可能的情况下尽量减少页的拆分操作。因此，B+ 树同样提供了类似于平衡二叉树的旋转（Rotation）功能。

旋转发生在 Leaf Page 已经满，但是其的左右兄弟节点没有满的情况下。这时 B+ 树并不会急于去做拆分页的操作，而是将记录移到所在页的兄弟节点上。在通常情况下，左兄弟会被首先检查用来做旋转操作，因此再来看图 5-7 的情况，若插入键值 70，其实 B+ 树并不会急于去拆分叶子节点，而是去做旋转操作，得到如图 5-10 所示的操作。

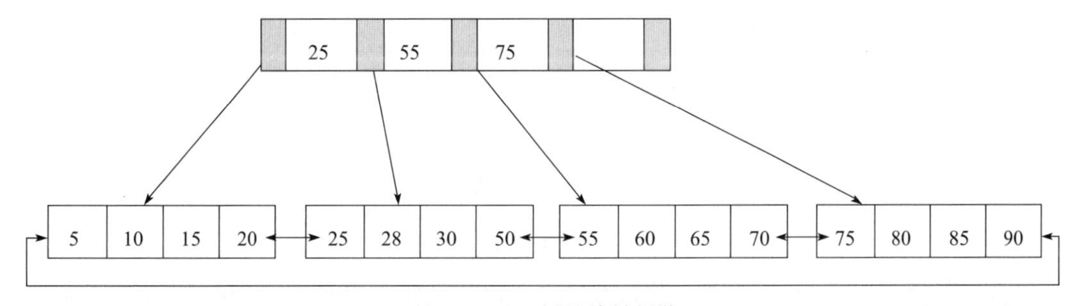

图 5-10 B+ 树的旋转操作

从图 5-10 可以看到，采用旋转操作使 B+ 树减少了一次页的拆分操作，同时这棵 B+ 树的高度依然还是 2。

5.3.2　B+ 树的删除操作

B+ 树使用填充因子（fill factor）来控制树的删除变化，50％是填充因子可设的最小值。B+ 树的删除操作同样必须保证删除后叶子节点中的记录依然排序，同插入一样，B+ 树的删除操作同样需要考虑以下表 5-2 中的三种情况，与插入不同的是，删除根据填充因子的变化来衡量。

表 5-2　B+ 树删除操作的三种情况

叶子节点小于填充因子	中间节点小于填充因子	操作
No	No	直接将记录从叶子节点删除，如果该节点还是 Index Page 的节点，用该节点的右节点代替
Yes	No	合并叶子节点和它的兄弟节点，同时更新 Index Page
Yes	Yes	1）合并叶子节点和它的兄弟节点 2）更新 Index Page 3）合并 Index Page 和它的兄弟节点

根据图 5-9 的 B+ 树来进行删除操作。首先删除键值为 70 的这条记录，该记录符合表 5-2 讨论的第一种情况，删除后可得到图 5-11。

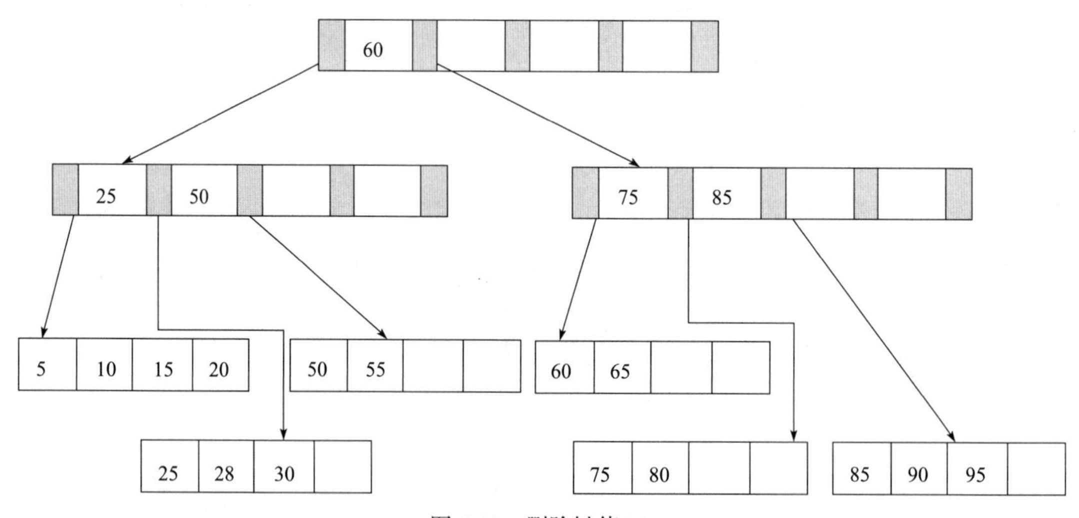

图 5-11　删除键值 70

接着删除键值为 25 的记录，这也是表 5-2 讨论的第一种情况，但是该值还是 Index

Page 中的值，因此在删除 Leaf Page 中的 25 后，还应将 25 的右兄弟节点的 28 更新到 Page Index 中，最后可得图 5-12。

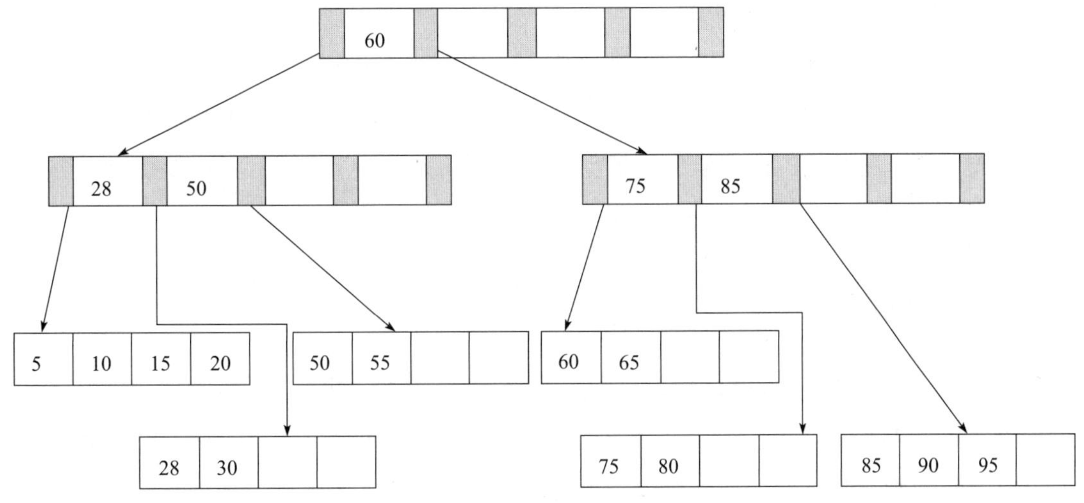

图 5-12　删除键值 25

最后看删除键值为 60 的情况。删除 Leaf Page 中键值为 60 的记录后，Fill Factor 小于 50%，这时需要做合并操作，同样，在删除 Index Page 中相关记录后需要做 Index Page 的合并操作，最后得到图 5-13。

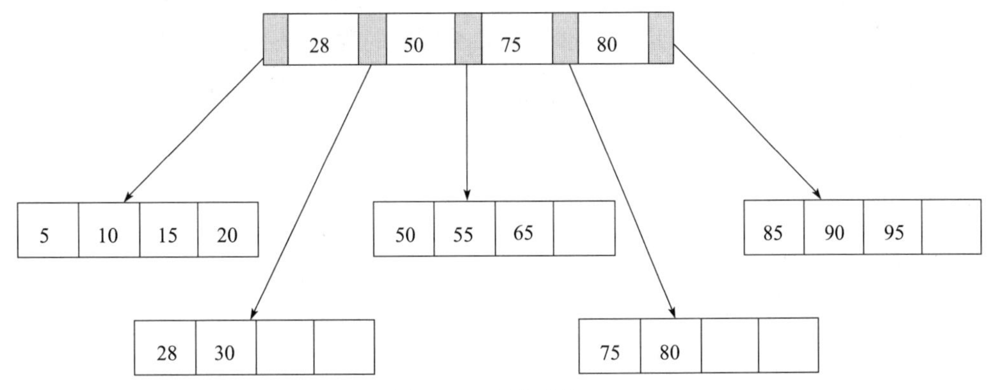

图 5-13　删除键值 60

5.4　B+ 树索引

前面讨论的都是 B+ 树的数据结构及其一般操作，B+ 树索引的本质就是 B+ 树在数据库中的实现。但是 B+ 索引在数据库中有一个特点是高扇出性，因此在数据库中，B+

树的高度一般都在 2 ～ 4 层，这也就是说查找某一键值的行记录时最多只需要 2 到 4 次 IO，这倒不错。因为当前一般的机械磁盘每秒至少可以做 100 次 IO，2 ～ 4 次的 IO 意味着查询时间只需 0.02 ～ 0.04 秒。

数据库中的 B+ 树索引可以分为聚集索引（clustered inex）和辅助索引（secondary index）[1]，但是不管是聚集还是辅助的索引，其内部都是 B+ 树的，即高度平衡的，叶子节点存放着所有的数据。聚集索引与辅助索引不同的是，叶子节点存放的是否是一整行的信息。

5.4.1 聚集索引

之前已经介绍过了，InnoDB 存储引擎表是索引组织表，即表中数据按照主键顺序存放。而聚集索引（clustered index）就是按照每张表的主键构造一棵 B+ 树，同时叶子节点中存放的即为整张表的行记录数据，也将聚集索引的叶子节点称为数据页。聚集索引的这个特性决定了索引组织表中数据也是索引的一部分。同 B+ 树数据结构一样，每个数据页都通过一个双向链表来进行链接。

由于实际的数据页只能按照一棵 B+ 树进行排序，因此每张表只能拥有一个聚集索引。在多数情况下，查询优化器倾向于采用聚集索引。因为聚集索引能够在 B+ 树索引的叶子节点上直接找到数据。此外，由于定义了数据的逻辑顺序，聚集索引能够特别快地访问针对范围值的查询。查询优化器能够快速发现某一段范围的数据页需要扫描。

接着来看一张表，这里以人为的方式让其每个页只能存放两个行记录，如：

```
CREATE TABLE t (
    a INT NOT NULL ,
    b VARCHAR(8000),
    c INT NOT NULL,
    PRIMARY KEY (a),
    KEY idx_c (c)
)ENGINE=INNODB;

INSERT INTO t SELECT 1,REPEAT('a',7000),-1;
INSERT INTO t SELECT 2,REPEAT('a',7000),-2;
INSERT INTO t SELECT 3,REPEAT('a',7000),-3;
INSERT INTO t SELECT 4,REPEAT('a',7000),-4;
```

[1] 辅助索引有时也称非聚集索引（non-clustered index）。

在上述例子中，插入的列 b 长度为 7000，因此可以以人为的方式使目前每个页只能存放两个行记录。接着用 py_innodb_page_info 工具来分析表空间，可得：

```
[root@nineyou0-43 data]# py_innodb_page_info.py -v mytest/t.ibd
page offset 00000000, page type <File Space Header>
page offset 00000001, page type <Insert Buffer Bitmap>
page offset 00000002, page type <File Segment inode>
page offset 00000003, page type <B-tree Node>, page level <0001>
page offset 00000004, page type <B-tree Node>, page level <0000>
page offset 00000005, page type <B-tree Node>, page level <0000>
page offset 00000006, page type <B-tree Node>, page level <0000>
page offset 00000000, page type <Freshly Allocated Page>
Total number of page: 8:
Freshly Allocated Page: 1
Insert Buffer Bitmap: 1
File Space Header: 1
B-tree Node: 4
File Segment inode: 1
```

page level 为 0000 的即是数据页，而前面的章节也对数据页进行了分析，所以这不是当前所需要关注的部分。要分析的是 page level 为 0001 的页，当前聚集索引的 B+ 树高度为 2，故该页是 B+ 树的根。通过 hexdump 工具来观察索引的根页中所存放的数据：

```
0000c000  c2 33 62 95 00 00 00 03  ff ff ff ff ff ff ff ff  |.3b.............|
0000c010  00 00 00 0a b6 8c ce 57  45 bf 00 00 00 00 00 00  |.......WE.......|
0000c020  00 00 00 00 00 f9 00 02  00 a2 80 05 00 00 00 00  |................|
0000c030  00 9a 00 02 00 02 00 03  00 00 00 00 00 00 00 00  |................|
0000c040  00 01 00 00 00 00 00 00  01 e2 00 00 00 f9 00 00  |................|
0000c050  00 02 00 f2 00 00 00 f9  00 00 00 02 00 32 01 00  |.............2..|
0000c060  02 00 1b 69 6e 66 69 6d  75 6d 00 04 00 0b 00 00  |...infimum......|
0000c070  73 75 70 72 65 6d 75 6d  00 10 00 11 00 0e 80 00  |supremum........|
0000c080  00 01 00 00 00 04 00 00  00 19 00 0e 80 00 00 02  |................|
0000c090  00 00 00 05 00 00 00 21  ff d6 80 00 00 04 00 00  |.......!........|
0000c0a0  00 06 00 00 00 00 00 00  00 00 00 00 00 00 00 00  |................|
0000c0b0  00 00 00 00 00 00 00 00  00 00 00 00 00 00 00 00  |................|
0000c0c0  00 00 00 00 00 00 00 00  00 00 00 00 00 00 00 00  |................|
......
0000fff0  00 00 00 00 00 70 00 63  73 d8 52 3a b6 8c ce 57  |.....p.cs.R:...W|
```

这里可以直接通过页尾的 Page Directory 来分析此页。从 00 63 可以知道该页中行开始的位置，接着通过 Recorder Header 来分析，0xc063 开始的值为 69 6e 66 69 6d 75 6d 00，就代表 infimum 为行记录，之前的 5 字节 01 00 02 00 1b 就是 Recorder Header，

分析第4位到第8位的值1代表该行记录中只有一个记录（需要记住的是，InnoDB的Page Directory是稀疏的），即infimum记录本身。通过Recorder Header中最后的两个字节00 1b来判断下一条记录的位置，即c063+1b=c07e，读取键值可得80 00 00 01，这就是主键为1的键值（表定义时INT是无符号的，因此二进制是0x80 00 00 01，而不是0x0001），80 00 00 01后的值00 00 00 04代表指向数据页的页号。同样的方式可以找到80 00 00 02和80 00 00 04这两个键值以及它们指向的数据页。

通过以上对非数据页节点的分析，可以发现数据页上存放的是完整的每行的记录，而在非数据页的索引页中，存放的仅仅是键值及指向数据页的偏移量，而不是一个完整的行记录。因此这棵聚集索引树的构造大致如图5-14所示。

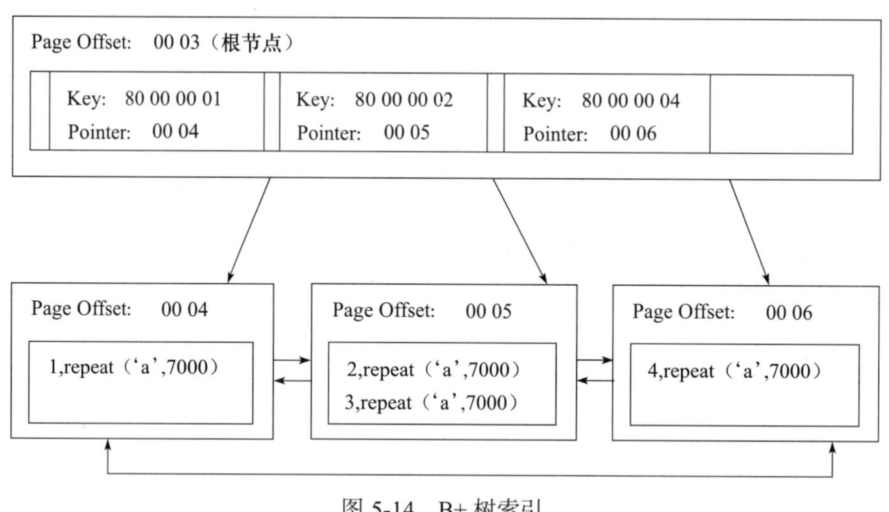

图5-14 B+树索引

许多数据库的文档会这样告诉读者：聚集索引按照顺序物理地存储数据。如果看图5-14，可能也会有这样的感觉。但是试想一下，如果聚集索引必须按照特定顺序存放物理记录，则维护成本显得非常之高。所以，聚集索引的存储并不是物理上连续的，而是逻辑上连续的。这其中有两点：一是前面说过的页通过双向链表链接，页按照主键的顺序排序；另一点是每个页中的记录也是通过双向链表进行维护的，物理存储上可以同样不按照主键存储。

聚集索引的另一个好处是，它对于主键的排序查找和范围查找速度非常快。叶子节点的数据就是用户所要查询的数据。如用户需要查询一张注册用户的表，查询最后注册的10位用户，由于B+树索引是双向链表的，用户可以快速找到最后一个数据页，并取出10条记录。若用命令EXPLAIN进行分析，可得：

```
mysql>EXPLAIN
    -> SELECT * FROM Profile ORDER BY id LIMIT 10\G;
*************************** 1. row ***************************
           id: 1
  select_type: SIMPLE
        table: Profile
         type: index
possible_keys: NULL
          key: PRIMARY
      key_len: 4
          ref: NULL
         rows: 10
        Extra:
1 row in set (0.00 sec)
```

可以看到虽然使用ORDER BY对记录进行排序，但是在实际过程中并没有进行所谓的filesort操作，而这就是因为聚集索引的特点。

另一个是范围查询（range query），即如果要查找主键某一范围内的数据，通过叶子节点的上层中间节点就可以得到页的范围，之后直接读取数据页即可，又如：

```
mysql> EXPLAIN
    -> SELECT * FROM Profile
    -> WHERE id>10 AND id<10000\G;
*************************** 1. row ***************************
           id: 1
  select_type: SIMPLE
        table: Profile
         type: range
possible_keys: PRIMARY
          key: PRIMARY
      key_len: 4
          ref: NULL
         rows: 14868
        Extra: Using where
1 row in set (0.01 sec)
```

执行EXPLAIN得到了MySQL数据库的执行计划（execute plan），并且在rows列中给出了一个查询结果的预估返回行数。要注意的是，rows代表的是一个预估值，不是确切的值，如果实际执行这句SQL的查询，可以看到实际上只有9946行记录：

```
mysql> SELECT COUNT(*) from Profile
    -> WHERE id>10 AND id<10000;
*************************** 1. row ***************************
    COUNT(1): 9946
1 row in set (0.00 sec)
```

5.4.2 辅助索引

对于辅助索引（Secondary Index，也称非聚集索引），叶子节点并不包含行记录的全部数据。叶子节点除了包含键值以外，每个叶子节点中的索引行中还包含了一个书签（bookmark）。该书签用来告诉 InnoDB 存储引擎哪里可以找到与索引相对应的行数据。由于 InnoDB 存储引擎表是索引组织表，因此 InnoDB 存储引擎的辅助索引的书签就是相应行数据的聚集索引键。图 5-15 显示了 InnoDB 存储引擎中辅助索引与聚集索引的关系。

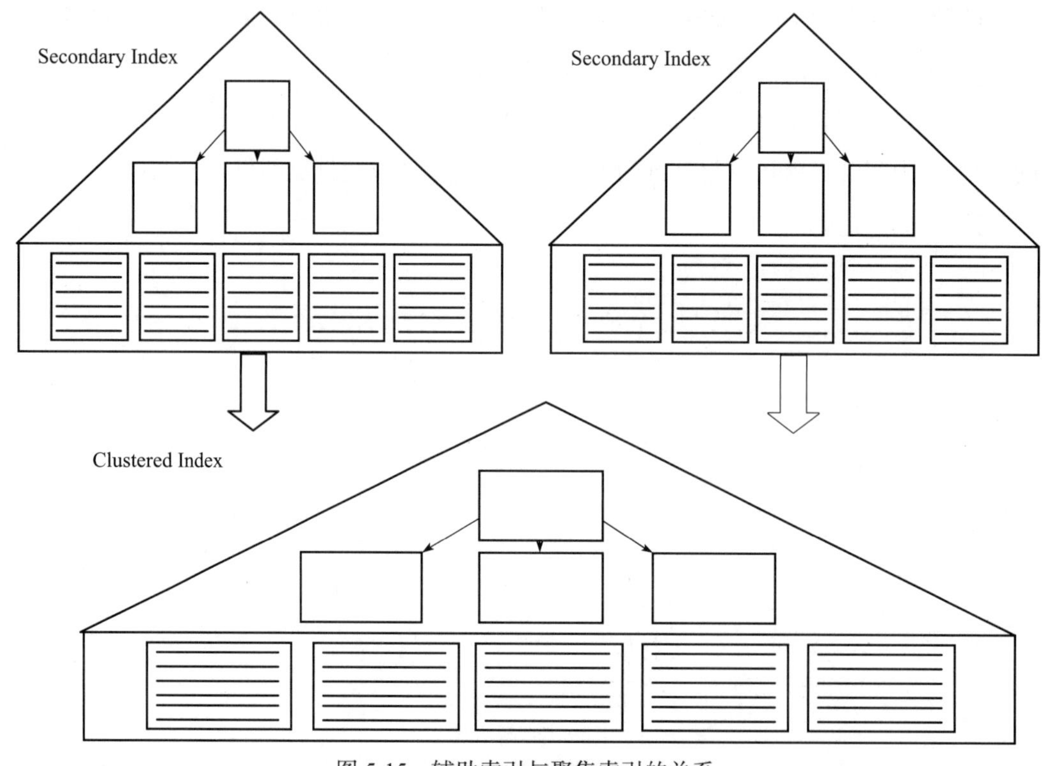

图 5-15 辅助索引与聚集索引的关系

辅助索引的存在并不影响数据在聚集索引中的组织，因此每张表上可以有多个辅助索引。当通过辅助索引来寻找数据时，InnoDB 存储引擎会遍历辅助索引并通过叶级别的指针获得指向主键索引的主键，然后再通过主键索引来找到一个完整的行记录。举例来说，如果在一棵高度为3的辅助索引树中查找数据，那需要对这棵辅助索引树遍历3次找到指定主键，如果聚集索引树的高度同样为3，那么还需要对聚集索引树进行3次查找，最终找到一个完整的行数据所在的页，因此一共需要6次逻辑IO访问以得到最终的一个数据页。

对于其他的一些数据库，如Microsoft SQL Server数据库，其有一种称为堆表的表类型，即行数据的存储按照插入的顺序存放。这与MySQL数据库的MyISAM存储引擎有些类似。堆表的特性决定了堆表上的索引都是非聚集的，主键与非主键的区别只是是否唯一且非空（NOT NULL）。因此这时书签是一个行标识符（Row Identifiedr，RID），可以用如“文件号：页号：槽号”的格式来定位实际的行数据。

有的Microsoft SQL Server数据库DBA问过我这样的问题，为什么在Microsoft SQL Server数据库上还要使用索引组织表？堆表的书签使非聚集查找可以比主键书签方式更快，并且非聚集可能在一张表中存在多个，我们需要对多个非聚集索引进行查找。而且对于非聚集索引的离散读取，索引组织表上的非聚集索引会比堆表上的聚集索引慢一些。

当然，在一些情况下，使用堆表的确会比索引组织表更快，但是我觉得大部分原因是由于存在OLAP（On-Line Analytical Processing，在线分析处理）的应用。其次就是前面提到的，表中数据是否需要更新，并且更新是否影响到物理地址的变更。此外另一个不能忽视的是对于排序和范围查找，索引组织表通过B+树的中间节点就可以找到要查找的所有页，然后进行读取，而堆表的特性决定了这对其是不能实现的。最后，非聚集索引的离散读，的确存在上述的情况，但是一般的数据库都通过实现预读（read ahead）技术来避免多次的离散读操作。因此，具体是建堆表还是索引组织表，这取决于应用，不存在哪个更优的问题。这和InnoDB存储引擎好还是MyISAM存储引擎好这个问题的答案是一样的，It all depends。

接着通过阅读表空间文件来分析InnoDB存储引擎的非聚集索引的实际存储。还是分析上一小节所用的表t。不同的是，在表t上再建立一个列c，并对列c创建非聚集索引：

```
mysql> ALTER TABLE t
    -> ADD c INT NOT NULL;
Query OK, 4 rows affected (0.24 sec)
Records: 4  Duplicates: 0  Warnings: 0

mysql> UPDATE t SET c=0-a ;
Query OK, 4 rows affected (0.04 sec)
```

```
Rows matched: 4  Changed: 4  Warnings: 0

mysql> ALTER TALBE t ADDKEY idx_c (c);
Query OK, 4 rows affected (0.28 sec)
Records: 4  Duplicates: 0  Warnings: 0

mysql> SHOW INDEX FROM t\G;
*************************** 1. row ***************************
      Table: t
  Non_unique: 0
    Key_name: PRIMARY
Seq_in_index: 1
 Column_name: a
   Collation: A
 Cardinality: 2
    Sub_part: NULL
      Packed: NULL
        Null:
  Index_type: BTREE
     Comment:
*************************** 2. row ***************************
       Table: t
  Non_unique: 1
    Key_name: idx_c
Seq_in_index: 1
 Column_name: c
   Collation: A
 Cardinality: 2
    Sub_part: NULL
      Packed: NULL
        Null:
  Index_type: BTREE
     Comment:
2 rows in set (0.00 sec)

mysql> select a,c from t;
+---+----+
| a | c  |
+---+----+
| 4 | -4 |
| 3 | -3 |
| 2 | -2 |
| 1 | -1 |
+---+----+
4 rows in set (0.00 sec)
```

然后用 py_innodb_page_info 工具来分析表空间，可得：

```
[root@nineyou0-43 mytest]# py_innodb_page_info.py -v t.ibd
page offset 00000000, page type <File Space Header>
page offset 00000001, page type <Insert Buffer Bitmap>
page offset 00000002, page type <File Segment inode>
page offset 00000003, page type <B-tree Node>, page level <0001>
page offset 00000004, page type <B-tree Node>, page level <0000>
page offset 00000005, page type <B-tree Node>, page level <0000>
page offset 00000006, page type <B-tree Node>, page level <0000>
page offset 00000007, page type <B-tree Node>, page level <0000>
page offset 00000000, page type <Freshly Allocated Page>
Total number of page: 9:
Freshly Allocated Page: 1
Insert Buffer Bitmap: 1
File Space Header: 1
B-tree Node: 5
File Segment inode: 1
```

对比前一次分析，我们可以看到这次多了一个页。分析 page offset 为 4 的页，该页即为非聚集索引所在页，通过工具 hexdump 分析可得：

```
00010000  b9 aa 8e d0 00 00 00 04  ff ff ff ff ff ff ff ff  |................|
00010010  00 00 00 0a ec ea 4e 27  45 bf 00 00 00 00 00 00  |......N'E.......|
00010020  00 00 00 00 01 02 00 02  00 ac 80 06 00 00 00 00  |................|
00010030  00 a4 00 01 00 03 00 04  00 00 00 00 00 52 d4 8b  |.............R..|
00010040  00 00 00 00 00 00 00 00  01 f2 00 00 01 02 00 00  |................|
00010050  00 02 02 72 00 00 01 02  00 00 00 02 01 b2 01 00  |...r............|
00010060  02 00 41 69 6e 66 69 6d  75 6d 00 05 00 0b 00 00  |..Ainfimum......|
00010070  73 75 70 72 65 6d 75 6d  00 00 10 ff f3 7f ff ff  |supremum........|
00010080  ff 80 00 00 01 00 00 18  ff f3 7f ff ff fe 80 00  |................|
00010090  00 02 00 00 20 ff f3 7f  ff ff fd 80 00 00 03 00  |.... ...........|
000100a0  00 28 ff f3 7f ff ff fc  80 00 00 04 00 00 00 00  |.(..............|
……
00013ff0  00 00 00 00 00 70 00 63  f3 46 77 f2 ec ea 4e 27  |.....p.c.Fw...N'|
```

由于只有 4 行数据，并且列 c 只有 4 字节，因此在一个非聚集索引页中即可完成，整理分析可得如图 5-16 所示的关系。

图 5-16 显示了表 t 中辅助索引 idx_c 和聚集索引的关系。可以看到辅助索引的叶子节点中包含了列 c 的值和主键的值。因为这里我特意将键值设为负值，所以会发现 –1 以 7f ff ff ff 的方式进行内部存储。7（0111）最高位为 0，代表负值，实际的值应该取反后加 1，即得 –1。

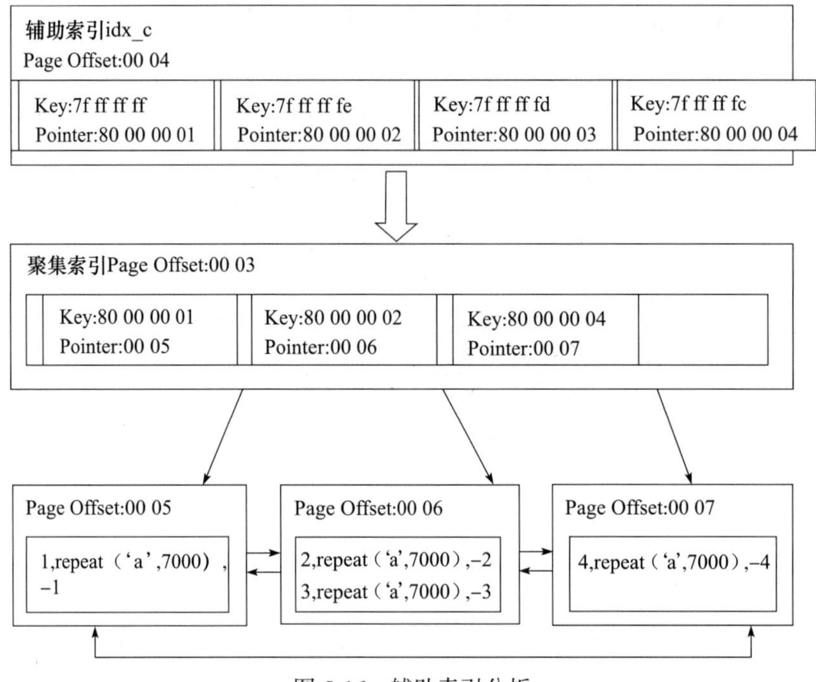

图 5-16　辅助索引分析

5.4.3　B+ 树索引的分裂

在 5.3 节中介绍 B+ 树的分裂是最为简单的一种情况，这和数据库中 B+ 树索引的情况可能略有不同。此外 5.3 节页没有涉及并发，而这才是 B+ 树索引实现最为困难的部分。

B+ 树索引页的分裂并不总是从页的中间记录开始，这样可能会导致页空间的浪费。例如下面的记录：

```
1、2、3、4、5、6、7、8、9
```

插入是根据自增顺序进行的，若这时插入 10 这条记录后需要进行页的分裂操作，那么根据 5.3.1 节介绍的分裂方法，会将记录 5 作为分裂点记录（split record），分裂后得到下面两个页：

```
P1：1、2、3、4
P2：5、6、7、8、9、10
```

然而由于插入是顺序的，P1 这个页中将不会再有记录被插入，从而导致空间的浪费。而 P2 又会再次进行分裂。

InnoDB 存储引擎的 Page Header 中有以下几个部分用来保存插入的顺序信息：

❑ PAGE_LAST_INSERT

❑ PAGE_DIRECTION

❑ PAGE_N_DIRECTION

通过这些信息，InnoDB 存储引擎可以决定是向左还是向右进行分裂，同时决定将分裂点记录为哪一个。若插入是随机的，则取页的中间记录作为分裂点的记录，这和之前介绍的相同。若往同一方向进行插入的记录数量为 5，并且目前已经定位（cursor）到的记录（InnoDB 存储引擎插入时，首先需要进行定位，定位到的记录为待插入记录的前一条记录）之后还有 3 条记录，则分裂点的记录为定位到的记录后的第三条记录，否则分裂点记录就是待插入的记录。

来看一个向右分裂的例子，并且定位到的记录之后还有 3 条记录，则分裂点记录如图 5-17 所示。

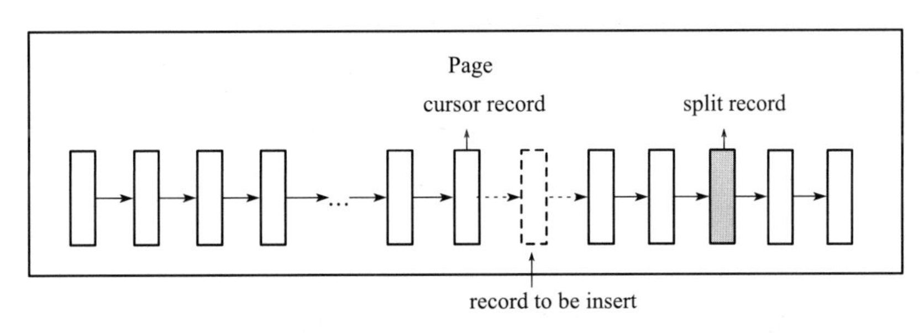

图 5-17 向右分裂的一种情况

图 5-17 向右分裂且定位到的记录之后还有 3 条记录，split record 为分裂点记录最终向右分裂得到如图 5-18 所示的情况。

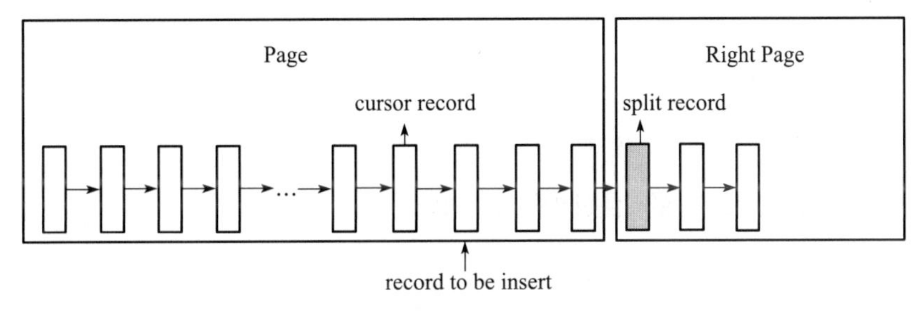

图 5-18 向右分裂后页中记录的情况

对于图 5-19 的情况，分裂点就为插入记录本身，向右分裂后仅插入记录本身，这在自增插入时是普遍存在的一种情况。

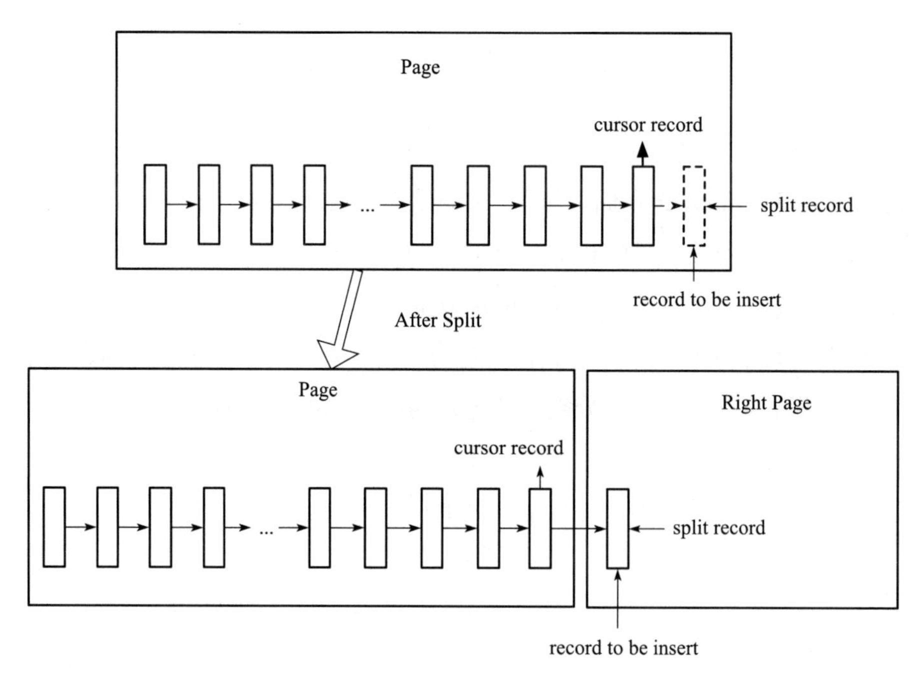

图 5-19 向右分裂的另一种情况

5.4.4 B+ 树索引的管理

1. 索引管理

索引的创建和删除可以通过两种方法，一种是 ALTER TABLE，另一种是 CREATE/DROP INDEX。通过 ALTER TABLE 创建索引的语法为：

```
ALTER TABLE tbl_name
| ADD {INDEX|KEY} [index_name]
[index_type] (index_col_name,...) [index_option] ...

ALTER TABLE tbl_name
DROP PRIMARY KEY
| DROP {INDEX|KEY} index_name
```

CREATE/DROP INDEX 的语法同样很简单：

```
CREATE [UNIQUE] INDEX index_name
[index_type]
ON tbl_name (index_col_name,...)

DROP INDEX index_name ON tbl_name
```

用户可以设置对整个列的数据进行索引，也可以只索引一个列的开头部分数据，如前面创建的表 t，列 b 为 varchar（8000），但是用户可以只索引前 100 个字段，如：

```
mysql>ALTER TABLE t
    -> ADD KEY idx_b (b(100));
Query OK, 4 rows affected (0.32 sec)
Records: 4  Duplicates: 0  Warnings: 0
```

若用户想要查看表中索引的信息，可以使用命令 SHOW INDEX。下面的例子使用之前的表 t，并加一个对于列（a，c）的联合索引 idx_a_c，可得：

```
mysql> ALTER TABLE t
    -> ADD KEY idx_a_c (a,c);
Query OK, 4 rows affected (0.31 sec)
Records: 4  Duplicates: 0  Warnings: 0

mysql>SHOW INDEX FROM t\G;
*************************** 1. row ***************************
      Table: t
  Non_unique: 0
    Key_name: PRIMARY
Seq_in_index: 1
 Column_name: a
   Collation: A
 Cardinality: 2
    Sub_part: NULL
      Packed: NULL
        Null:
  Index_type: BTREE
     Comment:
*************************** 2. row ***************************
       Table: t
  Non_unique: 1
    Key_name: idx_b
Seq_in_index: 1
 Column_name: b
   Collation: A
 Cardinality: 2
    Sub_part: 100
      Packed: NULL
        Null: YES
  Index_type: BTREE
     Comment:
*************************** 3. row ***************************
       Table: t
```

```
   Non_unique: 1
     Key_name: idx_a_c
 Seq_in_index: 1
  Column_name: a
    Collation: A
  Cardinality: 2
     Sub_part: NULL
       Packed: NULL
         Null:
   Index_type: BTREE
      Comment:
*************************** 4. row ***************************
        Table: t
   Non_unique: 1
     Key_name: idx_a_c
 Seq_in_index: 2
  Column_name: c
    Collation: A
  Cardinality: 2
     Sub_part: NULL
       Packed: NULL
         Null:
   Index_type: BTREE
      Comment:
*************************** 5. row ***************************
        Table: t
   Non_unique: 1
     Key_name: idx_c
 Seq_in_index: 1
  Column_name: c
    Collation: A
  Cardinality: 2
     Sub_part: NULL
       Packed: NULL
         Null:
   Index_type: BTREE
      Comment:
5 rows in set (0.00 sec)
```

通过命令 SHOW INDEX FROM 可以观察到表 t 上有 4 个索引，分别为主键索引、c 列上的辅助索引、b 列的前 100 字节构成的辅助索引，以及（a、c）的联合辅助索引。接着具体阐述命令 SHOW INDEX 展现结果中每列的含义。

❑ Table：索引所在的表名。

- Non_unique：非唯一的索引，可以看到 primary key 是 0，因为必须是唯一的。
- Key_name：索引的名字，用户可以通过这个名字来执行 DROP INDEX。
- Seq_in_index：索引中该列的位置，如果看联合索引 idx_a_c 就比较直观了。
- Column_name：索引列的名称。
- Collation：列以什么方式存储在索引中。可以是 A 或 NULL。B+ 树索引总是 A，即排序的。如果使用了 Heap 存储引擎，并且建立了 Hash 索引，这里就会显示 NULL 了。因为 Hash 根据 Hash 桶存放索引数据，而不是对数据进行排序。
- Cardinality：非常关键的值，表示索引中唯一值的数目的估计值。Cardinality 表的行数应尽可能接近 1，如果非常小，那么用户需要考虑是否可以删除此索引。
- Sub_part：是否是列的部分被索引。如果看 idx_b 这个索引，这里显示 100，表示只对 b 列的前 100 字符进行索引。如果索引整个列，则该字段为 NULL。
- Packed：关键字如何被压缩。如果没有被压缩，则为 NULL。
- Null：是否索引的列含有 NULL 值。可以看到 idx_b 这里为 Yes，因为定义的列 b 允许 NULL 值。
- Index_type：索引的类型。InnoDB 存储引擎只支持 B+ 树索引，所以这里显示的都是 BTREE。
- Comment：注释。

Cardinality 值非常关键，优化器会根据这个值来判断是否使用这个索引。但是这个值并不是实时更新的，即并非每次索引的更新都会更新该值，因为这样代价太大了。因此这个值是不太准确的，只是一个大概的值。上面显示的结果主键的 Cardinality 为 2，但是很显然我们的表中有 4 条记录，这个值应该是 4。如果需要更新索引 Cardinality 的信息，可以使用 ANALYZE TABLE 命令，如：

```
mysql> analyze table t\G;
*************************** 1. row ***************************
   Table: mytest.t
      Op: analyze
Msg_type: status
Msg_text: OK
1 row in set (0.01 sec)


mysql> show index from t\G;
*************************** 1. row ***************************
```

```
       Table: t
  Non_unique: 0
    Key_name: PRIMARY
Seq_in_index: 1
 Column_name: a
   Collation: A
 Cardinality: 4
    Sub_part: NULL
      Packed: NULL
        Null:
  Index_type: BTREE
     Comment:
……
```

这时的 Cardinality 值就对了。不过，在每个系统上可能得到的结果不一样，因为 ANALYZE TABLE 现在还存在一些问题，可能会影响最后得到的结果。另一个问题是 MySQL 数据库对于 Cardinality 计数的问题，在运行一段时间后，可能会看到下面的结果：

```
mysql> show index from Profile\G;
*************************** 1. row ***************************
       Table: Profile
  Non_unique: 0
    Key_name: UserName
Seq_in_index: 1
 Column_name: username
   Collation: A
 Cardinality: NULL
    Sub_part: NULL
      Packed: NULL
        Null:
  Index_type: BTREE
     Comment:
```

Cardinality 为 NULL，在某些情况下可能会发生索引建立了却没有用到的情况。或者对两条基本一样的语句执行 EXPLAIN，但是最终出来的结果不一样：一个使用索引，另外一个使用全表扫描。这时最好的解决办法就是做一次 ANALYZE TABLE 的操作。因此我建议在一个非高峰时间，对应用程序下的几张核心表做 ANALYZE TABLE 操作，这能使优化器和索引更好地为你工作。

2. Fast Index Creation

MySQL 5.5 版本之前（不包括 5.5）存在的一个普遍被人诟病的问题是 MySQL 数据

库对于索引的添加或者删除的这类 DDL 操作，MySQL 数据库的操作过程为：

- ❑ 首先创建一张新的临时表，表结构为通过命令 ALTER TABLE 新定义的结构。
- ❑ 然后把原表中数据导入到临时表。
- ❑ 接着删除原表。
- ❑ 最后把临时表重名为原来的表名。

可以发现，若用户对于一张大表进行索引的添加和删除操作，那么这会需要很长的时间。更关键的是，若有大量事务需要访问正在被修改的表，这意味着数据库服务不可用。而这对于 Microsoft SQL Server 或 Oracle 数据库的 DBA 来说，MySQL 数据库的索引维护始终让他们感觉非常痛苦。

InnoDB 存储引擎从 InnoDB 1.0.x 版本开始支持一种称为 Fast Index Creation（快速索引创建）的索引创建方式——简称 FIC。

对于辅助索引的创建，InnoDB 存储引擎会对创建索引的表加上一个 S 锁。在创建的过程中，不需要重建表，因此速度较之前提高很多，并且数据库的可用性也得到了提高。删除辅助索引操作就更简单了，InnoDB 存储引擎只需更新内部视图，并将辅助索引的空间标记为可用，同时删除 MySQL 数据库内部视图上对该表的索引定义即可。

这里需要特别注意的是，临时表的创建路径是通过参数 tmpdir 进行设置的。用户必须保证 tmpdir 有足够的空间可以存放临时表，否则会导致创建索引失败。

由于 FIC 在索引的创建的过程中对表加上了 S 锁，因此在创建的过程中只能对该表进行读操作，若有大量的事务需要对目标表进行写操作，那么数据库的服务同样不可用。此外，FIC 方式只限定于辅助索引，对于主键的创建和删除同样需要重建一张表。

3. Online Schema Change

Online Schema Change（在线架构改变，简称 OSC）最早是由 Facebook 实现的一种在线执行 DDL 的方式，并广泛地应用于 Facebook 的 MySQL 数据库。所谓“在线”是指在事务的创建过程中，可以有读写事务对表进行操作，这提高了原有 MySQL 数据库在 DDL 操作时的并发性。

Facebook 采用 PHP 脚本来现实 OSC，而并不是通过修改 InnoDB 存储引擎源码的方式。OSC 最初由 Facebook 的员工 Vamsi Ponnekanti 开发。此外，OSC 借鉴了开源社区之前的工具 The openarkkit toolkit oak-online-alter-table。实现 OSC 步骤如下：

- ❑ init，即初始化阶段，会对创建的表做一些验证工作，如检查表是否有主键，是否存在触发器或者外键等。

- createCopyTable，创建和原始表结构一样的新表。
- alterCopyTable：对创建的新表进行ALTER TABLE操作，如添加索引或列等。
- createDeltasTable，创建deltas表，该表的作用是为下一步创建的触发器所使用。之后对原表的所有DML操作会被记录到createDeltasTable中。
- createTriggers，对原表创建INSERT、UPDATE、DELETE操作的触发器。触发操作产生的记录被写入到deltas表。
- startSnpshotXact，开始OSC操作的事务。
- selectTableIntoOutfile，将原表中的数据写入到新表。为了减少对原表的锁定时间，这里通过分片（chunked）将数据输出到多个外部文件，然后将外部文件的数据导入到copy表中。分片的大小可以指定，默认值是500 000。
- dropNCIndexs，在导入到新表前，删除新表中所有的辅助索引。
- loadCopyTable，将导出的分片文件导入到新表。
- replayChanges，将OSC过程中原表DML操作的记录应用到新表中，这些记录被保存在deltas表中。
- recreateNCIndexes，重新创建辅助索引。
- replayChanges，再次进行DML日志的回放操作，这些日志是在上述创建辅助索引中过程中新产生的日志。
- swapTables，将原表和新表交换名字，整个操作需要锁定2张表，不允许新的数据产生。由于改名是一个很快的操作，因此阻塞的时间非常短。

上述只是简单介绍了OSC的实现过程，实际脚本非常复杂，仅OSC的PHP核心代码就有2200多行，用到的MySQL InnoDB的知识点非常多，建议DBA和数据库开发人员尝试进行阅读，这有助于更好地理解InnoDB存储引擎的使用。

由于OSC只是一个PHP脚本，因此其有一定的局限性。例如其要求进行修改的表一定要有主键，且表本身不能存在外键和触发器。此外，在进行OSC过程中，允许SET sql_bin_log=0，因此所做的操作不会同步slave服务器，可能导致主从不一致的情况。

4. Online DDL

虽然FIC可以让InnoDB存储引擎避免创建临时表，从而提高索引创建的效率。但正如前面小节所说的，索引创建时会阻塞表上的DML操作。OSC虽然解决了上述的部分问题，但是还是有很大的局限性。MySQL 5.6版本开始支持Online DDL（在线数据定义）操作，其允许辅助索引创建的同时，还允许其他诸如INSERT、UPDATE、DELETE这类DML操作，这极大地提高了MySQL数据库在生产环境中的可用性。

此外，不仅是辅助索引，以下这几类DDL操作都可以通过“在线”的方式进行操作：

- 辅助索引的创建与删除
- 改变自增长值
- 添加或删除外键约束
- 列的重命名

通过新的ALTER TABLE语法，用户可以选择索引的创建方式：

```
ALTER  TABLE tbl_name
| ADD {INDEX|KEY} [index_name]
[index_type] (index_col_name,...) [index_option] ...
ALGORITHM [=] {DEFAULT|INPLACE|COPY}
LOCK [=] {DEFAULT|NONE|SHARED|EXCLUSIVE}
```

ALGORITHM指定了创建或删除索引的算法，COPY表示按照MySQL 5.1版本之前的工作模式，即创建临时表的方式。INPLACE表示索引创建或删除操作不需要创建临时表。DEFAULT表示根据参数old_alter_table来判断是通过INPLACE还是COPY的算法，该参数的默认值为OFF，表示采用INPLACE的方式，如：

```
mysql> SELECT @@version\G;
*************************** 1. row ***************************
@@version: 5.6.6-m9
1 row in set (0.00 sec)

mysql> SHOW VARIABLES LIKE 'old_alter_table'\G;
*************************** 1. row ***************************
Variable_name: old_alter_table
        Value: OFF
1 row in set (0.00 sec)
```

LOCK部分为索引创建或删除时对表添加锁的情况，可有的选择为：

（1）NONE

执行索引创建或者删除操作时，对目标表不添加任何的锁，即事务仍然可以进行读写操作，不会收到阻塞。因此这种模式可以获得最大的并发度。

（2）SHARE

这和之前的FIC类似，执行索引创建或删除操作时，对目标表加上一个S锁。对于并发地读事务，依然可以执行，但是遇到写事务，就会发生等待操作。如果存储引擎不支持SHARE模式，会返回一个错误信息。

（3）EXCLUSIVE

在EXCLUSIVE模式下，执行索引创建或删除操作时，对目标表加上一个X锁。读写事务都不能进行，因此会阻塞所有的线程，这和COPY方式运行得到的状态类似，但是不需要像COPY方式那样创建一张临时表。

（4）DEFAULT

DEFAULT模式首先会判断当前操作是否可以使用NONE模式，若不能，则判断是否可以使用SHARE模式，最后判断是否可以使用EXCLUSIVE模式。也就是说DEFAULT会通过判断事务的最大并发性来判断执行DDL的模式。

InnoDB存储引擎实现Online DDL的原理是在执行创建或者删除操作的同时，将INSERT、UPDATE、DELETE这类DML操作日志写入到一个缓存中。待完成索引创建后再将重做应用到表上，以此达到数据的一致性。这个缓存的大小由参数innodb_online_alter_log_max_size控制，默认的大小为128MB。若用户更新的表比较大，并且在创建过程中伴有大量的写事务，如遇到innodb_online_alter_log_max_size的空间不能存放日志时，会抛出类似如下的错误：

```
Error:1799SQLSTATE:HY000(ER_INNODB_ONLINE_LOG_TOO_BIG)
Message: Creating index 'idx_aaa' required more than 'innodb_online_alter_log_
max_size' bytes of modification log. Please try again.
```

对于这个错误，用户可以调大参数innodb_online_alter_log_max_size，以此获得更大的日志缓存空间。此外，还可以设置ALTER TABLE的模式为SHARE，这样在执行过程中不会有写事务发生，因此不需要进行DML日志的记录。

需要特别注意的是，由于Online DDL在创建索引完成后再通过重做日志达到数据库的最终一致性，这意味着在索引创建过程中，SQL优化器不会选择正在创建中的索引。

5.5 Cardinality值

5.5.1 什么是Cardinality

并不是在所有的查询条件中出现的列都需要添加索引。对于什么时候添加B+树索引，一般的经验是，在访问表中很少一部分时使用B+树索引才有意义。对于性别字段、地区字段、类型字段，它们可取值的范围很小，称为低选择性。如：

```
SELECT * FROM student WHERE sex='M'
```

按性别进行查询时，可取值的范围一般只有'M'、'F'。因此上述SQL语句得到的结果可能是该表50%的数据（假设男女比例1：1），这时添加B+树索引是完全没有必要的。相反，如果某个字段的取值范围很广，几乎没有重复，即属于高选择性，则此时使用B+树索引是最适合的。例如，对于姓名字段，基本上在一个应用中不允许重名的出现。

怎样查看索引是否是高选择性的呢？可以通过SHOW INDEX结果中的列Cardinality来观察。Cardinality值非常关键，表示索引中不重复记录数量的预估值。同时需要注意的是，Cardinality是一个预估值，而不是一个准确值，基本上用户也不可能得到一个准确的值。在实际应用中，Cardinality/n_rows_in_table应尽可能地接近1。如果非常小，那么用户需要考虑是否还有必要创建这个索引。故在访问高选择性属性的字段并从表中取出很少一部分数据时，对这个字段添加B+树索引是非常有必要的。如：

```
SELECT * FROM member WHERE usernick = 'David'
```

表member大约有500万行数据。usernick字段上有一个唯一的索引。这时如果查找用户名为David的用户，将会得到如下的执行计划：

```
mysql>EXPLAIN SELECT * FROM member
    -> WHERE usernick='David'\G;
*************************** 1. row ***************************
           id: 1
  select_type: SIMPLE
        table: member
         type: const
possible_keys: usernick
          key: usernick
      key_len: 62
          ref: const
         rows: 1
        Extra:
1 row in set (0.00 sec)
```

可以看到使用了usernick这个索引，这也符合之前提到的高选择性，即SQL语句选取表中较少行的原则。

5.5.2 InnoDB存储引擎的Cardinality统计

上一小节介绍了Cardinality的重要性，并且告诉读者Cardinality表示选择性。建立索引的前提是列中的数据是高选择性的，这对数据库来说才具有实际意义。然而数据库是怎样来统计Cardinality信息的呢？因为MySQL数据库中有各种不同的存储引擎，而每种存储引擎对于B+树索引的实现又各不相同，所以对Cardinality的统计是放在存储引擎层进行的。

此外需要考虑到的是，在生产环境中，索引的更新操作可能是非常频繁的。如果每次索引在发生操作时就对其进行Cardinality的统计，那么将会给数据库带来很大的负担。另外需要考虑的是，如果一张表的数据非常大，如一张表有50G的数据，那么统计一次Cardinality信息所需要的时间可能非常长。这在生产环境下，也是不能接受的。因此，数据库对于Cardinality的统计都是通过采样（Sample）的方法来完成的。

在InnoDB存储引擎中，Cardinality统计信息的更新发生在两个操作中：INSERT和UPDATE。根据前面的叙述，不可能在每次发生INSERT和UPDATE时就去更新Cardinality信息，这样会增加数据库系统的负荷，同时对于大表的统计，时间上也不允许数据库这样去操作。因此，InnoDB存储引擎内部对更新Cardinality信息的策略为：

- 表中1/16的数据已发生过变化。
- stat_modified_counter>2 000 000 000。

第一种策略为自从上次统计Cardinality信息后，表中1/16的数据已经发生过变化，这时需要更新Cardinality信息。第二种情况考虑的是，如果对表中某一行数据频繁地进行更新操作，这时表中的数据实际并没有增加，实际发生变化的还是这一行数据，则第一种更新策略就无法适用这这种情况。故在InnoDB存储引擎内部有一个计数器stat_modified_counter，用来表示发生变化的次数，当stat_modified_counter大于2 000 000 000时，则同样需要更新Cardinality信息。

接着考虑InnoDB存储引擎内部是怎样来进行Cardinality信息的统计和更新操作的呢？同样是通过采样的方法。默认InnoDB存储引擎对8个叶子节点（Leaf Page）进行采用。采样的过程如下：

- 取得B+树索引中叶子节点的数量，记为A。
- 随机取得B+树索引中的8个叶子节点。统计每个页不同记录的个数，即为P1，

P2，…，P8。

❑ 根据采样信息给出 Cardinality 的预估值：Cardinality=（P1+P2+…+P8）*A/8。

通过上述的说明可以发现，在 InnoDB 存储引擎中，Cardinality 值是通过对 8 个叶子节点预估而得的，不是一个实际精确的值。再者，每次对 Cardinality 值的统计，都是通过随机取 8 个叶子节点得到的，这同时又暗示了另一个 Cardinality 现象，即每次得到的 Cardinality 值可能是不同的。如：

```
SHOW INDEX FROM OrderDetails
```

上述这句 SQL 语句会触发 MySQL 数据库对于 Cardinality 值的统计，第一次运行得到的结果如图 5-20 所示。

Table	Non_unique	Key_name	Seq_in_index	Column_name	Collation	Cardinality	Sub_part	Packed	Null	Index_type	Comment	Index_comment
orderdetails	0	PRIMARY	1	OrderID	A	2032	NULL	NULL		BTREE		
orderdetails	0	PRIMARY	2	ProductID	A	2032	NULL	NULL		BTREE		
orderdetails	1	OrderID	1	OrderID	A	2032	NULL	NULL		BTREE		
orderdetails	1	OrdersOrder_Details	1	OrderID	A	2032	NULL	NULL		BTREE		
orderdetails	1	ProductID	1	ProductID	A	156	NULL	NULL		BTREE		
orderdetails	1	ProductsOrder_Details	1	ProductID	A	156	NULL	NULL		BTREE		

图 5-20　第一次运行 SHOW INDEX FROM OrderDetails 的结果

在上述测试过程中，并没有通过 INSERT、UPDATE 这类操作来改变表 OrderDetails 中的内容，但是当第二次再运行 SHOW INDEX FROM 语句时，Cardinality 值还是会发生变化，如图 5-21 所示。

Table	Non_unique	Key_name	Seq_in_index	Column_name	Collation	Cardinality	Sub_part	Packed	Null	Index_type	Comment	Index_comment
orderdetails	0	PRIMARY	1	OrderID	A	2192	NULL	NULL		BTREE		
orderdetails	0	PRIMARY	2	ProductID	A	2192	NULL	NULL		BTREE		
orderdetails	1	OrderID	1	OrderID	A	2192	NULL	NULL		BTREE		
orderdetails	1	OrdersOrder_Details	1	OrderID	A	2192	NULL	NULL		BTREE		
orderdetails	1	ProductID	1	ProductID	A	168	NULL	NULL		BTREE		
orderdetails	1	ProductsOrder_Details	1	ProductID	A	168	NULL	NULL		BTREE		

图 5-21　第二次运行 SHOW INDEX FROM OrderDetails 的结果

可以看到，第二次运行 SHOW INDEX FROM 语句时，表 OrderDetails 中索引的 Cardinality 值都发生了变化，虽然表 OrderDetails 本身并没有发生任何的变化，但是，由于 Cardinality 是对随机取 8 个叶子节点进行分析，所以即使表没有发生变化，用户观察到的索引 Cardinality 值还是会发生变化，这本身并不是 InnoDB 存储引擎的 Bug，只是随机采样而导致的结果。

当然，有一种情况可能使得用户每次观察到的索引 Cardinality 值都是一样的，那就是表足够小，表的叶子节点数小于或者等于8个。这时即使随机采样，也总是会采取到这些页，因此每次得到的Cardinality值是相同的。

在InnoDB 1.2版本之前，可以通过参数innodb_stats_sample_pages用来设置统计Cardinality时每次采样页的数量，默认值为8。同时，参数innodb_stats_method用来判断如何对待索引中出现的NULL值记录。该参数默认值为nulls_equal，表示将NULL值记录视为相等的记录。其有效值还有nulls_unequal，nulls_ignored，分别表示将NULL值记录视为不同的记录和忽略NULL值记录。例如某页中索引记录为NULL、NULL、1、2、2、3、3、3，在参数innodb_stats_method的默认设置下，该页的Cardinality为4；若参数innodb_stats_method为nulls_unequal，则该页的Caridinality为5；若参数innodb_stats_method为nulls_ignored，则Cardinality为3。

当执行SQL语句ANALYZE TABLE、SHOW TABLE STATUS、SHOW INDEX以及访问INFORMATION_SCHEMA架构下的表TABLES和STATISTICS时会导致InnoDB存储引擎去重新计算索引的Cardinality值。若表中的数据量非常大，并且表中存在多个辅助索引时，执行上述这些操作可能会非常慢。虽然用户可能并不希望去更新Cardinality值。

InnoDB1.2版本提供了更多的参数对Cardinality统计进行设置，这些参数如表5-3所示。

表5-3 InnoDB 1.2新增参数

参数	说明
innodb_stats_persistent	是否将命令ANALYZE TABLE计算得到的Cardinality值存放到磁盘上。若是，则这样做的好处是可以减少重新计算每个索引的Cardinality值，例如当MySQL数据库重启时。此外，用户也可以通过命令CREATE TABLE和ALTER TABLE的选项STATS_PERSISTENT来对每张表进行控制。 默认值：OFF
innodb_stats_on_metadata	当通过命令SHOW TABLE STATUS、SHOW INDEX及访问INFORMATION_SCHEMA架构下的表TABLES和STATISTICS时，是否需要重新计算索引的Cardinality值。 默认值：OFF
innodb_stats_persistent_sample_pages	若参数innodb_stats_persistent设置为ON，该参数表示ANALYZE TABLE更新Cardinality值时每次采样页的数量。 默认值：20
innodb_stats_transient_sample_pages	该参数用来取代之前版本的参数innodb_stats_sample_pages，表示每次采样页的数量。 默认值为：8

5.6 B+ 树索引的使用

5.6.1 不同应用中 B+ 树索引的使用

在了解了 B+ 树索引的本质和实现后，下一个需要考虑的问题是怎样正确地使用 B+ 树索引，这不是一个简单的问题。这里所总结的可能并不适用于所有的应用场合。我所能做的只是概括一个大概的方向。在实际的生产环境使用中，每个 DBA 和开发人员，还是需要根据自己的具体生产环境来使用索引，并观察索引使用的情况，判断是否需要添加索引。不要盲从任何人给你的经验意见，Think Different。

根据第 1 章的介绍，用户已经知道数据库中存在两种类型的应用，OLTP 和 OLAP 应用。在 OLTP 应用中，查询操作只从数据库中取得一小部分数据，一般可能都在 10 条记录以下，甚至在很多时候只取 1 条记录，如根据主键值来取得用户信息，根据订单号取得订单的详细信息，这都是典型 OLTP 应用的查询语句。在这种情况下，B+ 树索引建立后，对该索引的使用应该只是通过该索引取得表中少部分的数据。这时建立 B+ 树索引才是有意义的，否则即使建立了，优化器也可能选择不使用索引。

对于 OLAP 应用，情况可能就稍显复杂了。不过概括来说，在 OLAP 应用中，都需要访问表中大量的数据，根据这些数据来产生查询的结果，这些查询多是面向分析的查询，目的是为决策者提供支持。如这个月每个用户的消费情况，销售额同比、环比增长的情况。因此在 OLAP 中索引的添加根据的应该是宏观的信息，而不是微观，因为最终要得到的结果是提供给决策者的。例如不需要在 OLAP 中对姓名字段进行索引，因为很少需要对单个用户进行查询。但是对于 OLAP 中的复杂查询，要涉及多张表之间的联接操作，因此索引的添加依然是有意义的。但是，如果联接操作使用的是 Hash Join，那么索引可能又变得不是非常重要了，所以这需要 DBA 或开发人员认真并仔细地研究自己的应用。不过在 OLAP 应用中，通常会需要对时间字段进行索引，这是因为大多数统计需要根据时间维度来进行数据的筛选。

5.6.2 联合索引

联合索引是指对表上的多个列进行索引。前面讨论的情况都是只对表上的一个列进行索引。联合索引的创建方法与单个索引创建的方法一样，不同之处仅在于有多个索引列。

例如，以下代码创建了一张t表，并且索引idx_a_b是联合索引，联合的列为（a，b）。

```
CREATE TABLE t (
    a INT,
    b INT,
    PRIMARY KEY (a),
    KEY idx_a_b ( a,b)
)ENGINE=INNODB
```

那么何时需要使用联合索引呢？在讨论这个问题之前，先来看一下联合索引内部的结果。从本质上来说，联合索引也是一棵B+树，不同的是联合索引的键值的数量不是1，而是大于等于2。接着来讨论两个整型列组成的联合索引，假定两个键值的名称分别为a、b，如图5-22所示。

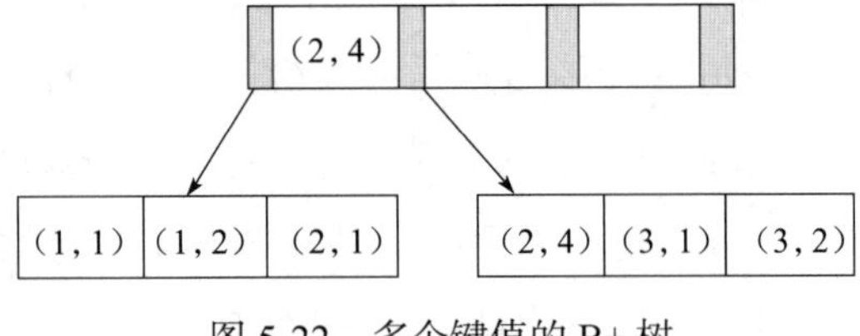

图5-22 多个键值的B+树

从图5-22可以观察到多个键值的B+树情况。其实和之前讨论的单个键值的B+树并没有什么不同，键值都是排序的，通过叶子节点可以逻辑上顺序地读出所有数据，就上面的例子来说，即（1，1）、（1，2）、（2，1）、（2，4）、（3，1）、（3，2）。数据按（a，b）的顺序进行了存放。

因此，对于查询SELECT * FROM TABLE WHERE a=xxx and b=xxx，显然是可以使用（a，b）这个联合索引的。对于单个的a列查询SELECT * FROM TABLE WHERE a=xxx，也可以使用这个（a，b）索引。但对于b列的查询SELECT * FROM TABLE WHERE b=xxx，则不可以使用这棵B+树索引。可以发现叶子节点上的b值为1、2、1、4、1、2，显然不是排序的，因此对于b列的查询使用不到（a，b）的索引。

联合索引的第二个好处是已经对第二个键值进行了排序处理。例如，在很多情况下应用程序都需要查询某个用户的购物情况，并按照时间进行排序，最后取出最近三次的购买记录，这时使用联合索引可以避免多一次的排序操作，因为索引本身在叶子节点已经排序了。来看一个例子，首先根据如下代码来创建测试表buy_log：

```
CREATE TABLE buy_log (
    userid INT UNSIGNED NOT NULL,
    buy_date DATE
)ENGINE=InnoDB;

INSERT INTO buy_log VALUES ( 1,'2009-01-01');
INSERT INTO buy_log VALUES ( 2,'2009-01-01');
```

```
INSERT INTO buy_log VALUES ( 3,'2009-01-01');
INSERT INTO buy_log VALUES ( 1,'2009-02-01');
INSERT INTO buy_log VALUES ( 3,'2009-02-01');
INSERT INTO buy_log VALUES ( 1,'2009-03-01');
INSERT INTO buy_log VALUES ( 1,'2009-04-01');

ALTER TABLE buy_log ADD KEY ( userid );
ALTER TABLE buy_log ADD KEY ( userid,buy_date );
```

以上代码建立了两个索引来进行比较。两个索引都包含了userid字段。如果只对于userid进行查询，如：

```
SELECT * FROM buy_log WHERE userid=2;
```

则优化器的选择为如图5-23所示。

id	select_type	table	type	possible_keys	key	key_len	ref	rows	Extra
1	SIMPLE	buy_log	ref	userid,userid_2	userid	4	const	1	

图5-23　查询条件仅为userid的执行计划

从图5-23中可以发现，possible_keys在这里有两个索引可供使用，分别是单个的userid索引和（userid，buy_date）的联合索引。但是优化器最终的选择是索引userid，因为该索引的叶子节点包含单个键值，所以理论上一个页能存放的记录应该更多。

接着假定要取出userid为1的最近3次的购买记录，其SQL语句如下，执行计划如图5-24所示。

```
SELECT * FROM buy_log
    WHERE userid=1 ORDER BY buy_date DESC LIMIT 3
```

id	select_type	table	type	possible_keys	key	key_len	ref	rows	Extra
1	SIMPLE	buy_log	ref	userid,userid_2	userid_2	4	const	3	Using where; Using index

图5-24　SQL语句的执行计划

同样的，对于上述的SQL语句既可以使用userid索引，也可以使用（userid，buy_date）索引。但是这次优化器使用了（userid，buy_date）的联合索引userid_2，因为在这个联合索引中buy_date已经排序好了。根据该联合索引取出数据，无须再对buy_date做一次额外的排序操作。若强制使用userid索引，则执行计划如图5-25所示。

id	select_type	table	type	possible_keys	key	key_len	ref	rows	Extra
1	SIMPLE	buy_log	ref	userid	userid	4	const	3	Using where; Using filesort

图5-25　强制使用userid索引的执行计划

在 Extra 选项中可以看到 Using filesort，即需要额外的一次排序操作才能完成查询。而这次显然需要对列 buy_date 排序，因为索引 userid 中的 buy_date 是未排序的。

正如前面所介绍的那样，联合索引（a，b）其实是根据列 a、b 进行排序，因此下列语句可以直接使用联合索引得到结果：

```
SELECT ... FROM TABLE WHERE a=xxx ORDER BY b
```

然而对于联合索引（a，b，c）来说，下列语句同样可以直接通过联合索引得到结果：

```
SELECT ... FROM TABLE WHERE a=xxx ORDER BY b
SELECT ... FROM TABLE WHERE a=xxx AND b=xxx ORDER BY c
```

但是对于下面的语句，联合索引不能直接得到结果，其还需要执行一次 filesort 排序操作，因为索引（a，c）并未排序：

```
SELECT ... FROM TABLE WHERE a=xxx ORDER BY c
```

5.6.3 覆盖索引

InnoDB 存储引擎支持覆盖索引（covering index，或称索引覆盖），即从辅助索引中就可以得到查询的记录，而不需要查询聚集索引中的记录。使用覆盖索引的一个好处是辅助索引不包含整行记录的所有信息，故其大小要远小于聚集索引，因此可以减少大量的 IO 操作。

注意 覆盖索引技术最早是在 InnoDB Plugin 中完成并实现。这意味着对于 InnoDB 版本小于 1.0 的，或者 MySQL 数据库版本为 5.0 或以下的，InnoDB 存储引擎不支持覆盖索引特性。

对于 InnoDB 存储引擎的辅助索引而言，由于其包含了主键信息，因此其叶子节点存放的数据为（primary key1，primary key2，…，key1，key2，…）。例如，下列语句都可仅使用一次辅助联合索引来完成查询：

```
SELECT key2 FROM table WHERE key1=xxx;
SELECT primary key2,key2 FROM table WHERE key1=xxx;
SELECT primary key1,key2 FROM table WHERE key1=xxx;
SELECT primary key1,primary key2, key2 FROM table WHERE key1=xxx;
```

覆盖索引的另一个好处是对某些统计问题而言的。还是对于上一小节创建的表 buy_

log，要进行如下的查询：

```
SELECT COUNT(*) FROM buy_log ;
```

InnoDB存储引擎并不会选择通过查询聚集索引来进行统计。由于buy_log表上还有辅助索引，而辅助索引远小于聚集索引，选择辅助索引可以减少IO操作，故优化器的选择为如图5-26所示。

id	select_type	table	type	possible_keys	key	key_len	ref	rows	Extra
1	SIMPLE	buy_log	index	NULL	userid	4	NULL	7	Using index

图5-26　COUNT（*）操作的执行计划

通过图5-26可以看到，possible_keys列为NULL，但是实际执行时优化器却选择了userid索引，而列Extra列的Using index就是代表了优化器进行了覆盖索引操作。

此外，在通常情况下，诸如（a，b）的联合索引，一般是不可以选择列b中所谓的查询条件。但是如果是统计操作，并且是覆盖索引的，则优化器会进行选择，如下述语句：

```
SELECT COUNT(*) FROM buy_log
    WHERE buy_date>='2011-01-01' AND buy_date<'2011-02-01'
```

表buy_log有（userid，buy_date）的联合索引，这里只根据列b进行条件查询，一般情况下是不能进行该联合索引的，但是这句SQL查询是统计操作，并且可以利用到覆盖索引的信息，因此优化器会选择该联合索引，其执行计划如图5-27所示。

id	select_type	table	type	possible_keys	key	key_len	ref	rows	Extra
1	SIMPLE	buy_log	index	NULL	userid_2	8	NULL	7	Using where; Using index

图5-27　利用覆盖索引执行统计操作

从图5-27中可以发现列possible_keys依然为NULL，但是列key为userid_2，即表示（userid，buy_date）的联合索引。在列Extra同样可以发现Using index提示，表示为覆盖索引。

5.6.4　优化器选择不使用索引的情况

在某些情况下，当执行EXPLAIN命令进行SQL语句的分析时，会发现优化器并没有选择索引去查找数据，而是通过扫描聚集索引，也就是直接进行全表的扫描来得到数据。这种情况多发生于范围查找、JOIN链接操作等情况下。例如：

```
SELECT * FROM orderdetails
    WHERE orderid>10000 and orderid<102000;
```

上述这句SQL语句查找订单号大于10000的订单详情，通过命令SHOW INDEX FROM orderdetails，可观察到的索引如图5-28所示。

Table	Non_unique	Key_name	Seq_in_index	Column_name	Collation	Cardinality	Sub_part	Packed	Null	Index_type	Comment
orderdetails	0	PRIMARY	1	OrderID	A	2311	NULL	NULL		BTREE	
orderdetails	0	PRIMARY	2	ProductID	A	2311	NULL	NULL		BTREE	
orderdetails	1	OrderID	1	OrderID	A	2311	NULL	NULL		BTREE	
orderdetails	1	OrdersOrder_Details	1	OrderID	A	1155	NULL	NULL		BTREE	
orderdetails	1	ProductID	1	ProductID	A	177	NULL	NULL		BTREE	
orderdetails	1	ProductsOrder_Details	1	ProductID	A	177	NULL	NULL		BTREE	

图5-28 表orderdetails的索引详情

可以看到表orderdetails有（OrderID，ProductID）的联合主键，此外还有对于列OrderID的单个索引。上述这句SQL显然是可以通过扫描OrderID上的索引进行数据的查找。然而通过EXPLAIN命令，用户会发现优化器并没有按照OrderID上的索引来查找数据，如图5-29所示。

id	select_type	table	type	possible_keys	key	key_len	ref	rows	Extra
1	SIMPLE	orderdetails	range	PRIMARY,OrderID,OrdersOrder_Details	PRIMARY	4	NULL	1155	Using where

图5-29 上述范围查询的SQL执行计划

在possible_keys一列可以看到查询可以使用PRIMARY、OrderID、OrdersOrder_Details三个索引，但是在最后的索引使用中，优化器选择了PRIMARY聚集索引，也就是表扫描（table scan），而非OrderID辅助索引扫描（index scan）。

这是为什么呢？原因在于用户要选取的数据是整行信息，而OrderID索引不能覆盖到我们要查询的信息，因此在对OrderID索引查询到指定数据后，还需要一次书签访问来查找整行数据的信息。虽然OrderID索引中数据是顺序存放的，但是再一次进行书签查找的数据则是无序的，因此变为了磁盘上的离散读操作。如果要求访问的数据量很小，则优化器还是会选择辅助索引，但是当访问的数据占整个表中数据的蛮大一部分时（一般是20%左右），优化器会选择通过聚集索引来查找数据。因为之前已经提到过，顺序读要远远快于离散读。

因此对于不能进行索引覆盖的情况，优化器选择辅助索引的情况是，通过辅助索引查找的数据是少量的。这是由当前传统机械硬盘的特性所决定的，即利用顺序读来替换随机读的查找。若用户使用的磁盘是固态硬盘，随机读操作非常快，同时有足够的自信来确认使用辅助索引可以带来更好的性能，那么可以使用关键字 FORCE INDEX 来强制使用某个索引，如：

```
SELECT * FROM orderdetails FORCE INDEX(OrderID)
WHERE orderid>10000 and orderid<102000;
```

这时的执行计划如图 5-30 所示。

id	select_type	table	type	possible_keys	key	key_len	ref	rows	Extra
1	SIMPLE	orderdetails	range	OrderID	OrderID	4	NULL	943	Using where

图 5-30　强制使用辅助索引

5.6.5　索引提示

MySQL 数据库支持索引提示（INDEX HINT），显式地告诉优化器使用哪个索引。个人总结以下两种情况可能需要用到 INDEX HINT：

- MySQL 数据库的优化器错误地选择了某个索引，导致 SQL 语句运行的很慢。这种情况在最新的 MySQL 数据库版本中非常非常的少见。优化器在绝大部分情况下工作得都非常有效和正确。这时有经验的 DBA 或开发人员可以强制优化器使用某个索引，以此来提高 SQL 运行的速度。
- 某 SQL 语句可以选择的索引非常多，这时优化器选择执行计划时间的开销可能会大于 SQL 语句本身。例如，优化器分析 Range 查询本身就是比较耗时的操作。这时 DBA 或开发人员分析最优的索引选择，通过 Index Hint 来强制使优化器不进行各个执行路径的成本分析，直接选择指定的索引来完成查询。

在 MySQL 数据库中 Index Hint 的语法如下：

```
tbl_name [[AS] alias] [index_hint_list]
index_hint_list:
index_hint [, index_hint] ...
index_hint:
USE {INDEX|KEY}
[{FOR {JOIN|ORDER BY|GROUP BY}] ([index_list])
| IGNORE {INDEX|KEY}
[{FOR {JOIN|ORDER BY|GROUP BY}] (index_list)
| FORCE {INDEX|KEY}
[{FOR {JOIN|ORDER BY|GROUP BY}] (index_list)
index_list:
index_name [, index_name] ...
```

接着来看一个例子，首先根据如下代码创建测试表 t，并填充相应数据。

```
CREATE TABLE t (
    a INT,
    b INT,
    KEY (a) ,
    KEY (b)
)ENGINE=INNODB;

INSERT INTO t SELECT 1,1;
INSERT INTO t SELECT 1,2;
INSERT INTO t SELECT 2,3;
INSERT INTO t SELECT 2,4;
INSERT INTO t SELECT 1,2;
```

然后执行如下的 SQL 语句：

```
SELECT * FROM t WHERE a=1 AND b = 2;
```

通过 EXPLAIN 命令得到如图 5-31 所示的执行计划。

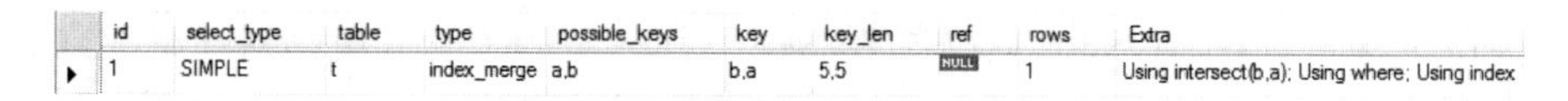

id	select_type	table	type	possible_keys	key	key_len	ref	rows	Extra
1	SIMPLE	t	index_merge	a,b	b,a	5,5	NULL	1	Using intersect(b,a); Using where; Using index

图 5-31　SQL 语句的执行计划

图 5-31 中的列 possible_keys 显示了上述 SQL 语句可使用的索引为 a，b，而实际使用的索引为列 key 所示，同样为 a，b。也就是 MySQL 数据库使用 a，b 两个索引来完成这一个查询。列 Extra 提示的 Using intersect（b，a）表示根据两个索引得到的结果进行求交的数学运算，最后得到结果。

如果我们使用 USE INDEX 的索引提示来使用 a 这个索引，如：

```
SELECT * FROM t USE INDEX(a) WHERE a=1 AND b = 2;
```

那么得到的结果如图 5-32 所示。

id	select_type	table	type	possible_keys	key	key_len	ref	rows	Extra
1	SIMPLE	t	ALL	a	NULL	NULL	NULL	5	Using where

图 5-32　使用 USE INDEX 后的执行计划

可以看到，虽然我们指定使用 a 索引，但是优化器实际选择的是通过表扫描的方式。因此，USE INDEX 只是告诉优化器可以选择该索引，实际上优化器还是会再根据自己的判断进行选择。而如果使用 FORCE INDEX 的索引提示，如：

```
SELECT * FROM t FORCE INDEX(a) WHERE a=1 AND b = 2;
```

则这时的执行计划如图 5-33 所示。

id	select_type	table	type	possible_keys	key	key_len	ref	rows	Extra
1	SIMPLE	t	ref	a	a	5	const	3	Using where

图 5-33 使用 FORCE INDEX 后的执行计划

可以看到，这时优化器的最终选择和用户指定的索引是一致的。因此，如果用户确定指定某个索引来完成查询，那么最可靠的是使用 FORCE INDEX，而不是 USE INDEX。

5.6.6 Multi-Range Read 优化

MySQL5.6 版本开始支持 Multi-Range Read（MRR）优化。Multi-Range Read 优化的目的就是为了减少磁盘的随机访问，并且将随机访问转化为较为顺序的数据访问，这对于 IO-bound 类型的 SQL 查询语句可带来性能极大的提升。Multi-Range Read 优化可适用于 range，ref，eq_ref 类型的查询。

MRR 优化有以下几个好处：

- MRR 使数据访问变得较为顺序。在查询辅助索引时，首先根据得到的查询结果，按照主键进行排序，并按照主键排序的顺序进行书签查找。
- 减少缓冲池中页被替换的次数。
- 批量处理对键值的查询操作。

对于 InnoDB 和 MyISAM 存储引擎的范围查询和 JOIN 查询操作，MRR 的工作方式如下：

- 将查询得到的辅助索引键值存放于一个缓存中，这时缓存中的数据是根据辅助索引键值排序的。
- 将缓存中的键值根据 RowID 进行排序。
- 根据 RowID 的排序顺序来访问实际的数据文件。

此外，若 InnoDB 存储引擎或者 MyISAM 存储引擎的缓冲池不是足够大，即不能存放下一张表中的所有数据，此时频繁的离散读操作还会导致缓存中的页被替换出缓冲池，然后又不断地被读入缓冲池。若是按照主键顺序进行访问，则可以将此重复行为降为最低。如下面这句 SQL 语句：

```
SELECT * FROM salaries WHERE salary>10000 AND salary<40000;
```

salary 上有一个辅助索引 idx_s，因此除了通过辅助索引查找键值外，还需要通过书签查找来进行对整行数据的查询。当不启用 Multi-Range Read 特性时，看到的执行计划如图 5-34 所示。

id	select_type	table	type	possible_keys	key	key_len	ref	rows	Extra
1	SIMPLE	salaries	range	idx_s	idx_s	4	NULL	23378	Using index condition

图 5-34 不启用 Multi-Range Read 的执行计划

若启用 Mulit-Range Read 特性，则除了会在列 Extra 看到 Using index condition 外，还会看见 Using MRR 选项，如图 5-35 所示。

id	select_type	table	type	possible_keys	key	key_len	ref	rows	Extra
1	SIMPLE	salaries	range	idx_s	idx_s	4	NULL	23378	Using index condition; Using MRR

图 5-35 启用 Multi-Range Read 的执行计划

而在实际的执行中会体会到两个的执行时间差别非常巨大，如表 5-4 所示。

表 5-4 是否启用 Multi-Range Read 的执行时间对比

	执行时间（秒）
不使用 Multi-Range Read	43.213
使用 Multi-Range Read	4.212

在我的笔记本电脑上，上述两句语句的执行时间相差 10 倍之多。可见 Multi-Range Read 将访问数据转化为顺序后查询性能得到提高。

注意 上述测试都是在 MySQL 数据库启动后直接执行 SQL 查询语句，此时需确保缓冲池中没有被预热，以及需要查询的数据并不包含在缓冲池中。

此外，Multi-Range Read 还可以将某些范围查询，拆分为键值对，以此来进行批量的数据查询。这样做的好处是可以在拆分过程中，直接过滤一些不符合查询条件的数据，例如：

```
SELECT * FROM t
  WHERE key_part1 >= 1000 AND key_part1 < 2000
  AND key_part2 = 10000;
```

表 t 有（key_part1，key_part2）的联合索引，因此索引根据 key_part1，key_part2 的位置关系进行排序。若没有 Multi-Read Range，此时查询类型为 Range，SQL 优化器会先将 key_part1 大于 1000 且小于 2000 的数据都取出，即使 key_part2 不等于 1000。待取出行数据后再根据 key_part2 的条件进行过滤。这会导致无用数据被取出。如果有大量的数据且其 key_part2 不等于 1000，则启用 Mulit-Range Read 优化会使性能有巨大的提升。

倘若启用了 Multi-Range Read 优化，优化器会先将查询条件进行拆分，然后再进行数据查询。就上述查询语句而言，优化器会将查询条件拆分为（1000，1000），（1001，1000），（1002，1000），…，（1999，1000），最后再根据这些拆分出的条件进行数据的查询。

可以来看一个实际的例子，查询如下：

```
SELECT * FROM salaries
WHERE (from_date between '1986-01-01' AND '1995-01-01')
AND (salary between 38000 and 40000);
```

若启用了 Multi-Range Read 优化，则执行计划如图 5-36 所示。

id	select_type	table	type	possible_keys	key	key_len	ref	rows	Extra
1	SIMPLE	salaries	range	idx_s	idx_s	4	NULL	210740	Using index condition; Using MRR

图 5-36　启用 Multi-Range Read 的执行计划

表 salaries 上有对于 salary 的索引 idx_s，在执行上述 SQL 语句时，因为启用了 Multi-Range Read 优化，所以会对查询条件进行拆分，这样在列 Extra 中可以看到 Using MRR 选项。

是否启用 Multi-Range Read 优化可以通过参数 optimizer_switch 中的标记（flag）来控制。当 mrr 为 on 时，表示启用 Multi-Range Read 优化。mrr_cost_based 标记表示是否通过 cost based 的方式来选择是否启用 mrr。若将 mrr 设为 on，mrr_cost_based 设为 off，则总是启用 Multi-Range Read 优化。例如，下述语句可以将 Multi-Range Read 优化总是设为开启状态：

```
mysql> SET @@optimizer_switch='mrr=on,mrr_cost_based=off';
Query OK, 0 rows affected (0.00 sec)
```

参数 read_rnd_buffer_size 用来控制键值的缓冲区大小，当大于该值时，则执行器对已经缓存的数据根据 RowID 进行排序，并通过 RowID 来取得行数据。该值默认为 256K：

```
mysql> SELECT @@read_rnd_buffer_size\G;
*************************** 1. row ***************************
@@read_rnd_buffer_size: 262144
1 row in set (0.00 sec)
```

5.6.7 Index Condition Pushdown（ICP）优化

和 Multi-Range Read 一样，Index Condition Pushdown 同样是 MySQL 5.6 开始支持的一种根据索引进行查询的优化方式。之前的 MySQL 数据库版本不支持 Index Condition Pushdown，当进行索引查询时，首先根据索引来查找记录，然后再根据 WHERE 条件来过滤记录。在支持 Index Condition Pushdown 后，MySQL 数据库会在取出索引的同时，判断是否可以进行 WHERE 条件的过滤，也就是将 WHERE 的部分过滤操作放在了存储引擎层。在某些查询下，可以大大减少上层 SQL 层对记录的索取（fetch），从而提高数据库的整体性能。

Index Condition Pushdown 优化支持 range、ref、eq_ref、ref_or_null 类型的查询，当前支持 MyISAM 和 InnoDB 存储引擎。当优化器选择 Index Condition Pushdown 优化时，可在执行计划的列 Extra 看到 Using index condition 提示。

注意 NDB Cluster 存储引擎支持 Engine Condition Pushdown 优化。不仅可以进行“Index”的 Condition Pushdown，也可以支持非索引的 Condition Pushdown，不过这是由其引擎本身的特性所决定的。另外在 MySQL 5.1 版本中 NDB Cluster 存储引擎就开始支持 Engine Condition Pushdown 优化。

假设某张表有联合索引 (zip_code，last_name，firset_name)，并且查询语句如下：

```
SELECT * FROM people
  WHERE zipcode='95054'
  AND lastname LIKE '%etrunia%'
  AND address LIKE '%Main Street%';
```

对于上述语句，MySQL 数据库可以通过索引来定位 zipcode 等于 95 054 的记录，但是索引对 WHERE 条件的 lastname LIKE '%etrunia%' AND address LIKE'%Main Street%' 没有任何帮助。若不支持 Index Condition Pushdown 优化，则数据库需要先通过索引取出所有 zipcode 等于 95 054 的记录，然后再过滤 WHERE 之后的两个条件。

若支持 Index Condition Pushdown 优化，则在索引取出时，就会进行 WHERE 条件的过滤，然后再去获取记录。这将极大地提高查询的效率。当然，WHERE 可以过滤的条件是要该索引可以覆盖到的范围。来看下面的 SQL 语句：

```
SELECT * FROM salaries
WHERE (from_date between '1986-01-01' AND '1995-01-01')
AND (salary between 38000 and 40000);
```

若不启用 Multi-Range Read 优化，则其执行计划如图 5-37 所示。

	id	select_type	table	type	possible_keys	key	key_len	ref	rows	Extra
▸	1	SIMPLE	salaries	range	idx_s	idx_s	4	NULL	210740	Using index condition

图 5-37　不进行 Multi-Range Read 优化的执行计划

可以看到列 Extra 有 Using index condition 的提示。但是为什么这里的 idx_s 索引会使用 Index Condition Pushdown 优化呢？因为这张表的主键是 (emp_no，from_date) 的联合索引，所以 idx_s 索引中包含了 from_date 的数据，故可使用此优化方式。

表 5-5 对比了在 MySQL 5.5 和 MySQL 5.6 中上述 SQL 语句的执行时间，并且同时比较开启 MRR 后的执行时间。

表 5-5　MySQL 5.5 和 MySQL 5.6 中是否启用 Index Condition Pushdown 的执行时间对比

	执行时间（秒）
MySQL 5.5	46.738
MySQL 5.6 with ICP	37.924
MySQL 5.6 with ICP & MRR	7.816

上述的执行时间的比较同样是不对缓冲池做任何的预热操作。可见 Index Condition Pushdown 优化可以将查询效率在原有 MySQL 5.5 版本的技术上提高 23%。而再同时启用 Mulit-Range Read 优化后，性能还能有 400%的提升！

5.7　哈希算法

哈希算法是一种常见算法，时间复杂度为 O（1），且不只存在于索引中，每个数据库应用中都存在该数据库结构。设想一个问题，当前服务器的内存为 128GB 时，用户怎么从内存中得到某一个被缓存的页呢？虽然内存中查询速度很快，但是也不可能每次都要遍历所有内存来进行查找，这时对于字典操作只需 O（1）的哈希算法就有了很好的用武之地。

5.7.1 哈希表

哈希表（Hash Table）也称散列表，由直接寻址表改进而来。我们先来看直接寻址表。当关键字的全域U比较小时，直接寻址是一种简单而有效的技术。假设某应用要用到一个动态集合，其中每个元素都有一个取自全域U={0，1，…，m-1}[⊖]的关键字。同时假设没有两个元素具有相同的关键字。

用一个数组（即直接寻址表）T［0..m-1］表示动态集合，其中每个位置（或称槽或桶）对应全域U中的一个关键字。图5-38说明了这个方法，槽k指向集合中一个关键字为k的元素。如果该集合中没有关键字为k的元素，则T［k］=NULL。

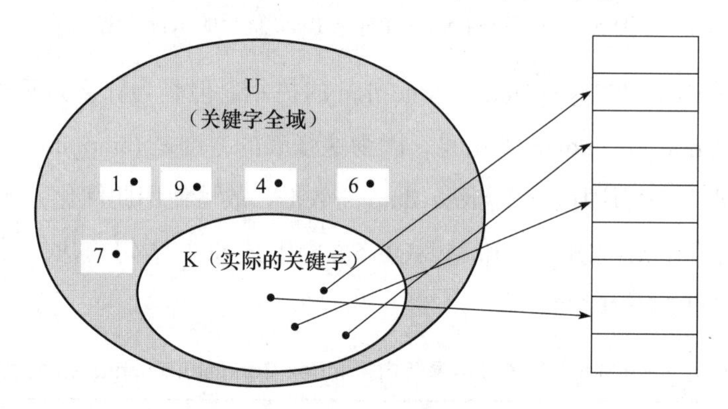

图5-38 直接寻址表

直接寻址技术存在一个很明显的问题，如果域U很大，在一台典型计算机的可用容量的限制下，要在机器中存储大小为U的一张表T就有点不实际，甚至是不可能的。如果实际要存储的关键字集合K相对于U来说很小，那么分配给T的大部分空间都要浪费掉。

因此，哈希表出现了。在哈希方式下，该元素处于h（k）中，即利用哈希函数h，根据关键字k计算出槽的位置。函数h将关键字域U映射到哈希表T［0..m-1］的槽位上，如图5-39所示。

哈希表技术很好地解决了直接寻址遇到的问题，但是这样做有一个小问题，如图5-39所示的两个关键字可能映射到同一个槽上。一般将这种情况称之为发生了碰撞（collision）。在数据库中一般采用最简单的碰撞解决技术，这种技术被称为链接法（chaining）。

⊖ 此处的m不是一个很大的数。

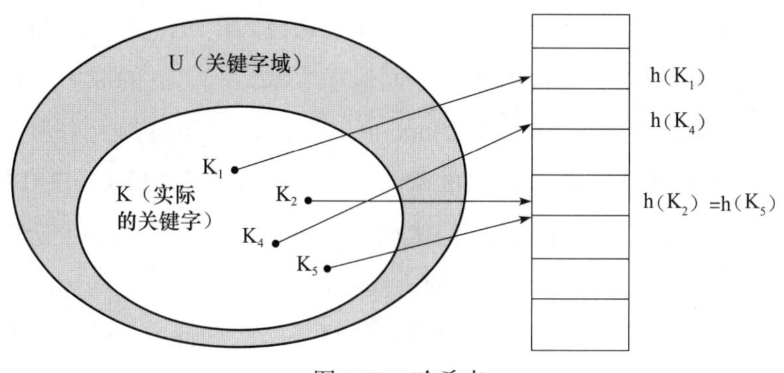

图 5-39 哈希表

在链接法中，把散列到同一槽中的所有元素都放在一个链表中，如图 5-40 所示。槽 j 中有一个指针，它指向由所有散列到 j 的元素构成的链表的头；如果不存在这样的元素，则 j 中为 NULL。

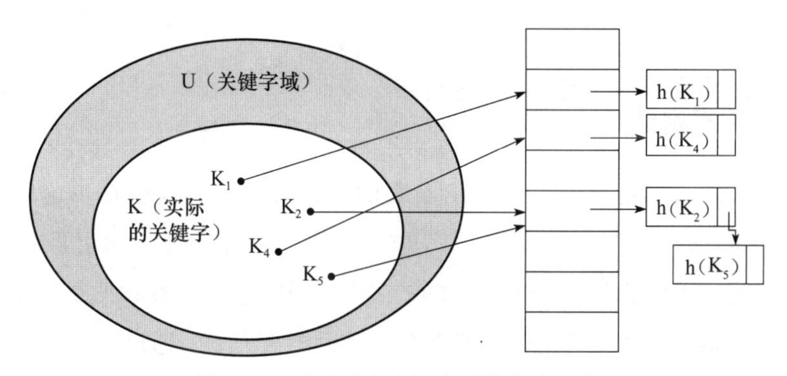

图 5-40 通过链表法解决碰撞的哈希表

最后要考虑的是哈希函数。哈希函数 h 必须可以很好地进行散列。最好的情况是能避免碰撞的发生。即使不能避免，也应该使碰撞在最小程度下产生。一般来说，都将关键字转换成自然数，然后通过除法散列、乘法散列或全域散列来实现。数据库中一般采用除法散列的方法。

在哈希函数的除法散列法中，通过取 k 除以 m 的余数，将关键字 k 映射到 m 个槽的某一个去，即哈希函数为：

```
h(k) = k mod m
```

5.7.2 InnoDB 存储引擎中的哈希算法

InnoDB 存储引擎使用哈希算法来对字典进行查找，其冲突机制采用链表方式，哈希函数采用除法散列方式。对于缓冲池页的哈希表来说，在缓冲池中的Page页都有一个chain指针，它指向相同哈希函数值的页。而对于除法散列，m的取值为略大于2倍的缓冲池页数量的质数。例如：当前参数innodb_buffer_pool_size的大小为10M，则共有640个16KB的页。对于缓冲池页内存的哈希表来说，需要分配640×2=1280个槽，但是由于1280不是质数，需要取比1280略大的一个质数，应该是1399，所以在启动时会分配1399个槽的哈希表，用来哈希查询所在缓冲池中的页。

那么InnoDB存储引擎的缓冲池对于其中的页是怎么进行查找的呢？上面只是给出了一般的算法，怎么将要查找的页转换成自然数呢？

其实也很简单，InnoDB存储引擎的表空间都有一个space_id，用户所要查询的应该是某个表空间的某个连续16KB的页，即偏移量offset。InnoDB存储引擎将space_id左移20位，然后加上这个space_id和offset，即关键字K=space_id<<20+space_id+offset，然后通过除法散列到各个槽中去。

5.7.3 自适应哈希索引

自适应哈希索引采用之前讨论的哈希表的方式实现。不同的是，这仅是数据库自身创建并使用的，DBA本身并不能对其进行干预。自适应哈希索引经哈希函数映射到一个哈希表中，因此对于字典类型的查找非常快速，如SELECT * FROM TABLE WHERE index_col='xxx'。但是对于范围查找就无能为力了。通过命令SHOW ENGINE INNODB STATUS可以看到当前自适应哈希索引的使用状况，如：

```
mysql>SHOW ENGINE INNODB STATUS\G;
*************************** 1. row ***************************
Status:
=====================================
090922 11:52:51 INNODB MONITOR OUTPUT
=====================================
Per second averages calculated from the last 15 seconds
……
-------------------------------------
INSERT BUFFER AND ADAPTIVE HASH INDEX
-------------------------------------
Ibuf: size 2249, free list len 3346, seg size 5596,
374650 inserts, 51897 merged recs, 14300 merges
Hash table size 4980499, node heap has 1246 buffer(s)
1640.60 hash searches/s, 3709.46 non-hash searches/s
……
```

现在可以看到自适应哈希索引的使用信息了，包括自适应哈希索引的大小、使用情况、每秒使用自适应哈希索引搜索的情况。需要注意的是，哈希索引只能用来搜索等值的查询，如：

```
SELECT * FROM table WHERE index_col='xxx'
```

而对于其他查找类型，如范围查找，是不能使用哈希索引的。因此，这里出现了non-hash searches/s 的情况。通过 hash searches:non-hash searches 可以大概了解使用哈希索引后的效率。

由于自适应哈希索引是由 InnoDB 存储引擎自己控制的，因此这里的这些信息只供参考。不过可以通过参数 innodb_adaptive_hash_index 来禁用或启动此特性，默认为开启。

5.8 全文检索

5.8.1 概述

通过前面章节的介绍，已经知道 B+ 树索引的特点，可以通过索引字段的前缀（prefix）进行查找。例如，对于下面的查询 B+ 树索引是支持的：

```
SELECT * FROM blog WHERE content like 'xxx%'
```

上述 SQL 语句可以查询博客内容以 xxx 开头的文章，并且只要 content 添加了 B+ 树索引，就能利用索引进行快速查询。然而实际这种查询不符合用户的要求，因为在更多的情况下，用户需要查询的是博客内容包含单词 xxx 的文章，即：

```
SELECT * FROM blog WHERE content like '%xxx%'
```

根据 B+ 树索引的特性，上述 SQL 语句即便添加了 B+ 树索引也是需要进行索引的扫描来得到结果。类似这样的需求在互联网应用中还有很多。例如，搜索引擎需要根据用户输入的关键字进行全文查找，电子商务网站需要根据用户的查询条件，在可能需要在商品的详细介绍中进行查找，这些都不是 B+ 树索引所能很好地完成的工作。

全文检索（Full-Text Search）是将存储于数据库中的整本书或整篇文章中的任意内容信息查找出来的技术。它可以根据需要获得全文中有关章、节、段、句、词等信息，也可以进行各种统计和分析。

在之前的 MySQL 数据库中，InnoDB 存储引擎并不支持全文检索技术。大多数的用户转向 MyISAM 存储引擎，这可能需要进行表的拆分，并将需要进行全文检索的数据存储为 MyISAM 表。这样的确能够解决逻辑业务的需求，但是却丧失了 InnoDB 存储引擎的事务性，而这在生产环境应用中同样是非常关键的。

从 InnoDB 1.2.x 版本开始，InnoDB 存储引擎开始支持全文检索，其支持 MyISAM 存储引擎的全部功能，并且还支持其他的一些特性，这些将在后面的小节中进行介绍。

5.8.2 倒排索引

全文检索通常使用倒排索引（inverted index）来实现。倒排索引同 B+ 树索引一样，也是一种索引结构。它在辅助表（auxiliary table）中存储了单词与单词自身在一个或多个文档中所在位置之间的映射。这通常利用关联数组实现，其拥有两种表现形式：

- ❑ inverted file index，其表现形式为 { 单词，单词所在文档的 ID}
- ❑ full inverted index，其表现形式为 { 单词，(单词所在文档的 ID，在具体文档中的位置)}

例如，对于下面这个例子，表 t 存储的内容如表 5-6 所示。

表 5-6 全文检索表 t

DocumentId	Text	DocumentId	Text
1	Pease porridge hot, pease porridge cold	4	Some like it hot, some like it cold
2	Pease porridge in the pot	5	Some like it in the pot
3	Nine days old	6	Nine days old

DocumentId 表示进行全文检索文档的 Id，Text 表示存储的内容，用户需要对存储的这些文档内容进行全文检索。例如，查找出现过 Some 单词的文档 Id，又或者查找单个文档中出现过两个 Some 单词的文档 Id，等等。

对于 inverted file index 的关联数组，其存储的内容如表 5-7 所示。

表 5-7 inverted file index 的关联数组

Number	Text	Documents	Number	Text	Documents
1	code	1, 4	8	old	3, 6
2	days	3, 6	9	pease	1, 2
3	hot	1, 4	10	porridge	1, 2
4	in	2, 5	11	pot	2, 5
5	it	4, 5	12	some	4, 5
6	like	4. 5	13	the	2, 5
7	nine	3, 6			

可以看到单词code存在于文档1和4中，单词days存在与文档3和6中。之后再要进行全文查询就简单了，可以直接根据Documents得到包含查询关键字的文档。对于inverted file index，其仅存取文档Id，而full inverted index存储的是对(pair)，即(DocumentId，Position)，因此其存储的倒排索引如表5-8所示。

表5-8　full inverted index的关联数组

Number	Text	Documents	Number	Text	Documents
1	code	(1:6)，(4:8)	8	old	(3:3)，(6:3)
2	days	(3:2)，(6:2)	9	pease	(1:1,4)，(2:1)
3	hot	(1:3)，(4:4)	10	porridge	(1:2,5)，(2:2)
4	in	(2:3)，(5:4)	11	pot	(2:5)，(5:6)
5	it	(4: 3,7)，(5:3)	12	some	(4:1,5)，(5:1)
6	like	(4:2,6)，(5:2)	13	the	(2:4)，(5:5)
7	nine	(3:1)，(6:1)			

full inverted index还存储了单词所在的位置信息，如code这个单词出现在（1：6），即文档1的第6个单词为code。相比之下，full inverted index占用更多的空间，但是能更好地定位数据，并扩充一些其他的搜索特性。

5.8.3　InnoDB全文检索

InnoDB存储引擎从1.2.x版本开始支持全文检索的技术，其采用full inverted index的方式。在InnoDB存储引擎中，将(DocumentId，Position)视为一个“ilist”。因此在全文检索的表中，有两个列，一个是word字段，另一个是ilist字段，并且在word字段上有设有索引。此外，由于InnoDB存储引擎在ilist字段中存放了Position信息，故可以进行Proximity Search，而MyISAM存储引擎不支持该特性。

正如之前所说的那样，倒排索引需要将word存放到一张表中，这个表称为Auxiliary Table（辅助表）。在InnoDB存储引擎中，为了提高全文检索的并行性能，共有6张Auxiliary Table，目前每张表根据word的Latin编码进行分区。

Auxiliary Table是持久的表，存放于磁盘上。然而在InnoDB存储引擎的全文索引中，还有另外一个重要的概念FTS Index Cache（全文检索索引缓存），其用来提高全文检索的性能。

FTS Index Cache是一个红黑树结构，其根据（word，ilist）进行排序。这意味着插入的数据已经更新了对应的表，但是对全文索引的更新可能在分词操作后还在 FTS Index Cache 中，Auxiliary Table 可能还没有更新。InnoDB 存储引擎会批量对 Auxiliary Table 进行更新，而不是每次插入后更新一次 Auxiliary Table。当对全文检索进行查询时，Auxiliary Table 首先会将在 FTS Index Cache 中对应的 word 字段合并到 Auxiliary Table 中，然后再进行查询。这种 merge 操作非常类似之前介绍的 Insert Buffer 的功能，不同的是 Insert Buffer 是一个持久的对象，并且其是 B+ 树的结构。然而 FTS Index Cache 的作用又和 Insert Buffer 是类似的，它提高了 InnoDB 存储引擎的性能，并且由于其根据红黑树排序后进行批量插入，其产生的 Auxiliary Table 相对较小。

InnoDB 存储引擎允许用户查看指定倒排索引的 Auxiliary Table 中分词的信息，可以通过设置参数 innodb_ft_aux_table 来观察倒排索引的 Auxiliary Table。下面的 SQL 语句设置查看 test 架构下表 fts_a 的 Auxiliary Table：

```
mysql>SET GLOBAL innodb_ft_aux_table='test/fts_a';
Query OK, 0 rows affected (0.00 sec)
```

在上述设置完成后，就可以通过查询 information_schema 架构下的表 INNODB_FT_INDEX_TABLE 得到表 fts_a 中的分词信息。

对于其他数据库，如 Oracle 11g，用户可以选择手工在事务提交时，或者固定间隔时间时将倒排索引的更新刷新到磁盘。对于 InnoDB 存储引擎而言，其总是在事务提交时将分词写入到 FTS Index Cache，然后再通过批量更新写入到磁盘。虽然 InnoDB 存储引擎通过一种延时的、批量的写入方式来提高数据库的性能，但是上述操作仅在事务提交时发生。

当数据库关闭时，在 FTS Index Cache 中的数据库会同步到磁盘上的 Auxiliary Table 中。然而，如果当数据库发生宕机时，一些 FTS Index Cache 中的数据库可能未被同步到磁盘上。那么下次重启数据库时，当用户对表进行全文检索（查询或者插入操作）时，InnoDB 存储引擎会自动读取未完成的文档，然后进行分词操作，再将分词的结果放入到 FTS Index Cache 中。

参数 innodb_ft_cache_size 用来控制 FTS Index Cache 的大小，默认值为 32M。当该缓存满时，会将其中的 (word，ilist) 分词信息同步到磁盘的 Auxiliary Table 中。增大该参数可以提高全文检索的性能，但是在宕机时，未同步到磁盘中的索引信息可能需要更长的时间进行恢复。

FTS Document ID是另外一个重要的概念。在InnoDB存储引擎中，为了支持全文检索，必须有一个列与word进行映射，在InnoDB中这个列被命名为FTS_DOC_ID，其类型必须是BIGINT UNSIGNED NOT NULL，并且InnoDB存储引擎自动会在该列上加入一个名为FTS_DOC_ID_INDEX的Unique Index。上述这些操作都由InnoDB存储引擎自己完成，用户也可以在建表时自动添加FTS_DOC_ID，以及相应的Unique Index。由于列名为FTS_DOC_ID的列具有特殊意义，因此创建时必须注意相应的类型，否则MySQL数据库会抛出错误，如：

```
mysql> CREATE TABLE fts_a(
   -> FTS_DOC_ID INT UNSIGNED AUTO_INCREMENT NOT NULL,
   ->body TEXT,
   -> PRIMARY KEY(FTS_DOC_ID)
   -> );
ERROR 1166 (42000): Incorrect column name 'FTS_DOC_ID'
```

可以看到，由于用户手动定义的列FTS_DOC_ID的类型是INT，而非BIG INT，因此在创建的时候抛出了Incorrect column name 'FTS_DOC_ID'，因此需将该列修改为对应的数据类型，如：

```
mysql> CREATE TABLE fts_a(
   -> FTS_DOC_ID BIGINT UNSIGNED AUTO_INCREMENT NOT NULL,
   -> body TEXT,
   -> PRIMARY KEY(FTS_DOC_ID)
   -> );
Query OK, 0 rows affected (0.02 sec)
```

文档中分词的插入操作是在事务提交时完成，然而对于删除操作，其在事务提交时，不删除磁盘Auxiliary Table中的记录，而只是删除FTS Cache Index中的记录。对于Auxiliary Table中被删除的记录，InnoDB存储引擎会记录其FTS Document ID，并将其保存在DELETED auxiliary table中。在设置参数innodb_ft_aux_table后，用户同样可以访问information_schema架构下的表INNODB_FT_DELETED来观察删除的FTS Document ID。

由于文档的DML操作实际并不删除索引中的数据，相反还会在对应的DELETED表中插入记录，因此随着应用程序的允许，索引会变得非常大，即使索引中的有些数据已经被删除，查询也不会选择这类记录。为此，InnoDB存储引擎提供了一种方式，允许用户手工地将已经删除的记录从索引中彻底删除，该命令就是OPTIMIZE TABLE。因为

OPTIMIZE TABLE 还会进行一些其他的操作，如 Cardinality 的重新统计，若用户希望仅对倒排索引进行操作，那么可以通过参数 innodb_optimize_fulltext_only 进行设置，如：

```
mysql>SET GLOBAL innodb_optimize_fulltext_only=1;
mysql>OPTIMIZE TABLEfts_a;
```

若被删除的文档非常多，那么 OPTIMIZE TABLE 操作可能需要占用非常多的时间，这会影响应用程序的并发性，并极大地降低用户的响应时间。用户可以通过参数 innodb_ft_num_word_optimize 来限制每次实际删除的分词数量。该参数的默认值为 2000。

下面来看一个具体的例子，首先通过如下代码创建表 fts_a：

```
CREATE TABLE fts_a(
     FTS_DOC_ID BIGINT UNSIGNED AUTO_INCREMENT NOT NULL,
     body TEXT,
PRIMARY KEY(FTS_DOC_ID)
);

INSERT INTO  fts_a
     SELECT NULL,'Pease porridge in the pot';
INSERT INTO  fts_a
     SELECT NULL,'Pease porridge hot, pease porridge cold';
INSERT INTO  fts_a
     SELECT NULL,'Nine days old';
INSERT INTO  fts_a
     SELECT NULL,'Some like it hot, some like it cold';
INSERT INTO  fts_a
     SELECT NULL,'Some like it in the pot';
INSERT INTO  fts_a
     SELECT NULL,'Nine days old';
INSERT INTO  fts_a
     SELECT NULL,'I like code days';


CREATE FULLTEXT INDEX idx_fts ON fts_a(body);
```

上述代码创建了表 fts_a，由于 body 字段是进行全文检索的字段，因此创建一个类型为 FULLTEXT 的索引。这里首先导入数据，然后再进行倒排索引的创建，这也是比较推荐的一种方式。创建完成后观察到表 fts_a 中的数据：

```
mysql> SELECT * FROM fts_a;
+------------+------------------------------------------+
| FTS_DOC_ID | body                                     |
+------------+------------------------------------------+
```

```
|          1 | Pease porridge in the pot                  |
|          2 | Pease porridge hot, pease porridge cold    |
|          3 | Nine days old                              |
|          4 | Some like it hot, some like it cold        |
|          5 | Some like it in the pot                    |
|          6 | Nine days old                              |
|          7 | I like code days                           |
+------------+--------------------------------------------+
7 rows in set (0.00 sec)
```

通过设置参数 innodb_ft_aux_table 来查看分词对应的信息：

```
mysql> SET GLOBAL innodb_ft_aux_table='test/fts_a';
Query OK, 0 rows affected (0.00 sec)
mysql> SELECT * FROM information_schema.INNODB_FT_INDEX_TABLE;
+----------+--------------+-------------+-----------+--------+----------+
| WORD     | FIRST_DOC_ID | LAST_DOC_ID | DOC_COUNT | DOC_ID | POSITION |
+----------+--------------+-------------+-----------+--------+----------+
| code     |            7 |           7 |         1 |      7 |        7 |
| cold     |            2 |           4 |         2 |      2 |       35 |
| cold     |            2 |           4 |         2 |      4 |       31 |
| days     |            3 |           7 |         3 |      3 |        5 |
| days     |            3 |           7 |         3 |      6 |        5 |
| days     |            3 |           7 |         3 |      7 |       12 |
| hot      |            2 |           4 |         2 |      2 |       15 |
| hot      |            2 |           4 |         2 |      4 |       13 |
| like     |            4 |           7 |         3 |      4 |        5 |
| like     |            4 |           7 |         3 |      4 |       18 |
| like     |            4 |           7 |         3 |      5 |        5 |
| like     |            4 |           7 |         3 |      7 |        2 |
| nine     |            3 |           6 |         2 |      3 |        0 |
| nine     |            3 |           6 |         2 |      6 |        0 |
| old      |            3 |           6 |         2 |      3 |       10 |
| old      |            3 |           6 |         2 |      6 |       10 |
| pease    |            1 |           2 |         2 |      1 |        0 |
| pease    |            1 |           2 |         2 |      2 |        0 |
| pease    |            1 |           2 |         2 |      2 |       20 |
| porridge |            1 |           2 |         2 |      1 |        6 |
| porridge |            1 |           2 |         2 |      2 |        6 |
| porridge |            1 |           2 |         2 |      2 |       20 |
| pot      |            1 |           5 |         2 |      1 |       22 |
| pot      |            1 |           5 |         2 |      5 |       20 |
| some     |            4 |           5 |         2 |      4 |        0 |
| some     |            4 |           5 |         2 |      4 |       18 |
```

```
| some      |            4 |           5 |         2 |       5 |        0 |
+-----------+--------------+-------------+-----------+---------+----------+
27 rows in set (0.00 sec)
```

可以看到每个word都对应了一个DOC_ID和POSITION。此外，还记录了FIRST_DOC_ID、LAST_DOC_ID以及DOC_COUNT，分别代表了该word第一次出现的文档ID，最后一次出现的文档ID，以及该word在多少个文档中存在。

若这时执行下面的SQL语句，会删除FTS_DOC_ID为7的文档：

```
mysql> DELETE FROM test.fts_a WHERE FTS_DOC_ID=7;
Query OK, 1 row affected (0.00 sec)
```

由于之前的介绍，InnoDB存储引擎并不会直接删除索引中对应的记录，而是将删除的文档ID插入到DELETED表，因此用户可以进行如下的查询：

```
mysql> SELECT * FROM INNODB_FT_DELETED;
+--------+
| DOC_ID |
+--------+
|      7 |
+--------+
1 row in set (0.00 sec)
```

可以看到删除的文档ID插入到了表INNODB_FT_DELETED中，若用户想要彻底删除倒排索引中该文档的分词信息，那么可以运行如下的SQL语句：

```
mysql> SET GLOBAL innodb_optimize_fulltext_only=1;
Query OK, 0 rows affected (0.00 sec)

mysql> OPTIMIZE TABLE test.fts_a;
+------------+----------+----------+----------+
| Table      | Op       | Msg_type | Msg_text |
+------------+----------+----------+----------+
| test.fts_a | optimize | status   | OK       |
+------------+----------+----------+----------+
1 row in set (0.01 sec)

mysql> SELECT * FROM INNODB_FT_DELETED;
+--------+
| DOC_ID |
+--------+
|      7 |
+--------+
```

```
1 row in set (0.00 sec)

mysql> SELECT * FROM INNODB_FT_BEING_DELETED;
+--------+
| DOC_ID |
+--------+
|      7 |
+--------+
1 row in set (0.00 sec)
```

通过上面的例子可以看到，运行命令 OPTIMIZE TABLE 可将记录进行彻底的删除，并且彻底删除的文档 ID 会记录到表 INNODB_FT_BEING_DELETED 中。此外，由于 7 这个文档 ID 已经被删除，因此不允许再次插入这个文档 ID，否则数据库会抛出如下异常：

```
mysql> INSERT INTO  test.fts_a SELECT 7,'I like this days';
ERROR 182 (HY000): Invalid InnoDB FTS Doc ID
```

stopword 列表（stopword list）是本小节最后阐述的一个概念，其表示该列表中的 word 不需要对其进行索引分词操作。例如，对于 the 这个单词，由于其不具有具体的意义，因此将其视为 stopword。InnoDB 存储引擎有一张默认的 stopword 列表，其在 information_schema 架构下，表名为 INNODB_FT_DEFAULT_STOPWORD，默认共有 36 个 stopword。此外用户也可以通过参数 innodb_ft_server_stopword_table 来自定义 stopword 列表。如：

```
mysql> CREATE TABLE user_stopword(
    -> value VARCHAR(30)
    -> ) ENGINE = INNODB;
Query OK, 0 rows affected (0.03 sec)

mysql> SET GLOBAL
    -> innodb_ft_server_stopword_table = "test/user_stopword";
Query OK, 0 rows affected (0.00 sec)
```

当前 InnoDB 存储引擎的全文检索还存在以下的限制：

- 每张表只能有一个全文检索的索引。
- 由多列组合而成的全文检索的索引列必须使用相同的字符集与排序规则。
- 不支持没有单词界定符（delimiter）的语言，如中文、日语、韩语等。

5.8.4 全文检索

MySQL 数据库支持全文检索（Full-Text Search）的查询，其语法为：

```
MATCH (col1,col2,...) AGAINST (expr [search_modifier])
search_modifier:
  {
     IN NATURAL LANGUAGE MODE
    | IN NATURAL LANGUAGE MODE WITH QUERY EXPANSION
    | IN BOOLEAN MODE
    | WITH QUERY EXPANSION
}
```

MySQL 数据库通过 MATCH()…AGAINST() 语法支持全文检索的查询，MATCH 指定了需要被查询的列，AGAINST 指定了使用何种方法去进行查询。下面将对各种查询模式进行详细的介绍。

1. Natural Language

全文检索通过 MATCH 函数进行查询，默认采用 Natural Language 模式，其表示查询带有指定 word 的文档。对于 5.8.3 小节中创建的表 fts_a，查询 body 字段中带有 Pease 的文档，若不使用全文索引技术，则允许使用下述 SQL 语句：

```
mysql> SELECT * FROM fts_a WHERE body LIKE '%Pease%';
```

显然上述 SQL 语句不能使用 B+ 树索引。若采用全文检索技术，可以用下面的 SQL 语句进行查询：

```
mysql> SELECT * FROM fts_a
    -> WHERE MATCH(body)
    ->AGAINST ('Porridge' IN NATURAL LANGUAGE MODE);
+------------+------------------------------------------+
| FTS_DOC_ID | body                                     |
+------------+------------------------------------------+
|          2 | Pease porridge hot, pease porridge cold |
|          1 | Pease porridge in the pot               |
+------------+------------------------------------------+
2 rows in set (0.00 sec)
```

由于 NATURAL LANGUAGE MODE 是默认的全文检索查询模式，因此用户可以省略查询修饰符，即上述 SQL 语句可以写为：

```
SELECT * FROM fts_a WHERE MATCH(body) AGAINST ('Porridge');
```

观察上述 SQL 语句的查询计划，可得：

```
mysql> EXPLAIN SELECT * FROM fts_a
    -> WHERE MATCH(body) AGAINST ('Porridge')\G;
*************************** 1. row ***************************
           id: 1
  select_type: SIMPLE
        table: fts_a
         type: fulltext
possible_keys: idx_fts
          key: idx_fts
      key_len: 0
          ref: NULL
         rows: 1
        Extra: Using where
1 row in set (0.00 sec)
```

可以看到，在type这列显示了fulltext，即表示使用全文检索的倒排索引，而key这列显示了idx_fts，表示索引的名字。可见上述查询使用了全文检索技术。同时，若表没有创建倒排索引，则执行MATCH函数会抛出类似如下错误：

```
mysql> SELECT * FROM fts_b
    -> WHERE MATCH(body) AGAINST ('Porridge');
ERROR 1191 (HY000): Can't find FULLTEXT index matching the column list
```

在WHERE条件中使用MATCH函数，查询返回的结果是根据相关性（Relevance）进行降序排序的，即相关性最高的结果放在第一位。相关性的值是一个非负的浮点数字，0表示没有任何的相关性。根据MySQL官方的文档可知，其相关性的计算依据以下四个条件：

- word是否在文档中出现。
- word在文档中出现的次数。
- word在索引列中的数量。
- 多少个文档包含该word。

对于上述查询，由于Porridge在文档2中出现了两次，因而具有更高的相关性，故第一个显示。

为了统计MATCH函数得到的结果数量，可以使用下列SQL语句：

```
mysql> SELECT count(*)
    -> FROM fts_a WHERE
    ->MATCH(body) AGAINST ('Porridge' IN NATURAL LANGUAGE MODE);
+-------------------+
| count(FTS_DOC_ID) |
```

```
+-------------------+
|                 2 |
+-------------------+
1 row in set (0.00 sec)
```

上述SQL语句也可以重写为：

```
mysql> SELECT
    -> COUNT(IF(MATCH (body)
    -> AGAINST ('Porridge' IN NATURAL LANGUAGE MODE), 1, NULL))
    -> AS count
    -> FROM fts_a;
+-------+
| count |
+-------+
|     2 |
+-------+
1 row in set (0.00 sec)
```

上述两句SQL语句虽然得到的逻辑结果是相同的，但是从内部运行来看，第二句SQL的执行速度可能更快些。这是因为第一句SQL语句还需要进行相关性的排序统计，而在第二句SQL中是不需要的。

此外，用户可以通过SQL语句查看相关性：

```
mysql> SELECT fts_doc_id,body,
    -> MATCH(body) AGAINST ('Porridge' IN NATURAL LANGUAGE MODE)
    -> AS Relevance
    -> FROM fts_a;
+------------+-------------------------------------------+--------------------+
| fts_doc_id | body                                      | Relevance          |
+------------+-------------------------------------------+--------------------+
|          1 | Pease porridge in the pot                 | 0.2960100471973419 |
|          2 | Pease porridge hot, pease porridge cold   | 0.5920200943946838 |
|          3 | Nine days old                             |                  0 |
|          4 | Some like it hot, some like it cold       |                  0 |
|          5 | Some like it in the pot                   |                  0 |
|          6 | Nine days old                             |                  0 |
|          7 | I like hot and code days                  |                  0 |
+------------+-------------------------------------------+--------------------+
7 rows in set (0.01 sec)
```

对于InnoDB存储引擎的全文检索，还需要考虑以下的因素：

- 查询的word在stopword列中，忽略该字符串的查询。

- ❑ 查询的 word 的字符长度是否在区间［innodb_ft_min_token_size，innodb_ft_max_token_size］内。

如果词在 stopword 中，则不对该词进行查询，如对 the 这个词进行查询，结果如下所示：

```
mysql> SELECT fts_doc_id AS id,body,
    -> MATCH(body) AGAINST ('the' IN NATURAL LANGUAGE MODE)
    -> AS rl
    -> FROM fts_a;
+----+-----------------------------------------+------+
| id | body                                    | rl   |
+----+-----------------------------------------+------+
|  1 | Pease porridge in the pot               |    0 |
|  2 | Pease porridge hot, pease porridge cold |    0 |
|  3 | Nine days old                           |    0 |
|  4 | Some like it hot, some like it cold     |    0 |
|  5 | Some like it in the pot                 |    0 |
|  6 | Nine days old                           |    0 |
|  7 | I like hot and code days                |    0 |
+----+-----------------------------------------+------+
7 rows in set (0.00 sec)
```

可以看到，the 虽然在文档 1、5 中出现，但由于其是 stopword，故其相关性为 0。

参数 innodb_ft_min_token_size 和 innodb_ft_max_token_size 控制 InnoDB 存储引擎查询字符的长度，当长度小于 innodb_ft_min_token_size，或者长度大于 innodb_ft_max_token_size 时，会忽略该词的搜索。在 InnoDB 存储引擎中，参数 innodb_ft_min_token_size 的默认值为 3，参数 innodb_ft_max_token_size 的默认值为 84。

2. Boolean

MySQL 数据库允许使用 IN BOOLEAN MODE 修饰符来进行全文检索。当使用该修饰符时，查询字符串的前后字符会有特殊的含义，例如下面的语句要求查询有字符串 Pease 但没有 hot 的文档，其中 + 和 - 分别表示这个单词必须出现，或者一定不存在。

```
mysql> SELECT * FROM fts_a
    ->WHERE MATCH(body) AGAINST ('+Pease -hot' IN BOOLEAN MODE)\G;
*************************** 1. row ***************************
FTS_DOC_ID: 1
      body: Pease porridge in the pot
```

Boolean 全文检索支持以下几种操作符：

- + 表示该 word 必须存在。
- - 表示该 word 必须被排除。
- （no operator）表示该 word 是可选的，但是如果出现，其相关性会更高
- @distance 表示查询的多个单词之间的距离是否在 distance 之内，distance 的单位是字节。这种全文检索的查询也称为 Proximity Search。如 MATCH（body）AGAINST（'"Pease pot"@30' IN BOOLEAN MODE）表示字符串 Pease 和 pot 之间的距离需在 30 字节内。
- > 表示出现该单词时增加相关性。
- < 表示出现该单词时降低相关性。
- ～表示允许出现该单词，但是出现时相关性为负（全文检索查询允许负相关性）。
- * 表示以该单词开头的单词，如 lik*，表示可以是 lik、like，又或者 likes。
- " 表示短语。

接着将根据上述的操作符及之前创建的表 fts_a 来进行具体的介绍。下面的 SQL 语句返回有 pease 又有 hot 的文档：

```
mysql> SELECT * FROM fts_a
    -> WHERE MATCH(body) AGAINST ('+Pease +hot' IN BOOLEAN MODE)\G;
*************************** 1. row ***************************
FTS_DOC_ID: 2
      body: Pease porridge hot, pease porridge cold
1 row in set (0.00 sec)
```

下面的 SQL 语句返回有 pease 但没有 hot 的文档：

```
mysql> SELECT * FROM fts_a
    -> WHERE MATCH(body) AGAINST ('+Pease -hot' IN BOOLEAN MODE)\G;
*************************** 1. row ***************************
FTS_DOC_ID: 1
      body: Pease porridge in the pot
1 row in set (0.00 sec)
```

下面的 SQL 语句返回有 pease 或有 hot 的文档：

```
mysql> SELECT * FROM fts_a
    -> WHERE MATCH(body) AGAINST ('Pease hot' IN BOOLEAN MODE);
+------------+-----------------------------------------+
| FTS_DOC_ID | body                                    |
+------------+-----------------------------------------+
|          2 | Pease porridge hot, pease porridge cold |
|          1 | Pease porridge in the pot               |
|          4 | Some like it hot, some like it cold     |
```

```
|          7 | I like hot and code days                 |
+------------+------------------------------------------+
4 rows in set (0.00 sec)
```

下面的SQL语句进行Proximity Search：

```
mysql> SELECT fts_doc_id,body FROM fts_a
    -> WHERE MATCH(body)
    -> AGAINST ('"Pease pot" @30' IN BOOLEAN MODE)\G;
*************************** 1. row ***************************
fts_doc_id: 1
      body: Pease porridge in the pot
1 row in set (0.01 sec)

mysql> SELECT fts_doc_id,body FROM fts_a
    -> WHERE MATCH(body)
    -> AGAINST ('"Pease pot" @10' IN BOOLEAN MODE);
Empty set (0.01 sec)
```

可以看到文档1中单词Pease和pot的距离为22字节，因此第一条@30的查询可以返回结果，而之后@10的条件不能返回任何结果。如：

```
mysql> SELECT fts_doc_id,body,
    -> MATCH(body) AGAINST ('like >pot' IN BOOLEAN MODE)
    -> AS Relevance FROM fts_a;
+------------+------------------------------------------+---------------------+
| fts_doc_id | body                                     | Relevance           |
+------------+------------------------------------------+---------------------+
|          1 | Pease porridge in the pot                |  1.2960100173950195 |
|          2 | Pease porridge hot, pease porridge cold  |                   0 |
|          3 | Nine days old                            |                   0 |
|          4 | Some like it hot, some like it cold      | 0.27081382274627686 |
|          5 | Some like it in the pot                  |  1.4314169883728027 |
|          6 | Nine days old                            |                   0 |
|          7 | I like  hot and code days                | 0.13540691137313843 |
+------------+------------------------------------------+---------------------+
7 rows in set (0.00 sec)
```

上述SQL语句查询根据是否有单词like或pot进行相关性统计，并且出现单词pot后相关性需要增加。文档4虽然出现两个like单词，但是没有pot，因此相关性没有文档1和5高。

下面的查询增加了“<some”的条件，最后得到的结果：

```
mysql> SELECT fts_doc_id,body,
    -> MATCH(body) AGAINST ('like >hot <some' IN BOOLEAN MODE)
    -> AS Relevance
    -> FROM fts_a;
```

```
+------------+------------------------------------------+---------------------+
| fts_doc_id | body                                     | Relevance           |
+------------+------------------------------------------+---------------------+
|          1 | Pease porridge in the pot                |                   0 |
|          2 | Pease porridge hot, pease porridge cold  |  1.2960100173950195 |
|          3 | Nine days old                            |                   0 |
|          4 | Some like it hot, some like it cold      |   1.158843994140625 |
|          5 | Some like it in the pot                  | -0.5685830116271973 |
|          6 | Nine days old                            |                   0 |
|          7 | I like hot and code days                 | 0.13540691137313843 |
+------------+------------------------------------------+---------------------+
7 rows in set (0.00 sec)
```

可以发现文档5的相关性变为了负，这是因为虽然其中存在like单词，但是也存在some单词，所以根据查询条件，其相关性变为了负相关。

接着来看下面的SQL语句：

```
mysql> SELECT * FROM fts_a
    -> WHERE MATCH(body) AGAINST ('po*' IN BOOLEAN MODE);
+------------+------------------------------------------+
| FTS_DOC_ID | body                                     |
+------------+------------------------------------------+
|          2 | Pease porridge hot, pease porridge cold  |
|          1 | Pease porridge in the pot                |
|          5 | Some like it in the pot                  |
+------------+------------------------------------------+
3 rows in set (0.00 sec)
```

可以看到最后结果中的文档包含以po开头的单词，如porridge，pot。

最后是关于短语的SQL查询，如：

```
mysql> SELECT * FROM fts_a
-> WHERE MATCH(body) AGAINST ('like hot' IN BOOLEAN MODE);
+------------+------------------------------------------+
| FTS_DOC_ID | body                                     |
+------------+------------------------------------------+
|          4 | Some like it hot, some like it cold      |
|          7 | I like hot and code days                 |
|          2 | Pease porridge hot, pease porridge cold  |
|          5 | Some like it in the pot                  |
+------------+------------------------------------------+
4 rows in set (0.00 sec)

mysql> SELECT * FROM fts_a
-> WHERE MATCH(body) AGAINST ('"like hot"' IN BOOLEAN MODE);
+------------+--------------------------+
| FTS_DOC_ID | body                     |
+------------+--------------------------+
```

```
|          7 | I like hot and code days  |
+------------+--------------------------+
1 row in set (0.00 sec)
```

可以看到第一条 SQL 语句没有使用 "" 将 like 和 hot 视为一个短语，而只是将其视为两个单词，因此结果共返回 4 个文档。而第二条 SQL 语句使用 "like hot"，因此查询的是短语，故仅文档 4 符合查询条件。

3. Query Expansion

MySQL 数据库还支持全文检索的扩展查询。这种查询通常在查询的关键词太短，用户需要 implied knowledge（隐含知识）时进行。例如，对于单词 database 的查询，用户可能希望查询的不仅仅是包含 database 的文档，可能还指那些包含 MySQL、Oracle、DB2、RDBMS 的单词。而这时可以使用 Query Expansion 模式来开启全文检索的 implied knowledge。

通过在查询短语中添加 WITH QUERY EXPANSION 或 IN NATURAL LANGUAGE MODE WITH QUERY EXPANSION 可以开启 blind query expansion（又称为 automatic relevance feedback）。该查询分为两个阶段。

- 第一阶段：根据搜索的单词进行全文索引查询。
- 第二阶段：根据第一阶段产生的分词再进行一次全文检索的查询。

接着来看一个具体的例子，首先根据如下代码创建测试表 articles：

```
CREATE TABLE articles (
  id INT UNSIGNED AUTO_INCREMENT NOT NULL PRIMARY KEY,
  title VARCHAR(200),
  body TEXT,
      FULLTEXT ( title , body )
)    ENGINE=InnoDB;

INSERT INTO articles (title,body) VALUES
('MySQL Tutorial','DBMS stands for DataBase ...'),
('How To Use MySQL Well','After you went through a ...'),
('Optimizing MySQL','In this tutorial we will show ...'),
('1001 MySQL Tricks','1. Never run mysqld as root. 2. ...'),
('MySQL vs. YourSQL','In the following database comparison ...'),
('MySQL Security','When configured properly, MySQL ...'),
('Tuning DB2','For IBM database ...'),
('IBM History','DB2 hitory for IBM ...');
```

在这个例子中，并没有显示创建 FTS_DOC_ID 列，因此 InnoDB 存储引擎会自动建立该列，并添加唯一索引。此外，表 articles 的全文检索索引是根据列 title 和 body 的联合索引。接着根据 database 关键字进行的全文检索查询。

```
mysql> SELECT * FROM articles
    -> WHERE MATCH(title,body)
    -> AGAINST('database' IN NATURAL LANGUAGE MODE);
+----+-------------------+------------------------------------------+
| id | title             | body                                     |
+----+-------------------+------------------------------------------+
|  1 | MySQL Tutorial    | DBMS stands for DataBase ...             |
|  5 | MySQL vs. YourSQL | In the following database comparison ... |
|  7 | Tuning DB2        | For IBM database ...                     |
+----+-------------------+------------------------------------------+
3 rows in set (0.00 sec)
```

可以看到，查询返回了3条记录，body字段包含database关键字。接着开启Query Expansion，观察最后得到的结果如下所示：

```
mysql> SELECT * FROM articles
    -> WHERE MATCH(title,body)
    -> AGAINST('database' WITH QUERY EXPANSION);
+----+-----------------------+------------------------------------------+
| id | title                 | body                                     |
+----+-----------------------+------------------------------------------+
|  5 | MySQL vs. YourSQL     | In the following database comparison ... |
|  1 | MySQL Tutorial        | DBMS stands for DataBase ...             |
|  7 | Tuning DB2            | For IBM database ...                     |
|  8 | IBM History           | DB2 hitory for IBM ...                   |
|  3 | Optimizing MySQL      | In this tutorial we will show ...        |
|  6 | MySQL Security        | When configured properly, MySQL ...     |
|  2 | How To Use MySQL Well | After you went through a ...             |
|  4 | 1001 MySQL Tricks     | 1. Never run mysqld as root. 2. ...      |
+----+-----------------------+------------------------------------------+
8 rows in set (0.00 sec)
```

可以看到最后得到8条结果，除了之前包含database的记录，也有包含title或body字段中包含MySQL、DB2的文档。这就是Query Expansion。

由于Query Expansion的全文检索可能带来许多非相关性的查询，因此在使用时，用户可能需要非常谨慎。

5.9 小结

本章介绍了一些常用的数据结构，如二分查找树、平衡树、B+树、直接寻址表和哈希表，以及InnoDB1.2版本开始支持的全文索引。从数据结构的角度切入数据库中常见的B+树索引和哈希索引的使用，并从内部机制上讨论了使用上述索引的环境和优化方法。

第6章　锁

开发多用户、数据库驱动的应用时，最大的一个难点是：一方面要最大程度地利用数据库的并发访问，另外一方面还要确保每个用户能以一致的方式读取和修改数据。为此就有了锁（locking）的机制，同时这也是数据库系统区别于文件系统的一个关键特性。InnoDB存储引擎较之MySQL数据库的其他存储引擎在这方面技高一筹，其实现方式非常类似于Oracle数据库。而只有正确了解这些锁的内部机制才能充分发挥InnoDB存储引擎在锁方面的优势。

这一章将详细介绍InnoDB存储引擎对表中数据的锁定，同时分析InnoDB存储引擎会以怎样的粒度锁定数据。本章还对MyISAM、Oracle、SQL Server之间的锁进行了比较，主要是为了消除关于行级锁的一个"神话"：人们认为行级锁总会增加开销。实际上，只有当实现本身会增加开销时，行级锁才会增加开销。InnoDB存储引擎不需要锁升级，因为一个锁和多个锁的开销是相同的。

6.1　什么是锁

锁是数据库系统区别于文件系统的一个关键特性。锁机制用于管理对共享资源的并发访问[⊖]。InnoDB存储引擎会在行级别上对表数据上锁，这固然不错。不过InnoDB存储引擎也会在数据库内部其他多个地方使用锁，从而允许对多种不同资源提供并发访问。例如，操作缓冲池中的LRU列表，删除、添加、移动LRU列表中的元素，为了保证一致性，必须有锁的介入。数据库系统使用锁是为了支持对共享资源进行并发访问，提供数据的完整性和一致性。

另一点需要理解的是，虽然现在数据库系统做得越来越类似，但是有多少种数据库，就可能有多少种锁的实现方法。在SQL语法层面，因为SQL标准的存在，要熟悉多个关系数据库系统并不是一件难事。而对于锁，用户可能对某个特定的关系数据库

⊖ 注意：这里说的是"共享资源"而不仅仅是"行记录"。

系统的锁定模型有一定的经验，但这并不意味着知道其他数据库。在使用InnoDB存储引擎之前，我还使用过MySQL数据库的MyISAM和NDB Cluster存储引擎。在使用MySQL数据库之前，我还曾经使用过Microsoft SQL Server、Oracle等数据库，但它们各自对于锁的实现完全不同。

对于MyISAM引擎，其锁是表锁设计。并发情况下的读没有问题，但是并发插入时的性能就要差一些了，若插入是在“底部”，MyISAM存储引擎还是可以有一定的并发写入操作。对于Microsoft SQL Server数据库，在Microsoft SQL Server 2005版本之前其都是页锁的，相对表锁的MyISAM引擎来说，并发性能有所提高。页锁容易实现，然而对于热点数据页的并发问题依然无能为力。到2005版本，Microsoft SQL Server开始支持乐观并发和悲观并发，在乐观并发下开始支持行级锁，但是其实现方式与InnoDB存储引擎的实现方式完全不同。用户会发现在Microsoft SQL Server下，锁是一种稀有的资源，锁越多开销就越大，因此它会有锁升级。在这种情况下，行锁会升级到表锁，这时并发的性能又回到了以前。

InnoDB存储引擎锁的实现和Oracle数据库非常类似，提供一致性的非锁定读、行级锁支持。行级锁没有相关额外的开销，并可以同时得到并发性和一致性。

6.2 lock与latch

这里还要区分锁中容易令人混淆的概念lock与latch。在数据库中，lock与latch都可以被称为“锁”。但是两者有着截然不同的含义，本章主要关注的是lock。

latch一般称为闩锁（轻量级的锁），因为其要求锁定的时间必须非常短。若持续的时间长，则应用的性能会非常差。在InnoDB存储引擎中，latch又可以分为mutex（互斥量）和rwlock（读写锁）。其目的是用来保证并发线程操作临界资源的正确性，并且通常没有死锁检测的机制。

lock的对象是事务，用来锁定的是数据库中的对象，如表、页、行。并且一般lock的对象仅在事务commit或rollback后进行释放（不同事务隔离级别释放的时间可能不同）。此外，lock，正如在大多数数据库中一样，是有死锁机制的。表6-1显示了lock与latch的不同。

表 6-1 lock 与 latch 的比较

	lock	latch
对象	事务	线程
保护	数据库内容	内存数据结构
持续时间	整个事务过程	临界资源
模式	行锁、表锁、意向锁	读写锁、互斥量
死锁	通过 waits-for graph、time out 等机制进行死锁检测与处理	无死锁检测与处理机制。仅通过应用程序加锁的顺序（lock leveling）保证无死锁的情况发生
存在于	Lock Manager 的哈希表中	每个数据结构的对象中

对于 InnoDB 存储引擎中的 latch，可以通过命令 SHOW ENGINE INNODB MUTEX 来进行查看，如图 6-1 所示。

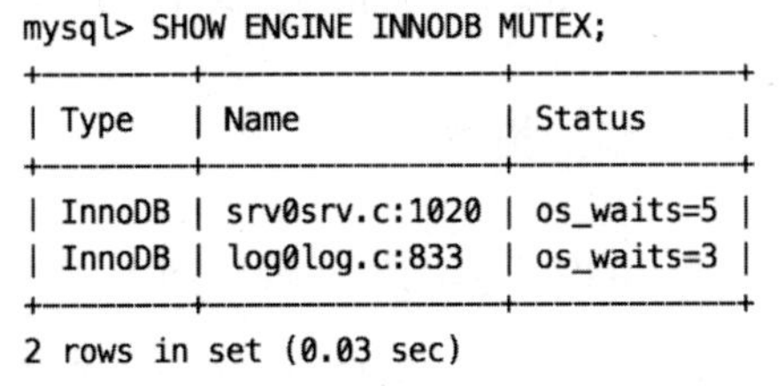

```
mysql> SHOW ENGINE INNODB MUTEX;
+--------+-----------------+-------------+
| Type   | Name            | Status      |
+--------+-----------------+-------------+
| InnoDB | srv0srv.c:1020  | os_waits=5  |
| InnoDB | log0log.c:833   | os_waits=3  |
+--------+-----------------+-------------+
2 rows in set (0.03 sec)
```

图 6-1 通过命令 SHOW ENGINE INNODB MUTEX 查看 latch

在 Debug 版本下，通过命令 SHOW ENGINE INNODB MUTEX 可以看到 latch 的更多信息，如图 6-2 所示。

```
mysql> SHOW ENGINE INNODB MUTEX;
+--------+---------------------------+-------------------------------------------------------------------------------------+
| Type   | Name                      | Status                                                                              |
+--------+---------------------------+-------------------------------------------------------------------------------------+
| InnoDB | &kernel_mutex:srv0srv.c   | count=54, spin_waits=6, spin_rounds=60, os_waits=3, os_yields=3, os_wait_times=0 |
| InnoDB | log0log.c:833             | os_waits=2                                                                          |
| InnoDB | rw_lock_mutexes           | count=0, spin_waits=0, spin_rounds=0, os_waits=0, os_yields=0, os_wait_times=0    |
+--------+---------------------------+-------------------------------------------------------------------------------------+
3 rows in set (0.01 sec)
```

图 6-2 在 Debug 版本下查看到的 latch

通过上述的例子可以看出，列 Type 显示的总是 InnoDB，列 Name 显示的是 latch 的信息以及所在源码的位置（行数）。列 Status 比较复杂，在 Debug 模式下，除了显示 os_waits，还会显示 count、spin_waits、spin_rounds、os_yields、os_wait_times 等信息。其具体含义见表 6-2。

表 6-2 命令 SHOW ENGINE INNODB MUTEX 输出结果说明

名称	说明
count	mutex 被请求的次数
spin_waits	spin lock（自旋锁）的次数，InnoDB 存储引擎 latch 在不能获得锁时首先进行自旋，若自旋后还不能获得锁，则进入等待状态
spin_rounds	自旋内部循环的总次数，每次自旋的内部循环是一个随机数。spin_rounds/spain_waits 表示平均每次自旋所需的内部循环次数
os_waits	表示操作系统等待的次数。当 spin lock 通过自旋还不能获得 latch 时，则会进入操作系统等待状态，等待被唤醒
os_yields	进行 os_thread_yield 唤醒操作的次数
os_wait_times	操作系统等待的时间，单位是 ms

上述所有的这些信息都是比较底层的，一般仅供开发人员参考。但是用户还是可以通过这些参数进行调优。

相对于latch的查看，lock信息就显得直观多了。用户可以通过命令SHOW ENGINE INNODB STATUS及information_schema架构下的表INNODB_TRX、INNODB_LOCKS、INNODB_LOCK_WAITS来观察锁的信息。这将在下节中进行详细的介绍。

6.3 InnoDB存储引擎中的锁

6.3.1 锁的类型

InnoDB存储引擎实现了如下两种标准的行级锁：

- 共享锁（S Lock），允许事务读一行数据。
- 排他锁（X Lock），允许事务删除或更新一行数据。

如果一个事务T1已经获得了行r的共享锁，那么另外的事务T2可以立即获得行r的共享锁，因为读取并没有改变行r的数据，称这种情况为锁兼容（Lock Compatible）。但若有其他的事务T3想获得行r的排他锁，则其必须等待事务T1、T2释放行r上的共享锁——这种情况称为锁不兼容。表6-3显示了共享锁和排他锁的兼容性。

表6-3 排他锁和共享锁的兼容性

	X	S
X	不兼容	不兼容
S	不兼容	兼容

从表6-3可以发现X锁与任何的锁都不兼容，而S锁仅和S锁兼容。需要特别注意的是，S和X锁都是行锁，兼容是指对同一记录（row）锁的兼容性情况。

此外，InnoDB存储引擎支持多粒度（granular）锁定，这种锁定允许事务在行级上的锁和表级上的锁同时存在。为了支持在不同粒度上进行加锁操作，InnoDB存储引擎支持一种额外的锁方式，称之为意向锁（Intention Lock）。意向锁是将锁定的对象分为多个层次，意向锁意味着事务希望在更细粒度（fine granularity）上进行加锁，如图6-3所示。

若将上锁的对象看成一棵树，那么对最下层的对象上锁，也就是对最细粒度的对象进行上锁，那么首先需要对粗粒度的对象上锁。例如图6-3，如果需要对页上的记录r进行上X锁，那么分别需要对数据库A、表、页上意向锁IX，最后对记录r上X锁。若

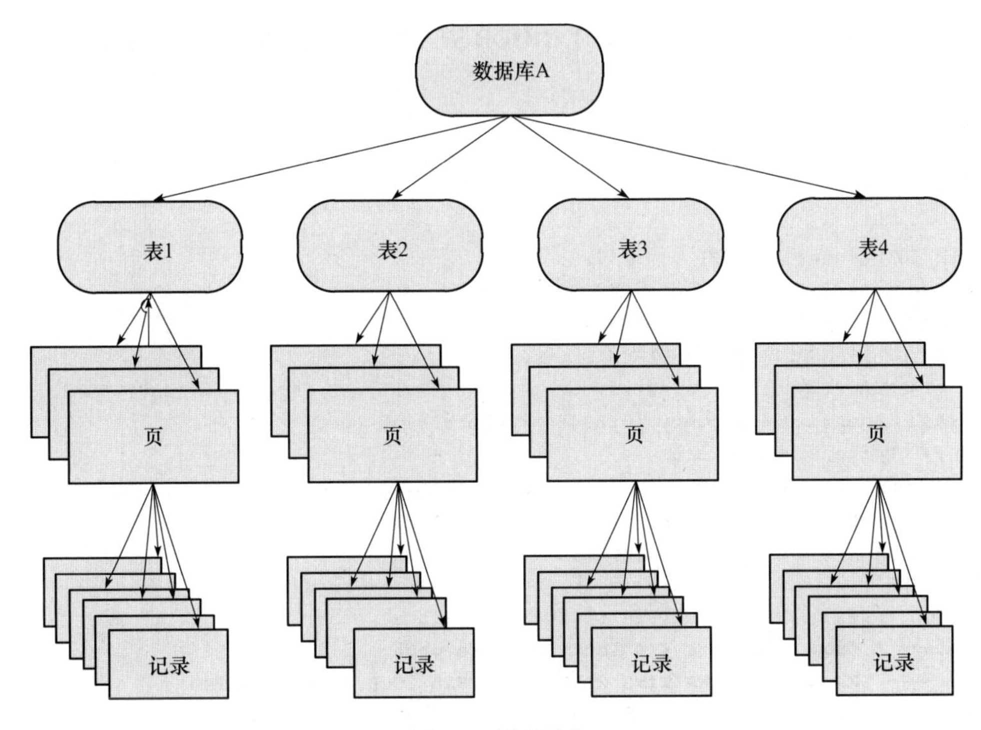

图 6-3 层次结构

其中任何一个部分导致等待，那么该操作需要等待粗粒度锁的完成。举例来说，在对记录 r 加 X 锁之前，已经有事务对表 1 进行了 S 表锁，那么表 1 上已存在 S 锁，之后事务需要对记录 r 在表 1 上加上 IX，由于不兼容，所以该事务需要等待表锁操作的完成。

InnoDB 存储引擎支持意向锁设计比较简练，其意向锁即为表级别的锁。设计目的主要是为了在一个事务中揭示下一行将被请求的锁类型。其支持两种意向锁：

1）意向共享锁（IS Lock），事务想要获得一张表中某几行的共享锁

2）意向排他锁（IX Lock），事务想要获得一张表中某几行的排他锁

由于 InnoDB 存储引擎支持的是行级别的锁，因此意向锁其实不会阻塞除全表扫以外的任何请求。故表级意向锁与行级锁的兼容性如表 6-4 所示。

表 6-4 InnoDB 存储引擎中锁的兼容性

	IS	IX	S	X
IS	兼容	兼容	兼容	不兼容
IX	兼容	兼容	不兼容	不兼容
S	兼容	不兼容	兼容	不兼容
X	不兼容	不兼容	不兼容	不兼容

用户可以通过命令 SHOW ENGINE INNODB STATUS 命令来查看当前锁请求的信息：

```
mysql> SHOW ENGINE INNODB STATUS\G;
……
------------
TRANSACTIONS
------------
Trx id counter 48B89BF
Purge done for trx's n:o < 48B89BA undo n:o < 0
History list length 0
LIST OF TRANSACTIONS FOR EACH SESSION:
---TRANSACTION 0, not started, process no 13757, OS thread id 1255176512
MySQL thread id 42, query id 80424887 localhost root
show engine innodb status
---TRANSACTION 48B89BE, ACTIVE 193 sec, process no 13757, OS thread id
1254910272 starting index read
mysql tables in use 1, locked 1
LOCK WAIT 2 lock struct(s), heap size 368, 1 row lock(s)
MySQL thread id 41, query id 80424886 localhost root Sending data
select * from t where a < 4 lock in share mode
------- TRX HAS BEEN WAITING 2 SEC FOR THIS LOCK TO BE GRANTED:
RECORD LOCKS space id 30 page no 3 n bits 72 index 'PRIMARY' of table
'test'.'t' trx id 48B89BE lock mode S waiting
------------------
TABLE LOCK table 'test'.'t' trx id 48B89BE lock mode IS
RECORD LOCKS space id 30 page no 3 n bits 72 index 'PRIMARY' of table
'test'.'t' trx id 48B89BE lock mode S waiting
---TRANSACTION 48B89BD, ACTIVE 205 sec, process no 13757, OS thread id
1257838912
2 lock struct(s), heap size 368, 1 row lock(s)
MySQL thread id 40, query id 80424881 localhost root
TABLE LOCK table 'test'.'t' trx id 48B89BD lock mode IX
RECORD LOCKS space id 30 page no 3 n bits 72 index 'PRIMARY' of table
'test'.'t' trx id 48B89BD lock_mode X locks rec but not gap
----------------------------
END OF INNODB MONITOR OUTPUT
============================

1 row in set (0.01 sec)
```

可以看到 SQL 语句 select * from t where a<4 lock in share mode 在等待，RECORD LOCKS space id 30 page no 3 n bits 72 index 'PRIMARY' of table 'test'.'t' trx id 48B89BD lock_mode X locks rec but not gap 表示锁住的资源。locks rec but not gap 代表锁住的是一个索引，不是一个范围。

在 InnoDB 1.0 版本之前，用户只能通过命令 SHOW FULL PROCESSLIST，SHOW ENGINE INNODB STATUS 等来查看当前数据库中锁的请求，然后再判断事务锁的情况。从 InnoDB1.0 开始，在 INFORMATION_SCHEMA 架构下添加了表 INNODB_TRX、INNODB_LOCKS、INNODB_LOCK_WAITS。通过这三张表，用户可以更简单地监控当前事务并分析可能存在的锁问题。我们将通过具体的示例来分析这三张表，在之前，首先了来看表 6-5 中表 INNODB_TRX 的定义，其由 8 个字段组成。

表 6-5 表 INNODB_TRX 的结构说明

字段名	说明
trx_id	InnoDB 存储引擎内部唯一的事务 ID
trx_state	当前事务的状态
trx_started	事务的开始时间
trx_requested_lock_id	等待事务的锁 ID。如 trx_state 的状态为 LOCK WAIT，那么该值代表当前的事务等待之前事务占用锁资源的 ID。若 trx_state 不是 LOCK WAIT，则该值为 NULL
trx_wait_started	事务等待开始的时间
trx_weight	事务的权重，反映了一个事务修改和锁住的行数。在 InnoDB 存储引擎中，当发生死锁需要回滚时，InnoDB 存储引擎会选择该值最小的进行回滚
trx_mysql_thread_id	MySQL 中的线程 ID，SHOW PROCESSLIST 显示的结果
trx_query	事务运行的 SQL 语句

接着来看一个具体的例子：

```
mysql> SELECT * FROM information_schema.INNODB_TRX\G;
*************************** 1. row ***************************
             trx_id: 7311F4
          trx_state: LOCK WAIT
        trx_started: 2010-01-04 10:49:33
trx_requested_lock_id: 7311F4:96:3:2
    trx_wait_started: 2010-01-04 10:49:33
         trx_weight: 2
 trx_mysql_thread_id: 471719
          trx_query: select * from parent lock in share mode
*************************** 2. row ***************************
             trx_id: 730FEE
          trx_state: RUNNING
        trx_started: 2010-01-04 10:18:37
trx_requested_lock_id: NULL
    trx_wait_started: NULL
         trx_weight: 2
 trx_mysql_thread_id: 471718
          trx_query: NULL
2 rows in set (0.00 sec)
```

通过列 state 可以观察到 trx_id 为 730FEE 的事务当前正在运行，而 trx_id 为 7311F4 的事务目前处于“LOCK WAIT”状态，且运行的 SQL 语句是 select*from parent lock in share mode。该表只是显示了当前运行的 InnoDB 事务，并不能直接判断锁的一些情况。如果需要查看锁，则还需要访问表 INNODB_LOCKS，该表的字段组成如表 6-6 所示。

表 6-6 表 INNODB_LOCKS 的结构

字段名	说明
lock_id	锁的 ID
lock_trx_id	事务 ID
lock_mode	锁的模式
lock_type	锁的类型，表锁还是行锁
lock_table	要加锁的表
lock_index	锁住的索引
lock_space	锁对象的 space id
lock_page	事务锁定页的数量。若是表锁，则该值为 NULL
lock_rec	事务锁定行的数量，若是表锁，则该值为 NULL
lock_data	事务锁定记录的主键值，若是表锁，则该值为 NULL

接着上面的例子，继续查看表 INNODB_LOCKS：

```
mysql> SELECT * FROM information_schema.INNODB_LOCKS\G;
*************************** 1. row ***************************
   lock_id: 7311F4:96:3:2
lock_trx_id: 7311F4
  lock_mode: S
  lock_type: RECORD
 lock_table: 'mytest'.'parent'
 lock_index: 'PRIMARY'
 lock_space: 96
  lock_page: 3
   lock_rec: 2
  lock_data: 1
*************************** 2. row ***************************
    lock_id: 730FEE:96:3:2
lock_trx_id: 730FEE
  lock_mode: X
  lock_type: RECORD
 lock_table: 'mytest'.'parent'
 lock_index: 'PRIMARY'
 lock_space: 96
  lock_page: 3
   lock_rec: 2
  lock_data: 1
2 rows in set (0.00 sec)
```

这次用户可以清晰地看到当前锁的信息。trx_id 为 730FEE 的事务向表 parent 加了一个 X 的行锁，ID 为 7311F4 的事务向表 parent 申请了一个 S 的行锁。lock_data 都是 1，申请相同的资源，因此会有等待。这也可以解释 INNODB_TRX 中为什么一个事务的 trx_state 是“RUNNING”，另一个是“LOCK WAIT”了。

另外需要特别注意的是，我发现 lock_data 这个值并非是“可信”的值。例如当用户运行一个范围查找时，lock_data 可能只返回第一行的主键值。与此同时，如果当前资源被锁住了，若锁住的页因为 InnoDB 存储引擎缓冲池的容量，导致该页从缓冲池中被刷出，则查看 INNODB_LOCKS 表时，该值同样会显示为 NULL，即 InnoDB 存储引擎不会从磁盘进行再一次的查找。

在通过表 INNODB_LOCKS 查看了每张表上锁的情况后，用户就可以来判断由此引发的等待情况了。当事务较小时，用户就可以人为地、直观地进行判断了。但是当事务量非常大，其中锁和等待也时常发生，这个时候就不这么容易判断。但是通过表 INNODB_LOCK_WAITS，可以很直观地反映当前事务的等待。表 INNODB_LOCK_WAITS 由 4 个字段组成，如表 6-7 所示。

表 6-7　表 INNODB_LOCK_WAITS 的结构

字段	说明	字段	说明
requesting_trx_id	申请锁资源的事务 ID	blocking_trx_id	阻塞的事务 ID
requesting_lock_id	申请的锁的 ID	blocking_trx_id	阻塞的锁的 ID

接着上面的例子，运行如下查询：

```
mysql> SELECT* FROM information_schema.INNODB_LOCK_WAITS\G;
*************************** 1. row ***************************
requesting_trx_id: 7311F4
requested_lock_id: 7311F4:96:3:2
  blocking_trx_id: 730FEE
 blocking_lock_id: 730FEE:96:3:2
1 row in set (0.00 sec)
```

通过上述的 SQL 语句，用户可以清楚直观地看到哪个事务阻塞了另一个事务。当然，这里只给出了事务和锁的 ID。如果需要，用户可以根据表 INNODB_TRX、INNODB_LOCKS、INNODB_LOCK_WAITS 得到更为直观的详细信息。例如，用户可以执行如下联合查询：

```
mysql> SELECT
          r.trx_id waiting_trx_id,
          r.trx_mysql_thread_id waiting_thread,
          r.trx_query waiting_query,
          b.trx_id blocking_trx_id,
          b.trx_mysql_thread_id blocking_thread,
          b.trx_query blocking_query
       FROM information_schema.innodb_lock_waits w
       INNER JOIN information_schema.innodb_trx b
       ON b.trx_id = w.blocking_trx_id
       INNER JOIN information_schema.innodb_trx r
       ON r.trx_id = w.requesting_trx_id\G;
*************************** 1. row ***************************
 waiting_trx_id: 73122F
 waiting_thread: 471719
  waiting_query: NULL
blocking_trx_id: 7311FC
blocking_thread: 471718
 blocking_query: NULL
1 row in set (0.00 sec)
```

6.3.2 一致性非锁定读

一致性的非锁定读（consistent nonlocking read）是指InnoDB存储引擎通过行多版本控制（multi versioning）的方式来读取当前执行时间数据库中行的数据。如果读取的行正在执行DELETE或UPDATE操作，这时读取操作不会因此去等待行上锁的释放。相反地，InnoDB存储引擎会去读取行的一个快照数据。如图6-4所示。

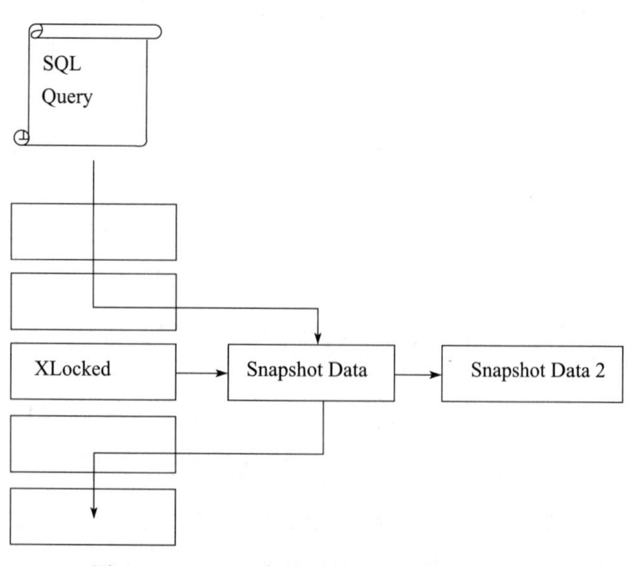

图6-4 InnoDB存储引擎非锁定的一致性读

图6-4直观地展现了InnoDB存储引擎一致性的非锁定读。之所以称其为非锁定读，因为不需要等待访问的行上X锁的释放。

快照数据是指该行的之前版本的数据，该实现是通过undo段来完成。而undo用来在事务中回滚数据，因此快照数据本身是没有额外的开销。此外，读取快照数据是不需要上锁的，因为没有事务需要对历史的数据进行修改操作。

可以看到，非锁定读机制极大地提高了数据库的并发性。在InnoDB存储引擎的默认设置下，这是默认的读取方式，即读取不会占用和等待表上的锁。但是在不同事务隔离级别下，读取的方式不同，并不是在每个事务隔离级别下都是采用非锁定的一致性读。此外，即使都是使用非锁定的一致性读，但是对于快照数据的定义也各不相同。

通过图6-4可以知道，快照数据其实就是当前行数据之前的历史版本，每行记录可能有多个版本。就图6-4所显示的，一个行记录可能有不止一个快照数据，一般称这种技术为行多版本技术。由此带来的并发控制，称之为多版本并发控制（Multi Version Concurrency Control，MVCC）。

在事务隔离级别READ COMMITTED和REPEATABLE READ（InnoDB存储引擎的默认事务隔离级别）下，InnoDB存储引擎使用非锁定的一致性读。然而，对于快照数据的定义却不相同。在READ COMMITTED事务隔离级别下，对于快照数据，非一致性读总是读取被锁定行的最新一份快照数据。而在REPEATABLE READ事务隔离级别下，对于快照数据，非一致性读总是读取事务开始时的行数据版本。来看下面的一个例子，首先在当前MySQL数据库的连接会话A中执行如下SQL语句：

```
# Session A
mysql> BEGIN;
Query OK, 0 rows affected (0.00 sec)

mysql> SELECT* FROM parent WHERE id = 1;
+-----+
| id  |
+-----+
|   1 |
+-----+
1 row in set (0.00 sec)
```

会话A中已通过显式地执行命令BEGIN开启了一个事务，并读取了表parent中id为1的数据，但是事务并没有结束。与此同时，用户再开启另一个会话B，这样可以模拟并发的情况，然后对会话B做如下的操作：

```
mysql> BEGIN;
Query OK, 0 rows affected (0.00 sec)

mysql> UPDATE parent SET id=3 WHERE id=1;
Query OK, 1 row affected (0.00 sec)
Rows matched: 1  Changed: 1  Warnings: 0
```

在会话B中将事务表parent中id为1的记录修改为id=3，但是事务同样没有提交，这样id=1的行其实加了一个X锁。这时如果在会话A中再次读取id为1的记录，根据InnoDB存储引擎的特性，即在READ COMMITTED和REPEATETABLE READ的事务隔离级别下会使用非锁定的一致性读。回到之前的会话A，接着上次未提交的事务，执行SQL语句SELECT* FROM parent WHERE id=1的操作，这时不管使用READ COMMITTED还是REPEATABLE READ的事务隔离级别，显示的数据应该都是：

```
mysql> SELECT * FROM parent WHERE id = 1;
+----+
| id  |
+----+
|  1 |
+----+
1 row in set (0.00 sec)
```

由于当前id=1的数据被修改了1次，因此只有一个行版本的记录。接着，在会话B中提交上次的事务：

```
# Session B
mysql> commit;
Query OK, 0 rows affected (0.01 sec)
```

在会话B提交事务后，这时在会话A中再运行SELECT * FROM parent WHERE id=1的SQL语句，在READ COMMITTED和REPEATABLE事务隔离级别下得到结果就不一样了。对于READ COMMITTED的事务隔离级别，它总是读取行的最新版本，如果行被锁定了，则读取该行版本的最新一个快照（fresh snapshot）。在上述例子中，因为会话B已经提交了事务，所以READ COMMITTED事务隔离级别下会得到如下结果：

```
mysql> SELECT @@tx_isolation\G;
*************************** 1. row ***************************
@@tx_isolation: READ-COMMITTED
1 row in set (0.00 sec)

mysql> SELECT * FROM parent WHERE id = 1;
Empty set (0.00 sec)
```

而对于 REPEATABLE READ 的事务隔离级别，总是读取事务开始时的行数据。因此对于 REPEATABLE READ 事务隔离级别，其得到的结果如下：

```
mysql> SELECT @@tx_isolation\G;
*************************** 1. row ***************************
@@tx_isolation: REPEATABLE-READ
1 row in set (0.00 sec)

mysql> SELECT * FROM parent WHERE id = 1;
+----+
| id  |
+----+
|  1 |
+----+
1 row in set (0.00 sec)
```

下面将从时间的角度展现上述演示的示例过程，如表 6-8 所示。需要特别注意的是，对于 READ COMMITTED 的事务隔离级别而言，从数据库理论的角度来看，其违反了事务 ACID 中的 I 的特性，即隔离性。这会在第 7 章进行详细的介绍。

表 6-8 示例执行的过程

时间	会话 A	会话 B
1	BEGIN	
2	SELECT * FROM parent WHERE id = 1;	
3		BEGIN
4		UPDATE parent SET id=3 WHERE id = 1;
5	SELECT * FROM parent WHERE id = 1;	
6		COMMIT;
7	SELECT * FROM parent WHERE id = 1;	
8	COMMIT	

6.3.3 一致性锁定读

在前一小节中讲到，在默认配置下，即事务的隔离级别为 REPEATABLE READ 模式下，InnoDB 存储引擎的 SELECT 操作使用一致性非锁定读。但是在某些情况下，用户需要显式地对数据库读取操作进行加锁以保证数据逻辑的一致性。而这要求数据库支持加锁语句，即使是对于SELECT的只读操作。InnoDB存储引擎对于SELECT语句支持两种一致性的锁定读（locking read）操作：

- SELECT…FOR UPDATE
- SELECT…LOCK IN SHARE MODE

SELECT…FOR UPDATE对读取的行记录加一个X锁，其他事务不能对已锁定的行加上任何锁。SELECT…LOCK IN SHARE MODE对读取的行记录加一个S锁，其他事务可以向被锁定的行加S锁，但是如果加X锁，则会被阻塞。

对于一致性非锁定读，即使读取的行已被执行了SELECT…FOR UPDATE，也是可以进行读取的，这和之前讨论的情况一样。此外，SELECT…FOR UPDATE，SELECT…LOCK IN SHARE MODE必须在一个事务中，当事务提交了，锁也就释放了。因此在使用上述两句SELECT锁定语句时，务必加上BEGIN，START TRANSACTION或者SET AUTOCOMMIT=0。

6.3.4 自增长与锁

自增长在数据库中是非常常见的一种属性，也是很多DBA或开发人员首选的主键方式。在InnoDB存储引擎的内存结构中，对每个含有自增长值的表都有一个自增长计数器（auto-increment counter）。当对含有自增长的计数器的表进行插入操作时，这个计数器会被初始化，执行如下的语句来得到计数器的值：

```
SELECT MAX(auto_inc_col) FROM t FOR UPDATE;
```

插入操作会依据这个自增长的计数器值加1赋予自增长列。这个实现方式称做AUTO-INC Locking。这种锁其实是采用一种特殊的表锁机制，为了提高插入的性能，锁不是在一个事务完成后才释放，而是在完成对自增长值插入的SQL语句后立即释放。

虽然AUTO-INC Locking从一定程度上提高了并发插入的效率，但还是存在一些性能上的问题。首先，对于有自增长值的列的并发插入性能较差，事务必须等待前一个插入的完成（虽然不用等待事务的完成）。其次，对于INSERT…SELECT的大数据量的插入会影响插入的性能，因为另一个事务中的插入会被阻塞。

从MySQL 5.1.22版本开始，InnoDB存储引擎中提供了一种轻量级互斥量的自增长实现机制，这种机制大大提高了自增长值插入的性能。并且从该版本开始，InnoDB存储引擎提供了一个参数innodb_autoinc_lock_mode来控制自增长的模式，该参数的默认值为

1。在继续讨论新的自增长实现方式之前，需要对自增长的插入进行分类，如表 6-9 所示。

表 6-9 插入类型

插入类型	说明
insert-like	insert-like 指所有的插入语句，如 INSERT、REPLACE、INSERT…SELECT，REPLACE…SEECT、LOAD DATA 等
simple inserts	simple inserts 指能在插入前就确定插入行数的语句。这些语句包括 INSERT、REPLACE 等。需要注意的是：simple inserts 不包含 INSERT …ON DUPLICATE KEY UPDATE 这类 SQL 语句
bulk inserts	bulk inserts 指在插入前不能确定得到插入行数的语句，如 INSERT…SELECT，REPLACE…SELECT，LOAD DATA
mixed-mode inserts	mixed-mode inserts 指插入中有一部分的值是自增长的，有一部分是确定的。如 INSERT INTO t1 (c1,c2) VALUES (1,'a'), (NULL,'b'), (5,'c'), (NULL,'d'); 也可以是指 INSERT …ON DUPLICATE KEY UPDATE 这类 SQL 语句

接着来分析参数 innodb_autoinc_lock_mode 以及各个设置下对自增的影响，其总共有三个有效值可供设定，即 0、1、2，具体说明如表 6-10 所示。

表 6-10 参数 innodb_autoinc_lock_mode 的说明

nnodb_autoinc_lock_mode	说明
0	这是 MySQL5.1.22 版本之前自增长的实现方式，即通过表锁的 AUTO-INC Locking 方式。因为有了新的自增长实现方式，0 这个选项不应该是新版用户的首选项
1	这是该参数的默认值。对于“simple inserts”，该值会用互斥量（mutex）去对内存中的计数器进行累加的操作。对于“bulk inserts”，还是使用传统表锁的 AUTO-INC Locking 方式。在这种配置下，如果不考虑回滚操作，对于自增值列的增长还是连续的。并且在这种方式下，statement-based 方式的 replication 还是能很好地工作。需要注意的是，如果已经使用 AUTO-INC Locing 方式去产生自增长的值，而这时需要再进行“simple inserts”的操作时，还是需要等待 AUTO-INC Locking 的释放
2	在这个模式下，对于所有“INSERT-like”自增长值的产生都是通过互斥量，而不是 AUTO-INC Locking 的方式。显然，这是性能最高的方式。然而，这会带来一定的问题。因为并发插入的存在，在每次插入时，自增长的值可能不是连续的。此外，最重要的是，基于 Statement-Base Replication 会出现问题。因此，使用这个模式，任何时候都应该使用 row-base replication。这样才能保证最大的并发性能及 replication 主从数据的一致

此外，还需要特别注意的是 InnoDB 存储引擎中自增长的实现和 MyISAM 不同，MyISAM 存储引擎是表锁设计，自增长不用考虑并发插入的问题。因此在 master 上用 InnoDB 存储引擎，在 slave 上用 MyISAM 存储引擎的 replication 架构下，用户必须考虑这种情况。

另外，在InnoDB存储引擎中，自增长值的列必须是索引，同时必须是索引的第一个列。如果不是第一个列，则MySQL数据库会抛出异常，而MyISAM存储引擎没有这个问题，下面的测试反映了这两个存储引擎的不同：

```
mysql> CREATE TABLE t (
    -> a INT AUTO_INCREMENT,
    -> B INT,
    -> KEY(b,a)
    -> )ENGINE=InnoDB;
ERROR 1075 (42000): Incorrect table definition; there can be only one auto column and it must be defined as a key

mysql> CREATE TABLE t (
    -> a INT AUTO_INCREMENT,
    -> B INT,
    -> KEY(b,a)
    -> )ENGINE=MyISAM;
Query OK, 0 rows affected (0.01 sec)
```

6.3.5 外键和锁

前面已经介绍了外键，外键主要用于引用完整性的约束检查。在InnoDB存储引擎中，对于一个外键列，如果没有显式地对这个列加索引，InnoDB存储引擎自动对其加一个索引，因为这样可以避免表锁——这比Oracle数据库做得好，Oracle数据库不会自动添加索引，用户必须自己手动添加，这也导致了Oracle数据库中可能产生死锁。

对于外键值的插入或更新，首先需要查询父表中的记录，即SELECT父表。但是对于父表的SELECT操作，不是使用一致性非锁定读的方式，因为这样会发生数据不一致的问题，因此这时使用的是SELECT…LOCK IN SHARE MODE方式，即主动对父表加一个S锁。如果这时父表上已经这样加X锁，子表上的操作会被阻塞，如表6-11所示。

表6-11 外键测试用例

时　间	会话A	会话B
1	BEGIN	
2	DELETE FROM parent WHERE id=3;	
3		BEGIN
4		INSERT INTO child SELECT 2,3 # 第二列是外键，执行该句时被阻塞 (waiting)

在上述的例子中，两个会话中的事务都没有进行 COMMIT 或 ROLLBACK 操作，而会话 B 的操作会被阻塞。这是因为 id 为 3 的父表在会话 A 中已经加了一个 X 锁，而此时在会话 B 中用户又需要对父表中 id 为 3 的行加一个 S 锁，这时 INSERT 的操作会被阻塞。设想如果访问父表时，使用的是一致性的非锁定读，这时 Session B 会读到父表有 id=3 的记录，可以进行插入操作。但是如果会话 A 对事务提交了，则父表中就不存在 id 为 3 的记录。数据在父、子表就会存在不一致的情况。若这时用户查询 INNODB_LOCKS 表，会看到如下结果：

```
mysql> SELECT* FROM information_schema.INNODB_LOCKS\G;
*************************** 1. row ***************************
   lock_id: 7573B8:96:3:4
lock_trx_id: 7573B8
  lock_mode: S
  lock_type: RECORD
 lock_table: 'mytest'.'parent'
 lock_index: 'PRIMARY'
 lock_space: 96
 lock_page: 3
  lock_rec: 4
 lock_data: 3
*************************** 2. row ***************************
   lock_id: 7573B3:96:3:4
lock_trx_id: 7573B3
  lock_mode: X
  lock_type: RECORD
 lock_table: 'mytest'.'parent'
 lock_index: 'PRIMARY'
 lock_space: 96
  lock_page: 3
   lock_rec: 4
  lock_data: 3
2 rows in set (0.00 sec)
```

6.4 锁的算法

6.4.1 行锁的 3 种算法

InnoDB 存储引擎有 3 种行锁的算法，其分别是：

- ❑ Record Lock：单个行记录上的锁

- Gap Lock：间隙锁，锁定一个范围，但不包含记录本身
- Next-Key Lock ： Gap Lock+Record Lock，锁定一个范围，并且锁定记录本身

Record Lock 总是会去锁住索引记录，如果 InnoDB 存储引擎表在建立的时候没有设置任何一个索引，那么这时 InnoDB 存储引擎会使用隐式的主键来进行锁定。

Next-Key Lock 是结合了 Gap Lock 和 Record Lock 的一种锁定算法，在 Next-Key Lock 算法下，InnoDB 对于行的查询都是采用这种锁定算法。例如一个索引有 10，11，13 和 20 这四个值，那么该索引可能被 Next-Key Locking 的区间为：

```
(-∞,10]
(10,11]
(11, 13]
(13, 20]
(20,+ ∞)
```

采用 Next-Key Lock 的锁定技术称为 Next-Key Locking。其设计的目的是为了解决 Phantom Problem，这将在下一小节中介绍。而利用这种锁定技术，锁定的不是单个值，而是一个范围，是谓词锁（predict lock）的一种改进。除了 next-key locking，还有 previous-key locking 技术。同样上述的索引 10、11、13 和 20，若采用 previous-key locking 技术，那么可锁定的区间为：

```
(-∞,10)
[10,11)
[11, 13)
[13, 20)
[20,+ ∞)
```

若事务 T1 已经通过 next-key locking 锁定了如下范围：

```
(10,11]、(11, 13]
```

当插入新的记录 12 时，则锁定的范围会变成：

```
(10,11]、(11,12]、(12, 13]
```

然而，当查询的索引含有唯一属性时，InnoDB 存储引擎会对 Next-Key Lock 进行优化，将其降级为 Record Lock，即仅锁住索引本身，而不是范围。看下面的例子，首先根据如下代码创建测试表 t：

```
DROP TABLE IF EXISTS t;
```

```
CREATE TABLE t ( a INT PRIMARY KEY );
INSERT INTO t SELECT 1;
INSERT INTO t SELECT 2;
INSERT INTO t SELECT 5;
```

接着来执行表 6-12 中的 SQL 语句。

表 6-12 唯一索引的锁定示例

时　　间	会话 A	会话 B
1	BEGIN;	
2	SELECT * FROM t WHERE a =5 FOR UPDATE;	
3		BEGIN;
4		INSERT INTO t SELECT 4;
5		COMMIT; # 成功，不需要等待
6	COMMIT	

表 t 共有 1、2、5 三个值。在上面的例子中，在会话 A 中首先对 a=5 进行 X 锁定。而由于 a 是主键且唯一，因此锁定的仅是 5 这个值，而不是 (2，5) 这个范围，这样在会话 B 中插入值 4 而不会阻塞，可以立即插入并返回。即锁定由 Next-Key Lock 算法降级为了 Record Lock，从而提高应用的并发性。

正如前面所介绍的，Next-Key Lock 降级为 Record Lock 仅在查询的列是唯一索引的情况下。若是辅助索引，则情况会完全不同。同样，首先根据如下代码创建测试表 z：

```
CREATE TABLE z ( a INT, b INT, PRIMARY KEY(a), KEY(b) );
INSERT INTO z SELECT 1,1;
INSERT INTO z SELECT 3,1;
INSERT INTO z SELECT 5,3;
INSERT INTO z SELECT 7,6;
INSERT INTO z SELECT 10,8;
```

表 z 的列 b 是辅助索引，若在会话 A 中执行下面的 SQL 语句：

```
SELECT * FROM z WHERE b=3 FOR UPDATE
```

很明显，这时 SQL 语句通过索引列 b 进行查询，因此其使用传统的 Next-Key Locking 技术加锁，并且由于有两个索引，其需要分别进行锁定。对于聚集索引，其仅对列 a 等于 5 的索引加上 Record Lock。而对于辅助索引，其加上的是 Next-Key Lock，锁定的范围是 (1，3)，特别需要注意的是，InnoDB 存储引擎还会对辅助索引下一个键值加上 gap lock，即还有一个辅助索引范围为 (3，6) 的锁。因此，若在新会话 B 中运行下面的 SQL 语句，都会被阻塞：

```
SELECT * FROM z WHERE a = 5 LOCK IN SHARE MODE;
INSERT INTO z SELECT 4,2;
INSERT INTO z SELECT 6,5;
```

第一个 SQL 语句不能执行，因为在会话 A 中执行的 SQL 语句已经对聚集索引中列 a = 5 的值加上 X 锁，因此执行会被阻塞。第二个 SQL 语句，主键插入 4，没有问题，但是插入的辅助索引值 2 在锁定的范围 (1，3) 中，因此执行同样会被阻塞。第三个 SQL 语句，插入的主键 6 没有被锁定，5 也不在范围 (1，3) 之间。但插入的值 5 在另一个锁定的范围 (3，6) 中，故同样需要等待。而下面的 SQL 语句，不会被阻塞，可以立即执行：

```
INSERT INTO z SELECT 8,6;
INSERT INTO z SELECT 2,0;
INSERT INTO z SELECT 6,7;
```

从上面的例子中可以看到，Gap Lock 的作用是为了阻止多个事务将记录插入到同一范围内，而这会导致 Phantom Problem 问题的产生。例如在上面的例子中，会话 A 中用户已经锁定了 b = 3 的记录。若此时没有 Gap Lock 锁定（3，6），那么用户可以插入索引 b 列为 3 的记录，这会导致会话 A 中的用户再次执行同样查询时会返回不同的记录，即导致 Phantom Problem 问题的产生。

用户可以通过以下两种方式来显式地关闭 Gap Lock：

- ❑ 将事务的隔离级别设置为 READ COMMITTED
- ❑ 将参数 innodb_locks_unsafe_for_binlog 设置为 1

在上述的配置下，除了外键约束和唯一性检查依然需要的 Gap Lock，其余情况仅使用 Record Lock 进行锁定。但需要牢记的是，上述设置破坏了事务的隔离性，并且对于 replication，可能会导致主从数据的不一致。此外，从性能上来看，READ COMMITTED 也不会优于默认的事务隔离级别 READ REPEATABLE。

在 InnoDB 存储引擎中，对于 INSERT 的操作，其会检查插入记录的下一条记录是否被锁定，若已经被锁定，则不允许查询。对于上面的例子，会话 A 已经锁定了表 z 中 b = 3 的记录，即已经锁定了 (1，3) 的范围，这时若在其他会话中进行如下的插入同样会导致阻塞：

```
INSERT INTO z SELECT 2,2;
```

因为在辅助索引列 b 上插入值为 2 的记录时，会监测到下一个记录 3 已经被索引。而将插入修改为如下的值，可以立即执行：

```
INSERT INTO z SELECT 2,0;
```

最后需再次提醒的是，对于唯一键值的锁定，Next-Key Lock 降级为 Record Lock 仅存在于查询所有的唯一索引列。若唯一索引由多个列组成，而查询仅是查找多个唯一索引列中的其中一个，那么查询其实是 range 类型查询，而不是 point 类型查询，故 InnoDB 存储引擎依然使用 Next-Key Lock 进行锁定。

6.4.2 解决 Phantom Problem

在默认的事务隔离级别下，即 REPEATABLE READ 下，InnoDB 存储引擎采用 Next-Key Locking 机制来避免 Phantom Problem（幻像问题）。这点可能不同于与其他的数据库，如 Oracle 数据库，因为其可能需要在 SERIALIZABLE 的事务隔离级别下才能解决 Phantom Problem。

Phantom Problem 是指在同一事务下，连续执行两次同样的 SQL 语句可能导致不同的结果，第二次的 SQL 语句可能会返回之前不存在的行。下面将演示这个例子，使用前一小节所创建的表 t。表 t 由 1、2、5 这三个值组成，若这时事务 T1 执行如下的 SQL 语句：

```
SELECT * FROM t WHERE a> 2 FOR UPDATE;
```

注意这时事务 T1 并没有进行提交操作，上述应该返回 5 这个结果。若与此同时，另一个事务 T2 插入了 4 这个值，并且数据库允许该操作，那么事务 T1 再次执行上述 SQL 语句会得到结果 4 和 5。这与第一次得到的结果不同，违反了事务的隔离性，即当前事务能够看到其他事务的结果。其过程如表 6-13 所示。

表 6-13　Phantom Problem 的演示

时　　间	会话 A	会话 B
1	SET SESSION tx_isolation='READ-OMMITTED';	
2	BEGIN;	
3	SELECT * FROM t WHERE a > 2 FOR UPDATE; ********** 1. row ********* a: 4	

（续）

时　间	会话 A	会话 B
4		BEGIN;
5		INSERT INTO t SELECT 4;
6		COMMIT;
7	SELECT * FROM t WHERE a > 2 FOR UPDATE; ********** 1. row ********* a: 4 ********** 2. row ********* a: 5	

InnoDB 存储引擎采用 Next-Key Locking 的算法避免 Phantom Problem。对于上述的 SQL 语句 SELECT * FROM t WHERE a>2 FOR UPDATE，其锁住的不是 5 这单个值，而是对（2，+∞）这个范围加了 X 锁。因此任何对于这个范围的插入都是不被允许的，从而避免 Phantom Problem。

InnoDB 存储引擎默认的事务隔离级别是 REPEATABLE READ，在该隔离级别下，其采用 Next-Key Locking 的方式来加锁。而在事务隔离级别 READ COMMITTED 下，其仅采用 Record Lock，因此在上述的示例中，会话 A 需要将事务的隔离级别设置为 READ COMMITTED。

此外，用户可以通过 InnoDB 存储引擎的 Next-Key Locking 机制在应用层面实现唯一性的检查。例如：

```
SELECT * FROM table WHERE col=xxx LOCK IN SHARE MODE;

If not found any row:
    # unique for insert value
    INSERT INTO table VALUES (...);
```

如果用户通过索引查询一个值，并对该行加上一个 SLock，那么即使查询的值不在，其锁定的也是一个范围，因此若没有返回任何行，那么新插入的值一定是唯一的。也许有读者会有疑问，如果在进行第一步 SELECT …LOCK IN SHARE MODE 操作时，有多个事务并发操作，那么这种唯一性检查机制是否存在问题。其实并不会，因为这时会导致死锁，只有一个事务的插入操作会成功，而其余的事务会抛出死锁的错误，如表 6-14 所示。

表 6-14 通过 Next-Key Locking 实现应用程序的唯一性检查

时 间	会话 A	会话 B
1	BEGIN	
2	mysql>SELECT * FROM z WHERE b=4 LOCK IN SHARE MODE;	
3		mysql>SELECT * FROM z WHERE b=4 LOCK IN SHARE MODE;
4	mysql>INSERT INTO z SELECT 4,4; # 阻塞	
5		mysql>INSERT INTO z SELECT4,4; ERROR 1213 (40001):Deadlock found when trying to get lock;try restarting transaction # 抛出死锁异常
6	# INSERT 插入成功	

6.5 锁问题

通过锁定机制可以实现事务的隔离性要求，使得事务可以并发地工作。锁提高了并发，但是却会带来潜在的问题。不过好在因为事务隔离性的要求，锁只会带来三种问题，如果可以防止这三种情况的发生，那将不会产生并发异常。

6.5.1 脏读

在理解脏读（Dirty Read）之前，需要理解脏数据的概念。但是脏数据和之前所介绍的脏页完全是两种不同的概念。脏页指的是在缓冲池中已经被修改的页，但是还没有刷新到磁盘中，即数据库实例内存中的页和磁盘中的页的数据是不一致的，当然在刷新到磁盘之前，日志都已经被写入到了重做日志文件中。而所谓脏数据是指事务对缓冲池中行记录的修改，并且还没有被提交（commit）。

对于脏页的读取，是非常正常的。脏页是因为数据库实例内存和磁盘的异步造成的，这并不影响数据的一致性（或者说两者最终会达到一致性，即当脏页都刷回到磁盘）。并且因为脏页的刷新是异步的，不影响数据库的可用性，因此可以带来性能的提高。

脏数据却截然不同，脏数据是指未提交的数据，如果读到了脏数据，即一个事务可以读到另外一个事务中未提交的数据，则显然违反了数据库的隔离性。

脏读指的就是在不同的事务下，当前事务可以读到另外事务未提交的数据，简单来说就是可以读到脏数据。表6-15的例子显示了一个脏读的例子。

表6-15 脏读的示例

Time	会话A	会话B
1	SET @@tx_isolation='read-ncommitted';	
2		SET @@tx_isolation='read-ncommitted';
3		BEGIN;
4		mysql> SELECT * FROM t\G; ********* 1. row ************ a: 1 1 row in set (0.00 sec)
5	INSERT INTO t SELECT 2;	
6		mysql> SELECT * FROM t\G; ********* 1. row ************ a: 1 ********* 2. row ************ a: 2 2 row in set (0.00 sec)

表t为我们之前在6.4.1中创建的表，不同的是在上述例子中，事务的隔离级别进行了更换，由默认的REPEATABLE READ换成了READ UNCOMMITTED。因此在会话A中，在事务并没有提交的前提下，会话B中的两次SELECT操作取得了不同的结果，并且2这条记录是在会话A中并未提交的数据，即产生了脏读，违反了事务的隔离性。

脏读现象在生产环境中并不常发生，从上面的例子中就可以发现，脏读发生的条件是需要事务的隔离级别为READ UNCOMMITTED，而目前绝大部分的数据库都至少设置成READ COMMITTED。InnoDB存储引擎默认的事务隔离级别为READ REPEATABLE，Microsoft SQL Server数据库为READ COMMITTED，Oracle数据库同样也是READ COMMITTED。

脏读隔离看似毫无用处，但在一些比较特殊的情况下还是可以将事务的隔离级别设置为READ UNCOMMITTED。例如replication环境中的slave节点，并且在该slave上的查询并不需要特别精确的返回值。

6.5.2 不可重复读

不可重复读是指在一个事务内多次读取同一数据集合。在这个事务还没有结束时，另外一个事务也访问该同一数据集合，并做了一些 DML 操作。因此，在第一个事务中的两次读数据之间，由于第二个事务的修改，那么第一个事务两次读到的数据可能是不一样的。这样就发生了在一个事务内两次读到的数据是不一样的情况，这种情况称为不可重复读。

不可重复读和脏读的区别是：脏读是读到未提交的数据，而不可重复读读到的却是已经提交的数据，但是其违反了数据库事务一致性的要求。可以通过下面一个例子来观察不可重复读的情况，如表 6-16 所示。

表 6-16 不可重复读的示例

Time	会话 A	会话 B
1	SET@@tx_isolation='read-committed';	
2		SET @@tx_isolation='read-committed';
3	BEGIN	BEGIN
4	mysql>SELECT * FROM t ; ********* 1. row ************ a: 1 1 row in set (0.00 sec)	
5		INSERT INTO t SELECT 2;
6		COMMIT;
7	mysql>SELECT * FROM t ; ********* 1. row ************ a: 1 ********* 1. row ************ a: 2 2 row in set (0.00 sec)	

在会话 A 中开始一个事务，第一次读取到的记录是 1，在另一个会话 B 中开始了另一个事务，插入一条为 2 的记录，在没有提交之前，对会话 A 中的事务进行再次读取时，读到的记录还是 1，没有发生脏读的现象。但会话 B 中的事务提交后，在对会话 A 中的事务进行读取时，这时读到是 1 和 2 两条记录。这个例子的前提是，在事务开始前，会话 A 和会话 B 的事务隔离级别都调整为 READ COMMITTED。

一般来说，不可重复读的问题是可以接受的，因为其读到的是已经提交的数据，本身并不会带来很大的问题。因此，很多数据库厂商（如 Oracle、Microsoft SQL Server）

将其数据库事务的默认隔离级别设置为 READ COMMITTED，在这种隔离级别下允许不可重复读的现象。

在 InnoDB 存储引擎中，通过使用 Next-Key Lock 算法来避免不可重复读的问题。在 MySQL 官方文档中将不可重复读的问题定义为 Phantom Problem，即幻像问题。在 Next-Key Lock 算法下，对于索引的扫描，不仅是锁住扫描到的索引，而且还锁住这些索引覆盖的范围（gap）。因此在这个范围内的插入都是不允许的。这样就避免了另外的事务在这个范围内插入数据导致的不可重复读的问题。因此，InnoDB 存储引擎的默认事务隔离级别是 READ REPEATABLE，采用 Next-Key Lock 算法，避免了不可重复读的现象。

6.5.3 丢失更新

丢失更新是另一个锁导致的问题，简单来说其就是一个事务的更新操作会被另一个事务的更新操作所覆盖，从而导致数据的不一致。例如：

1）事务 T1 将行记录 r 更新为 v1，但是事务 T1 并未提交。

2）与此同时，事务 T2 将行记录 r 更新为 v2，事务 T2 未提交。

3）事务 T1 提交。

4）事务 T2 提交。

但是，在当前数据库的任何隔离级别下，都不会导致数据库理论意义上的丢失更新问题。这是因为，即使是 READ UNCOMMITTED 的事务隔离级别，对于行的 DML 操作，需要对行或其他粗粒度级别的对象加锁。因此在上述步骤 2）中，事务 T2 并不能对行记录 r 进行更新操作，其会被阻塞，直到事务 T1 提交。

虽然数据库能阻止丢失更新问题的产生，但是在生产应用中还有另一个逻辑意义的丢失更新问题，而导致该问题的并不是因为数据库本身的问题。实际上，在所有多用户计算机系统环境下都有可能产生这个问题。简单地说来，出现下面的情况时，就会发生丢失更新：

1）事务 T1 查询一行数据，放入本地内存，并显示给一个终端用户 User1。

2）事务 T2 也查询该行数据，并将取得的数据显示给终端用户 User2。

3）User1 修改这行记录，更新数据库并提交。

4）User2 修改这行记录，更新数据库并提交。

显然，这个过程中用户User1的修改更新操作“丢失”了，而这可能会导致一个“恐怖”的结果。设想银行发生丢失更新现象，例如一个用户账号中有10 000元人民币，他用两个网上银行的客户端分别进行转账操作。第一次转账9000人民币，因为网络和数据的关系，这时需要等待。但是这时用户操作另一个网上银行客户端，转账1元，如果最终两笔操作都成功了，用户的账号余款是9999人民币，第一次转的9000人民币并没有得到更新，但是在转账的另一个账号却会收到这9000元，这导致的结果就是钱变多，而账不平。也许有读者会说，不对，我的网银是绑定USB Key的，不会发生这种情况。是的，通过USB Key登录也许可以解决这个问题，但是更重要的是在数据库层解决这个问题，避免任何可能发生丢失更新的情况。

要避免丢失更新发生，需要让事务在这种情况下的操作变成串行化，而不是并行的操作。即在上述四个步骤的1）中，对用户读取的记录加上一个排他X锁。同样，在步骤2）的操作过程中，用户同样也需要加一个排他X锁。通过这种方式，步骤2）就必须等待一步骤1）和步骤3）完成，最后完成步骤4）。表6-17所示的过程演示了如何避免这种逻辑上丢失更新问题的产生。

表6-17 丢失更新问题的处理方法

Time	会话A	会话B
1	BEGIN;	
2	SELECT cash into @cash FROM account WHERE user = pUser FOR UPDATE;	
3		SELECT cash into @cash FROM account WHERE user = pUser FOR UPDATE; # 等待
	……	……
m	UPDATE account SET cash=@cash-9000 WHERE user=pUser	
m+1	COMMIT	
m+2		UPDATE account SET cash=@cash-1 WHERE user=pUser;
m+3		COMMIT

有读者可能会问，在上述的例子中为什么不直接允许UPDATE语句，而首先要进行SELECT…FOR UPDATE的操作。的确，直接使用UPDATE可以避免丢失更新问题的产

生。然而在实际应用中，应用程序可能需要首先检测用户的余额信息，查看是否可以进行转账操作，然后再进行最后的UPDATE操作，因此在SELECT与UPDATE操作之间可能还存在一些其他的SQL操作。

我发现，程序员可能在了解如何使用SELECT、INSERT、UPDATE、DELETE语句后就开始编写应用程序。因此，丢失更新是程序员最容易犯的错误，也是最不易发现的一个错误，因为这种现象只是随机的、零星出现的，不过其可能造成的后果却十分严重。

6.6 阻塞

因为不同锁之间的兼容性关系，在有些时刻一个事务中的锁需要等待另一个事务中的锁释放它所占用的资源，这就是阻塞。阻塞并不是一件坏事，其是为了确保事务可以并发且正常地运行。

在InnoDB存储引擎中，参数innodb_lock_wait_timeout用来控制等待的时间（默认是50秒），innodb_rollback_on_timeout用来设定是否在等待超时时对进行中的事务进行回滚操作（默认是OFF，代表不回滚）。参数innodb_lock_wait_timeout是动态的，可以在MySQL数据库运行时进行调整：

```
mysql> SET @@innodb_lock_wait_timeout=60;
Query OK, 0 rows affected (0.00 sec)
```

而innodb_rollback_on_timeout是静态的，不可在启动时进行修改，如：

```
mysql> SET @@innodb_rollback_on_timeout=on;
ERROR 1238 (HY000): Variable 'innodb_rollback_on_timeout' is a read only
variable
```

当发生超时，MySQL数据库会抛出一个1205的错误，如：

```
mysql> BEGIN;
Query OK, 0 rows affected (0.00 sec)

mysql> SELECT * FROM t WHERE a = 1 FORUPDATE;
ERROR 1205 (HY000): Lock wait timeout exceeded; try restarting transaction
```

需要牢记的是，在默认情况下InnoDB存储引擎不会回滚超时引发的错误异常。其实InnoDB存储引擎在大部分情况下都不会对异常进行回滚。如在一个会话中执行了如下语句：

```
# 会话 A
mysql> SELECT * FROM t;
+---+
| a |
+---+
| 1 |
| 2 |
| 4 |
+---+
3 rows in set (0.00 sec)

mysql> BEGIN;
Query OK, 0 rows affected (0.00 sec)

mysql> SELECT * FROM t WHERE a < 4 FOR UPDATE;
+---+
| a |
+---+
| 1 |
| 2 |
+---+
2 rows in set (0.00 sec)
```

在会话 A 中开启了一个事务，在 Next-Key Lock 算法下锁定了小于 4 的所有记录（其实也锁定了 4 这个记录本身）。在另一个会话 B 中执行如下语句：

```
# 会话 B
mysql> BEGIN;
Query OK, 0 rows affected (0.00 sec)

mysql> INSERT INTO t SELECT 5;
Query OK, 1 row affected (0.00 sec)
Records: 1  Duplicates: 0  Warnings: 0

mysql> INSERTINTO t SELECT 3;
ERROR 1205 (HY000): Lock wait timeout exceeded; try restarting transaction
```

可以看到，在会话 B 中插入记录 5 是可以的，但是在插入记录 3 时，因为会话 A 中 Next-Key Lock 算法的关系，需要等待会话 A 中事务释放这个资源，所以等待后产生了超时。但是在超时后用户再进行 SELECT 操作时会发现，5 这个记录依然存在：

```
mysql>SELECT * FROM t;
```

```
+---+
| a |
+---+
| 1 |
| 2 |
| 4 |
| 5 |
| 8 |
+---+
5 rows in set (0.00 sec)
```

这是因为这时会话B中的事务虽然抛出了异常，但是既没有进行COMMIT操作，也没有进行ROLLBACK。而这是十分危险的状态，因此用户必须判断是否需要COMMIT还是ROLLBACK，之后再进行下一步的操作。

6.7 死锁

6.7.1 死锁的概念

死锁是指两个或两个以上的事务在执行过程中，因争夺锁资源而造成的一种互相等待的现象。若无外力作用，事务都将无法推进下去。解决死锁问题最简单的方式是不要有等待，将任何的等待都转化为回滚，并且事务重新开始。毫无疑问，这的确可以避免死锁问题的产生。然而在线上环境中，这可能导致并发性能的下降，甚至任何一个事务都不能进行。而这所带来的问题远比死锁问题更为严重，因为这很难被发现并且浪费资源。

解决死锁问题最简单的一种方法是超时，即当两个事务互相等待时，当一个等待时间超过设置的某一阈值时，其中一个事务进行回滚，另一个等待的事务就能继续进行。在InnoDB存储引擎中，参数innodb_lock_wait_timeout用来设置超时的时间。

超时机制虽然简单，但是其仅通过超时后对事务进行回滚的方式来处理，或者说其是根据FIFO的顺序选择回滚对象。但若超时的事务所占权重比较大，如事务操作更新了很多行，占用了较多的undo log，这时采用FIFO的方式，就显得不合适了，因为回滚这个事务的时间相对另一个事务所占用的时间可能会很多。

因此，除了超时机制，当前数据库还都普遍采用wait-for graph（等待图）的方式来进行死锁检测。较之超时的解决方案，这是一种更为主动的死锁检测方式。InnoDB存储引擎也采用的这种方式。wait-for graph要求数据库保存以下两种信息：

❑ 锁的信息链表

❑ 事务等待链表

通过上述链表可以构造出一张图，而在这个图中若存在回路，就代表存在死锁，因此资源间相互发生等待。在 wait-for graph 中，事务为图中的节点。而在图中，事务 T1 指向 T2 边的定义为：

❑ 事务 T1 等待事务 T2 所占用的资源

❑ 事务 T1 最终等待 T2 所占用的资源，也就是事务之间在等待相同的资源，而事务 T1 发生在事务 T2 的后面

下面来看一个例子，当前事务和锁的状态如图 6-5 所示。

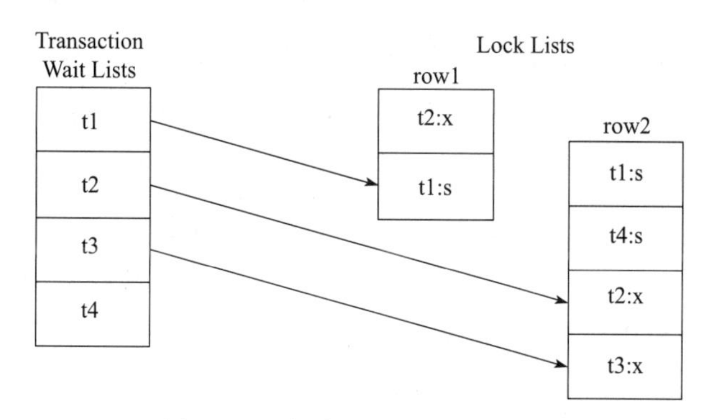

图 6-5 示例事务状态和锁的信息

在 Transaction Wait Lists 中可以看到共有 4 个事务 t1、t2、t3、t4，故在 wait-for graph 中应有 4 个节点。而事务 t2 对 row1 占用 x 锁，事务 t1 对 row2 占用 s 锁。事务 t1 需要等待事务 t2 中 row1 的资源，因此在 wait-for graph 中有条边从节点 t1 指向节点 t2。事务 t2 需要等待事务 t1、t4 所占用的 row2 对象，故而存在节点 t2 到节点 t1、t4 的边。同样，存在节点 t3 到节点 t1、t2、t4 的边，因此最终的 wait-for graph 如图 6-6 所示。

通过图 6-6 可以发现存在回路（t1，t2），因此存在死锁。通过上述的介绍，可以发现 wait-for graph 是一种较为主动的死锁检测机制，在每个事务请求锁并发生等待时都会判断是否存在回路，若存在则有死锁，通常来说 InnoDB 存储引擎选择回滚 undo 量最小的事务。

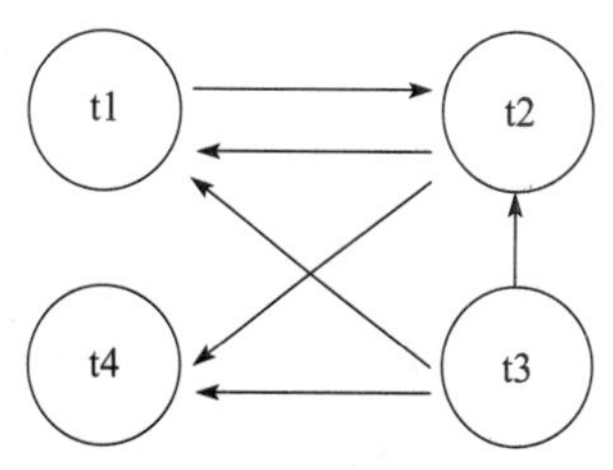

图 6-6 wait-for graph

wait-for graph 的死锁检测通常采用深度优先的算法实现，在 InnoDB1.2 版本之前，都是采用递归方式实现。而从 1.2 版本开始，对 wait-for graph 的死锁检测进行了优化，将递归用

非递归的方式实现，从而进一步提高了 InnoDB 存储引擎的性能。

6.7.2　死锁概率

死锁应该非常少发生，若经常发生，则系统是不可用的。此外，死锁的次数应该还要少于等待，因为至少需要 2 次等待才会产生一次死锁。本节将从纯数学的概率角度来分析，死锁发生的概率是非常小的。

假设当前数据库中共有 n+1 个线程执行，即当前总共有 n+1 个事务。并假设每个事务所做的操作相同。若每个事务由 r+1 个操作组成，每个操作为从 R 行数据中随机地操作一行数据，并占用对象的锁。每个事务在执行完最后一个步骤释放所占用的所有锁资源。最后，假设 $nr<<R$，即线程操作的数据只占所有数据的一小部分。

在上述的模型下，事务获得一个锁需要等待的概率是多少呢？当事务获得一个锁，其他任何一个事务获得锁的情况为：

$$(1+2+3+\cdots+r)/(r+1) \approx r/2$$

由于每个操作为从 R 行数据中取一条数据，每行数据被取到的概率为 $1/R$，因此，事务中每个操作需要等待的概率 PW 为：

$$PW=nr/2R$$

事务是由 r 个操作所组成，因此事务发生等待的概率 $PW(T)$ 为：

$$PW(T)=1-(1-PW)^r \approx r*PW \approx \frac{nr^2}{2R}$$

死锁是由于产生回路，也就是事务互相等待而发生的，若死锁的长度为 2，即两个等待节点间发生死锁，那么其概率为：

$$\text{一个事务发生死锁的概率} \approx \frac{PW(T)^2}{n} \approx \frac{nr^4}{4R^2}$$

由于大部分死锁发生的长度为 2，因此上述公式基本代表了一个事务发生死锁的概率。从整个系统来看，任何一个事务发生死锁的概率为：

$$\text{系统中任何一个事务发生死锁的概率} \approx \frac{n^2r^4}{4R^2}$$

从上述的公式中可以发现，由于 $nr<<R$，因此事务发生死锁的概率是非常低的。同时，事务发生死锁的概率与以下几点因素有关：

- 系统中事务的数量（n），数量越多发生死锁的概率越大。

- 每个事务操作的数量（*r*），每个事务操作的数量越多，发生死锁的概率越大。
- 操作数据的集合（*R*），越小则发生死锁的概率越大。

6.7.3 死锁的示例

如果程序是串行的，那么不可能发生死锁。死锁只存在于并发的情况，而数据库本身就是一个并发运行的程序，因此可能会发生死锁。表 6-18 的操作演示了死锁的一种经典的情况，即 A 等待 B，B 在等待 A，这种死锁问题被称为 AB-BA 死锁。

表 6-18 死锁用例 1

时间	会话 A	会话 B
1	BEGIN;	
2	mysql>SELECT * FROM t WHERE a = 1 FOR UPDATE; ********* 1. row ************ a: 1 1 row in set (0.00 sec)	BEGIN
3		mysql>SELECT * FROM t WHERE a = 2 FOR UPDATE; ********* 1. row ************ a: 2 1 row in set (0.00 sec)
4	mysql>SELECT * FROM t WHERE a = 2 FOR UPDATE; # 等待	
5		mysql>SELECT * FROM t WHERE a = 1 FOR UPDATE; ERROR 1213 (40001): Deadlock found when trying to get lock; try restarting transaction

在上述操作中，会话 B 中的事务抛出了 1213 这个错误提示，即表示事务发生了死锁。死锁的原因是会话 A 和 B 的资源在互相等待。大多数的死锁 InnoDB 存储引擎本身可以侦测到，不需要人为进行干预。但是在上面的例子中，在会话 B 中的事务抛出死锁异常后，会话 A 中马上得到了记录为 2 的这个资源，这其实是因为会话 B 中的事务发生了回滚，否则会话 A 中的事务是不可能得到该资源的。还记得 6.6 节中所说的内容吗？InnoDB 存储引擎并不会回滚大部分的错误异常，但是死锁除外。发现死锁后，InnoDB 存储引擎会马上回滚一个事务，这点是需要注意的。因此如果在应用程序中捕获了 1213 这个错误，其实并不需要对其进行回滚。

Oracle数据库中产生死锁的常见原因是没有对外键添加索引，而InnoDB存储引擎会自动对其进行添加，因而能够很好地避免了这种情况的发生。而人为删除外键上的索引，MySQL数据库会抛出一个异常：

```
mysql> CREATE TABLE p (
    -> aINT,
    -> PRIMARY KEY(a)
    -> )ENGINE=InnoDB;
Query OK, 0 rows affected (0.00 sec)

mysql> CREATE TABLE c (
    -> bINT,
    -> FOREIGH KEY(b) REFERENCES p(a)
    -> )ENGINE=InnoDB;
Query OK, 0 rows affected (0.00 sec)

mysql> SHOW INDEX FROM c\G;
*************************** 1. row ***************************
     Table: c
  Non_unique: 1
    Key_name: b
Seq_in_index: 1
 Column_name: b
   Collation: A
 Cardinality: 0
    Sub_part: NULL
      Packed: NULL
        Null: YES
  Index_type: BTREE
     Comment:
1 row in set (0.00 sec)

mysql> DROP INDEX b ON c;
ERROR 1553 (HY000): Cannot drop index 'b': needed in a foreign key constraint
```

通过上述例子可以看到，虽然在建立子表时指定了外键，但是InnoDB存储引擎会自动在外键列上建立了一个索引b。并且，人为地删除这个列是不被允许的。

此外还存在另一种死锁，即当前事务持有了待插入记录的下一个记录的X锁，但是在等待队列中存在一个S锁的请求，则可能会发生死锁。来看一个例子，首先根据如下代码创建测试表t，并导入一些数据：

```
CREATE TABLE t (
```

```
    a INT PRIMARY KEY
)ENGINE=InnoDB;

INSERT INTO t VALUES(1),(2),(4),(5);
```

表 t 仅有一个列 a，并插入 4 条记录。接着运行表 6-19 所示的查询。

表 6-19 死锁用例 2

时间	会话 A	会话 B
1	BEGIN;	
2		BEGIN;
3	SELECT * FROM t WHERE a = 4 FOR UPDATE;	
4		SELECT * FROM t WHERE a <= 4 LOCK IN SHARE MODE; -- 等待
5	INSERT INTO t VALUES(3); -- ERROR 1213 (40001): Deadlock found when trying to get lock; try restarting transaction	
6		-- 事务获得锁，正常运行

可以看到，会话 A 中已经对记录 4 持有了 X 锁，但是会话 A 中插入记录 3 时会导致死锁发生。这个问题的产生是由于会话 B 中请求记录 4 的 S 锁而发生等待，但之前请求的锁对于主键值记录 1、2 都已经成功，若在事件点 5 能插入记录，那么会话 B 在获得记录 4 持有的 S 锁后，还需要向后获得记录 3 的记录，这样就显得有点不合理。因此 InnoDB 存储引擎在这里主动选择了死锁，而回滚的是 undo log 记录大的事务，这与 AB-BA 死锁的处理方式又有所不同。

6.8 锁升级

锁升级（Lock Escalation）是指将当前锁的粒度降低。举例来说，数据库可以把一个表的 1000 个行锁升级为一个页锁，或者将页锁升级为表锁。如果在数据库的设计中认为锁是一种稀有资源，而且想避免锁的开销，那数据库中会频繁出现锁升级现象。

Microsoft SQL Server 数据库的设计认为锁是一种稀有的资源，在适合的时候会自动地将行、键或分页锁升级为更粗粒度的表级锁。这种升级保护了系统资源，防止系统使用太多的内存来维护锁，在一定程度上提高了效率。

即使在 Microsoft SQL Server 2005 版本之后，SQL Server 数据库支持了行锁，但是其设计和 InnoDB 存储引擎完全不同，在以下情况下依然可能发生锁升级：

- 由一句单独的 SQL 语句在一个对象上持有的锁的数量超过了阈值，默认这个阈值为 5000。值得注意的是，如果是不同对象，则不会发生锁升级
- 锁资源占用的内存超过了激活内存的 40% 时就会发生锁升级

在 Microsoft SQL Server 数据库中，由于锁是一种稀有的资源，因此锁升级会带来一定的效率提高。但是锁升级带来的一个问题却是因为锁粒度的降低而导致并发性能的降低。

InnoDB 存储引擎不存在锁升级的问题。因为其不是根据每个记录来产生行锁的，相反，其根据每个事务访问的每个页对锁进行管理的，采用的是位图的方式。因此不管一个事务锁住页中一个记录还是多个记录，其开销通常都是一致的。

假设一张表有 3 000 000 个数据页，每个页大约有 100 条记录，那么总共有 300 000 000 条记录。若有一个事务执行全表更新的 SQL 语句，则需要对所有记录加 X 锁。若根据每行记录产生锁对象进行加锁，并且每个锁占用 10 字节，则仅对锁管理就需要差不多需要 3GB 的内存。而 InnoDB 存储引擎根据页进行加锁，并采用位图方式，假设每个页存储的锁信息占用 30 个字节，则锁对象仅需 90MB 的内存。由此可见两者对于锁资源开销的差距之大。

6.9　小结

这一章介绍的内容非常多，可能会让读者觉得很难，甚至会不时地抓耳挠腮。尽管锁本身相当直接，但是它的一些副作用却不是这样。关键是用户需要理解锁带来的问题，如丢失更新、脏读、不可重复读等。如果不知道这一点，那么开发的应用程序性能就会很差。如果不学会怎样通过一些命令和数据字典来查看事务锁住了哪些资源，你可能永远不知道到底发生了什么事情，可能只是认为 MySQL 数据库有时会阻塞而已。

本章在介绍锁的同时，还比较了 MySQL 数据库 InnoDB 存储引擎、MyISAM 存储引擎、Microsoft SQL Server 数据库、Oracle 数据库锁的特性。通过这些比较了解到，虽然每个数据库在 SQL 语句层面上的差别可能不是很大，在内部底层的实现却各有不同。通过理解 InnoDB 存储引擎锁的特性，对于开发一个高性能、高并发的数据库应用显得十分重要和有帮助。

第7章　事　　务

事务（Transaction）是数据库区别于文件系统的重要特性之一。在文件系统中，如果正在写文件，但是操作系统突然崩溃了，这个文件就很有可能被破坏。当然，有一些机制可以把文件恢复到某个时间点。不过，如果需要保证两个文件同步，这些文件系统可能就显得无能为力了。例如，在需要更新两个文件时，更新完一个文件后，在更新完第二个文件之前系统重启了，就会有两个不同步的文件。

这正是数据库系统引入事务的主要目的：事务会把数据库从一种一致状态转换为另一种一致状态。在数据库提交工作时，可以确保要么所有修改都已经保存了，要么所有修改都不保存。

InnoDB 存储引擎中的事务完全符合 ACID 的特性。ACID 是以下 4 个词的缩写：

- 原子性（atomicity）
- 一致性（consistency）
- 隔离性（isolation）
- 持久性（durability）

第 6 章介绍了锁，讨论 InnoDB 是如何实现事务的隔离性的。本章主要关注事务的原子性这一概念，并说明怎样正确使用事务及编写正确的事务应用程序，避免在事务方面养成一些不好的习惯。

7.1　认识事务

7.1.1　概述

事务可由一条非常简单的 SQL 语句组成，也可以由一组复杂的 SQL 语句组成。事务是访问并更新数据库中各种数据项的一个程序执行单元。在事务中的操作，要么都做修改，要么都不做，这就是事务的目的，也是事务模型区别与文件系统的重要特征之一。

理论上说，事务有着极其严格的定义，它必须同时满足四个特性，即通常所说的事务的ACID特性。值得注意的是，虽然理论上定义了严格的事务要求，但是数据库厂商出于各种目的，并没有严格去满足事务的ACID标准。例如，对于MySQL的NDB Cluster引擎来说，虽然其支持事务，但是不满足D的要求，即持久性的要求。对于Oracle数据库来说，其默认的事务隔离级别为READ COMMITTED，不满足I的要求，即隔离性的要求。虽然在大多数的情况下，这并不会导致严重的结果，甚至可能还会带来性能的提升，但是用户首先需要知道严谨的事务标准，并在实际的生产应用中避免可能存在的潜在问题。对于InnoDB存储引擎而言，其默认的事务隔离级别为READ REPEATABLE，完全遵循和满足事务的ACID特性。这里，具体介绍事务的ACID特性，并给出相关概念。

A（Atomicity），**原子性**。在计算机系统中，每个人都将原子性视为理所当然。例如在C语言中调用SQRT函数，其要么返回正确的平方根值，要么返回错误的代码，而不会在不可预知的情况下改变任何的数据结构和参数。如果SQRT函数被许多个程序调用，一个程序的返回值也不会是其他程序要计算的平方根。

然而在数据的事务中实现调用操作的原子性，就不是那么理所当然了。例如一个用户在ATM机前取款，假设取款的流程为：

1）登录ATM机平台，验证密码。

2）从远程银行的数据库中，取得账户的信息。

3）用户在ATM机上输入欲提取的金额。

4）从远程银行的数据库中，更新账户信息。

5）ATM机出款。

6）用户取钱。

整个取款的操作过程应该视为原子操作，即要么都做，要么都不做。不能用户钱未从ATM机上取得，但是银行卡上的钱已经被扣除了，相信这是任何人都不能接受的一种情况。而通过事物模型，可以保证该操作的原子性。

原子性指整个数据库事务是不可分割的工作单位。只有使事务中所有的数据库操作都执行成功，才算整个事务成功。事务中任何一个SQL语句执行失败，已经执行成功的SQL语句也必须撤销，数据库状态应该退回到执行事务前的状态。

如果事务中的操作都是只读的，要保持原子性是很简单的。一旦发生任何错误，要么重试，要么返回错误代码。因为只读操作不会改变系统中的任何相关部分。但是，当事务中的操作需要改变系统中的状态时，例如插入记录或更新记录，那么情况可能就不像只读操作那么简单了。如果操作失败，很有可能引起状态的变化，因此必须要保护系统中并发用户访问受影响的部分数据。

C（consistency），**一致性**。一致性指事务将数据库从一种状态转变为下一种一致的状态。在事务开始之前和事务结束以后，数据库的完整性约束没有被破坏。例如，在表中有一个字段为姓名，为唯一约束，即在表中姓名不能重复。如果一个事务对姓名字段进行了修改，但是在事务提交或事务操作发生回滚后，表中的姓名变得非唯一了，这就破坏了事务的一致性要求，即事务将数据库从一种状态变为了一种不一致的状态。因此，事务是一致性的单位，如果事务中某个动作失败了，系统可以自动撤销事务——返回初始化的状态。

I（isolation），**隔离性**。隔离性还有其他的称呼，如并发控制（concurrency control）、可串行化（serializability）、锁（locking）等。事务的隔离性要求每个读写事务的对象对其他事务的操作对象能相互分离，即该事务提交前对其他事务都不可见，通常这使用锁来实现。当前数据库系统中都提供了一种粒度锁（granular lock）的策略，允许事务仅锁住一个实体对象的子集，以此来提高事务之间的并发度。

D（durability），**持久性**。事务一旦提交，其结果就是永久性的。即使发生宕机等故障，数据库也能将数据恢复。需要注意的是，只能从事务本身的角度来保证结果的永久性。例如，在事务提交后，所有的变化都是永久的。即使当数据库因为崩溃而需要恢复时，也能保证恢复后提交的数据都不会丢失。但若不是数据库本身发生故障，而是一些外部的原因，如 RAID 卡损坏、自然灾害等原因导致数据库发生问题，那么所有提交的数据可能都会丢失。因此持久性保证事务系统的高可靠性（High Reliability），而不是高可用性（High Availability）。对于高可用性的实现，事务本身并不能保证，需要一些系统共同配合来完成。

7.1.2 分类

从事务理论的角度来说，可以把事务分为以下几种类型：

- 扁平事务（Flat Transactions）

- ❑ 带有保存点的扁平事务（Flat Transactions with Savepoints）
- ❑ 链事务（Chained Transactions）
- ❑ 嵌套事务（Nested Transactions）
- ❑ 分布式事务（Distributed Transactions）

扁平事务（Flat Transaction）是事务类型中最简单的一种，但在实际生产环境中，这可能是使用最为频繁的事务。在扁平事务中，所有操作都处于同一层次，其由 BEGIN WORK 开始，由 COMMIT WORK 或 ROLLBACK WORK 结束，其间的操作是原子的，要么都执行，要么都回滚。因此扁平事务是应用程序成为原子操作的基本组成模块。图 7-1 显示了扁平事务的三种不同结果。

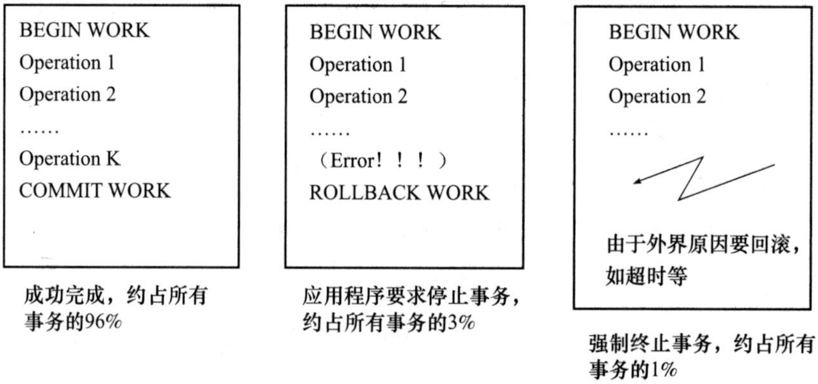

BEGIN WORK Operation 1 Operation 2 …… Operation K COMMIT WORK	BEGIN WORK Operation 1 Operation 2 …… （Error！！！） ROLLBACK WORK	BEGIN WORK Operation 1 Operation 2 …… 由于外界原因要回滚，如超时等
成功完成，约占所有事务的96%	应用程序要求停止事务，约占所有事务的3%	强制终止事务，约占所有事务的1%

图 7-1　扁平事务的三种情况

图 7-1 给出了扁平事务的三种情况，同时也给出了在一个典型的事务处理应用中，每个结果大概占用的百分比。再次提醒，扁平事务虽然简单，但在实际生产环境中使用最为频繁。正因为其简单，使用频繁，故每个数据库系统都实现了对扁平事务的支持。

扁平事务的主要限制是不能提交或者回滚事务的某一部分，或分几个步骤提交。下面给出一个扁平事务不足以支持的例子。例如用户在旅行网站上进行自己的旅行度假计划。用户设想从杭州到意大利的佛罗伦萨，这两个城市之间没有直达的班机，需要用户预订并转乘航班，或者需要搭火车等待。用户预订旅行度假的事务为：

BEGIN WORK

S1：预订杭州到上海的高铁

S2：上海浦东国际机场坐飞机，预订去米兰的航班

S3：在米兰转火车前往佛罗伦萨，预订去佛罗伦萨的火车

但是当用户执行到S3时，发现由于飞机到达米兰的时间太晚，已经没有当天的火车。这时用户希望在米兰当地住一晚，第二天出发去佛罗伦萨。这时如果事务为扁平事务，则需要回滚之前S1、S2、S3的三个操作，这个代价就显得有点大。因为当再次进行该事务时，S1、S2的执行计划是不变的。也就是说，如果支持有计划的回滚操作，那么就不需要终止整个事务。因此就出现了带有保存点的扁平事务。

带有保存点的扁平事务（Flat Transactions with Savepoint），除了支持扁平事务支持的操作外，允许在事务执行过程中回滚到同一事务中较早的一个状态。这是因为某些事务可能在执行过程中出现的错误并不会导致所有的操作都无效，放弃整个事务不合乎要求，开销也太大。**保存点**（Savepoint）用来通知系统应该记住事务当前的状态，以便当之后发生错误时，事务能回到保存点当时的状态。

对于扁平的事务来说，其隐式地设置了一个保存点。然而在整个事务中，只有这一个保存点，因此，回滚只能回滚到事务开始时的状态。保存点用SAVE WORK函数来建立，通知系统记录当前的处理状态。当出现问题时，保存点能用作内部的重启动点，根据应用逻辑，决定是回到最近一个保存点还是其他更早的保存点。图7-2显示了在事务中使用保存点。

图7-2显示了如何在事务中使用保存点。灰色背景部分的操作表示由ROLLBACK WORK而导致部分回滚，实际并没有执行的操作。当用BEGIN WORK开启一个事务时，隐式地包含了一个保存点，当事务通过ROLLBACK WORK ：2发出部分回滚命令时，事务回滚到保存点2，接着依次执行，并再次执行到ROLLBACK WORK ：7，直到最后的COMMIT WORK操作，这时表示事务结束，除灰色阴影部分的操作外，其余操作都已经执行，并且提交。

另一点需要注意的是，保存点在事务内部是递增的，这从图7-2中也能看出。有人可能会想，返回保存点2以后，下一个保存点可以为3，因为之前的工作都终止了。然而新的保存点编号为5，这意味着ROLLBACK不影响保存点的计数，并且单调递增的编号能保持事务执行的整个历史过程，包括在执行过程中想法的改变。

此外，当事务通过ROLLBACK WORK ：2命令发出部分回滚命令时，要记住事务并没有完全被回滚，只是回滚到了保存点2而已。这代表当前事务还是活跃的，如果想要完全回滚事务，还需要再执行命令ROLLBACK WORK。

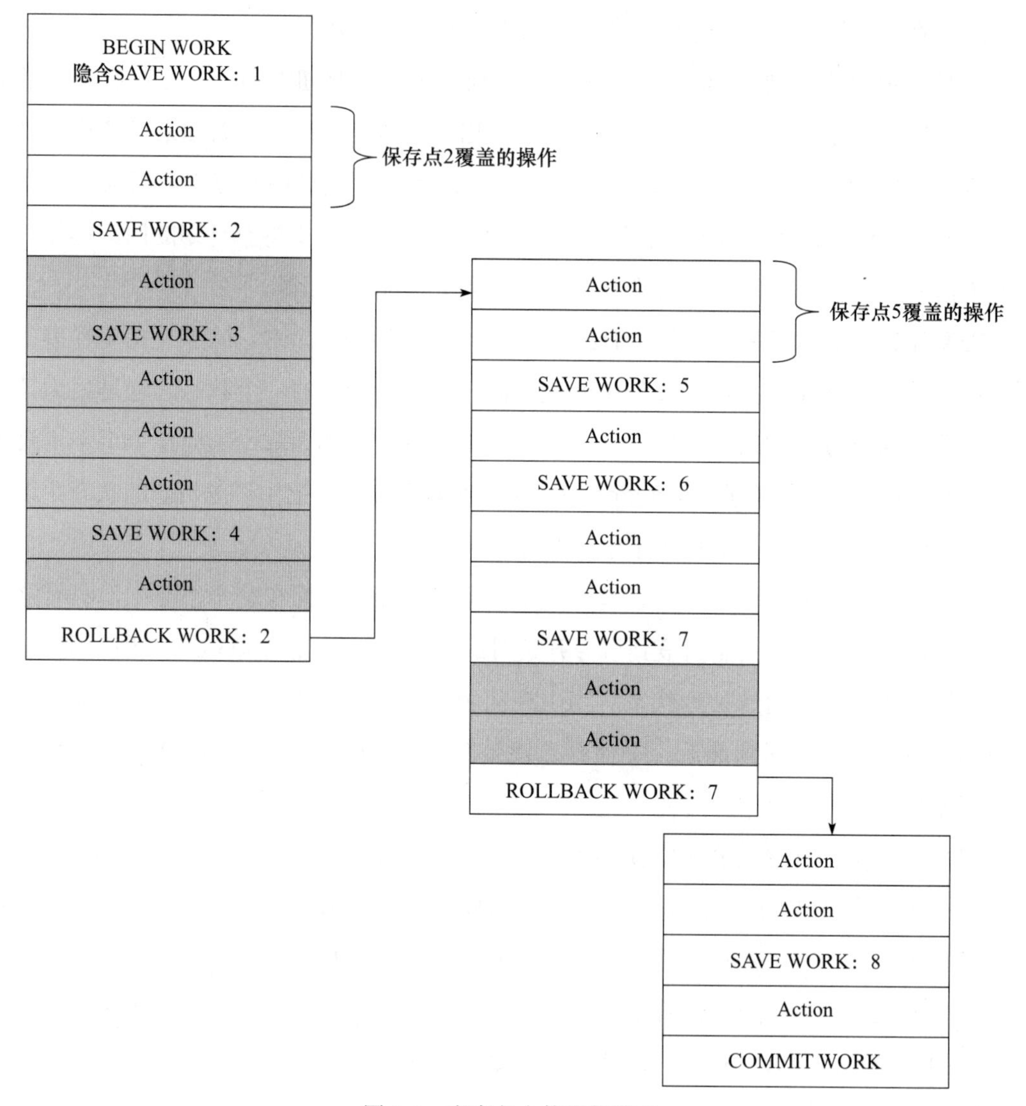

图 7-2 在事务中使用保存点

链事务（Chained Transaction）可视为保存点模式的一种变种。带有保存点的扁平事务，当发生系统崩溃时，所有的保存点都将消失，因为其保存点是易失的（volatile），而非持久的（persistent）。这意味着当进行恢复时，事务需要从开始处重新执行，而不能从最近的一个保存点继续执行。

链事务的思想是：在提交一个事务时，释放不需要的数据对象，将必要的处理上下文隐式地传给下一个要开始的事务。注意，提交事务操作和开始下一个事务操作将合并为一个原子操作。这意味着下一个事务将看到上一个事务的结果，就好像在一个事务中进行的一样。图 7-3 显示了链事务的工作方式：

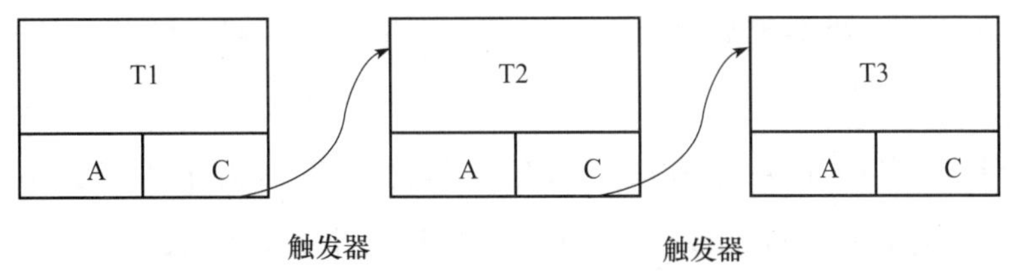

图 7-3 链事务的开始，第一个事务提交触发第二个事务的开始

链事务与带有保存点的扁平事务不同的是，带有保存点的扁平事务能回滚到任意正确的保存点。而链事务中的回滚仅限于当前事务，即只能恢复到最近一个的保存点。对于锁的处理，两者也不相同。链事务在执行 COMMIT 后即释放了当前事务所持有的锁，而带有保存点的扁平事务不影响迄今为止所持有的锁。

嵌套事务（Nested Transaction）是一个层次结构框架。由一个顶层事务（top-level transaction）控制着各个层次的事务。顶层事务之下嵌套的事务被称为子事务（subtransaction），其控制每一个局部的变换。嵌套事务的层次结构如图 7-4 所示。

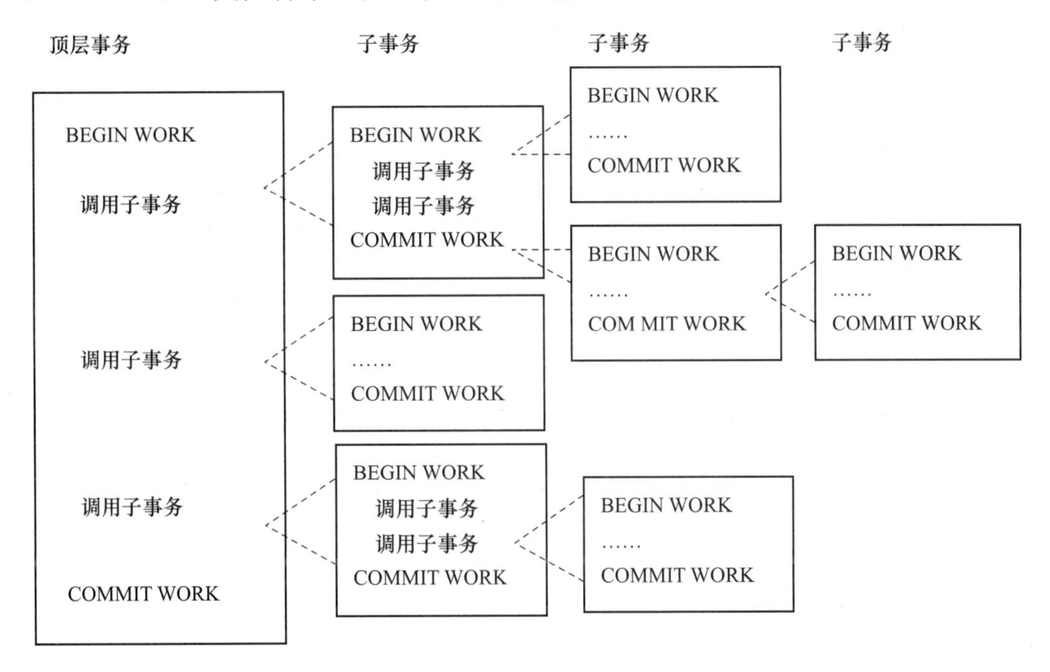

图 7-4 嵌套事务的层次结构

下面给出 Moss 对嵌套事务的定义：

1）嵌套事务是由若干事务组成的一棵树，子树既可以是嵌套事务，也可以是扁平

事务。

2）处在叶节点的事务是扁平事务。但是每个子事务从根到叶节点的距离可以是不同的。

3）位于根节点的事务称为顶层事务，其他事务称为子事务。事务的前驱称（predecessor）为父事务（parent），事务的下一层称为儿子事务（child）。

4）子事务既可以提交也可以回滚。但是它的提交操作并不马上生效，除非其父事务已经提交。因此可以推论出，任何子事物都在顶层事务提交后才真正的提交。

5）树中的任意一个事务的回滚会引起它的所有子事务一同回滚，故子事务仅保留A、C、I特性，不具有D的特性。

在Moss的理论中，实际的工作是交由叶子节点来完成的，即只有叶子节点的事务才能访问数据库、发送消息、获取其他类型的资源。而高层的事务仅负责逻辑控制，决定何时调用相关的子事务。即使一个系统不支持嵌套事务，用户也可以通过保存点技术来模拟嵌套事务，如图7-5所示。

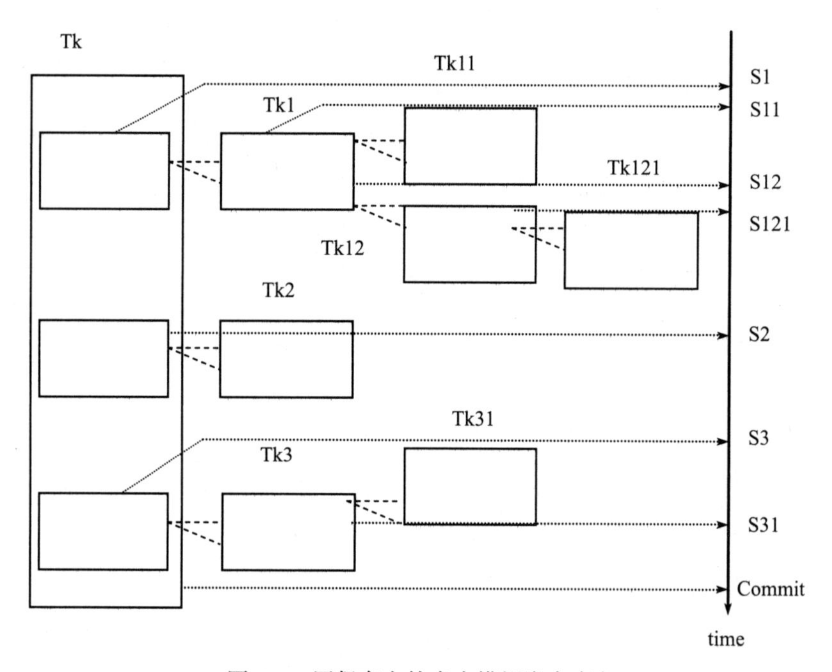

图7-5　用保存点技术来模拟嵌套事务

从图7-5中也可以发现，在恢复时采用保存点技术比嵌套查询有更大的灵活性。例如在完成Tk3这事务时，可以回滚到保存点S2的状态。而在嵌套查询的层次结构中，这是不被允许的。

但是用保存点技术来模拟嵌套事务在锁的持有方面还是与嵌套查询有些区别。当通过保存点技术来模拟嵌套事务时，用户无法选择哪些锁需要被子事务继承，哪些需要被父事务保留。这就是说，无论有多少个保存点，所有被锁住的对象都可以被得到和访问。而在嵌套查询中，不同的子事务在数据库对象上持有的锁是不同的。例如有一个父事务 P_1，其持有对象 X 和 Y 的排他锁，现在要开始一个调用子事务 P_{11}，那么父事务 P_1 可以不传递锁，也可以传递所有的锁，也可以只传递一个排他锁。如果子事务 P_{11} 中还要持有对象 Z 的排他锁，那么通过反向继承（counter-inherited），父事务 P_1 将持有 3 个对象 X、Y、Z 的排他锁。如果这时又再次调用了一个子事务 P_{12}，那么它可以选择传递那里已经持有的锁。

然而，如果系统支持在嵌套事务中并行地执行各个子事务，在这种情况下，采用保存点的扁平事务来模拟嵌套事务就不切实际了。这从另一个方面反映出，想要实现事务间的并行性，需要真正支持的嵌套事务。

分布式事务（Distributed Transactions）通常是一个在分布式环境下运行的扁平事务，因此需要根据数据所在位置访问网络中的不同节点。

假设一个用户在 ATM 机进行银行的转账操作，例如持卡人从招商银行的储蓄卡转账 10 000 元到工商银行的储蓄卡。在这种情况下，可以将 ATM 机视为节点 A，招商银行的后台数据库视为节点 B，工商银行的后台数据库视为 C，这个转账的操作可分解为以下的步骤：

1）节点 A 发出转账命令。

2）节点 B 执行储蓄卡中的余额值减去 10 000。

3）节点 C 执行储蓄卡中的余额值加上 10 000。

4）节点 A 通知用户操作完成或者节点 A 通知用户操作失败。

这里需要使用分布式事务，因为节点 A 不能通过调用一台数据库就完成任务。其需要访问网络中两个节点的数据库，而在每个节点的数据库执行的事务操作又都是扁平的。对于分布式事务，其同样需要满足 ACID 特性，要么都发生，要么都失效。对于上述的例子，如果 2）、3）步中任何一个操作失败，都会导致整个分布式事务回滚。若非这样，结果会非常可怕。

对于 InnoDB 存储引擎来说，其支持扁平事务、带有保存点的事务、链事务、分布式事务。对于嵌套事务，其并不原生支持，因此，对有并行事务需求的用户来说，MySQL 数据库或 InnoDB 存储引擎就显得无能为力了。然而用户仍可以通过带有保存点的事务来模拟串行的嵌套事务。

7.2 事务的实现

事务隔离性由第 6 章讲述的锁来实现。原子性、一致性、持久性通过数据库的 redo log 和 undo log 来完成。redo log 称为重做日志，用来保证事务的原子性和持久性。undo log 用来保证事务的一致性。

有的 DBA 或许会认为 undo 是 redo 的逆过程，其实不然。redo 和 undo 的作用都可以视为是一种恢复操作，redo 恢复提交事务修改的页操作，而 undo 回滚行记录到某个特定版本。因此两者记录的内容不同，redo 通常是物理日志，记录的是页的物理修改操作。undo 是逻辑日志，根据每行记录进行记录。

7.2.1 redo

1. 基本概念

重做日志用来实现事务的持久性，即事务 ACID 中的 D。其由两部分组成：一是内存中的重做日志缓冲（redo log buffer），其是易失的；二是重做日志文件（redo log file），其是持久的。

InnoDB 是事务的存储引擎，其通过 Force Log at Commit 机制实现事务的持久性，即当事务提交（COMMIT）时，必须先将该事务的所有日志写入到重做日志文件进行持久化，待事务的 COMMIT 操作完成才算完成。这里的日志是指重做日志，在 InnoDB 存储引擎中，由两部分组成，即 redo log 和 undo log。redo log 用来保证事务的持久性，undo log 用来帮助事务回滚及 MVCC 的功能。redo log 基本上都是顺序写的，在数据库运行时不需要对 redo log 的文件进行读取操作。而 undo log 是需要进行随机读写的。

为了确保每次日志都写入重做日志文件，在每次将重做日志缓冲写入重做日志文件后，InnoDB 存储引擎都需要调用一次 fsync 操作。由于重做日志文件打开并没有使用 O_DIRECT 选项，因此重做日志缓冲先写入文件系统缓存。为了确保重做日志写入磁盘，必须进行一次 fsync 操作。由于 fsync 的效率取决于磁盘的性能，因此磁盘的性能决定了事务提交的性能，也就是数据库的性能。

InnoDB 存储引擎允许用户手工设置非持久性的情况发生，以此提高数据库的性能。即当事务提交时，日志不写入重做日志文件，而是等待一个时间周期后再执行 fsync 操作。由于并非强制在事务提交时进行一次 fsync 操作，显然这可以显著提高数据库的性能。但是当数据库发生宕机时，由于部分日志未刷新到磁盘，因此会丢失最后一段时间的事务。

参数 innodb_flush_log_at_trx_commit 用来控制重做日志刷新到磁盘的策略。该参数的默认值为 1，表示事务提交时必须调用一次 fsync 操作。还可以设置该参数的值为 0 和 2。0 表示事务提交时不进行写入重做日志操作，这个操作仅在 master thread 中完成，而在 master thread 中每 1 秒会进行一次重做日志文件的 fsync 操作。2 表示事务提交时将重做日志写入重做日志文件，但仅写入文件系统的缓存中，不进行 fsync 操作。在这个设置下，当 MySQL 数据库发生宕机而操作系统不发生宕机时，并不会导致事务的丢失。而当操作系统宕机时，重启数据库后会丢失未从文件系统缓存刷新到重做日志文件那部分事务。

下面看一个例子，比较 innodb_flush_log_at_trx_commit 对事务的影响。首先根据如下代码创建表 t1 和存储过程 p_load：

```
CREATE TABLE test_load (
    a INT,
    b CHAR(80)
)  ENGINE=INNODB;

DELIMITER //
CREATE PROCEDURE p_load(count INT UNSIGNED)
BEGIN
DECLARE s INT UNSIGNED DEFAULT 1;
DECLARE c CHAR(80) DEFAULT REPEAT('a',80);
WHILE s <= count DO
INSERT INTO test_load SELECT NULL,c;
COMMIT;
SET s = s+1;
END WHILE;
END;
//
DELIMITER ;
```

存储过程 p_load 的作用是将数据不断地插入表 test_load 中，并且每插入一条就进行一次显式的 COMMIT 操作。在默认的设置下，即参数 innodb_flush_log_at_trx_commit 为 1 的情况下，InnoDB 存储引擎会将重做日志缓冲中的日志写入文件，并调用一次 fsync 操作。如果执行命令 CALL p_load（500 000），则会向表中插入 50 万行的记录，并执行 50 万次的 fsync 操作。先看在默认情况插入 50 万条记录所需的时间下：

```
mysql> CALL p_load(500000);
Query OK, 0 rows affected (1 min 53.11 sec)
```

可以看到插入 50 万条记录差不多需要 2 分钟的时间。对于生产环境的用户来说，这个时间显然是不能接受的。而造成时间比较长的原因就在于 fsync 操作所需的时间。接着来看将参数 innodb_flush_log_at_trx_commit 设置为 0 的情况：

```
mysql> SHOW VARIABLES LIKE 'innodb_flush_log_at_trx_commit'\G
*************************** 1. row ***************************
Variable_name: innodb_flush_log_at_trx_commit
        Value: 0
1 row in set (0.00 sec)

mysql> CALL p_load(500000);
Query OK, 0 rows affected (13.90 sec)
```

可以看到将参数 innodb_flush_log_at_trx_commit 设置为 0 后，插入 50 万行记录的时间缩短为了 13.90 秒，差不多是之前的 12%。而形成这个现象的主要原因是：后者大大减少了 fsync 的次数，从而提高了数据库执行的性能。表 7-1 显示了在参数 innodb_flush_log_at_trx_commit 的不同设置下，调用存储过程 p_load 插入 50 万行记录所需的时间。

表 7-1 不同 innodb_flush_log_at_trx_commit 设置对于插入的速度影响

innodb_flush_log_at_trx_commit	执行所用时间
0	13.90 秒
1	1 分 53.11 秒
2	23.37 秒

虽然用户可以通过设置参数 innodb_flush_log_at_trx_commit 为 0 或 2 来提高事务提交的性能，但是需要牢记的是，这种设置方法丧失了事务的 ACID 特性。而针对上述存储过程，为了提高事务的提交性能，应该在将 50 万行记录插入表后进行一次的 COMMIT 操作，而不是在每插入一条记录后进行一次 COMMIT 操作。这样做的好处是还可以使事务方法在回滚时回滚到事务最开始的确定状态。

在MySQL数据库中还有一种二进制日志（binlog），其用来进行POINT-IN-TIME（PIT）的恢复及主从复制（Replication）环境的建立。从表面上看其和重做日志非常相似，都是记录了对于数据库操作的日志。然而，从本质上来看，两者有着非常大的不同。

首先，重做日志是在InnoDB存储引擎层产生，而二进制日志是在MySQL数据库的上层产生的，并且二进制日志不仅仅针对于InnoDB存储引擎，MySQL数据库中的任何存储引擎对于数据库的更改都会产生二进制日志。

其次，两种日志记录的内容形式不同。MySQL数据库上层的二进制日志是一种逻辑日志，其记录的是对应的SQL语句。而InnoDB存储引擎层面的重做日志是物理格式日志，其记录的是对于每个页的修改。

此外，两种日志记录写入磁盘的时间点不同，如图7-6所示。二进制日志只在事务提交完成后进行一次写入。而InnoDB存储引擎的重做日志在事务进行中不断地被写入，这表现为日志并不是随事务提交的顺序进行写入的。

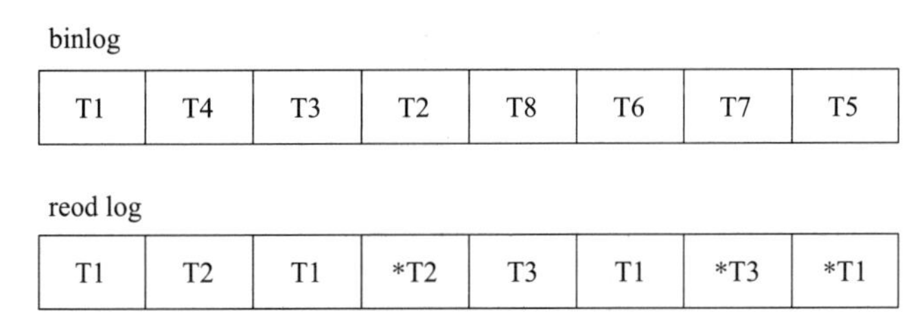

图7-6 二进制日志与重做日志的写入的时间点不同

从图7-6中可以看到，二进制日志仅在事务提交时记录，并且对于每一个事务，仅包含对应事务的一个日志。而对于InnoDB存储引擎的重做日志，由于其记录的是物理操作日志，因此每个事务对应多个日志条目，并且事务的重做日志写入是并发的，并非在事务提交时写入，故其在文件中记录的顺序并非是事务开始的顺序。*T1、*T2、*T3表示的是事务提交时的日志。

2. log block

在InnoDB存储引擎中，重做日志都是以512字节进行存储的。这意味着重做日志缓存、重做日志文件都是以块（block）的方式进行保存的，称之为重做日志块（redo log block），每块的大小为512字节。

若一个页中产生的重做日志数量大于512字节，那么需要分割为多个重做日志块进行存储。此外，由于重做日志块的大小和磁盘扇区大小一样，都是512字节，因此重做日志的写入可以保证原子性，不需要 doublewrite 技术。

重做日志块除了日志本身之外，还由日志块头（log block header）及日志块尾（log block tailer）两部分组成。重做日志头一共占用 12 字节，重做日志尾占用 8 字节。故每个重做日志块实际可以存储的大小为 492 字节（512-12-8）。图 7-7 显示了重做日志块缓存的结构。

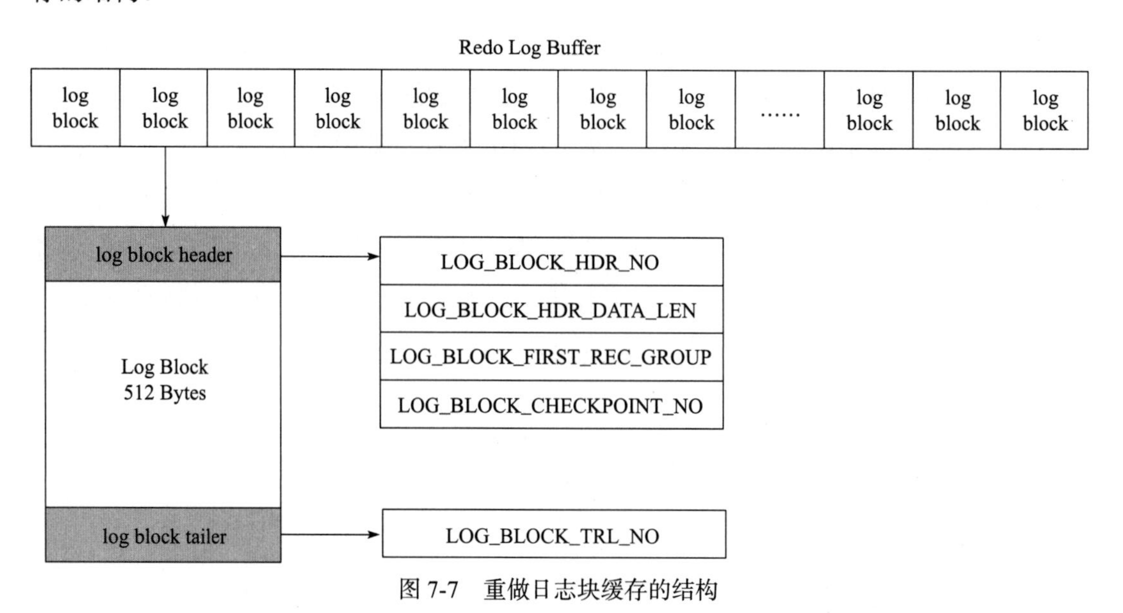

图 7-7 重做日志块缓存的结构

图 7-7 显示了重做日志缓存的结构，可以发现重做日志缓存由每个为 512 字节大小的日志块所组成。日志块由三部分组成，依次为日志块头（log block header）、日志内容（log body）、日志块尾（log block tailer）。

log block header 由 4 部分组成，如表 7-2 所示。

表 7-2 log block header

名 称	占用字节
LOG_BLOCK_HDR_NO	4
LOG_BLOCK_HDR_DATA_LEN	2
LOG_BLOCK_FIRST_REC_GROUP	2
LOG_BLOCK_CHECKPOINT_NO	4

log buffer 是由 log block 组成，在内部 log buffer 就好似一个数组，因此 LOG_BLOCK_HDR_NO 用来标记这个数组中的位置。其是递增并且循环使用的，占用 4 个字节，但是由于第一位用来判断是否是 flush bit，所以最大的值为 2G。

LOG_BLOCK_HDR_DATA_LEN 占用 2 字节，表示 log block 所占用的大小。当 log block 被写满时，该值为 0x200，表示使用全部 log block 空间，即占用 512 字节。

LOG_BLOCK_FIRST_REC_GROUP 占用 2 个字节，表示 log block 中第一个日志所在的偏移量。如果该值的大小和 LOG_BLOCK_HDR_DATA_LEN 相同，则表示当前 log block 不包含新的日志。如事务 T1 的重做日志 1 占用 762 字节，事务 T2 的重做日志占用 100 字节。由于每个 log block 实际只能保存 492 个字节，因此其在 log buffer 中的情况应如图 7-8 所示。

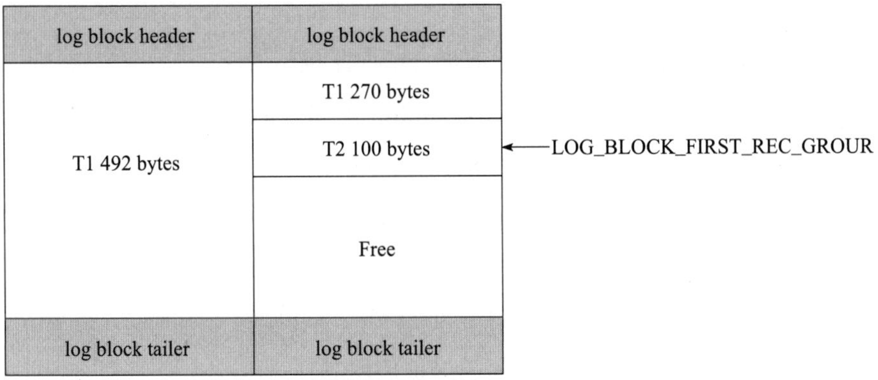

图 7-8　LOG_BLOCK_FIRST_REC_GROUP 的例子

从图 7-8 中可以观察到，由于事务 T1 的重做日志占用 792 字节，因此需要占用两个 log block。左侧的 log block 中 LOG_BLOCK_FIRST_REC_GROUP 为 12，即 log block 中第一个日志的开始位置。在第二个 log block 中，由于包含了之前事务 T1 的重做日志，事务 T2 的日志才是 log block 中第一个日志，因此该 log block 的 LOG_BLOCK_FIRST_REC_GROUP 为 282（270+12）。

LOG_BLOCK_CHECKPOINT_NO 占用 4 字节，表示该 log block 最后被写入时的检查点第 4 字节的值。

log block tailer 只由 1 个部分组成（如表 7-3 所示），且其值和 LOG_BLOCK_HDR_NO 相同，并在函数 log_block_init 中被初始化。

表 7-3　log block tailer 部分

名　　称	大小（字节）
LOG_BLOCK_TRL_NO	4

3. log group

log group为重做日志组，其中有多个重做日志文件。虽然源码中已支持log group的镜像功能，但是在ha_innobase.cc文件中禁止了该功能。因此InnoDB存储引擎实际只有一个log group。

log group是一个逻辑上的概念，并没有一个实际存储的物理文件来表示log group信息。log group由多个重做日志文件组成，每个log group中的日志文件大小是相同的，且在InnoDB 1.2版本之前，重做日志文件的总大小要小于4GB（不能等于4GB）。从InnoDB 1.2版本开始重做日志文件总大小的限制提高为了512GB。InnoSQL版本的InnoDB存储引擎在1.1版本就支持大于4GB的重做日志。

重做日志文件中存储的就是之前在log buffer中保存的log block，因此其也是根据块的方式进行物理存储的管理，每个块的大小与log block一样，同样为512字节。在InnoDB存储引擎运行过程中，log buffer根据一定的规则将内存中的log block刷新到磁盘。这个规则具体是：

- 事务提交时
- 当log buffer中有一半的内存空间已经被使用时
- log checkpoint时

对于log block的写入追加（append）在redo log file的最后部分，当一个redo log file被写满时，会接着写入下一个redo log file，其使用方式为round-robin。

虽然log block总是在redo log file的最后部分进行写入，有的读者可能以为对redo log file的写入都是顺序的。其实不然，因为redo log file除了保存log buffer刷新到磁盘的log block，还保存了一些其他的信息，这些信息一共占用2KB大小，即每个redo log file的前2KB的部分不保存log block的信息。对于log group中的第一个redo log file，其前2KB的部分保存4个512字节大小的块，其中存放的内容如表7-4所示。

表7-4 redo log file前2KB部分的内容

名 称	大小（字节）
log file header	512
checkpoint1	512
空	512
checkpoint2	512

需要特别注意的是，上述信息仅在每个log group的第一个redo log file中进行存储。

log group 中的其余 redo log file 仅保留这些空间，但不保存上述信息。正因为保存了这些信息，就意味着对 redo log file 的写入并不是完全顺序的。因为其除了 log block 的写入操作，还需要更新前 2KB 部分的信息，这些信息对于 InnoDB 存储引擎的恢复操作来说非常关键和重要。故 log group 与 redo log file 之间的关系如图 7-9 所示。

Log Group 1

Redo Log File1

Log File Header	CP1		CP2	Log Block	Log Block	Log Block	Log Block	Log Block	Log Block	……	Log Block

Redo Log File2

				Log Block	Log Block	Log Block	Log Block	Log Block	Log Block	……	Log Block

Log Group 2

Redo Log File1

Log File Header	CP1		CP2	Log Block	Log Block	Log Block	Log Block	Log Block	Log Block	……	Log Block

Redo Log File2

				Log Block	Log Block	Log Block	Log Block	Log Block	Log Block	……	Log Block

图 7-9　log group 与 redo log file 之间的关系

在 log filer header 后面的部分为 InnoDB 存储引擎保存的 checkpoint（检查点）值，其设计是交替写入，这样的设计避免了因介质失败而导致无法找到可用的 checkpoint 的情况。

4. 重做日志格式

不同的数据库操作会有对应的重做日志格式。此外，由于 InnoDB 存储引擎的存储管理是基于页的，故其重做日志格式也是基于页的。虽然有着不同的重做日志格式，但是它们有着通用的头部格式，如图 7-10 所示。

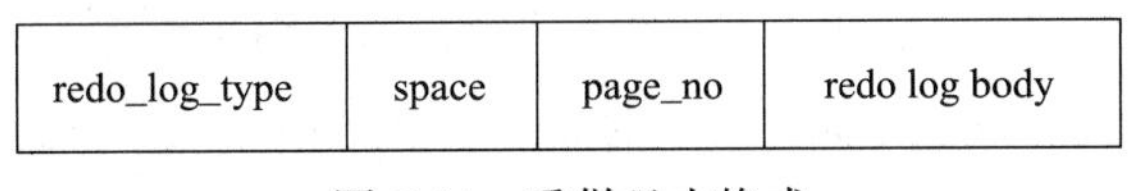

图 7-10　重做日志格式

通用的头部格式由以下 3 部分组成：

- redo_log_type：重做日志的类型。
- space：表空间的 ID。
- page_no：页的偏移量。

之后 redo log body 的部分，根据重做日志类型的不同，会有不同的存储内容，例如，对于页上记录的插入和删除操作，分别对应如图 7-11 所示的格式：

MLOG_REC_INSERT

type	space	page_no	cur rec _offset	len & extra_info	into_bits	origin_ offset	mis_matc h_index	rec body

MLOG_REC_DELETE

type	space	page_no	offset

图 7-11 插入和删除的重做日志格式

到 InnoDB1.2 版本时，一共有 51 种重做日志类型。随着功能不断地增加，相信会加入越来越多的重做日志类型。

5. LSN

LSN 是 Log Sequence Number 的缩写，其代表的是日志序列号。在 InnoDB 存储引擎中，LSN 占用 8 字节，并且单调递增。LSN 表示的含义有：

- 重做日志写入的总量
- checkpoint 的位置
- 页的版本

LSN 表示事务写入重做日志的字节的总量。例如当前重做日志的 LSN 为 1 000，有一个事务 T1 写入了 100 字节的重做日志，那么 LSN 就变为了 1100，若又有事务 T2 写入了 200 字节的重做日志，那么 LSN 就变为了 1 300。可见 LSN 记录的是重做日志的总量，其单位为字节。

LSN 不仅记录在重做日志中，还存在于每个页中。在每个页的头部，有一个值 FIL_PAGE_LSN，记录了该页的 LSN。在页中，LSN 表示该页最后刷新时 LSN 的大小。因为重做日志记录的是每个页的日志，因此页中的 LSN 用来判断页是否需要进行恢复操作。例如，页 P1 的 LSN 为 10 000，而数据库启动时，InnoDB 检测到写入重做日志中的 LSN 为 13 000，并且该事务已经提交，那么数据库需要进行恢复操作，将重做日志应用到P1页中。同样的，对于重做日志中LSN小于P1页的LSN，不需要进行重做，因为P1页中的LSN表示页已经被刷新到该位置。

用户可以通过命令SHOW ENGINE INNODB STATUS查看LSN的情况：

```
mysql> SHOW ENGINE INNODB STATUS\G;
……
---
LOG
---
Log sequence number 11 3047174608
Log flushed up to   11 3047174608
Last checkpoint at  11 3047174608
0 pending log writes, 0 pending chkp writes
142 log i/o's done, 0.00 log i/o's/second
……
1 row in set (0.00 sec)
```

Log sequence number表示当前的LSN，Log flushed up to表示刷新到重做日志文件的LSN，Last checkpoint at表示刷新到磁盘的LSN。

虽然在上面的例子中，Log sequence number和Log flushed up to的值是相同的，但是在实际生产环境中，该值有可能是不同的。因为在一个事务中从日志缓冲刷新到重做日志文件并不只是在事务提交时发生，每秒都会有从日志缓冲刷新到重做日志文件的动作。下面是在生产环境下重做日志的信息的示例。

```
mysql> show engine innodb status\G;

---
LOG
---
Log sequence number 203318213447
Log flushed up to   203318213326
Last checkpoint at  203252831194
1 pending log writes, 0 pending chkp writes
103447 log i/o's done, 7.00 log i/o's/second
……
1 row in set (0.00 sec)
```

可以看到，在生产环境下Log sequence number、Log flushed up to、Last checkpoint at三个值可能是不同的。

6. 恢复

InnoDB存储引擎在启动时不管上次数据库运行时是否正常关闭，都会尝试进行恢复操作。因为重做日志记录的是物理日志，因此恢复的速度比逻辑日志，如二进制日志，要快很多。与此同时，InnoDB 存储引擎自身也对恢复进行了一定程度的优化，如顺序读取及并行应用重做日志，这样可以进一步地提高数据库恢复的速度。

由于 checkpoint 表示已经刷新到磁盘页上的 LSN，因此在恢复过程中仅需恢复 checkpoint 开始的日志部分。对于图 7-12 中的例子，当数据库在 checkpoint 的 LSN 为 10 000 时发生宕机，恢复操作仅恢复 LSN 10 000 ～ 13 000 范围内的日志。

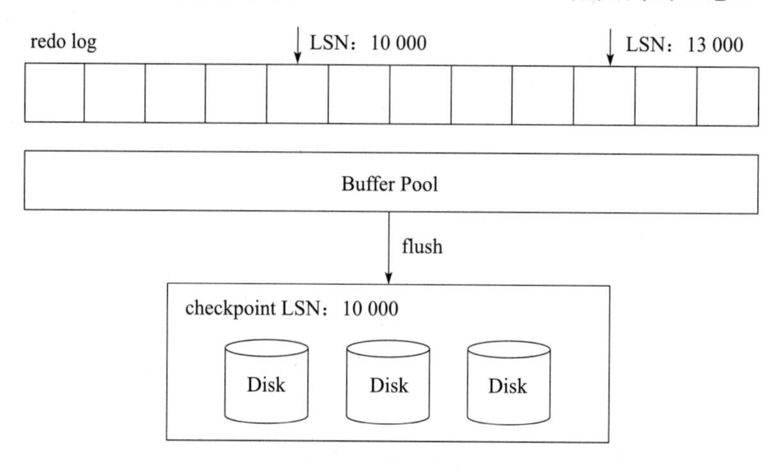

图 7-12 恢复的例子

InnoDB 存储引擎的重做日志是物理日志，因此其恢复速度较之二进制日志恢复快得多。例如对于 INSERT 操作，其记录的是每个页上的变化。对于下面的表：

```
CREATE TABLE t ( a INT, b INT, PRIMARY KEY(a), KEY(b));
```

若执行 SQL 语句：

```
INSERT INTO t SELECT 1,2;
```

由于需要对聚集索引页和辅助索引页进行操作，其记录的重做日志大致为：

```
page(2,3), offset 32, value 1,2  #聚集索引
page(2,4), offset 64, value 2    #辅助索引
```

可以看到记录的是页的物理修改操作，若插入涉及 B ＋树的 split，可能会有更多的页需要记录日志。此外，由于重做日志是物理日志，因此其是幂等的。幂等的概念如下：

$$f(f(x))=f(x)$$

有的 DBA 或开发人员错误地认为只要将二进制日志的格式设置为 ROW，那么二进制日志也是幂等的。这显然是错误的，举个简单的例子，INSERT 操作在二进制日志中就不是

幂等的，重复执行可能会插入多条重复的记录。而上述 INSERT 操作的重做日志是幂等的。

7.2.2 undo

1. 基本概念

重做日志记录了事务的行为，可以很好地通过其对页进行“重做”操作。但是事务有时还需要进行回滚操作，这时就需要 undo。因此在对数据库进行修改时，InnoDB 存储引擎不但会产生 redo，还会产生一定量的 undo。这样如果用户执行的事务或语句由于某种原因失败了，又或者用户用一条 ROLLBACK 语句请求回滚，就可以利用这些 undo 信息将数据回滚到修改之前的样子。

redo 存放在重做日志文件中，与 redo 不同，undo 存放在数据库内部的一个特殊段（segment）中，这个段称为 undo 段（undo segment）。undo 段位于共享表空间内。可以通过 py_innodb_page_info.py 工具来查看当前共享表空间中 undo 的数量。如下代码显示当前的共享表空间 ibdata1 内有 2222 个 undo 页。

```
    [root@xen-server ~]# python py_innodb_page_info.py /usr/local/mysql/data/
ibdata1
    Total number of page: 46208:
    Insert Buffer Free List: 13093
    Insert Buffer Bitmap: 3
    System Page: 5
    Transaction system Page: 1
    Freshly Allocated Page: 4579
    undo Log Page: 2222
    File Segment inode: 6
    B-tree Node: 26296
    File Space Header: 1
    扩展描述页 : 2
```

用户通常对 undo 有这样的误解：undo 用于将数据库物理地恢复到执行语句或事务之前的样子——但事实并非如此。undo 是逻辑日志，因此只是将数据库逻辑地恢复到原来的样子。所有修改都被逻辑地取消了，但是数据结构和页本身在回滚之后可能大不相同。这是因为在多用户并发系统中，可能会有数十、数百甚至数千个并发事务。数据库的主要任务就是协调对数据记录的并发访问。比如，一个事务在修改当前一个页中某几条记录，同时还有别的事务在对同一个页中另几条记录进行修改。因此，不能将一个页回滚到事务开始的样子，因为这样会影响其他事务正在进行的工作。

例如，用户执行了一个 INSERT 10W 条记录的事务，这个事务会导致分配一个新的段，即表空间会增大。在用户执行 ROLLBACK 时，会将插入的事务进行回滚，但是表空间的大小并不会因此而收缩。因此，当 InnoDB 存储引擎回滚时，它实际上做的是与先前相反的工作。对于每个 INSERT，InnoDB 存储引擎会完成一个 DELETE；对于每个 DELETE，InnoDB 存储引擎会执行一个 INSERT；对于每个 UPDATE，InnoDB 存储引擎会执行一个相反的 UPDATE，将修改前的行放回去。

除了回滚操作，undo 的另一个作用是 MVCC，即在 InnoDB 存储引擎中 MVCC 的实现是通过 undo 来完成。当用户读取一行记录时，若该记录已经被其他事务占用，当前事务可以通过 undo 读取之前的行版本信息，以此实现非锁定读取。

最后也是最为重要的一点是，undo log 会产生 redo log，也就是 undo log 的产生会伴随着 redo log 的产生，这是因为 undo log 也需要持久性的保护。

2. undo 存储管理

InnoDB 存储引擎对 undo 的管理同样采用段的方式。但是这个段和之前介绍的段有所不同。首先 InnoDB 存储引擎有 rollback segment，每个回滚段种记录了 1024 个 undo log segment，而在每个 undo log segment 段中进行 undo 页的申请。共享表空间偏移量为 5 的页（0，5）记录了所有 rollback segment header 所在的页，这个页的类型为 FIL_PAGE_TYPE_SYS。

在 InnoDB1.1 版本之前（不包括 1.1 版本），只有一个 rollback segment，因此支持同时在线的事务限制为 1024。虽然对绝大多数的应用来说都已经够用，但不管怎么说这是一个瓶颈。从 1.1 版本开始 InnoDB 支持最大 128 个 rollback segment，故其支持同时在线的事务限制提高到了 128*1024。

虽然 InnoDB1.1 版本支持了 128 个 rollback segment，但是这些 rollback segment 都存储于共享表空间中。从 InnoDB1.2 版本开始，可通过参数对 rollback segment 做进一步的设置。这些参数包括：

- innodb_undo_directory
- innodb_undo_logs
- innodb_undo_tablespaces

参数 innodb_undo_directory 用于设置 rollback segment 文件所在的路径。这意味着 rollback segment 可以存放在共享表空间以外的位置，即可以设置为独立表空间。该参数的默认值为“.”，表示当前 InnoDB 存储引擎的目录。

参数 innodb_undo_logs 用来设置 rollback segment 的个数，默认值为 128。在 InnoDB1.2 版本中，该参数用来替换之前版本的参数 innodb_rollback_segments。

参数 innodb_undo_tablespaces 用来设置构成 rollback segment 文件的数量，这样 rollback segment 可以较为平均地分布在多个文件中。设置该参数后，会在路径 innodb_undo_directory 看到 undo 为前缀的文件，该文件就代表 rollback segment 文件。图 7-13 的示例显示了由 3 个文件组成的 rollback segment。

```
myspl> SHOW VARIABLES LIKE 'innodb_undo%';
+------------------------+-------+
| Variable_name          | Value |
+------------------------+-------+
| innodb_undo_directory  | .     |
| innodb_undo_logs       | 128   |
| innodb_undo_tablespaces| 3     |
+------------------------+-------+
3 rows in set (0.00 sec)

mysql> SHOW VARIABLES LIKE 'datadir';
+--------------+------------------------------+
| Variable_name| Value                        |
+--------------+------------------------------+
| datadir      | /Users/david/mysql_data/data/ |
+--------------+------------------------------+
1 row in set (0.00 sec)

mysql> system ls -lh/Users/david/mysql_data/data/undo*
-rw-rw----  1 david  staff    10M 11 22 16:55/Users/david/mysql_data/data/undo001
-rw-rw----  1 david  staff    10M 11 22 16:51/Users/david/mysql_data/data/undo002
-rw-rw----  1 david  staff    10M 11 22 16:51/Users/david/mysql_data/data/undo003
```

图 7-13 由 3 个文件组成的 rollback segment

需要特别注意的是，事务在 undo log segment 分配页并写入 undo log 的这个过程同样需要写入重做日志。当事务提交时，InnoDB 存储引擎会做以下两件事情：

- 将 undo log 放入列表中，以供之后的 purge 操作
- 判断 undo log 所在的页是否可以重用，若可以分配给下个事务使用

事务提交后并不能马上删除 undo log 及 undo log 所在的页。这是因为可能还有其他事务需要通过 undo log 来得到行记录之前的版本。故事务提交时将 undo log 放入一个链表中，是否可以最终删除 undo log 及 undo log 所在页由 purge 线程来判断。

此外，若为每一个事务分配一个单独的undo页会非常浪费存储空间，特别是对于OLTP的应用类型。因为在事务提交时，可能并不能马上释放页。假设某应用的删除和更新操作的TPS（transaction per second）为1000，为每个事务分配一个undo页，那么一分钟就需要1000*60个页，大约需要的存储空间为1GB。若每秒的purge页的数量为20，这样的设计对磁盘空间有着相当高的要求。因此，在InnoDB存储引擎的设计中对undo页可以进行重用。具体来说，当事务提交时，首先将undo log放入链表中，然后判断undo页的使用空间是否小于3/4，若是则表示该undo页可以被重用，之后新的undo log记录在当前undo log的后面。由于存放undo log的列表是以记录进行组织的，而undo页可能存放着不同事务的undo log，因此purge操作需要涉及磁盘的离散读取操作，是一个比较缓慢的过程。

可以通过命令SHOW ENGINE INNODB STATUS来查看链表中undo log的数量，如：

```
mysql> SHOW ENGINE INNODB STATUS\G;
*************************** 1. row ***************************
......
------------
TRANSACTIONS
------------
Trx id counter 3000
Purge done for trx's n:o< 2C03 undo n:o < 0
History list length 12
LIST OF TRANSACTIONS FOR EACH SESSION:
---TRANSACTION 0, not started
MySQL thread id 1, OS thread handle 0x1500f1000, query id 4 localhost root
show engine innodb status
......
```

History list length就代表了undo log的数量，这里为12。purge操作会减少该值。然而由于undo log所在的页可以被重用，因此即使操作发生，History list length的值也可以不为0。

3. undo log格式

在InnoDB存储引擎中，undo log分为：

- insert undo log
- update undo log

insert undo log是指在insert操作中产生的undo log。因为insert操作的记录，只对事务本身可见，对其他事务不可见（这是事务隔离性的要求），故该undo log可以在事务提交后直接删除。不需要进行purge操作。insert undo log的格式如图7-14所示。

图 7-14 显示了 insert undo log 的格式，其中＊表示对存储的字段进行了压缩。insert undo log 开始的前两个字节 next 记录的是下一个 undo log 的位置，通过该 next 的字节可以知道一个 undo log 所占的空间字节数。类似地，尾部的两个字节记录的是 undo log 的开始位置。type_cmpl 占用一个字节，记录的是 undo 的类型，对于 insert undo log，该值总是为 11。undo_no 记录事务的 ID，table_id 记录 undo log 所对应的表对象。这两个值都是在压缩后保存的。接着的部分记录了所有主键的列和值。在进行 rollback 操作时，根据这些值可以定位到具体的记录，然后进行删除即可。

update undo log 记录的是对 delete 和 update 操作产生的 undo log。该 undo log 可能需要提供 MVCC 机制，因此不能在事务提交时就进行删除。提交时放入 undo log 链表，等待 purge 线程进行最后的删除。update undo log 的结构如图 7-15 所示。

insert undo log record

	insert undo log record	
	next	
	type_cmpl	
	*undo no	
	*table id	
n_unique_index	*len1	col1
	*len2	col2
	……	……
	*lenN	colN
	start	

图 7-14　insert undo log 的格式

	update undo log record		
	next		
	type_cmpl		
	*undo no		
	*table id		
	info_bits		
	*DATA_TRX_ID		
	*DATA_ROLL_PTR		
n_unique_index	*len1	i_col1	
	*len2	i_col2	
	……	……	
	*lenN	i_colN	
update vector	n_update_field		
	*pos1	*len1	u_old_col1
	*pos2	*len2	u_old_col2
	……	……	……
	*posN	*lenN	u_old_colN
	n_bytes_below		
	*pos	*len	col1
	*pos	*len	col2
	……	……	……
	*pos	*len	colN
	start		

图 7-15　update undo log 格式

update undo log 相对于之前介绍的 insert undo log，记录的内容更多，所需占用的空间也更大。next、start、undo_no、table_id 与之前介绍的 insert undo log 部分相同。这里的 type_cmpl，由于 update undo log 本身还有分类，故其可能的值如下：

- 12 TRX_UNDO_UPD_EXIST_REC 更新 non-delete-mark 的记录
- 13 TRX_UNDO_UPD_DEL_REC 将 delete 的记录标记为 not delete
- 14 TRX_UNDO_DEL_MARK_REC 将记录标记为 delete

接着的部分记录 update_vector 信息，update_vector 表示 update 操作导致发生改变的列。每个修改的列信息都要记录的 undo log 中。对于不同的 undo log 类型，可能还需要记录对索引列所做的修改。

4. 查看 undo 信息

Oracle 和 Microsoft SQL Server 数据库都由内部的数据字典来观察当前 undo 的信息，InnoDB 存储引擎在这方面做得还不够，DBA 只能通过原理和经验来进行判断。InnoSQL 对 information_schema 进行了扩展，添加了两张数据字典表，这样用户可以非常方便和快捷地查看 undo 的信息。

首先增加的数据字典表为 INNODB_TRX_ROLLBACK_SEGMENT。顾名思义，这个数据字典表用来查看 rollback segment，其表结构如图 7-16 所示。

```
mysql> DESC INNODB_TRX_ROLLBACK_SEGMENT;
+--------------------+---------------------+------+-----+---------+-------+
| Field              | Type                | Null | Key | Default | Extra |
+--------------------+---------------------+------+-----+---------+-------+
| Segment_id         | bigint(21) unsigned | NO   |     | 0       |       |
| space              | bigint(21) unsigned | NO   |     | 0       |       |
| page_no            | bigint(21) unsigned | NO   |     | 0       |       |
| last_page_no       | bigint(21) unsigned | YES  |     | NULL    |       |
| last_offset        | bigint(21) unsigned | NO   |     | 0       |       |
| last_trx_no        | varchar(18)         | NO   |     |         |       |
| update_undo_list   | bigint(21) unsigned | NO   |     | 0       |       |
| update_undo_cached | bigint(21) unsigned | NO   |     | 0       |       |
| insert_undo_list   | bigint(21) unsigned | NO   |     | 0       |       |
| insert_undo_cached | bigint(21) unsigned | NO   |     | 0       |       |
+--------------------+---------------------+------+-----+---------+-------+
10 rows in set (0.00 sec)
```

图 7-16　INNODB_TRX_ROLLBACK_SEGMENT 的结构

例如，可以通过如下的命令来查看 rollback segment 所在的页：

```
mysql> SELECT segment_id,space,page_no
    -> FROM INNODB_TRX_ROLLBACK_SEGMENT;
+------------+-------+---------+
| segment_id | space | page_no |
+------------+-------+---------+
|          0 |     0 |       6 |
|          1 |     0 |      45 |
|          2 |     0 |      46 |
......
128 rows in set (0.00 sec)
```

另一张数据字典表为INNODB_TRX_UNDO，用来记录事务对应的undo log，方便DBA和开发人员详细了解每个事务产生的undo量。下面将演示如何使用INNODB_TRX_UNDO表，首先根据如下代码创建测试表t。

```
CREATE TABLE t (
    a INT,
    b VARCHAR(32),
    PRIMARY KEY(a),
    KEY(b)
)ENGINE=InnoDB;
```

接着插入一条记录，并尝试通过INNODB_TRX_UNDO观察该事务的undo log的情况：

```
mysql> TBEGIN;
Query OK, 0 rows affected (0.00 sec)

mysql> INSERT INTO t SELECT 1,'1';
Query OK, 1 row affected (0.00 sec)
Records: 1  Duplicates: 0  Warnings: 0

mysql> SELECT * FROM information_schema.INNODB_TRX_UNDO\G;
*************************** 1. row ***************************
      trx_id: 3001
     rseg_id: 2
 undo_rec_no: 0
undo_rec_type: TRX_UNDO_INSERT_REC
        size: 12
       space: 0
     page_no: 334
      offset: 272
1 row in set (0.00 sec)
```

通过数据字典表可以看到，事务 ID 为 3001，rollback segment 的 ID 为 2，因为是该条事务的第一个操作，故 undo_rec_no 为 0。之后可以看到插入的类型为 TRX_UNDO_INSERT_REC，表示是 insert undo log。size 表示 undo log 的大小，占用 12 字节。最后的 space、page_no、offset 表示 undo log 开始的位置。打开文件 ibdata1，定位到页（334，272），并读取 12 字节，可得到如下内容：

```
01 1c 0b 00 16 04 80 00 00 01 01 10
```

上述就是 undo log 实际的内容，根据上一小节对 undo log 格式的介绍，可以整理得到：

```
01 1c              # 下一个 undo log 的位置 272+12=0x011c
0b                 # undo log 的类型，TRX_UNDO_INSERT_REC 为 11
00                 # undo log 的记录，等同于 undo_rec_no
16                 # 表的 ID
04                 # 主键的长度
80 00 00 01        # 主键的内容
01 10              # undo log 开始的偏移量，272=0x0110
```

此外，由于知道该 undo log 所在的 rollback segment 的 ID 为 2，用户还可以通过数据字典表 INNODB_TRX_ROLLBACK_SEGMENT 来查看当前 rollback segment 的信息，如：

```
mysql> SELECT segment_id,insert_undo_list,insert_undo_cached
    -> FROM information_schema.INNODB_TRX_ROLLBACK_SEGMENT
    -> WHERE segment_id=2\G;
*************************** 1. row ***************************
      segment_id: 2
  insert_undo_list: 1
insert_undo_cached: 0
1 row in set (0.00 sec)
```

可以看到 insert_undo_list 为 1。若这时进行事务的 COMMIT 操作，再查看该数据字典表：

```
mysql> COMMIT;
Query OK, 0 rows affected (0.00 sec)

mysql> SELECT segment_id,insert_undo_list,insert_undo_cached
    -> FROM information_schema.INNODB_TRX_ROLLBACK_SEGMENT
    -> WHERE segment_id=2\G;
*************************** 1. row ***************************
      segment_id: 2
```

```
  insert_undo_list: 0
insert_undo_cached: 1
1 row in set (0.00 sec)
```

可以发现，insert_undo_list 变为 0，而 insert_undo_cached 增加为 1。这就是前面所介绍的 undo 页重用。下次再有事务需要向该 rollback segment 申请 undo 页时，可以直接使用该页。

接着再来观察 delete 操作产生的 undo log。进行如下操作：

```
mysql> BEGIN;
Query OK, 0 rows affected (0.00 sec)

mysql> DELETE FROM t WHERE a=1;
Query OK, 1 row affected (0.00 sec)
Records: 1  Duplicates: 0  Warnings: 0

mysql> SELECT * FROM information_schema.INNODB_TRX_UNDO\G;
*************************** 1. row ***************************
      trx_id: 3201
     rseg_id: 2
  undo_rec_no: 0
undo_rec_type: TRX_UNDO_DEL_MARK_REC
        size: 37
       space: 0
     page_no: 326
      offset: 620
1 row in set (0.00 sec)
```

用上述同样的方法定位到页 326，偏移量为 620 的位置，得到如下结果：

```
0518260 00 00 00 00 00 00 00 00 00 00 00 00 02 91 0e 00
0518270 16 00 00 00 00 30 01 e0 82 00 00 01 4e 01 10 04
0518280 80 00 00 01 00 0b 00 04 80 00 00 01 03 01 31 02
0518290 6c 00 00 00 00 00 00 00 00 00 00 00 00 00 00 00
```

接着开始整理：

```
02 91                    #下一个 undo log 开始位置的偏移量
0e                       # undo log 类型，TRX_UNDO_DEL_MARK_REC 为 14
00                       # undo no
16                       # table id
00                       # info bits
00 00 00 30 01 e0        # rec 事务 id
82 00 00 01 4e 01 10     # rec 回滚指针
```

```
04                          #主键长度
80 00 00 01                 #主键值
00 0b                       #之后部分的长度
00                          #列的位置
04                          #列的长度
80 00 00 01                 #列的值
03                          #列的位置，前 00 ～ 02 为系统列
01                          #列的长度
31                          #列 b，插入的字符串 '1' 的十六进制
02 6c                       #开始位置的偏移量
```

观察 rollback segment 信息，可以看到：

```
mysql> SELECT segment_id,update_undo_list,update_undo_cached
    -> FROM information_schema.INNODB_TRX_ROLLBACK_SEGMENT
    -> WHERE segment_id=2\G;
*************************** 1. row ***************************
      segment_id: 2
  update_undo_list: 1
update_undo_cached: 0
1 row in set (0.00 sec)
```

同样的，在事务提交后，undo 页会放入 cache 列表以供下次重用：

```
mysql> COMMIT;
Query OK, 0 rows affected (0.00 sec)

mysql> SELECT segment_id,update_undo_list,update_undo_cached
    -> FROM information_schema.INNODB_TRX_ROLLBACK_SEGMENT
    -> WHERE segment_id=2\G;
*************************** 1. row ***************************
      segment_id: 2
  update_undo_list: 0
update_undo_cached: 1
1 row in set (0.00 sec)
```

通过上面的例子可以看到，delete 操作并不直接删除记录，而只是将记录标记为已删除，也就是将记录的 delete flag 设置为 1。而记录最终的删除是在 purge 操作中完成的。

最后来看 update 操作产生的 undo log 情况。首先再次插入记录（1，'1'），然后进行 update 操作，同时通过数据字典表 INNODB_TRX_UNDO 观察 undo log 的情况：

```
mysql>INSERT INTO t SELECT 1,'1';
```

```
mysql> BEGIN;
Query OK, 0 rows affected (0.00 sec)

mysql> UPDATE t SET b='2' WHERE a=1;
Query OK, 1 row affected (0.00 sec)
Rows matched: 1  Changed: 1  Warnings: 0

mysql> SELECT * FROM information_schema.INNODB_TRX_UNDO\G;
*************************** 1. row ***************************
      trx_id: 3205
     rseg_id: 5
  undo_rec_no: 0
undo_rec_type: TRX_UNDO_UPD_EXIST_REC
        size: 41
       space: 0
     page_no: 318
      offset: 724
1 row in set (0.00 sec)
```

用上述同样的方法定位到页318，偏移量为724的位置，得到如下结果：

```
04f82d0 00 00 00 00 02 fd 0c 00 16 00 00 00 00 32 04 e0
04f82e0 84 00 00 01 48 01 10 04 80 00 00 01 01 03 01 31
04f82f0 00 0b 00 04 80 00 00 01 03 01 31 02 d4 00 00 00
```

整理后得到：

```
02 fd                     #下一个undo log的开始位置
0c                        # undo log类型，TRX_UNDO_UPD_DEL_REC为13
00                        # undo no
16                        # table id
00                        # info bits
00 00 00 32 04 e0         # rec trx id
84 00 00 01 48 01 10      # rec回滚指针
04                        #主键长度
80 00 00 01               #主键值
01                        # update vector的数量
03                        # update vector列b的编号
01                        # update vector列的长度
31                        # update vector列的值，这里是'1'
00 0b                     #接下去部分占用的字节
00                        #列的位置
04                        #列的长度
80 00 00 01               #列的值
03                        #列的长度
```

```
31                  #列的值
02 d4               # undo log开始位置的偏移量
```

上面的例子是更新一个非主键值，若更新的对象是一个主键值，那么其产生的 undo log 完全不同，如：

```
mysql> ROLLBACK;
Query OK, 1 row affected (0.00 sec)

mysql> UPDATE t SET a=2 WHERE a=1;
Rows matched: 1  Changed: 1  Warnings: 0

mysql> SELECT * FROM information_schema.INNODB_TRX_UNDO
    -> ORDER BY undo_rec_no\G;
*************************** 1. row ***************************
       trx_id: 320F
      rseg_id: 11
  undo_rec_no: 0
undo_rec_type: TRX_UNDO_DEL_MARK_REC
         size: 37
        space: 0
      page_no: 324
       offset: 492
*************************** 2. row ***************************
       trx_id: 320F
      rseg_id: 11
  undo_rec_no: 1
undo_rec_type: TRX_UNDO_INSERT_REC
         size: 12
        space: 0
      page_no: 336
       offset: 272
2 rows in set (0.00 sec)
```

可以看到，update 主键的操作其实分两步完成。首先将原主键记录标记为已删除，因此需要产生一个类型为 TRX_UNDO_DEL_MARK_REC 的 undo log，之后插入一条新的记录，因此需要产生一个类型为 TRX_UNDO_INSERT_REC 的 undo log。undo_rec_no 显示了产生日志的步骤。对 undo log 不再详细进行分析，相关内容和之前介绍的并无不同。

总之，InnoSQL 数据库提供的关于 undo 信息的数据字典表可以帮助 DBA 和开发人员更好地了解当前各个事务产生的 undo 信息。

7.2.3 purge

delete 和 update 操作可能并不直接删除原有的数据。例如，对上一小节所产生的表 t 执行如下的 SQL 语句：

```
DELETE FROM t WHERE a=1;
```

表 t 上列 a 有聚集索引，列 b 上有辅助索引。对于上述的 delete 操作，通过前面关于 undo log 的介绍已经知道仅是将主键列等于 1 的记录 delete flag 设置为 1，记录并没有被删除，即记录还是存在于 B+ 树中。其次，对辅助索引上 a 等于 1，b 等于 1 的记录同样没有做任何处理，甚至没有产生 undo log。而真正删除这行记录的操作其实被“延时”了，最终在 purge 操作中完成。

purge 用于最终完成 delete 和 update 操作。这样设计是因为 InnoDB 存储引擎支持 MVCC，所以记录不能在事务提交时立即进行处理。这时其他事物可能正在引用这行，故 InnoDB 存储引擎需要保存记录之前的版本。而是否可以删除该条记录通过 purge 来进行判断。若该行记录已不被任何其他事务引用，那么就可以进行真正的 delete 操作。可见，purge 操作是清理之前的 delete 和 update 操作，将上述操作“最终”完成。而实际执行的操作为 delete 操作，清理之前行记录的版本。

在前一个小节中已经介绍过，为了节省存储空间，InnoDB 存储引擎的 undo log 设计是这样的：一个页上允许多个事务的 undo log 存在。虽然这不代表事务在全局过程中提交的顺序，但是后面的事务产生的 undo log 总在最后。此外，InnoDB 存储引擎还有一个 history 列表，它根据事务提交的顺序，将 undo log 进行链接。如下面的一种情况：

在图 7-17 的例子中，history list 表示按照事务提交的顺序将 undo log 进行组织。在 InnoDB 存储引擎的设计中，先提交的事务总在尾端。undo page 存放了 undo log，由于可以重用，因此一个 undo page 中可能存放了多个不同事务的 undo log。trx5 的灰色阴影表示该 undo log 还被其他事务引用。

在执行 purge 的过程中，InnoDB 存储引擎首先从 history list 中找到第一个需要被清理的记录，这里为 trx1，清理之后 InnoDB 存储引擎会在 trx1 的 undo log 所在的页中继续寻找是否存在可以被清理的记录，这里会找到事务 trx3，接着找到 trx5，但是发现 trx5 被其他事务所引用而不能清理，故去再次去 history list 中查找，发现这时最尾端的记录为 trx2，接着找到 trx2 所在的页，然后依次再把事务 trx6、trx4 的记录进行清理。

由于 undo page2 中所有的页都被清理了，因此该 undo page 可以被重用。

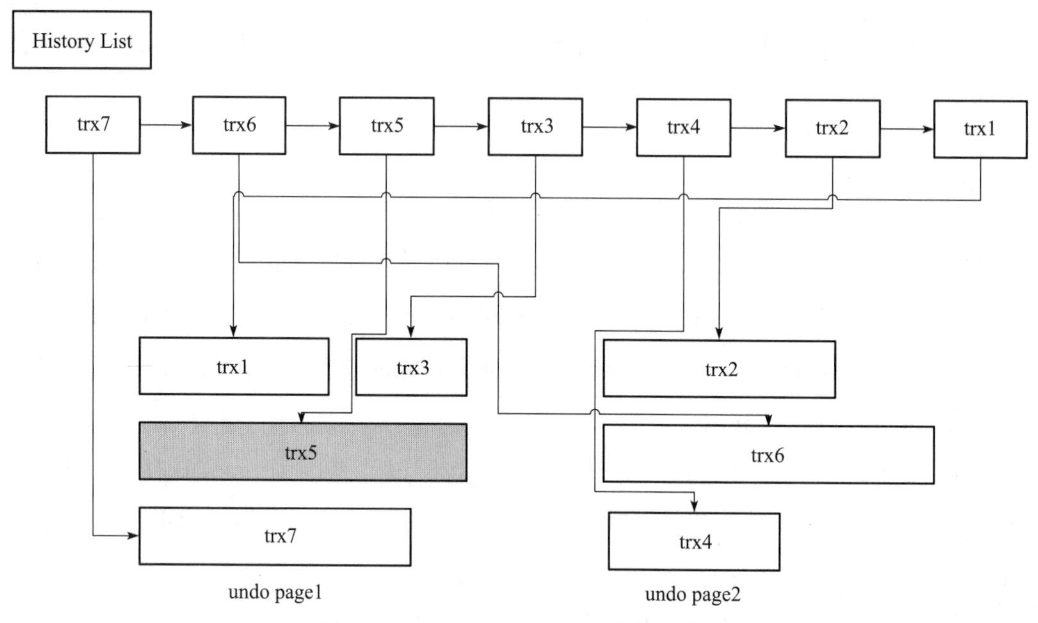

图 7-17　undo log 与 history 列表的关系

InnoDB 存储引擎这种先从 history list 中找 undo log，然后再从 undo page 中找 undo log 的设计模式是为了避免大量的随机读取操作，从而提高 purge 的效率。

全局动态参数 innodb_purge_batch_size 用来设置每次 purge 操作需要清理的 undo page 数量。在 InnoDB1.2 之前，该参数的默认值为 20。而从 1.2 版本开始，该参数的默认值为 300。通常来说，该参数设置得越大，每次回收的 undo page 也就越多，这样可供重用的 undo page 就越多，减少了磁盘存储空间与分配的开销。不过，若该参数设置得太大，则每次需要 purge 处理更多的 undo page，从而导致 CPU 和磁盘 IO 过于集中于对 undo log 的处理，使性能下降。因此对该参数的调整需要由有经验的 DBA 来操作，并且需要长期观察数据库的运行的状态。正如官方的 MySQL 数据库手册所说的，普通用户不需要调整该参数。

当 InnoDB 存储引擎的压力非常大时，并不能高效地进行 purge 操作。那么 history list 的长度会变得越来越长。全局动态参数 innodb_max_purge_lag 用来控制 history list 的长度，若长度大于该参数时，其会“延缓”DML 的操作。该参数默认值为 0，表示不对 history list 做任何限制。当大于 0 时，就会延缓 DML 的操作，其延缓的算法为：

```
delay = ((length(history_list) - innodb_max_purge_lag) *10)-5
```

delay 的单位是毫秒。此外，需要特别注意的是，delay 的对象是行，而不是一个 DML 操作。例如当一个 update 操作需要更新 5 行数据时，每行数据的操作都会被 delay，故总的延时时间为 5*delay。而 delay 的统计会在每一次 purge 操作完成后，重新进行计算。

InnoDB1.2 版本引入了新的全局动态参数 innodb_max_purge_lag_delay，其用来控制 delay 的最大毫秒数。也就是当上述计算得到的 delay 值大于该参数时，将 delay 设置为 innodb_max_purge_lag_delay，避免由于 purge 操作缓慢导致其他 SQL 线程出现无限制的等待。

7.2.4 group commit

若事务为非只读事务，则每次事务提交时需要进行一次 fsync 操作，以此保证重做日志都已经写入磁盘。当数据库发生宕机时，可以通过重做日志进行恢复。虽然固态硬盘的出现提高了磁盘的性能，然而磁盘的 fsync 性能是有限的。为了提高磁盘 fsync 的效率，当前数据库都提供了 group commit 的功能，即一次 fsync 可以刷新确保多个事务日志被写入文件。对于 InnoDB 存储引擎来说，事务提交时会进行两个阶段的操作：

1）修改内存中事务对应的信息，并且将日志写入重做日志缓冲。

2）调用 fsync 将确保日志都从重做日志缓冲写入磁盘。

步骤 2）相对步骤 1）是一个较慢的过程，这是因为存储引擎需要与磁盘打交道。但当有事务进行这个过程时，其他事务可以进行步骤 1）的操作，正在提交的事物完成提交操作后，再次进行步骤 2）时，可以将多个事务的重做日志通过一次 fsync 刷新到磁盘，这样就大大地减少了磁盘的压力，从而提高了数据库的整体性能。对于写入或更新较为频繁的操作，group commit 的效果尤为明显。

然而在 InnoDB1.2 版本之前，在开启二进制日志后，InnoDB 存储引擎的 group commit 功能会失效，从而导致性能的下降。并且在线环境多使用 replication 环境，因此二进制日志的选项基本都为开启状态，因此这个问题尤为显著。

导致这个问题的原因是在开启二进制日志后，为了保证存储引擎层中的事务和二进制日志的一致性，二者之间使用了两阶段事务，其步骤如下：

1）当事务提交时 InnoDB 存储引擎进行 prepare 操作。

2）MySQL 数据库上层写入二进制日志。

3）InnoDB 存储引擎层将日志写入重做日志文件。

a）修改内存中事务对应的信息，并且将日志写入重做日志缓冲。

b）调用 fsync 将确保日志都从重做日志缓冲写入磁盘。

一旦步骤 2）中的操作完成，就确保了事务的提交，即使在执行步骤 3）时数据库发生了宕机。此外需要注意的是，每个步骤都需要进行一次 fsync 操作才能保证上下两层数据的一致性。步骤 2）的 fsync 由参数 sync_binlog 控制，步骤 3）的 fsync 由参数 innodb_flush_log_at_trx_commit 控制。因此上述整个过程如图 7-18 所示。

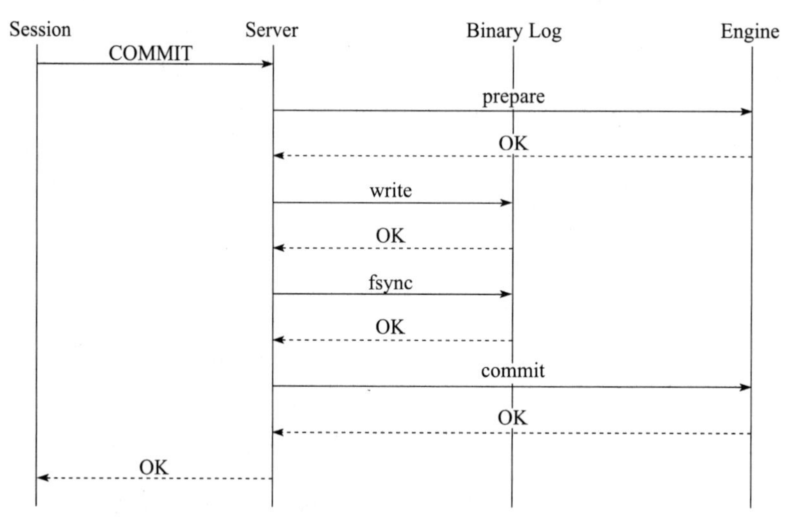

图 7-18 开启二进制日志后 InnoDB 存储引擎的提交过程

为了保证 MySQL 数据库上层二进制日志的写入顺序和 InnoDB 层的事务提交顺序一致，MySQL 数据库内部使用了 prepare_commit_mutex 这个锁。但是在启用这个锁之后，步骤 3）中的步骤 a）步不可以在其他事务执行步骤 b）时进行，从而导致了 group commit 失效。

然而，为什么需要保证 MySQL 数据库上层二进制日志的写入顺序和 InnoDB 层的事务提交顺序一致呢？这时因为备份及恢复的需要，例如通过工具 xtrabackup 或者 ibbackup 进行备份，并用来建立 replication，如图 7-19 所示。

可以看到若通过在线备份进行数据库恢复来重新建立 replication，事务 T1 的数据会产生丢失。因为在 InnoDB 存储引擎层会检测事务 T3 在上下两层都完成了提交，不需要再进行恢复。因此通过锁 prepare_commit_mutex 以串行的方式来保证顺序性，然而这会

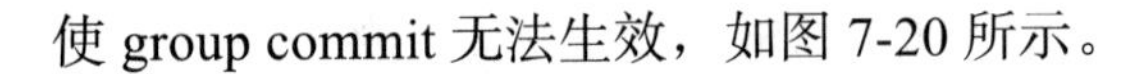

使 group commit 无法生效，如图 7-20 所示。

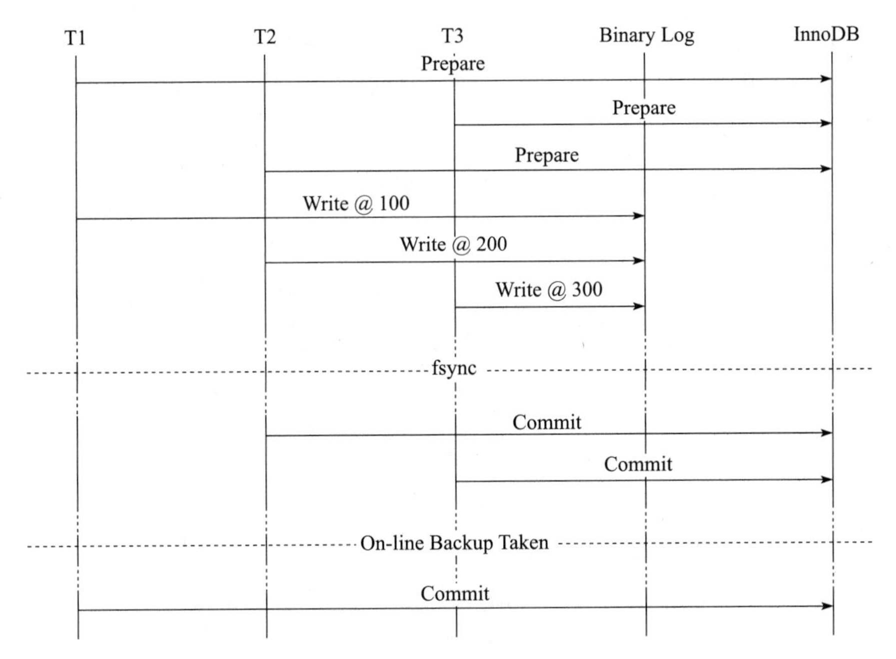

图 7-19 InnoDB 存储引擎层事务提交的顺序与 MySQL 数据库上层的二进制日志不同

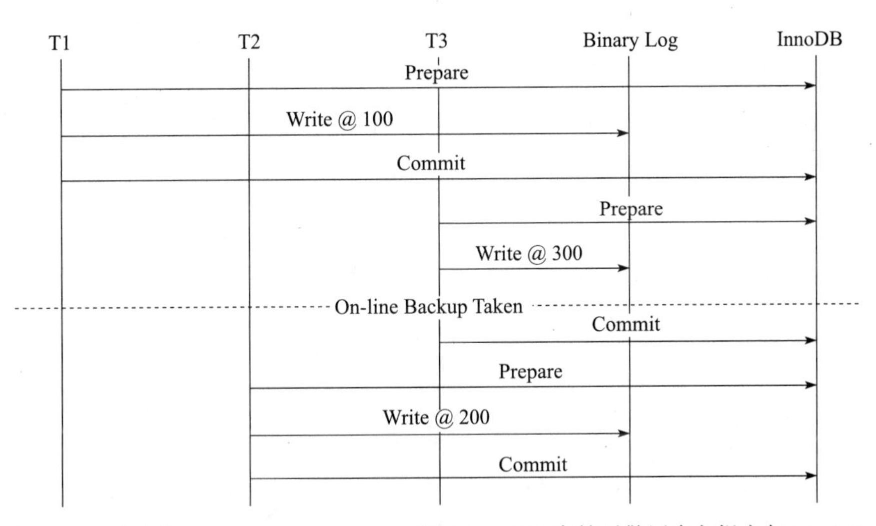

图 7-20 通过锁 prepare_commit_mutex 保证 InnoDB 存储引擎层事务提交与 MySQL 数据库上层的二进制日志写入的顺序性

这个问题最早在 2010 年的 MySQL 数据库大会中提出，Facebook MySQL 技术组，Percona 公司都提出过解决方案。最后由 MariaDB 数据库的开发人员 Kristian Nielsen 完成了最终的“完美”解决方案。在这种情况下，不但MySQL数据库上层的二进制日志写入是group commit的，InnoDB存储引擎层也是group commit的。此外还移除了原先的锁prepare_commit_mutex，从而大大提高了数据库的整体性。MySQL 5.6采用了类似的实现方式，并将其称为Binary Log Group Commit（BLGC）。

MySQL 5.6 BLGC的实现方式是将事务提交的过程分为几个步骤来完成，如图7-21所示。

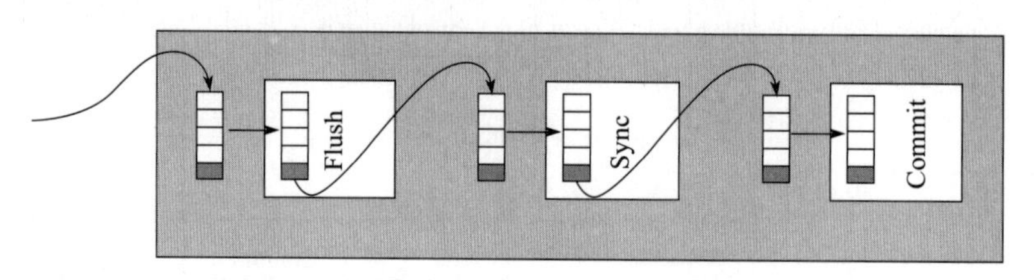

图7-21 MySQL 5.6 BLGC的实现方式

在MySQL数据库上层进行提交时首先按顺序将其放入一个队列中，队列中的第一个事务称为leader，其他事务称为follower，leader控制着follower的行为。BLGC的步骤分为以下三个阶段：

- Flush阶段，将每个事务的二进制日志写入内存中。
- Sync阶段，将内存中的二进制日志刷新到磁盘，若队列中有多个事务，那么仅一次fsync操作就完成了二进制日志的写入，这就是BLGC。
- Commit阶段，leader根据顺序调用存储引擎层事务的提交，InnoDB存储引擎本就支持group commit，因此修复了原先由于锁prepare_commit_mutex导致group commit失效的问题。

当有一组事务在进行Commit阶段时，其他新事物可以进行Flush阶段，从而使group commit不断生效。当然group commit的效果由队列中事务的数量决定，若每次队列中仅有一个事务，那么可能效果和之前差不多，甚至会更差。但当提交的事务越多时，group commit的效果越明显，数据库性能的提升也就越大。

参数binlog_max_flush_queue_time用来控制Flush阶段中等待的时间，即使之前的一组事务完成提交，当前一组的事务也不马上进入Sync阶段，而是至少需要等待一段时间。这样做的好处是group commit的事务数量更多，然而这也可能会导致事务的响应时间变慢。该参数的默认值为0，且推荐设置依然为0。除非用户的MySQL数据库系统中有着大量的连接（如100个连接），并且不断地在进行事务的写入或更新操作。

7.3 事务控制语句

在 MySQL 命令行的默认设置下，事务都是自动提交（auto commit）的，即执行 SQL 语句后就会马上执行 COMMIT 操作。因此要显式地开启一个事务需使用命令 BEGIN、START TRANSACTION，或者执行命令 SET AUTOCOMMIT=0，禁用当前会话的自动提交。每个数据库厂商自动提交的设置都不相同，每个 DBA 或开发人员需要非常明白这一点，这对之后的 SQL 编程会有非凡的意义，因此用户不能以之前的经验来判断 MySQL 数据库的运行方式。在具体介绍其含义之前，先来看看用户可以使用哪些事务控制语句。

- START TRANSACTION | BEGIN：显式地开启一个事务。
- COMMIT：要想使用这个语句的最简形式，只需发出 COMMIT。也可以更详细一些，写为 COMMIT WORK，不过这二者几乎是等价的。COMMIT 会提交事务，并使得已对数据库做的所有修改成为永久性的。
- ROLLBACK：要想使用这个语句的最简形式，只需发出 ROLLBACK。同样地，也可以写为 ROLLBACK WORK，但是二者几乎是等价的。回滚会结束用户的事务，并撤销正在进行的所有未提交的修改。
- SAVEPOINT identifier：SAVEPOINT 允许在事务中创建一个保存点，一个事务中可以有多个 SAVEPOINT。
- RELEASE SAVEPOINT identifier：删除一个事务的保存点，当没有一个保存点执行这句语句时，会抛出一个异常。
- ROLLBACK TO[SAVEPOINT]identifier：这个语句与 SAVEPOINT 命令一起使用。可以把事务回滚到标记点，而不回滚在此标记点之前的任何工作。例如可以发出两条 UPDATE 语句，后面跟一个 SAVEPOINT，然后又是两条 DELETE 语句。如果执行 DELETE 语句期间出现了某种异常情况，并且捕获到这个异常，同时发出了 ROLLBACK TO SAVEPOINT 命令，事务就会回滚到指定的 SAVEPOINT，撤销 DELETE 完成的所有工作，而 UPDATE 语句完成的工作不受影响。
- SET TRANSACTION：这个语句用来设置事务的隔离级别。InnoDB 存储引擎提供的事务隔离级别有：READ UNCOMMITTED、READ COMMITTED、REPEATABLE READ、SERIALIZABLE。

START TRANSACTION、BEGIN语句都可以在MySQL命令行下显式地开启一个事务。但是在存储过程中，MySQL数据库的分析器会自动将BEGIN识别为BEGIN…END，因此在存储过程中只能使用START TRANSACTION语句来开启一个事务。

COMMIT和COMMIT WORK语句基本是一致的，都是用来提交事务。不同之处在于COMMIT WORK用来控制事务结束后的行为是CHAIN还是RELEASE的。如果是CHAIN方式，那么事务就变成了链事务。

用户可以通过参数completion_type来进行控制，该参数默认为0，表示没有任何操作。在这种设置下COMMIT和COMMIT WORK是完全等价的。当参数completion_type的值为1时，COMMIT WORK等同于COMMIT AND CHAIN，表示马上自动开启一个相同隔离级别的事务，如：

```
mysql> CREATE TABLE t ( a INT,PRIMARY KEY (a))ENGINE=INNODB;
Query OK, 0 rows affected (0.00 sec)

mysql> SELECT @@autocommit\G;
*************************** 1. row ***************************
@@autocommit: 1
1 row in set (0.00 sec)

mysql> SET @@completion_type=1;
Query OK, 0 rows affected (0.00 sec)

mysql> BEGIN;
Query OK, 0 rows affected (0.00 sec)

mysql> INSERT INTO t SELECT 1;
Query OK, 1 row affected (0.00 sec)
Records: 1  Duplicates: 0  Warnings: 0

mysql> COMMIT WORK;
Query OK, 0 rows affected (0.01 sec)

mysql> INSERT INTO t SELECT 2;
Query OK, 1 row affected (0.00 sec)
Records: 1  Duplicates: 0  Warnings: 0

mysql> INSERT INTO t SELECT 2;
ERROR 1062 (23000): Duplicate entry '2' for key 'PRIMARY'

mysql> ROLLBACK;
```

```
Query OK, 0 rows affected (0.00 sec)

# 注意回滚之后只有 1 这个记录，而没有 2 这个记录
mysql>SELECT * FROM t\G;
*************************** 1. row ***************************
a: 1
1 row in set (0.00 sec)
```

在这个示例中我们设置 completion_type 为 1，第一次通过 COMMIT WORK 来插入 1 这个记录。之后插入记录 2 时我们并没有用 BEGIN（或者 START TRANSACTION）来显式地开启一个事务，之后再插入一条重复的记录 2 就会抛出异常。接着执行 ROLLBACK 操作，最后发现只有 1 这一个记录，2 并没有被插入。因为 completion_type 为 1 时，COMMIT WORK 会自动开启一个链事务，第二条 INSERT INTO t SELECT 2 语句是在同一个事务内的，因此回滚后 2 这条记录并没有被插入表 t 中。

参数 completion_type 为 2 时，COMMIT WORK 等同于 COMMIT AND RELEASE。在事务提交后会自动断开与服务器的连接，如：

```
mysql> SET @@completion_type=2;
Query OK, 0 rows affected (0.00 sec)

mysql> BEGIN;
Query OK, 0 rows affected (0.00 sec)

mysql> INSERT INTO t SELECT 3;
Query OK, 1 row affected (0.00 sec)
Records: 1  Duplicates: 0  Warnings: 0

mysql> COMMIT WORK;
Query OK, 0 rows affected (0.01 sec)

mysql> SELECT @@version\G;
ERROR 2006 (HY000): MySQL server has gone away
No connection. Trying to reconnect...
Connection id:    54
Current database: test

*************************** 1. row ***************************
@@version: 5.1.45-log
1 row in set (0.00 sec)
```

通过上面的示例可以发现，当将参数 completion_type 设置为 2 时，COMMIT WORK

后用户再执行语句SELECT @@version会出现ERROR 2006（HY000）：MySQL server has gone away的错误。抛出该异常的原因是当前会话已经在上次执行COMMIT WORK语句后与服务器断开了连接。

ROLLBACK和ROLLBACK WORK与COMMIT和COMMIT WORK的工作一样，这里不再进行赘述。

SAVEPOINT记录了一个保存点，可以通过ROLLBACK TO SAVEPOINT来回滚到某个保存点，但是如果回滚到一个不存在的保存点，会抛出异常：

```
mysql> BEGIN;
Query OK, 0 rows affected (0.00 sec)

mysql> ROLLBACK TO SAVEPOINT t1;
ERROR 1305 (42000): SAVEPOINT t1 does not exist
```

InnoDB存储引擎中的事务都是原子的，这说明下述两种情况：构成事务的每条语句都会提交（成为永久），或者所有语句都回滚。这种保护还延伸到单个的语句。一条语句要么完全成功，要么完全回滚（注意，这里说的是语句回滚）。因此一条语句失败并抛出异常时，并不会导致先前已经执行的语句自动回滚。所有的执行都会得到保留，必须由用户自己来决定是否对其进行提交或回滚的操作。如：

```
mysql> CREATE TABLE t (a INT,PRIMARY KEY(a))ENGINE=INNODB;
Query OK, 0 rows affected (0.00 sec)

mysql> BEGIN;
Query OK, 0 rows affected (0.00 sec)

mysql> INSERT INTO t SELECT 1;
Query OK, 1 row affected (0.00 sec)
Records: 1  Duplicates: 0  Warnings: 0

mysql> INSERT INTO t SELECT 1;
ERROR 1062 (23000): Duplicate entry '1' for key 'PRIMARY'

mysql> SELECT * FROM t\G;
*************************** 1. row ***************************
a: 1
1 row in set (0.00 sec)
```

可以看到，插入第二记录1时，因为重复的关系抛出了1062的错误，但是数据库并没有进行自动回滚，这时事务仍需要用户显式地运行 COMMIT 或 ROLLBACK 命令。

另一个容易犯的错误是 ROLLBACK TO SAVEPOINT，虽然有 ROLLBACK，但其并不是真正地结束一个事务，因此即使执行了 ROLLBACK TO SAVEPOINT，之后也需要显式地运行 COMMIT 或 ROLLBACK 命令。

```
mysql> CREATE TABLE t ( a INT,PRIMARY KEY(a))ENGINE=INNODB;
Query OK, 0 rows affected (0.00 sec)

mysql> BEGIN;
Query OK, 0 rows affected (0.00 sec)

mysql> INSERT INTO t SELECT 1;
Query OK, 1 row affected (0.00 sec)
Records: 1  Duplicates: 0  Warnings: 0

mysql> SAVEPOINT t1;
Query OK, 0 rows affected (0.00 sec)

mysql> INSERT INTO t SELECT 2;
Query OK, 1 row affected (0.00 sec)
Records: 1  Duplicates: 0  Warnings: 0

mysql> SAVEPOINT t2;
Query OK, 0 rows affected (0.00 sec)

mysql> RELEASE SAVEPOINT t1;
Query OK, 0 rows affected (0.00 sec)

mysql> INSERT INTO t SELECT 2;
ERROR 1062 (23000): Duplicate entry '2' for key 'PRIMARY'

mysql> ROLLBACK TO SAVEPOINT t2;
Query OK, 0 rows affected (0.00 sec)

mysql> SELECT * FROM t;
+---+
| a |
+---+
| 1 |
| 2 |
+---+
2 rows in set (0.00 sec)
```

```
mysql> ROLLBACK;
Query OK, 0 rows affected (0.00 sec)

mysql> SELECT * FROM t;
Empty set (0.00 sec)
```

可以看到，在上面的例子中，虽然在发生重复错误后用户通过ROLLBACK TO SAVEPOINT t2命令回滚到了保存点t2，但是事务此时没有结束。再运行命令ROLLBACK后，事务才会完整地回滚。这里再一次提醒，ROLLBACK TO SAVEPOINT命令并不真正地结束事务。

7.4　隐式提交的SQL语句

以下这些SQL语句会产生一个隐式的提交操作，即执行完这些语句后，会有一个隐式的COMMIT操作。

- DDL语句：ALTER DATABASE...UPGRADE DATA DIRECTORY NAME，ALTER EVENT，ALTER PROCEDURE，ALTER TABLE，ALTER VIEW，CREATE DATABASE，CREATE EVENT，CREATE INDEX，CREATE PROCEDURE，CREATE TABLE，CREATE TRIGGER，CREATE VIEW，DROP DATABASE，DROP EVENT，DROP INDEX，DROP PROCEDURE，DROP TABLE，DROP TRIGGER，DROP VIEW，RENAME TABLE，TRUNCATE TABLE。
- 用来隐式地修改MySQL架构的操作：CREATE USER、DROP USER、GRANT、RENAME USER、REVOKE、SET PASSWORD。
- 管理语句：ANALYZE TABLE、CACHE INDEX、CHECK TABLE、LOAD INDEX INTO CACHE、OPTIMIZE TABLE、REPAIR TABLE。

注意　我发现Microsoft SQL Server的数据库管理员或开发人员往往忽视对于DDL语句的隐式提交操作，因为在Microsoft SQL Server数据库中，即使是DDL也是可以回滚的。这和InnoDB存储引擎、Oracle这些数据库完全不同。

另外需要注意的是，TRUNCATE TABLE语句是DDL，因此虽然和对整张表执行

DELETE的结果是一样的，但它是不能被回滚的（这又是和Microsoft SQL Server数据不同的地方）。

```
mysql> SELECT * FRM t\G;
*************************** 1. row ***************************
a: 1
*************************** 2. row ***************************
a: 2
2 rows in set (0.00 sec)

mysql> BEGIN;
Query OK, 0 rows affected (0.01 sec)

mysql> TRUNCATE TABLE t;
Query OK, 0 rows affected (0.00 sec)

mysql> ROLLBACK;
Query OK, 0 rows affected (0.00 sec)

mysql> SELECT * FROM t;
Empty set (0.00 sec)
```

7.5 对于事务操作的统计

由于InnoDB存储引擎是支持事务的，因此InnoDB存储引擎的应用需要在考虑每秒请求数（Question Per Second，QPS）的同时，应该关注每秒事务处理的能力（Transaction Per Second，TPS）。

计算TPS的方法是（com_commit+com_rollback）/time。但是利用这种方法进行计算的前提是：所有的事务必须都是显式提交的，如果存在隐式地提交和回滚（默认autocommit=1），不会计算到com_commit和com_rollback变量中。如：

```
mysql> SHOW GLOBAL STATUS LIKE 'com_commit'\G;
*************************** 1. row ***************************
Variable_name: Com_commit
        Value: 5
1 row in set (0.00 sec)

mysql> INSERT INTO t SELECT 3;
Query OK, 1 row affected (0.00 sec)
Records: 1  Duplicates: 0  Warnings: 0
```

```
mysql> SELECT * FROM t\G;
*************************** 1. row ***************************
a: 1
*************************** 2. row ***************************
a: 2
*************************** 3. row ***************************
a: 3
3 rows in set (0.00 sec)


mysql> SHOW GLOBAL STATUS LIKE 'com_commit'\G;
*************************** 1. row ***************************
Variable_name: Com_commit
        Value: 5
1 row in set (0.00 sec)
```

MySQL 数据库中另外还有两个参数 handler_commit 和 handler_rollback 用于事务的统计操作。但是我注意到这两个参数在 MySQL 5.1 中可以很好地用来统计 InnoDB 存储引擎显式和隐式的事务提交操作，但是在 InnoDB Plugin 中这两个参数的表现有些“怪异”，并不能很好地统计事务的次数。所以，如果用户的程序都是显式控制事务的提交和回滚，那么可以通过 com_commit 和 com_rollback 进行统计。如果不是，那么情况就显得有些复杂。

7.6 事务的隔离级别

令人惊讶的是，大部分数据库系统都没有提供真正的隔离性，最初或许是因为系统实现者并没有真正理解这些问题。如今这些问题已经弄清楚了，但是数据库实现者在正确性和性能之间做了妥协。ISO 和 ANIS SQL 标准制定了四种事务隔离级别的标准，但是很少有数据库厂商遵循这些标准。比如 Oracle 数据库就不支持 READ UNCOMMITTED 和 REPEATABLE READ 的事务隔离级别。

SQL 标准定义的四个隔离级别为：

- READ UNCOMMITTED
- READ COMMITTED
- REPEATABLE READ
- SERIALIZABLE

READ UNCOMMITTED 称为浏览访问（browse access），仅仅针对事务而言的。READ COMMITTED 称为游标稳定（cursor stability）。REPEATABLE READ 是 2.9999° 的隔离，没有幻读的保护。SERIALIZABLE 称为隔离，或 3° 的隔离。SQL 和 SQL2 标准的默认事务隔离级别是 SERIALIZABLE。

InnoDB 存储引擎默认支持的隔离级别是 REPEATABLE READ，但是与标准 SQL 不同的是，InnoDB 存储引擎在 REPEATABLE READ 事务隔离级别下，使用 Next-Key Lock 锁的算法，因此避免幻读的产生。这与其他数据库系统（如 Microsoft SQL Server 数据库）是不同的。所以说，InnoDB 存储引擎在默认的 REPEATABLE READ 的事务隔离级别下已经能完全保证事务的隔离性要求，即达到 SQL 标准的 SERIALIZABLE 隔离级别。

隔离级别越低，事务请求的锁越少或保持锁的时间就越短。这也是为什么大多数数据库系统默认的事务隔离级别是 READ COMMITTED。

据了解，大部分的用户质疑 SERIALIZABLE 隔离级别带来的性能问题，但是根据 Jim Gray 在《Transaction Processing》一书中指出，两者的开销几乎是一样的，**甚至 SERIALIZABLE 可能更优**!!! 因此在 InnoDB 存储引擎中选择 REPEATABLE READ 的事务隔离级别并不会有任何性能的损失。同样地，即使使用 READ COMMITTED 的隔离级别，用户也不会得到性能的大幅度提升。

在 InnoDB 存储引擎中，可以使用以下命令来设置当前会话或全局的事务隔离级别：

```
SET [GLOBAL | SESSION] TRANSACTION ISOLATION LEVEL
{
READ UNCOMMITTED
| READ COMMITTED
| REPEATABLE READ
| SERIALIZABLE
}
```

如果想在 MySQL 数据库启动时就设置事务的默认隔离级别，那就需要修改 MySQL 的配置文件，在［mysqld］中添加如下行：

```
[mysqld]
transaction-isolation = READ-COMMITTED
```

查看当前会话的事务隔离级别，可以使用：

```
mysql>SELECT @@tx_isolation\G;
```

```
*************************** 1. row ***************************
@@tx_isolation: REPEATABLE-READ
1 row in set (0.01 sec)
```

查看全局的事务隔离级别，可以使用：

```
mysql>SELECT @@global.tx_isolation\G;
*************************** 1. row ***************************
@@global.tx_isolation: REPEATABLE-READ
1 row in set (0.00 sec)
```

在SERIALIABLE的事务隔离级别，InnoDB存储引擎会对每个SELECT语句后自动加上LOCK IN SHARE MODE，即为每个读取操作加一个共享锁。因此在这个事务隔离级别下，读占用了锁，对一致性的非锁定读不再予以支持。这时，事务隔离级别SERIALIZABLE符合数据库理论上的要求，即事务是well-formed的，并且是two-phrased的。有兴趣的读者可进一步研究。

因为InnoDB存储引擎在REPEATABLE READ隔离级别下就可以达到3°的隔离，因此一般不在本地事务中使用SERIALIABLE的隔离级别。SERIALIABLE的事务隔离级别主要用于InnoDB存储引擎的分布式事务。

在READ COMMITTED的事务隔离级别下，除了唯一性的约束检查及外键约束的检查需要gap lock，InnoDB存储引擎不会使用gap lock的锁算法。但是使用这个事务隔离级别需要注意一些问题。首先，在MySQL 5.1中，READ COMMITTED事务隔离级别默认只能工作在replication（复制）二进制日志为ROW的格式下。如果二进制日志工作在默认的STATEMENT下，则会出现如下的错误：

```
mysql> CREATE TABLE a (
    -> b INT,PRIMARY KEY(b)
    -> )ENGINE=INNODB;
Query OK, 0 rows affected (0.01 sec)

mysql>SET @@tx_isolation='READ-COMMITTED';
Query OK, 0 rows affected (0.00 sec)

mysql> SELECT @@tx_isolation\G;
*************************** 1. row ***************************
@@tx_isolation: REPEATABLE-READ
1 row in set (0.00 sec)

mysql> BEGIN;
```

```
Query OK, 0 rows affected (0.00 sec)

mysql>INSERT INTO a SELECT 1;
ERROR 1598 (HY000): Binary logging not possible. Message: Transaction level
'READ-COMMITTED' in InnoDB is not safe for binlog mode 'STATEMENT'
```

在 MySQL 5.0 版本以前，在不支持 ROW 格式的二进制日志时，也许有人知道通过将参数 innodb_locks_unsafe_for_binlog 设置为 1 可以在二进制日志为 STATEMENT 下使用 READ COMMITTED 的事务隔离级别：

```
mysql> SELCT @@version\G
*************************** 1. row ***************************
@@version: 5.0.77-log
1 row in set (0.00 sec)

mysql> SHOW VARIABLES LIKE 'innodb_locks_unsafe_for_binlog'\G;
*************************** 1. row ***************************
Variable_name: innodb_locks_unsafe_for_binlog
        Value: ON
1 row in set (0.00 sec)

mysql> SET @@tx_isolation='READ-COMMITTED';
Query OK, 0 rows affected (0.00 sec)

mysql> BEGIN;
Query OK, 0 rows affected (0.00 sec)

mysql> INSERT INTO a SELECT 1;
Query OK, 0 rows affected (0.00 sec)

mysql> COMMIT;
Query OK, 0 rows affected (0.00 sec)

mysql> SELECT * FROM a\G;
*************************** 1. row ***************************
b: 1
*************************** 2. row ***************************
b: 2
*************************** 3. row ***************************
b: 4
*************************** 4. row ***************************
b: 5
4 rows in set (0.00 sec)
```

接着在 master 上开启一个会话 A 执行如下事务，并且不要提交：

```
# Session A on master
mysql> BEGIN;
Query OK, 0 rows affected (0.00 sec)

mysql> DELETE FROM a WHERE b<=5;
Query OK, 4 rows affected (0.01 sec)
```

同样，在 master 上开启另一个会话 B，执行如下事务，并且提交：

```
# Session B on master
mysql> BEGIN;
Query OK, 0 rows affected (0.00 sec)

mysql> INSERT INTO a SELECT 3;
Query OK, 0 rows affected (0.01 sec)

mysql> COMMIT;
Query OK, 0 rows affected (0.00 sec)
```

接着会话 A 提交，并查看表 a 中的数据：

```
# Session A on master
mysql> COMMIT;
Query OK, 0 rows affected (0.00 sec)

mysql> SELECT * FROM a\G;
*************************** 1. row ***************************
b: 3
```

但是在 slave 上看到的结果却是：

```
# Slave
mysql> SELECT * FROM a;
Empty set (0.00 sec)
```

可以看到，数据产生了不一致。导致这个问题发生的原因有两点：

- 在 READ COMMITTED 事务隔离级别下，事务没有使用 gap lock 进行锁定，因此用户在会话 B 中可以在小于等于 5 的范围内插入一条记录；
- STATEMENT 格式记录的是 master 上产生的 SQL 语句，因此在 master 服务器上执行的顺序为先删后插，但是在 STATEMENT 格式中记录的却是先插后删，逻辑顺序上产生了不一致。

要避免主从不一致的问题，只需解决上述问题中的一个就能保证数据的同步了。如使用 READ REPEATABLE 的事务隔离级别可以避免上述第一种情况的发生，也就避免了 master 和 slave 数据不一致问题的产生。

在 MySQL 5.1 版本之后，因为支持了 ROW 格式的二进制日志记录格式，避免了第二种情况的发生，所以可以放心使用 READ COMMITTED 的事务隔离级别。但即使不使用 READ COMMITTED 的事务隔离级别，也应该考虑将二进制日志的格式更换成 ROW，因为这个格式记录的是行的变更，而不是简单的 SQL 语句，所以可以避免一些不同步现象的产生，进一步保证数据的同步。InnoDB 存储引擎的创始人 HeikkiTuuri 也在 http: // bugs.mysql.com/bug.php?id=33210 这个帖子中建议使用 ROW 格式的二进制日志。

7.7 分布式事务

7.7.1 MySQL 数据库分布式事务

InnoDB 存储引擎提供了对 XA 事务的支持，并通过 XA 事务来支持分布式事务的实现。分布式事务指的是允许多个独立的事务资源（transactional resources）参与到一个全局的事务中。事务资源通常是关系型数据库系统，但也可以是其他类型的资源。全局事务要求在其中的所有参与的事务要么都提交，要么都回滚，这对于事务原有的 ACID 要求又有了提高。另外，在使用分布式事务时，InnoDB 存储引擎的事务隔离级别必须设置为 SERIALIZABLE。

XA 事务允许不同数据库之间的分布式事务，如一台服务器是 MySQL 数据库的，另一台是 Oracle 数据库的，又可能还有一台服务器是 SQL Server 数据库的，只要参与在全局事务中的每个节点都支持 XA 事务。分布式事务可能在银行系统的转账中比较常见，如用户 David 需要从上海转 10 000 元到北京的用户 Mariah 的银行卡中：

```
# Bank@Shanghai:
UPDATE account SET money = money - 10000 WHERE user='David';

# Bank@Beijing
UPDATE account SET money = money + 10000 WHERE user='Mariah';
```

在这种情况下，一定需要使用分布式事务来保证数据的安全。如果发生的操作不能全部提交或回滚，那么任何一个结点出现问题都会导致严重的结果。要么是 David 的账户被扣款，但是 Mariah 没收到，又或者是 David 的账户没有扣款，Mariah 却收到钱了。

XA 事务由一个或多个资源管理器（Resource Managers）、一个事务管理器（Transaction Manager）以及一个应用程序（Application Program）组成。

- 资源管理器：提供访问事务资源的方法。通常一个数据库就是一个资源管理器。
- 事务管理器：协调参与全局事务中的各个事务。需要和参与全局事务的所有资源管理器进行通信。
- 应用程序：定义事务的边界，指定全局事务中的操作。

在 MySQL 数据库的分布式事务中，资源管理器就是 MySQL 数据库，事务管理器为连接 MySQL 服务器的客户端。图 7-22 显示了一个分布式事务的模型。

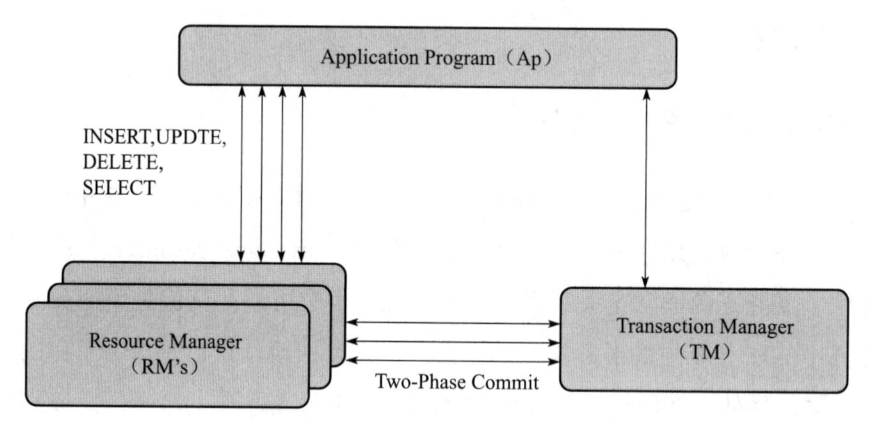

图 7-22 分布式事务模型

分布式事务使用两段式提交（two-phase commit）的方式。在第一阶段，所有参与全局事务的节点都开始准备（PREPARE），告诉事务管理器它们准备好提交了。在第二阶段，事务管理器告诉资源管理器执行 ROLLBACK 还是 COMMIT。如果任何一个节点显示不能提交，则所有的节点都被告知需要回滚。可见与本地事务不同的是，分布式事务需要多一次的 PREPARE 操作，待收到所有节点的同意信息后，再进行 COMMIT 或是 ROLLBACK 操作。

MySQL 数据库 XA 事务的 SQL 语法如下：

```
XA {START|BEGIN} xid [JOIN|RESUME]
```

```
XA END xid [SUSPEND [FOR MIGRATE]]

XA PREPARE xid

XA COMMIT xid [ONE PHASE]

XA ROLLBACK xid

XA RECOVER
```

在单个节点上运行 XA 事务的例子：

```
mysql> XA START 'a';
Query OK, 0 rows affected (0.00 sec)

mysql> INSERT INTO z SELECT 11;
Query OK, 1 row affected (0.00 sec)
Records: 1  Duplicates: 0  Warnings: 0

mysql> XA END 'a';
Query OK, 0 rows affected (0.00 sec)

mysql> XA PREPARE 'a';
Query OK, 0 rows affected (0.05 sec)

mysql> XA RECOVER\G;
*************************** 1. row ***************************
    formatID: 1
gtrid_length: 1
bqual_length: 0
        data: a
1 row in set (0.00 sec)

mysql> XA COMMIT 'a';
Query OK, 0 rows affected (0.05 sec)
```

在单个节点上运行分布式事务没有太大的实际意义，但是要在 MySQL 数据库的命令下演示多个节点参与的分布式事务也是行不通的。通常来说，都是通过编程语言来完成分布式事务的操作的。当前 Java 的 JTA（Java Transaction API）可以很好地支持 MySQL 的分布式事务，需要使用分布式事务应该认真参考其 API。下面的一个示例显示了如何使用 JTA 来调用 MySQL 的分布式事务，就是前面所举例的银行转账的例子，代码如下，仅供参考：

```
import java.sql.Connection;
import javax.sql.XAConnection;
import javax.transaction.xa.*;
import com.mysql.jdbc.jdbc2.optional.MysqlXADataSource;
import java.sql.*;

class MyXid implements Xid
{
    public int formatId;
    public byte gtrid[];
    public byte bqual[];

    public MyXid(){

    }

    public MyXid(int formatId, byte gtrid[], byte bqual[])
    {
            this.formatId = formatId;
            this.gtrid = gtrid;
            this.bqual = bqual;
    }

    public int getFormatId()
    {
            return formatId;
    }

    public byte[] getBranchQualifier()
    {
            return bqual;
    }

    public byte[] getGlobalTransactionId()
    {
          return gtrid;
    }
}

public class xa_demo {

    public static MysqlXADataSource GetDataSource(
                String connString,
                String user,
```

```
                String passwd){
        try{
                MysqlXADataSource ds = new MysqlXADataSource();
                ds.setUrl(connString);
                ds.setUser(user);
                ds.setPassword(passwd);
                return ds;
        }
        catch(Exception e){
                System.out.println(e.toString());
                return null;
        }
    }

    public static void main(String[] args) {
        String connString1 = "jdbc:mysql://192.168.24.43:3306/bank_shanghai";
        String connString2 = "jdbc:mysql://192.168.24.166:3306/bank_
beijing";
        try {
               MysqlXADataSource ds1 =
                       GetDataSource(connString1,"peter"," 12345");
               MysqlXADataSource ds2 =
    GetDataSource(connString2,"david","12345");

               XAConnection xaConn1 = ds1.getXAConnection();
               XAResource xaRes1 = xaConn1.getXAResource();
               Connection conn1 = xaConn1.getConnection();
               Statement stmt1 = conn1.createStatement();

               XAConnection xaConn2 = ds2.getXAConnection();
               XAResource xaRes2 = xaConn2.getXAResource();
               Connection conn2 = xaConn2.getConnection();
               Statement stmt2 = conn2.createStatement();

               Xid xid1 = new MyXid(
                       100,
                       new byte[]{0x01},
                       new byte[]{0x02});
               Xid xid2 = new MyXid(
                       100,
                       new byte[]{0x11},
                       new byte[]{0x12});
               try{
    xaRes1.start(xid1,XAResource.TMNOFLAGS);
```

```
                              stmt1.execute("
                                 UPDATE account SET money = money-10000
                                 WHERE user='david'"
                              );
              xaRes1.end(xid1,XAResource.TMSUCCESS);

              xaRes2.start(xid2,XAResource.TMNOFLAGS);
                              stmt2.execute("
                                 UPDATE account SET money = money+10000
                                 WHERE user='mariah'"
                              );
              xaRes2.end(xid2,XAResource.TMSUCCESS);

                              int ret2 = xaRes2.prepare(xid2);
                              int ret1 = xaRes1.prepare(xid1);

                              if ( ret1 == XAResource.XA_OK
                                     && ret2 == XAResource.XA_OK ){
                                     xaRes1.commit(xid1,false);
                                     xaRes2.commit(xid2,false);
                              }
                       }catch(Exception e){
                              e.printStackTrace();
                       }

                } catch (Exception e) {
                       System.out.println(e.toString());
                }
         }
     }
```

通过参数 innodb_support_xa 可以查看是否启用了 XA 事务的支持（默认为 ON）：

```
mysql> SHOW VARIABLES LIKE 'innodb_support_xa'\G;
*************************** 1. row ***************************
Variable_name: innodb_support_xa
       Value: ON
1 row in set (0.01 sec)
```

7.7.2 内部 XA 事务

之前讨论的分布式事务是外部事务，即资源管理器是 MySQL 数据库本身。在 MySQL 数据库中还存在另外一种分布式事务，其在存储引擎与插件之间，又或者在存储引擎与存储引擎之间，称之为内部 XA 事务。

最为常见的内部 XA 事务存在于 binlog 与 InnoDB 存储引擎之间。由于复制的需要，因此目前绝大多数的数据库都开启了 binlog 功能。在事务提交时，先写二进制日志，再写 InnoDB 存储引擎的重做日志。对上述两个操作的要求也是原子的，即二进制日志和重做日志必须同时写入。若二进制日志先写了，而在写入 InnoDB 存储引擎时发生了宕机，那么 slave 可能会接收到 master 传过去的二进制日志并执行，最终导致了主从不一致的情况。如图 7-23 所示。

在图 7-23 中，如果执行完①、②后在步骤③之前 MySQL 数据库发生了宕机，则会发生主从不一致的情况。为了解决这个问题，MySQL 数据库在 binlog 与 InnoDB 存储引擎之间采用 XA 事务。当事务提交时，InnoDB 存储引擎会先做一个 PREPARE 操作，将事务的 xid 写入，接着进行二进制日志的写入，如图 7-24 所示。如果在 InnoDB 存储引擎提交前，MySQL 数据库宕机了，那么 MySQL 数据库在重启后会先检查准备的 UXID 事务是否已经提交，若没有，则在存储引擎层再进行一次提交操作。

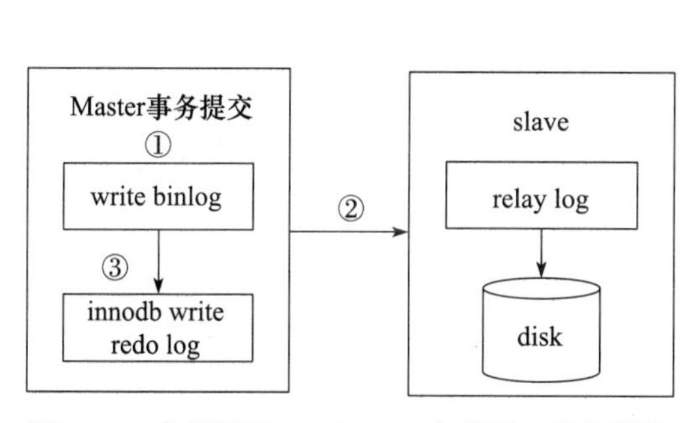

图 7-23 宕机导致 replication 主从不一致的情况

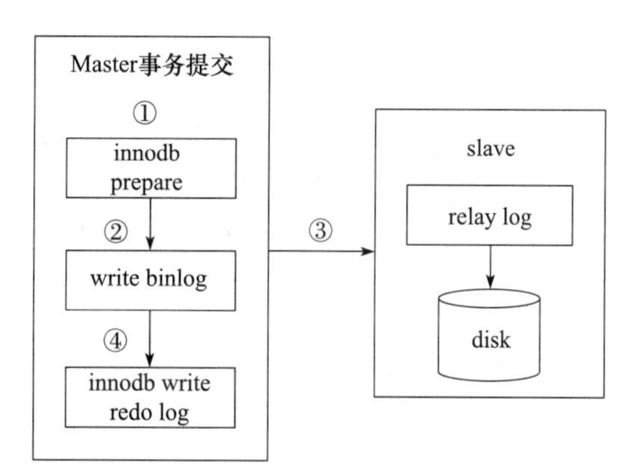

图 7-24 MySQL 数据库通过内部 XA 事务保证主从数据一致

7.8 不好的事务习惯

7.8.1 在循环中提交

开发人员非常喜欢在循环中进行事务的提交，下面是他们可能常写的一个存储过程：

```
CREATE PROCEDURE load1(count INT UNSIGNED)
BEGIN
DECLARE s INT UNSIGNED DEFAULT 1;
DECLARE c CHAR(80) DEFAULT REPEAT('a',80);
WHILE s <= count DO
INSERT INTO t1 SELECT NULL,c;
COMMIT;
SET s = s+1;
END WHILE;
END;
```

其实，在上述的例子中，是否加上提交命令COMMIT并不关键。因为InnoDB存储引擎默认为自动提交，所以在上述的存储过程中去掉COMMIT，结果其实是完全一样的。这也是另一个容易被开发人员忽视的问题：

```
CREATE PROCEDURE load2(count INT UNSIGNED)
BEGIN
DECLARE s INT UNSIGNED DEFAULT 1;
DECLARE c CHAR(80) DEFAULT REPEAT('a',80);
WHILE s <= count DO
INSERT INTO t1 SELECT NULL,c;
SET s = s+1;
END WHILE;
END;
```

不论上面哪个存储过程都存在一个问题，当发生错误时，数据库会停留在一个未知的位置。例如，用户需要插入10 000条记录，但是在插入5000条时，发生了错误，这时前5000条记录已经存放在数据库中，那应该怎么处理呢？另一个问题是性能问题，上面两个存储过程都不会比下面的存储过程load3快，因为下面的存储过程将所有的INSERT都放在一个事务中：

```
CREATE PROCEDURE load3(count INT UNSIGNED)
BEGIN
DECLARE s INT UNSIGNED DEFAULT 1;
DECLARE c CHAR(80) DEFAULT REPEAT('a',80);
START TRANSACTION;
WHILE s <= count DO
INSERT INTO t1 SELECT NULL,c;
SET s = s+1;
END WHILE;
COMMIT;
END;
```

比较这3个存储过程的执行时间：

```
mysql> CALL load1(10000);
Query OK, 0 rows affected (1 min 3.15 sec)

mysql> TRUNCATE TABLE t1;
Query OK, 0 rows affected (0.05 sec)

mysql> CALL load2(10000);
Query OK, 1 row affected (1 min 1.69 sec)

mysql> TRUNCATE TABLE t1;
Query OK, 0 rows affected (0.05 sec)

mysql> CALL load3(10000);
Query OK, 0 rows affected (0.63 sec)
```

显然，第三种方法要快得多！这是因为每一次提交都要写一次重做日志，存储过程load1和load2实际写了10 000次重做日志文件，而对于存储过程load3来说，实际只写了1次。可以对第二个存储过程load2的调用进行调整，同样可以达到存储过程load3的性能，如：

```
mysql> BEGIN;
Query OK, 0 rows affected (0.00 sec)

mysql> CALL load2(10000);
Query OK, 1 row affected (0.56 sec)

mysql> COMMIT;
Query OK, 0 rows affected (0.03 sec)
```

大多数程序员会使用第一种或第二种方法，有人可能不知道InnoDB存储引擎自动提交的情况，另外有些人可能持有以下两种观点：首先，在他们曾经使用过的数据库中，对事务的要求总是尽快地进行释放，不能有长时间的事务；其次，他们可能担心存在Oracle数据库中由于没有足够undo产生的Snapshot Too Old的经典问题。MySQL的InnoDB存储引擎没有上述两个问题，因此程序员不论从何种角度出发，都不应该在一个循环中反复进行提交操作，不论是显式的提交还是隐式的提交。

7.8.2 使用自动提交

自动提交并不是一个好的习惯，因为这会使初级DBA容易犯错，另外还可能使一些开发人员产生错误的理解，如我们在前一小节中提到的循环提交问题。MySQL数据库默认设置使用自动提交（autocommit），可以使用如下语句来改变当前自动提交的方式：

```
mysql> SET autocommit=0;
Query OK, 0 rows affected (0.00 sec)
```

也可以使用START TRANSACTION，BEGIN来显式地开启一个事务。在显式开启事务后，在默认设置下（即参数completion_type等于0），MySQL会自动地执行SET AUTOCOMMIT=0的命令，并在COMMIT或ROLLBACK结束一个事务后执行SET AUTOCOMMIT=1。

另外，对于不同语言的API，自动提交是不同的。MySQL C API默认的提交方式是自动提交，而MySQL Python API则会自动执行SET AUTOCOMMIT=0，以禁用自动提交。因此在选用不同的语言来编写数据库应用程序前，应该对连接MySQL的API做好研究。

我认为，在编写应用程序开发时，最好把事务的控制权限交给开发人员，即在程序端进行事务的开始和结束。同时，开发人员必须了解自动提交可能带来的问题。我曾经见过很多开发人员没有意识到自动提交这个特性，等到出现错误时应用就会遇到大麻烦。

7.8.3 使用自动回滚

InnoDB存储引擎支持通过定义一个HANDLER来进行自动事务的回滚操作，如在一个存储过程中发生了错误会自动对其进行回滚操作。因此我发现很多开发人员喜欢在应用程序的存储过程中使用自动回滚操作，例如下面所示的一个存储过程：

```
CREATE PROCEDURE sp_auto_rollback_demo ()
BEGIN
DECLARE EXIT HANDLER FOR SQLEXCEPTION ROLLBACK;
START TRANSACTION;
INSERT INTO b SELECT 1;
INSERT INTO b SELECT 2;
INSERT INTO b SELECT 1;
INSERT INTO b SELECT 3;
COMMIT;
END;
```

存储过程 sp_auto_rollback_demo 首先定义了一个 exit 类型的 HANDLER，当捕获到错误时进行回滚。结构如下：

```
mysql>SHOW CREATE TABLE b\G;
*************************** 1. row ***************************
       Table: b
Create Table: CREATE TABLE 'b' (
  'a' int(11) NOT NULL DEFAULT '0',
  PRIMARY KEY ('a')
) ENGINE=InnoDB DEFAULT CHARSET=latin1
1 row in set (0.00 sec)
```

因此插入第二个记录 1 时会发生错误，但是因为启用了自动回滚的操作，因此这个存储过程的执行结果如下：

```
mysql>CALL sp_auto_rollback_demo;
Query OK, 0 rows affected (0.06 sec)


mysql>SELECT * FROM b;
Empty set (0.00 sec)
```

看起来运行没有问题，非常正常。但是，执行 sp_auto_rollback_demo 这个存储过程的结果到底是正确的还是错误的？对于同样的存储过程 sp_auto_rollback_demo，为了得到执行正确与否的结果，开发人员可能会进行这样的处理：

```
CREATE PROCEDURE sp_auto_rollback_demo ()
BEGIN
DECLARE EXIT HANDLER FOR SQLEXCEPTION BEGIN ROLLBACK; SELECT -1; END;
START TRANSACTION;
INSERT INTO b SELECT 1;
INSERT INTO b SELECT 2;
INSERT INTO b SELECT 1;
INSERT INTO b SELECT 3;
COMMIT;
SELECT 1;
END;
```

当发生错误时，先回滚然后返回 -1，表示运行有错误。运行正常返回值 1。因此这次运行的结果就会变成：

```
mysql>CALL sp_auto_rollback_demo ()\G;
*************************** 1. row ***************************
```

```
-1: -1
1 row in set (0.04 sec)


mysql>SELECT * FROM b;
Empty set (0.00 sec)
```

看起来用户可以得到运行是否准确的信息。但问题还没有最终解决，对于开发人员来说，重要的不仅是知道发生了错误，而是发生了什么样的错误。因此自动回滚存在这样的一个问题。

习惯使用自动回滚的人大多是以前使用 Microsoft SQL Server 数据库的开发人员。在 Microsoft SQL Server 数据库中，可以使用 SET XABORT ON 来自动回滚一个事务。但是 Microsoft SQL Server 数据库不仅会自动回滚当前的事务，还会抛出异常，开发人员可以捕获到这个异常。因此，Microsoft SQL Server 数据库和 MySQL 数据库在这方面是有所不同的。

就像之前小节中所讲到的，对事务的 BEGIN、COMMIT 和 ROLLBACK 操作应该交给程序端来完成，存储过程需要完成的只是一个逻辑的操作，即对逻辑进行封装。下面演示用 Python 语言编写的程序调用一个存储过程 sp_rollback_demo，这里的存储过程 sp_rollback_demo 和之前的存储过程 sp_auto_rollback_demo 在逻辑上完成的内容大致相同：

```
CREATE PROCEDURE sp_rollback_demo ()
BEGIN
INSERT INTO b SELECT 1;
INSERT INTO b SELECT 2;
INSERT INTO b SELECT 1;
INSERT INTO b SELECT 3;
END;
```

和 sp_auto_rollback_demo 存储过程不同的是，在 sp_rollback_demo 存储过程中去掉了对于事务的控制语句，将这些操作都交由程序来完成。接着来看 test_demo.py 的程序源代码：

```
#! /usr/bin/env python
#encoding=utf-8


import MySQLdb
```

```
try:
        conn=
MySQLdb.connect(host="192.168.8.7",user="root",passwd="xx",db="test")
        cur = conn.cursor()
        cur.execute("SET autocommit=0")
        cur.execute("CALL sp_rollback_demo")
        cur.execute("COMMIT")
except Exception,e:
        cur.execute("ROLLBACK")
        print e
```

观察运行 test_demo.py 这个程序的结果：

```
[root@nineyou0-43 ~]# python test_demo.py
starting rollback
(1062, "Duplicate entry '1' for key 'PRIMARY'")
```

在程序中控制事务的好处是，用户可以得知发生错误的原因。如在上述这个例子中，我们知道是因为发生了 1062 这个错误，错误的提示内容是 Duplicate entry '1' for key 'PRIMARY'，即发生了主键重复的错误。然后可以根据发生的原因来进一步调试程序。

7.9 长事务

长事务 (Long-Lived Transactions)，顾名思义，就是执行时间较长的事务。比如，对于银行系统的数据库，每过一个阶段可能需要更新对应账户的利息。如果对应账号的数量非常大，例如对有 1 亿用户的表 account，需要执行下列语句：

```
UPDATE account
SET account_total = account_total + (1 + interest_rate)
```

这时这个事务可能需要非常长的时间来完成。可能需要 1 个小时，也可能需要 4、5 个小时，这取决于数据库的硬件配置。DBA 和开发人员本身能做的事情非常少。然而，由于事务 ACID 的特性，这个操作被封装在一个事务中完成。这就产生了一个问题，在执行过程中，当数据库或操作系统、硬件等发生问题时，重新开始事务的代价变得不可接受。数据库需要回滚所有已经发生的变化，而这个过程可能比产生这些变化的时间还要长。因此，对于长事务的问题，有时可以通过转化为小批量 (mini batch) 的事务来进行处理。当事务发生错误时，只需要回滚一部分数据，然后接着上次已完成的事务继续进行。

例如，对于前面讨论的银行利息计算问题，我们可以通过分解为小批量事务来完成，下面给出的是伪代码，既可以通过程序完成，也可以通过存储过程完成：

```
void ComputeInterest (double interest_rate){

    long last_account_done, max_account_no, log_size;
    int batch_size = 100000;

    EXEC SQL SELECT COUNT(*) INTO log_size FROM batchcontext;

    if ( SQLCODE != 0 || log_size == 0 ){
           EXEC SQL DROP TABLE IF EXISTS batchcontext;
           EXEC SQL CREATE TABLE batchcontext ( last_account_done BIGINT );

           last_account_done = 0;
           INSERT INTO batchcontext SELECT 0;
    }
    else {
           EXEC SQL SELECT last_account_no
                        INTO last_account_done
                        FROM batchcontext;
    }

    EXEC SQL SELECT COUNT(*) INTO max_account_no
             FROM account LOCK IN SHARE MODE;

    WHILE ( last_account_no < max_account_no ){
           EXEC SQL START TRANSACTION;
           EXEC SQL UPDATE account
                       SET account_total = account_total * ( 1+interest_rate );
                       WHERE account_no
                        BETWEEN last_account_no
                        AND last_account_no + batch_size;
           EXEC SQL UPDATE batchcontext
                        SET last_account_done = last_account_done + batch_size;
           EXEC SQL COMMIT WORK;
           last_account_done = last_account_done + batch_size;
    }

}
```

上述代码将一个需要处理1亿用户的大事务分解为每次处理10万用户的小事务，

通过批量处理小事务来完成大事务的逻辑。每完成一个小事务，将完成的结果存放在batchcontext表中，表示已完成批量事务的最大账号ID。若事务在运行过程中产生问题，需要重做事务，可以从这个已完成的最大事务ID继续进行批量的小事务，这样重新开启事务的代价就显得比较低，也更容易让用户接受。batchcontext表的另外一个好处是，在长事务的执行过程中，用户可以知道现在大概已经执行到了哪个阶段。比如一共有1亿条的记录，现在表batchcontext中最大的账号ID为4000万，也就是说这个大事务大概完成了40%的工作。

这里还有一个小地方需要注意，在从表account中取得max_account_no时，人为地加上了一个共享锁，以保证在事务的处理过程中，没有其他的事务可以来更新表中的数据，这是有意义的，并且也是非常有必要的操作。

7.10 小结

在这一章中我们了解了InnoDB存储引擎管理事务的许多方面。了解了事务如何工作以及如何使用事务，这在任何数据库中对于正确实现应用都是必要的。此外，事务是数据库区别于文件系统的一个关键特性。

事务必须遵循ACID特性，即Atomicity(原子性)、Consistency(一致性)、Isolation(隔离性)和Durability(持久性)。隔离性通过第6章介绍过的锁来完成；原子性、一致性、隔离性通过redo和undo来完成。通过对redo和undo的了解，可以进一步明白事务的工作原理以及如何更好地使用事务。接着我们讲到了InnoDB存储引擎支持的四个事务隔离级别，知道了InnoDB存储引擎的默认事务隔离级别是REPEATABLE READ的，不同于SQL标准对于事务隔离级别的要求，InnoDB存储引擎在REPEATABLE READ隔离级别下就可以达到3°的隔离要求。

本章最后讲解了操作事务的SQL语句以及怎样在应用程序中正确使用事务。在默认配置下，MySQL数据库总是自动提交的——如果不知道这点，可能会带来非常不好的结果。此外，在应用程序中，最好的做法是把事务的START TRANSACTION、COMMIT、ROLLBACK操作交给程序端来完成，而不是在存储过程内完成。在完整了解了InnoDB存储引擎事务机制后，相信你可以开发出一个很好的企业级MySQL InnoDB数据库应用了。

第 8 章　备份与恢复

对于 DBA 来说，数据库的备份与恢复是一项最基本的操作与工作。在意外情况下（如服务器宕机、磁盘损坏、RAID 卡损坏等）要保证数据不丢失，或者是最小程度地丢失，每个 DBA 应该每时每刻关心所负责的数据库备份情况。

本章主要介绍对 InnoDB 存储引擎的备份，应该知道 MySQL 数据库提供的大多数工具（如 mysqldump、ibbackup、replication）都能很好地完成备份的工作，当然也可以通过第三方的一些工具来完成，如 xtrabacup、LVM 快照备份等。DBA 应该根据自己的业务要求，设计出损失最小、对于数据库影响最小的备份策略。

8.1　备份与恢复概述

可以根据不同的类型来划分备份的方法。根据备份的方法不同可以将备份分为：

- Hot Backup（热备）
- Cold Backup（冷备）
- Warm Backup（温备）

Hot Backup 是指数据库运行中直接备份，对正在运行的数据库操作没有任何的影响。这种方式在 MySQL 官方手册中称为 Online Backup（在线备份）。Cold Backup 是指备份操作是在数据库停止的情况下，这种备份最为简单，一般只需要复制相关的数据库物理文件即可。这种方式在 MySQL 官方手册中称为 Offline Backup（离线备份）。Warm Backup 备份同样是在数据库运行中进行的，但是会对当前数据库的操作有所影响，如加一个全局读锁以保证备份数据的一致性。

按照备份后文件的内容，备份又可以分为：

- 逻辑备份
- 裸文件备份

在 MySQL 数据库中，逻辑备份是指备份出的文件内容是可读的，一般是文本文件。内容一般是由一条条SQL语句，或者是表内实际数据组成。如mysqldump和SELECT*INTO OUTFILE的方法。这类方法的好处是可以观察导出文件的内容，一般适用于数据库的升级、迁移等工作。但其缺点是恢复所需要的时间往往较长。

裸文件备份是指复制数据库的物理文件，既可以是在数据库运行中的复制（如ibbackup、xtrabackup这类工具），也可以是在数据库停止运行时直接的数据文件复制。这类备份的恢复时间往往较逻辑备份短很多。

若按照备份数据库的内容来分，备份又可以分为：

- 完全备份
- 增量备份
- 日志备份

完全备份是指对数据库进行一个完整的备份。增量备份是指在上次完全备份的基础上，对于更改的数据进行备份。日志备份主要是指对MySQL数据库二进制日志的备份，通过对一个完全备份进行二进制日志的重做（replay）来完成数据库的point-in-time的恢复工作。MySQL数据库复制（replication）的原理就是异步实时地将二进制日志重做传送并应用到从（slave/standby）数据库。

对于MySQL数据库来说，官方没有提供真正的增量备份的方法，大部分是通过二进制日志完成增量备份的工作。这种备份较之真正的增量备份来说，效率还是很低的。假设有一个100GB的数据库，要通过二进制日志完成备份，可能同一个页需要执行多次的SQL语句完成重做的工作。但是对于真正的增量备份来说，只需要记录当前每页最后的检查点的LSN，如果大于之前全备时的LSN，则备份该页，否则不用备份，这大大加快了备份的速度和恢复的时间，同时这也是xtrabackup工具增量备份的原理。

此外还需要理解数据库备份的一致性，这种备份要求在备份的时候数据在这一时间点上是一致的。举例来说，在一个网络游戏中有一个玩家购买了道具，这个事务的过程是：先扣除相应的金钱，然后向其装备表中插入道具，确保扣费和得到道具是互相一致的。否则，在恢复时，可能出现金钱被扣除了而装备丢失的问题。

对于InnoDB存储引擎来说，因为其支持MVCC功能，因此实现一致的备份比较简单。用户可以先开启一个事务，然后导出一组相关的表，最后提交。当然用户的事务隔离级别必须设置为REPEATABLE READ，这样的做法就可以给出一个完美的一致性备份。然而这个方法的前提是需要用户正确地设计应用程序。对于上述的购买道具的过程，不可以分为两个事务来完成，如一个完成扣费，一个完成道具的购买。若备份这时发生在这两者之间，则由于逻辑设计的问题，导致备份出的数据依然不是一致的。

对于 mysqldump 备份工具来说，可以通过添加 --single-transaction 选项获得 InnoDB 存储引擎的一致性备份，原理和之前所说的相同。需要了解的是，这时的备份是在一个执行时间很长的事务中完成的。另外，对于 InnoDB 存储引擎的备份，务必加上 --single-transaction 的选项（虽然是 mysqldump 的一个可选选项，但是我找不出任何不加的理由）。

同时我建议每个公司要根据自己的备份策略编写一个备份的应用程序，这个程序可以方便地设置备份的方法及监控备份的结果，并且通过第三方接口实时地通知 DBA，这样才能真正地做到 24×7 的备份监控。久游网开发过一套 DAO（Database Admin Online）系统，这套系统完全由 DBA 开发完成，整个平台用 Python 语言编写，Web 操作界面采用 Django。通过这个系统 DBA 可以方便地对几百台 MySQL 数据库服务器进行备份，同时查看备份完成后备份文件的状态。之后 DBA 又对其进行了扩展，不仅可以完成备份的工作，也可以实时监控数据库的状态、系统的状态和硬件的状态，当发生问题时，通过飞信接口在第一时间以短信的方式告知 DBA。

最后，任何时候都需要做好远程异地备份，也就是容灾的防范。只是同一机房的两台服务器的备份是远远不够的。我曾经遇到的情况是，公司在 2008 年的汶川地震中发生一个机房可能被淹的的情况，这时远程异地备份显得就至关重要了。

8.2　冷备

对于 InnoDB 存储引擎的冷备非常简单，只需要备份 MySQL 数据库的 frm 文件，共享表空间文件，独立表空间文件（*.ibd），重做日志文件。另外建议定期备份 MySQL 数据库的配置文件 my.cnf，这样有利于恢复的操作。

通常 DBA 会写一个脚本来进行冷备的操作，DBA 可能还会对备份完的数据库进行打包和压缩，这都并不是难事。关键在于不要遗漏原本需要备份的物理文件，如共享表空间和重做日志文件，少了这些文件可能数据库都无法启动。另外一种经常发生的情况是由于磁盘空间已满而导致的备份失败，DBA 可能习惯性地认为运行脚本的备份是没有问题的，少了检验的机制。

正如前面所说的，在同一台机器上对数据库进行冷备是远远不够的，至少还需要将本地产生的备份存放到一台远程的服务器中，确保不会因为本地数据库的宕机而影响备份文件的使用。

冷备的优点是：

- 备份简单，只要复制相关文件即可。
- 备份文件易于在不同操作系统，不同 MySQL 版本上进行恢复。
- 恢复相当简单，只需要把文件恢复到指定位置即可。
- 恢复速度快，不需要执行任何 SQL 语句，也不需要重建索引。

冷备的缺点是：

- InnoDB 存储引擎冷备的文件通常比逻辑文件大很多，因为表空间中存放着很多其他的数据，如 undo 段，插入缓冲等信息。
- 冷备也不总是可以轻易地跨平台。操作系统、MySQL 的版本、文件大小写敏感和浮点数格式都会成为问题。

8.3 逻辑备份

8.3.1 mysqldump

mysqldump 备份工具最初由 Igor Romanenko 编写完成，通常用来完成转存（dump）数据库的备份及不同数据库之间的移植，如从 MySQL 低版本数据库升级到 MySQL 高版本数据库，又或者从 MySQL 数据库移植到 Oracle、Microsoft SQL Server 数据库等。

mysqldump 的语法如下：

```
shell>mysqldump [arguments] >file_name
```

如果想要备份所有的数据库，可以使用 --all-databases 选项：

```
shell>mysqldump --all-databases >dump.sql
```

如果想要备份指定的数据库，可以使用 --databases 选项：

```
shell>mysqldump --databases db1 db2 db3 >dump.sql
```

如果想要对 test 这个架构进行备份，可以使用如下语句：

```
[root@xen-server ~]# mysqldump --single-transaction test >test_backup.sql
```

上述操作产生了一个对test架构的备份，使用--single-transaction选项来保证备份的一致性。备份出的test_backup.sql是文本文件，通过文本查看命令cat就可以得到文件的内容：

```
[root@xen-server ~]# cattest_backup.sql
-- MySQL dump 10.13  Distrib 5.5.1-m2, for unknown-linux-gnu (x86_64)
--
-- Host: localhost    Database: test
-- ------------------------------------------------------
-- Server version       5.5.1-m2-log

……


--
-- Table structure for table 'a'
--

DROP TABLE IF EXISTS 'a';
/*!40101 SET @saved_cs_client     = @@character_set_client */;
/*!40101 SET character_set_client = utf8 */;
CREATE TABLE 'a' (
  'b' int(11) NOT NULL DEFAULT '0',
  PRIMARY KEY ('b')
) ENGINE=InnoDB DEFAULT CHARSET=latin1;
/*!40101 SET character_set_client = @saved_cs_client */;

--
-- Dumping data for table 'a'
--

LOCK TABLES 'a' WRITE;
/*!40000 ALTER TABLE 'a' DISABLE KEYS */;
INSERT INTO 'a' VALUES (1),(2),(4),(5);
/*!40000 ALTER TABLE 'a' ENABLE KEYS */;
UNLOCK TABLES;

--
-- Table structure for table 'z'
--

DROP TABLE IF EXISTS 'z';
/*!40101 SET @saved_cs_client     = @@character_set_client */;
/*!40101 SET character_set_client = utf8 */;
CREATE TABLE 'z' (
```

```
  'a' int(11) DEFAULT NULL
) ENGINE=InnoDB DEFAULT CHARSET=latin1;
/*!40101 SET character_set_client = @saved_cs_client */;

--
-- Dumping data for table 'z'
--

LOCK TABLES 'z' WRITE;
/*!40000 ALTER TABLE 'z' DISABLE KEYS */;
INSERT INTO 'z' VALUES (1),(1);
/*!40000 ALTER TABLE 'z' ENABLE KEYS */;
UNLOCK TABLES;

......

-- Dump completed on 2010-08-03 13:36:17
```

可以看到，备份出的文件内容就是表结构和数据，所有这些都是用 SQL 语句方式表示。文件开始和结束的注释部分是用来设置 MySQL 数据库的各项参数，一般用来使还原工作更有效和准确地进行。之后的部分先是 CREATE TABLE 语句，接着就是 INSERT 的 SQL 语句了。

mysqldump 的参数选项很多，可以通过使用 mysqldump--help 命令来查看所有的参数，有些参数有缩写形式，如 --lock-tables 的缩写形式 -l。这里列举一些比较重要的参数。

- --single-transaction：在备份开始前，先执行 START TRANSACTION 命令，以此来获得备份的一致性，当前该参数只对 InnoDB 存储引擎有效。当启用该参数并进行备份时，确保没有其他任何的 DDL 语句执行，因为一致性读并不能隔离 DDL 操作。
- --lock-tables（-l）：在备份中，依次锁住每个架构下的所有表。一般用于 MyISAM 存储引擎，当备份时只能对数据库进行读取操作，不过备份依然可以保证一致性。对于 InnoDB 存储引擎，不需要使用该参数，用 --single-transaction 即可。并且 --lock-tables 和 --single-transaction 是互斥（exclusive）的，不能同时使用。如果用户的 MySQL 数据库中，既有 MyISAM 存储引擎的表，又有 InnoDB 存储引擎的表，那么这时用户的选择只有 --lock-tables 了。此外，正如前面所说的那样，--lock-tables 选项是依次对每个架构中的表上锁的，因此只能保证每个架构下表备份的一致性，而不能保证所有架构下表的一致性。

- --lock-all-tables（-x）：在备份过程中，对所有架构中的所有表上锁。这个可以避免之前说的 --lock-tables 参数不能同时锁住所有表的问题。
- --add-drop-database：在 CREATE DATABASE 前先运行 DROP DATABASE。这个参数需要和 --all-databases 或者 --databases 选项一起使用。在默认情况下，导出的文本文件中并不会有 CREATE DATABASE，除非指定了这个参数，因此可能会看到如下的内容：

```
[root@xen-server ~]# mysqldump --single-transaction --add-drop-database
--databases test >test_backup.sql
[root@xen-server ~]# cat test_backup.sql
-- MySQL dump 10.13  Distrib 5.5.1-m2, for unknown-linux-gnu (x86_64)
……
--
-- Current Database: 'test'
--

/*!40000 DROP DATABASE IF EXISTS 'test'*/;

CREATE DATABASE /*!32312 IF NOT EXISTS*/ 'test' /*!40100 DEFAULT CHARACTER SET
latin1 */;

USE 'test';
……
```

- --master-data [=*value*]：通过该参数产生的备份转存文件主要用来建立一个replication。当 value 的值为 1 时，转存文件中记录 CHANGE MASTER 语句。当 value 的值为 2 时，CHANGE MASTER 语句被写出 SQL 注释。在默认情况下，value 的值为空。当 value 值为 1 时，在备份文件中会看到：

```
[root@xen-server ~]# mysqldump --single-transaction --add-drop-database
--master-data=1 --databases test >test_backup.sql
[root@xen-server ~]# cat test_backup.sql
-- MySQL dump 10.13  Distrib 5.5.1-m2, for unknown-linux-gnu (x86_64)
--
-- Host: localhost    Database: test
-- ------------------------------------------------------
-- Server version       5.5.1-m2-log
……
```

```
--
-- Position to start replication or point-in-time recovery from
--

CHANGE MASTER TO MASTER_LOG_FILE='xen-server-bin.000006', MASTER_LOG_POS=8095;
……
```

当 value 为 2 时，在备份文件中会看到 CHANGE MASTER 语句被注释了：

```
[root@xen-server ~]# mysqldump --single-transaction --add-drop-database
--master-data=2 --databases test >test_backup.sql
[root@xen-server ~]# cat test_backup.sql
-- MySQL dump 10.13  Distrib 5.5.1-m2, for unknown-linux-gnu (x86_64)
--
-- Host: localhost    Database: test
-- ------------------------------------------------------
-- Server version       5.5.1-m2-log
……
--
-- Position to start replication or point-in-time recovery from
--



--
……
```

- --master-data 会自动忽略 --lock-tables 选项。如果没有使用 --single-transaction 选项，则会自动使用 --lock-all-tables 选项。
- --events（-E）：备份事件调度器。
- --routines（-R）：备份存储过程和函数。
- --triggers：备份触发器。
- --hex-blob：将 BINARY、VARBINARY、BLOG 和 BIT 列类型备份为十六进制的格式。mysqldump 导出的文件一般是文本文件，但是如果导出的数据中有上述这些类型，在文本文件模式下可能有些字符不可见，若添加 --hex-blob 选项，结果会以十六进制的方式显示，如：

```
[root@xen-server ~]# mysqldump --single-transaction --add-drop-database
--master-data=2 --no-autocommit --databases test3 > test3_backup.sql
[root@xen-server ~]# cat test3_backup.sql
-- MySQL dump 10.13  Distrib 5.5.1-m2, for unknown-linux-gnu (x86_64)
--
```

```
-- Host: localhost    Database: test3
-- ------------------------------------------------------
-- Server version       5.5.1-m2-log
……
LOCK TABLES 'a' WRITE;
/*!40000 ALTER TABLE 'a' DISABLE KEYS */;
setautocommit=0;
INSERT INTO 'a' VALUES (0x61000000000000000000);
/*!40000 ALTER TABLE 'a' ENABLE KEYS */;
UNLOCK TABLES;
```

可以看到，这里用0x61000000000000000000的十六进制的格式来导出数据。

- --tab=path（-T path）：产生TAB分割的数据文件。对于每张表，mysqldump创建一个包含CREATE TABLE语句的table_name.sql文件，和包含数据的tbl_name.txt文件。可以使用--fields-terminated-by=...，--fields-enclosed-by=...，--fields-optionally-enclosed-by=...，--fields-escaped-by=...，--lines-terminated-by=...来改变默认的分割符、换行符等。如：

```
[root@xen-server test]# mysqldump --single-transaction --add-drop-database
--tab="/usr/local/mysql/data/test" test
[root@xen-server test]# ls -lh
total 244K
-rw-rw---- 1 mysql mysql 8.4K Jul 21 16:02 a.frm
-rw-rw---- 1 mysql mysql  96K Jul 22 17:18 a.ibd
-rw-r--r-- 1 root  root  1.3K Aug  3 15:36 a.sql
-rw-rw-rw- 1 mysql mysql    8 Aug  3 15:36 a.txt
-rw-rw---- 1 mysql mysql   65 Jul 17 15:54 db.opt
-rw-rw---- 1 mysql mysql 8.4K Aug  2 17:22 z.frm
-rw-rw---- 1 mysql mysql  96K Aug  2 17:22 z.ibd
-rw-r--r-- 1 root  root  1.3K Aug  3 15:36 z.sql
-rw-rw-rw- 1 mysql mysql    4 Aug  3 15:36 z.txt
-----------
-- Server version       5.5.1-m2-log

/*!40101 SET @OLD_CHARACTER_SET_CLIENT=@@CHARACTER_SET_CLIENT */;
/*!40101 SET @OLD_CHARACTER_SET_RESULTS=@@CHARACTER_SET_RESULTS */;
/*!40101 SET @OLD_COLLATION_CONNECTION=@@COLLATION_CONNECTION */;
/*!40101 SET NAMES utf8 */;
/*!40103 SET @OLD_TIME_ZONE=@@TIME_ZONE */;
/*!40103 SET TIME_ZONE='+00:00' */;
/*!40101 SET @OLD_SQL_MODE=@@SQL_MODE, SQL_MODE='' */;
/*!40111 SET @OLD_SQL_NOTES=@@SQL_NOTES, SQL_NOTES=0 */;
```

```
--
-- Table structure for table 'a'
--

DROP TABLE IF EXISTS 'a';
/*!40101 SET @saved_cs_client     = @@character_set_client */;
/*!40101 SET character_set_client = utf8 */;
CREATE TABLE 'a' (
  'b' int(11) NOT NULL DEFAULT '0',
  PRIMARY KEY ('b')
) ENGINE=InnoDB DEFAULT CHARSET=latin1;
/*!40101 SET character_set_client = @saved_cs_client */;

/*!40103 SET TIME_ZONE=@OLD_TIME_ZONE */;

/*!40101 SET SQL_MODE=@OLD_SQL_MODE */;
/*!40101 SET CHARACTER_SET_CLIENT=@OLD_CHARACTER_SET_CLIENT */;
/*!40101 SET CHARACTER_SET_RESULTS=@OLD_CHARACTER_SET_RESULTS */;
/*!40101 SET COLLATION_CONNECTION=@OLD_COLLATION_CONNECTION */;
/*!40111 SET SQL_NOTES=@OLD_SQL_NOTES */;

-- Dump completed on 2010-08-03 15:36:56
[root@xen-server test]# cat a.txt
1
2
4
5
```

我发现大多数DBA喜欢用SELECT...INTO OUTFILE的方式来导出一张表，但是通过mysqldump一样可以完成工作，而且可以一次完成多张表的导出，并且实现导出数据的一致性。

- --where='where_condition'（-w 'where_condition'）：导出给定条件的数据。如导出b架构下的表a，并且表a的数据大于2：

```
[root@xen-server bin]# mysqldump --single-transaction --where='b>2' test a >
a.sql


[root@xen-server bin]# cat a.sql
-- MySQL dump 10.13  Distrib 5.5.1-m2, for unknown-linux-gnu (x86_64)
--
-- Host: localhost    Database: test
```

```
-- ------------------------------------------------------
-- Server version       5.5.1-m2-log
……

--
-- Dumping data for table 'a'
--
-- WHERE:  b>2

LOCK TABLES 'a' WRITE;
/*!40000 ALTER TABLE 'a' DISABLE KEYS */;
INSERT INTO 'a' VALUES (4),(5);
/*!40000 ALTER TABLE 'a' ENABLE KEYS */;
UNLOCK TABLES;
/*!40103 SET TIME_ZONE=@OLD_TIME_ZONE */;
……
```

8.3.2 SELECT...INTO OUTFILE

SELECT...INTO 语句也是一种逻辑备份的方法，更准确地说是导出一张表中的数据。SELECT...INTO 的语法如下：

```
SELECT [column 1],[column 2] ...
INTO
OUTFILE 'file_name'
[{FIELDS | COLUMNS}
[TERMINATED BY 'string']
[[OPTIONALLY] ENCLOSED BY 'char']
[ESCAPED BY 'char']
]
[LINES
[STARTING BY 'string']
[TERMINATED BY 'string']
]
FROM TABLE WHERE ......
```

其中 FIELDS[TERMINATED BY '*string*'] 表示每个列的分隔符，[[OPTIONALLY] ENCLOSED BY '*char*'] 表示对于字符串的包含符，[ESCAPED BY '*char*'] 表示转义符。[STARTING BY '*string*'] 表示每行的开始符号，TERMINATED BY '*string*' 表示每行的结束符号。如果没有指定任何的 FIELDS 和 LINES 的选项，默认使用以下的设置：

```
FIELDS TERMINATED BY '\t' ENCLOSED BY '' ESCAPED BY '\\'
LINES TERMINATED BY '\n' STARTING BY ''
```

file_name 表示导出的文件，但文件所在的路径的权限必须是 mysql ：mysql 的，否则 MySQL 会报没有权限导出：

```
mysql> select * into outfile '/root/a.txt' from a;
ERROR 1 (HY000): Can't create/write to file '/root/a.txt' (Errcode: 13)
```

若已经存在该文件，则同样会报错：

```
[root@xen-server ~]# mysql test -e "select * into outfile '/home/mysql/a.txt'
fields terminated by ',' from a";
ERROR 1086 (HY000) at line 1: File '/home/mysql/a.txt' already exists
```

查看通过 SELECT INTO 导出的表 a 文件：

```
mysql> select * into outfile '/home/mysql/a.txt' from a;
Query OK, 3 rows affected (0.02 sec)

mysql> quit
Bye
[root@xen-server ~]# cat /home/mysql/a.txt
1       a
2       b
3       c
```

可以发现，默认导出的文件是以 TAB 进行列分割的，如果想要使用其他分割符，如“,”，则可以使用 FIELDS TERMINATED BY 'string' 选项，如：

```
[root@xen-server ~]# mysql test -e "select * into outfile '/home/mysql/a.txt'
fields terminated by ',' from a";
[root@xen-server ~]# cat /home/mysql/a.txt
1,a
2,b
3,c
```

在 Windows 平台下，由于换行符是“\r\n”，因此在导出时可能需要指定 LINES TERMINATED BY 选项，如：

```
[root@xen-servermysql]# mysql test -e "select * into outfile '/home/mysql/a.txt'
fields terminated by ',' lines terminated by '\r\n' from a";

[root@xen-servermysql]# od -c a.txt
0000000   1   ,   a  \r  \n   2   ,   b  \r  \n   3   ,   c  \r  \n
0000017
```

8.3.3　逻辑备份的恢复

mysqldump的恢复操作比较简单，因为备份的文件就是导出的SQL语句，一般只需要执行这个文件就可以了，可以通过以下的方法：

```
[root@xen-server ~]# mysql -uroot -p <test_backup.sql
Enter password:
```

如果在导出时包含了创建和删除数据库的SQL语句，那必须确保删除架构时，架构目录下没有其他与数据库相关的文件，否则可能会得到以下的错误：

```
mysql> drop database test;
ERROR 1010 (HY000): Error dropping database (can't rmdir './test', errno: 39)
```

因为逻辑备份的文件是由SQL语句组成的，也可以通过SOURCE命令来执行导出的逻辑备份文件，如下：

```
mysql> source /home/mysql/test_backup.sql;
Query OK, 0 rows affected (0.00 sec)

Query OK, 0 rows affected (0.00 sec)

……

Query OK, 0 rows affected (0.00 sec)

Query OK, 0 rows affected (0.00 sec)
```

通过mysqldump可以恢复数据库，但是经常发生的一个问题是，mysqldump可以导出存储过程、导出触发器、导出事件、导出数据，但是却不能导出视图。因此，如果用户的数据库中还使用了视图，那么在用mysqldump备份完数据库后还需要导出视图的定义，或者备份视图定义的frm文件，并在恢复时进行导入，这样才能保证mysqldump数据库的完全恢复。

8.3.4　LOAD DATA INFILE

若通过mysqldump-tab，或者通过SELECT INTO OUTFILE导出的数据需要恢复，这时可以通过命令LOAD DATA INFILE来进行导入。LOAD DATA INFILE的语法如下：

```
LOAD DATA INTO TABLE a IGNORE 1 LINES INFILE '/home/mysql/a.txt'
```

```
[REPLACE | IGNORE]
INTO TABLE tbl_name
[CHARACTER SET charset_name]
[{FIELDS | COLUMNS}
[TERMINATED BY 'string']
[[OPTIONALLY] ENCLOSED BY 'char']
[ESCAPED BY 'char']
]
[LINES
[STARTING BY 'string']
[TERMINATED BY 'string']
]
[IGNORE number LINES]
[(col_name_or_user_var,...)]
[SET col_name= expr,...]
```

要对服务器文件使用LOAD DATA INFILE，必须拥有FILE权。其中对于导入格式的选项和之前介绍的SELECT INTO OUTFILE命令完全一样。IGNORE number LINES选项可以忽略导入的前几行。下面显示一个用LOAD DATA INFILE命令导入文件的示例，并忽略第一行的导入：

```
mysql> load data infile '/home/mysql/a.txt' into table a;
Query OK, 3 rows affected (0.00 sec)
Records: 3  Deleted: 0  Skipped: 0  Warnings: 0
```

为了加快InnoDB存储引擎的导入，可能希望导入过程忽略对外键的检查，因此可以使用如下方式：

```
mysql>SET @@foreign_key_checks=0;
Query OK, 0 rows affected (0.00 sec)

mysql>LOAD DATA INFILE '/home/mysql/a.txt' INTO TABLE a;
Query OK, 4 rows affected (0.00 sec)
Records: 4  Deleted: 0  Skipped: 0  Warnings: 0

mysql>SET @@foreign_key_checks=1;
Query OK, 0 rows affected (0.00 sec)
```

另外可以针对指定的列进行导入，如将数据导入列a、b，而c列等于a、b列之和：

```
mysql>CREATE TABLE b (
    ->a INT,
    ->b INT,
    ->c INT,
```

```
    -> PRIMARY KEY(a)
    ->)ENGINE=InnoDB;
Query OK, 0 rows affected (0.01 sec)

mysql>LOAD DATA INFILE '/home/mysql/a.txt'
    ->INTO TABLE b FIELDS TERMINATED BY ',' (a,b)
    -> SET c=a+b;
Query OK, 4 rows affected (0.01 sec)
Records: 4  Deleted: 0  Skipped: 0  Warnings: 0

mysql>SELECT * FROM b;
+---+------+------+
| a | b    | c    |
+---+------+------+
| 1 |    2 |    3 |
| 2 |    3 |    5 |
| 4 |    5 |    9 |
| 5 |    6 |   11 |
+---+------+------+
4 rows in set (0.00 sec)
```

8.3.5 mysqlimport

mysqlimport是MySQL数据库提供的一个命令行程序，从本质上来说，是LOAD DATA INFILE的命令接口，而且大多数的选项都和LOAD DATA INFILE语法相同。其语法格式如下：

```
shell>mysqlimport [options] db_name textfile1 [textfile2 ...]
```

和LOAD DATA INFILE不同的是，mysqlimport命令可以用来导入多张表。并且通过--user-thread参数并发地导入不同的文件。这里的并发是指并发导入多个文件，而不是指mysqlimport可以并发地导入一个文件，这是有明显区别的。此外，通常来说并发地对同一张表进行导入，其效果一般都不会比串行的方式好。下面通过mysqlimport并发地导入2张表：

```
[root@xen-servermysql]# mysqlimport --use-threads=2 test /home/mysql/t.txt /
home/mysql/s.txt
test.s: Records: 5000000  Deleted: 0  Skipped: 0  Warnings: 0
test.t: Records: 5000000  Deleted: 0  Skipped: 0  Warnings: 0
```

如果在上述命令的运行过程中，查看MySQL的数据库线程列表，应该可以看到类似如下内容：

```
mysql>SHOW FULL PROCESSLIST\G;
*************************** 1. row ***************************
     Id: 46
   User: rep
   Host: www.dao.com:1028
     db: NULL
Command: Binlog Dump
   Time: 37651
  State: Master has sent all binlog to slave; waiting for binlog to be updated
   Info: NULL
*************************** 2. row ***************************
     Id: 77
   User: root
   Host: localhost
     db: test
Command: Query
   Time: 0
  State: NULL
   Info: show full processlist
*************************** 3. row ***************************
     Id: 83
   User: root
   Host: localhost
     db: test
Command: Query
   Time: 73
  State: NULL
Info: LOAD DATA   INFILE '/home/mysql/t.txt' INTO TABLE 't' IGNORE 0 LINES
*************************** 4. row ***************************
     Id: 84
   User: root
   Host: localhost
     db: test
Command: Query
   Time: 73
  State: NULL
   Info: LOAD DATA   INFILE '/home/mysql/s.txt' INTO TABLE 's' IGNORE 0 LINES
4 rows in set (0.00 sec)
```

可以看到mysqlimport实际上是同时执行了两句LOAD DTA INFILE并发地导入数据。

8.4 二进制日志备份与恢复

二进制日志非常关键，用户可以通过它完成point-in-time的恢复工作。MySQL数据库的replication同样需要二进制日志。在默认情况下并不启用二进制日志，要使用二进制日志首先必须启用它。如在配置文件中进行设置：

```
[mysqld]
log-bin=mysql-bin
```

在3.2.4节中已经阐述过，对于InnoDB存储引擎只简单启用二进制日志是不够的，还需要启用一些其他参数来保证最为安全和正确地记录二进制日志，因此对于InnoDB存储引擎，推荐的二进制日志的服务器配置应该是：

```
[mysqld]
log-bin = mysql-bin
sync_binlog = 1
innodb_support_xa = 1
```

在备份二进制日志文件前，可以通过FLUSH LOGS命令来生成一个新的二进制日志文件，然后备份之前的二进制日志。

要恢复二进制日志也是非常简单的，通过mysqlbinlog即可。mysqlbinlog的使用方法如下：

```
shell>mysqlbinlog [options] log_file...
```

例如要还原binlog.0000001，可以使用如下命令：

```
shell>mysqlbinlog binlog. 0000001 |  mysql-uroot -p test
```

如果需要恢复多个二进制日志文件，最正确的做法应该是同时恢复多个二进制日志文件，而不是一个一个地恢复，如：

```
shell>mysqlbinlog binlog.[0-10]* | mysql -u root -p test
```

也可以先通过mysqlbinlog命令导出到一个文件，然后再通过SOURCE命令来导入，这种做法的好处是可以对导出的文件进行修改后再导入，如：

```
shell>mysqlbinlog binlog.000001 > /tmp/statements.sql
shell>mysqlbinlog binlog.000002 >> /tmp/statements.sql
shell>mysql -u root -p -e "source /tmp/statements.sql"
```

--start-position和--stop-position选项可以用来指定从二进制日志的某个偏移量来进

行恢复，这样可以跳过某些不正确的语句，如：

```
shell>mysqlbinlog--start-position=107856 binlog. 0000001 |  mysql-uroot -p test
```

--start-datetime 和 --stop-datetime 选项可以用来指定从二进制日志的某个时间点来进行恢复，用法和 --start-position 和 --stop-position 选项基本相同。

8.5 热备

8.5.1 ibbackup

ibbackup 是 InnoDB 存储引擎官方提供的热备工具，可以同时备份 MyISAM 存储引擎和 InnoDB 存储引擎表。对于 InnoDB 存储引擎表其备份工作原理如下：

1）记录备份开始时，InnoDB 存储引擎重做日志文件检查点的 LSN。

2）复制共享表空间文件以及独立表空间文件。

3）记录复制完表空间文件后，InnoDB 存储引擎重做日志文件检查点的 LSN。

4）复制在备份时产生的重做日志。

对于事务的数据库，如 Microsoft SQL Server 数据库和 Oracle 数据库，热备的原理大致和上述相同。可以发现，在备份期间不会对数据库本身有任何影响，所做的操作只是复制数据库文件，因此任何对数据库的操作都是允许的，不会阻塞任何操作。故 ibbackup 的优点如下：

- 在线备份，不阻塞任何的 SQL 语句。
- 备份性能好，备份的实质是复制数据库文件和重做日志文件。
- 支持压缩备份，通过选项，可以支持不同级别的压缩。
- 跨平台支持，ibbackup 可以运行在 Linux、Windows 以及主流的 UNIX 系统平台上。

ibbackup 对 InnoDB 存储引擎表的恢复步骤为：

- 恢复表空间文件。
- 应用重做日志文件。

ibbackup 提供了一种高性能的热备方式，是 InnoDB 存储引擎备份的首选方式。不过它是收费软件，并非免费的软件。好在开源的魅力就在于社区的力量，Percona 公司给用户带来了开源、免费的 XtraBackup 热备工具，它实现所有 ibbackup 的功能，并且扩展支持了真正的增量备份功能。因此，更好的选择是使用 XtraBackup 来完成热备的工作。

8.5.2 XtraBackup

XtraBackup 备份工具是由 Percona 公司开发的开源热备工具。支持 MySQL5.0 以上的版本。XtraBackup 在 GPL v2 开源下发布，官网地址是：https://launchpad.net/percona-xtrabackup。

xtrabackup 命令的使用方法如下：

```
xtrabackup--backup | --prepare [OPTIONS]
```

xtrabackup 命令的可选参数如下：

```
(The defaults options should be given as the first argument)
--print-defaults          Prints the program's argument list and exit.
--no-defaults             Don't read the default options from any file.
--defaults-file=        Read the default options from this file.
--defaults-extra-file=    Read this file after the global options files have been
read.
  --target-dir=         The destination directory for backups.
  --backup              Make a backup of a mysql instance.
  --stats               Calculate the statistic of the datadir (it is recommended
you take mysqld offline).
  --prepare             Prepare a backup so you can start mysql server with your
restore.
  --export              Create files to import to another database after it has been
prepared.
  --print-param         Print the parameters of mysqld that you will need for a
forcopyback.
  --use-memory=         This value is used instead of buffer_pool_size.
  --suspend-at-end      Creates a file called xtrabackup_suspended and waits until
the user deletes that file at the end of the backup.
  --throttle=           (use with --backup) Limits the IO operations (pairs of reads
and writes) per second to the values set here.
  --log-stream          outputs the contents of the xtrabackup_logfile to stdout.
  --incremental-lsn=    (use with --backup) Copy only .ibd pages newer than the
specified LSN high:low.
                        ##ATTENTION##: checkpoint lsn *must* be used. Be Careful!
  --incremental-basedir=  (use with --backup) Copy only .ibd pages newer than
                        the existing backup at the specified directory.
  --incremental-dir=    (use with --prepare) Apply .delta files and logfiles
located in the specified directory.
```

```
    --tables=name        Regular Expression list of table names to be backed up.
    --create-ib-logfile  (NOT CURRENTLY IMPLEMENTED) will create ib_logfile* after
a --prepare.
                         ### If you want to create ib_logfile* only re-execute this
command using the same options. ###
    --datadir=name       Path to the database root.
    --tmpdir=name        Path for temporary files. Several paths may be specified
as a colon (:) separated string.
        If you specify multiple paths they are used round-robin.
```

如果用户要做一个完全备份，可以执行如下命令：

```
# ./xtrabackup --backup
./xtrabackup Ver alpha-0.2 for 5.0.75 unknown-linux-gnu (x86_64)
>>log scanned up to (0 1009910580)
Copying ./ibdata1
to /home/kinoyasu/xtrabackup_work/mysql-5.0.75/innobase/xtrabackup/tmp2/ibdata1
        ...done
Copying ./tpcc/stock.ibd
to /home/kinoyasu/xtrabackup_work/mysql-5.0.75/innobase/xtrabackup/tmp2/tpcc/
stock.ibd
        ...done
Copying ./tpcc/new_orders.ibd
to /home/kinoyasu/xtrabackup_work/mysql-5.0.75/innobase/xtrabackup/tmp2/tpcc/
new_orders.ibd
        ...done
Copying ./tpcc/history.ibd
to /home/kinoyasu/xtrabackup_work/mysql-5.0.75/innobase/xtrabackup/tmp2/tpcc/
history.ibd
        ...done
Copying ./tpcc/customer.ibd
to /home/kinoyasu/xtrabackup_work/mysql-5.0.75/innobase/xtrabackup/tmp2/tpcc/
customer.ibd
>>log scanned up to (0 1010561109)
        ...done
Copying ./tpcc/district.ibd
to /home/kinoyasu/xtrabackup_work/mysql-5.0.75/innobase/xtrabackup/tmp2/tpcc/
district.ibd
        ...done
Copying ./tpcc/item.ibd
to /home/kinoyasu/xtrabackup_work/mysql-5.0.75/innobase/xtrabackup/tmp2/tpcc/
item.ibd
        ...done
Copying ./tpcc/order_line.ibd
```

```
    to /home/kinoyasu/xtrabackup_work/mysql-5.0.75/innobase/xtrabackup/tmp2/tpcc/
order_line.ibd
    >>log scanned up to (0 1012047066)
            ...done
    Copying ./tpcc/orders.ibd
    to /home/kinoyasu/xtrabackup_work/mysql-5.0.75/innobase/xtrabackup/tmp2/tpcc/
orders.ibd
            ...done
    Copying ./tpcc/warehouse.ibd
    to /home/kinoyasu/xtrabackup_work/mysql-5.0.75/innobase/xtrabackup/tmp2/tpcc/
warehouse.ibd
            ...done
    >>log scanned up to (0 1014592707)
    Stopping log copying thread..
    Transaction log of lsn (0 1009910580) to (0 1014592707) was copied.
```

可以看到在开始备份时，xtrabackup首先记录了重做日志的位置，在上述示例中为（0 1009910580）。然后对备份的InnoDB存储引擎表的物理文件，即共享表空间和独立表空间进行copy操作，这里可以看到输出有Copying…to…。最后记录备份完成后的重做日志位置（0 1014592707）。

8.5.3　XtraBackup实现增量备份

MySQL数据库本身提供的工具并不支持真正的增量备份，更准确地说，二进制日志的恢复应该是point-in-time的恢复而不是增量备份。而XtraBackup工具支持对于InnoDB存储引擎的增量备份，其工作原理如下：

1）首选完成一个全备，并记录下此时检查点的LSN。

2）在进行增量备份时，比较表空间中每个页的LSN是否大于上次备份时的LSN，如果是，则备份该页，同时记录当前检查点的LSN。

因此XtraBackup的备份和恢复的过程大致如下：

```
    (full backup)
    # ./xtrabackup --backup --target-dir=/backup/base
    ...

    (incremental backup)
    # ./xtrabackup --backup --target-dir=/backup/delta --incremental-basedir=/
backup/base
    ...
```

```
(prepare)
# ./xtrabackup --prepare --target-dir=/backup/base
...

(apply incremental backup)
# ./xtrabackup --prepare --target-dir=/backup/base --incremental-dir=/backup/
delta
...
```

在上述过程中，首先将全部文件备份到 /backup/base 目录下，增量备份产生的文件备份到 /backup/delta。在恢复过程中，首先指定全备的路径，然后将增量的备份应用于该完全备份。以下显示了一个完整的增量备份过程：

```
# ./xtrabackup --backup
./xtrabackup Ver beta-0.4 for 5.0.75 unknown-linux-gnu (x86_64)
>>log scanned up to (0 378161500)
...
The latest check point (for incremental): '0:377883685'    <===== 使用这个 LSN
>>log scanned up to (0 379294296)
Stopping log copying thread..
Transaction log of lsn (0 377883685) to (0 379294296) was copied.

(must do --prepare before the each incremental backup)
# ./xtrabackup --prepare
...

# ./xtrabackup --backup --incremental=0:377883685
incremental backup from 0:377883685 is enabled.
./xtrabackup Ver beta-0.4 for 5.0.75 unknown-linux-gnu (x86_64)
>>log scanned up to (0 379708047)
Copying ./ibdata1
to /home/kinoyasu/xtrabackup_work/mysql-5.0.75/innobase/xtrabackup/tmp_diff/
ibdata1.delta
        ...done
...
The latest check point (for incremental): '0:379438233'    <==== 下一个增量备份开
始的 LSN
>>log scanned up to (0 380663549)
Stopping log copying thread..
Transaction log of lsn (0 379438233) to (0 380663549) was copied.
```

8.6 快照备份

MySQL数据库本身并不支持快照功能，因此快照备份是指通过文件系统支持的快照功能对数据库进行备份。备份的前提是将所有数据库文件放在同一文件分区中，然后对该分区进行快照操作。支持快照功能的文件系统和设备包括FreeBSD的UFS文件系统，Solaris的ZFS文件系统，GNU/Linux的逻辑管理器（Logical Volume Manager，LVM）等。这里以LVM为例进行介绍，UFS和ZFS的快照实现大致和LVM相似。

LVM是LINUX系统下对磁盘分区进行管理的一种机制。LVM在硬盘和分区之上建立一个逻辑层，来提高磁盘分区管理的灵活性。管理员可以通过LVM系统轻松管理磁盘分区，例如，将若干个磁盘分区连接为一个整块的卷组（Volume Group），形成一个存储池。管理员可以在卷组上随意创建逻辑卷（Logical Volumes），并进一步在逻辑卷上创建文件系统。管理员通过LVM可以方便地调整卷组的大小，并且可以对磁盘存储按照组的方式进行命名、管理和分配。简单地说，用户可以通过LVM由物理块设备（如硬盘等）创建物理卷，由一个或多个物理卷创建卷组，最后从卷组中创建任意个逻辑卷（不超过卷组大小），如图8-1所示。

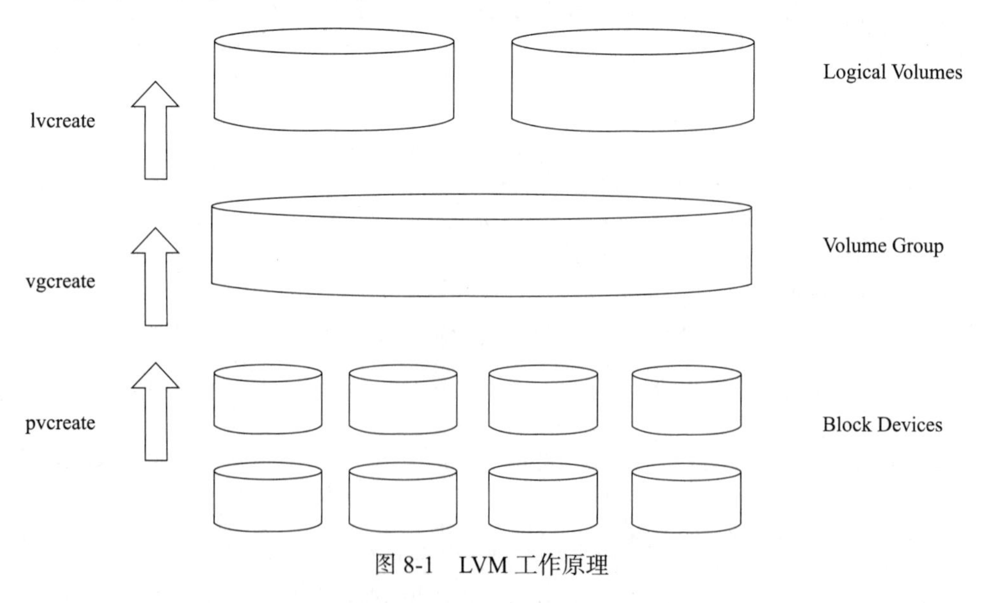

图8-1 LVM工作原理

图8-2显示了由多块磁盘组成的逻辑卷LV0。

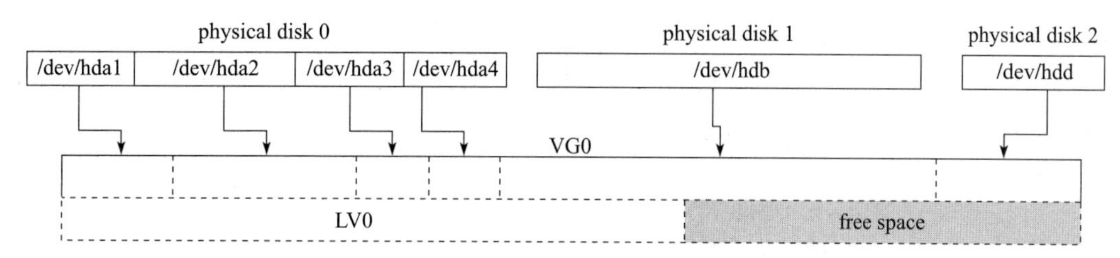

图 8-2　物理到逻辑卷的映射

通过 vgdisplay 命令查看系统中有哪些卷组，如：

```
[root@nh124-98 ~]# vgdisplay
  --- Volume group ---
  VG Name               rep
  System ID
  Format                lvm2
  Metadata Areas        1
  Metadata Sequence No  1873
  VG Access             read/write
  VG Status             resizable
  MAX LV                0
  Cur LV                3
  Open LV               1
  Max PV                0
  Cur PV                1
  Act PV                1
  VG Size               260.77 GB
  PE Size               4.00 MB
  Total PE              66758
Alloc PE / Size       66560 / 260.00 GB
Free  PE / Size       198 / 792.00 MB
VG UUID               MQJiye-j4NN-LbZG-F3CQ-UdTU-fo9D-RRfXD5
```

vgdisplay 命令的输出结果显示当前系统有一个 rep 的卷组，大小为 260.77GB，该卷组访问权限是 read/write 等。命令 lvdisplay 可以用来查看当前系统中有哪些逻辑卷：

```
[root@nh124-98 ~]# lvdisplay
  --- Logical volume ---
  LV Name               /dev/rep/repdata
  VG Name               rep
  LV UUID               7tOlDt-seKZ-ChpY-QMXC-WaFD-zXAl-MRbofK
  LV Write Access        read/write
  LV snapshot status     source of
                      /dev/rep/dho_datasnapshot100805143507 [active]
                      /dev/rep/dho_datasnapshot100805163504 [active]
```

```
LV Status              available
# open                 1
LV Size                100.00 GB
Current LE             25600
Segments               1
Allocation             inherit
Read ahead sectors     auto
- currently set to     256
Block device           253:0

--- Logical volume ---
LV Name                /dev/rep/dho_datasnapshot100805143507
VG Name                rep
LV UUID                fSSXzh-IBnZ-aZIn-eP03-b7pk-CPjN-5xUktE
LV Write Access        read only
LV snapshot status     active destination for /dev/rep/repdata
LV Status              available
# open                 0
LV Size                100.00 GB
Current LE             25600
COW-table size         80.00 GB
COW-table LE           20480
Allocated to snapshot  0.13%
Snapshot chunk size    4.00 KB
Segments               1
Allocation             inherit
Read ahead sectors     auto
- currently set to     256
Block device           253:1

--- Logical volume ---
LV Name                /dev/rep/dho_datasnapshot100805163504
VG Name                rep
LV UUID                3B9NP1-qWVG-pfJY-Bdgm-DIdD-dUMu-s2L6qJ
LV Write Access        read only
LV snapshot status     active destination for /dev/rep/repdata
LV Status              available
# open                 0
LV Size                100.00 GB
Current LE             25600
COW-table size         80.00 GB
COW-table LE           20480
Allocated to snapshot  0.02%
Snapshot chunk size    4.00 KB
```

```
Segments               1
Allocation             inherit
Read ahead sectors     auto
- currently set to     256
Block device           253:4
```

可以看到，一共有 3 个逻辑卷，都属于卷组 rep，每个逻辑卷的大小都是 100GB。/dev/rep/repdata 这个逻辑卷有两个只读快照，并且当前都是激活状态的。

LVM 使用了写时复制（Copy-on-write）技术来创建快照。当创建一个快照时，仅复制原始卷中数据的元数据（meta data），并不会有数据的物理操作，因此快照的创建过程是非常快的。当快照创建完成，原始卷上有写操作时，快照会跟踪原始卷块的改变，将要改变的数据在改变之前复制到快照预留的空间里，因此这个原理的实现叫做写时复制。而对于快照的读取操作，如果读取的数据块是创建快照后没有修改过的，那么会将读操作直接重定向到原始卷上，如果要读取的是已经修改过的块，则将读取保存在快照中该块在原始卷上改变之前的数据。因此，采用写时复制机制保证了读取快照时得到的数据与快照创建时一致。

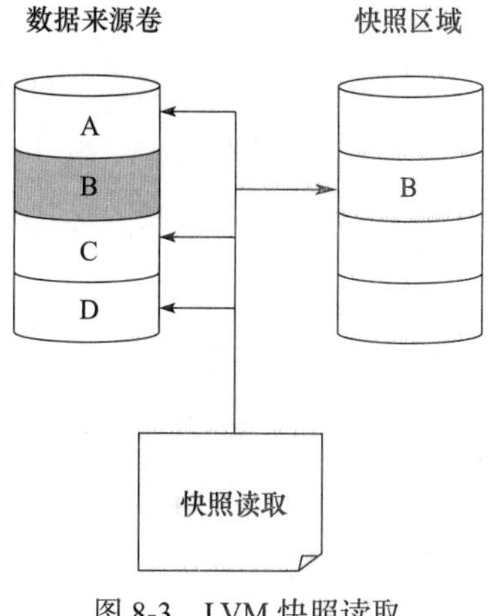

图 8-3 LVM 快照读取

图 8-3 显示了 LVM 的快照读取，可见 B 区块被修改了，因此历史数据放入了快照区域。读取快照数据时，A、C、D 块还是从原有卷中读取，而 B 块就需要从快照读取了。

命令 lvcreate 可以用来创建一个快照，--permission r 表示创建的快照是只读的：

```
[root@nh119-215 data]# lvcreate --size 100G --snapshot --permission r -n datasnapshot /dev/rep/repdata
  Logical volume "datasnapshot" created
```

在快照制作完成后可以用 lvdisplay 命令查看，输出中的 COW-table size 字段表示该快照最大的空间大小，Allocated to snapshot 字段表示该快照目前空间的使用状况：

```
[root@nh124-98 ~]# lvdisplay
......
--- Logical volume ---
  LV Name                /dev/rep/dho_datasnapshot100805163504
  VG Name                rep
```

```
LV UUID                3B9NP1-qWVG-pfJY-Bdgm-DIdD-dUMu-s2L6qJ
LV Write Access         read only
LV snapshot status      active destination for /dev/rep/repdata
LV Status              available
# open                 0
LV Size                100.00 GB
Current LE              25600
COW-table size           80.00 GB
COW-table LE           20480
Allocated to snapshot    0.04%
Snapshot chunk size     4.00 KB
Segments               1
Allocation             inherit
Read ahead sectors      auto
- currently set to      256
Block device           253:4
```

可以看到，当前快照只使用0.04%的空间。快照在最初创建时总是很小，当数据来源卷的数据不断被修改时，这些数据库才会放入快照空间，这时快照的大小才会慢慢增大。

用LVM快照备份InnoDB存储引擎表相当简单，只要把与InnoDB存储引擎相关的文件如共享表空间、独立表空间、重做日志文件等放在同一个逻辑卷中，然后对这个逻辑卷做快照备份即可。

在对InnoDB存储引擎文件做快照时，数据库无须关闭，即可以进行在线备份。虽然此时数据库中可能还有任务需要往磁盘上写数据，但这不会妨碍备份的正确性。因为InnoDB存储引擎是事务安全的引擎，在下次恢复时，数据库会自动检查表空间中页的状态，并决定是否应用重做日志，恢复就好像数据库被意外重启了。

8.7 复制

8.7.1 复制的工作原理

复制（replication）是MySQL数据库提供的一种高可用高性能的解决方案，一般用来建立大型的应用。总体来说，replication的工作原理分为以下3个步骤：

1）主服务器（master）把数据更改记录到二进制日志（binlog）中。

2）从服务器（slave）把主服务器的二进制日志复制到自己的中继日志（relay log）中。

3）从服务器重做中继日志中的日志，把更改应用到自己的数据库上，以达到数据的最终一致性。

复制的工作原理并不复杂，其实就是一个完全备份加上二进制日志备份的还原。不同的是这个二进制日志的还原操作基本上实时在进行中。这里特别需要注意的是，复制不是完全实时地进行同步，而是**异步实时**。这中间存在主从服务器之间的执行延时，如果主服务器的压力很大，则可能导致主从服务器延时较大。复制的工作原理如图 8-4 所示。

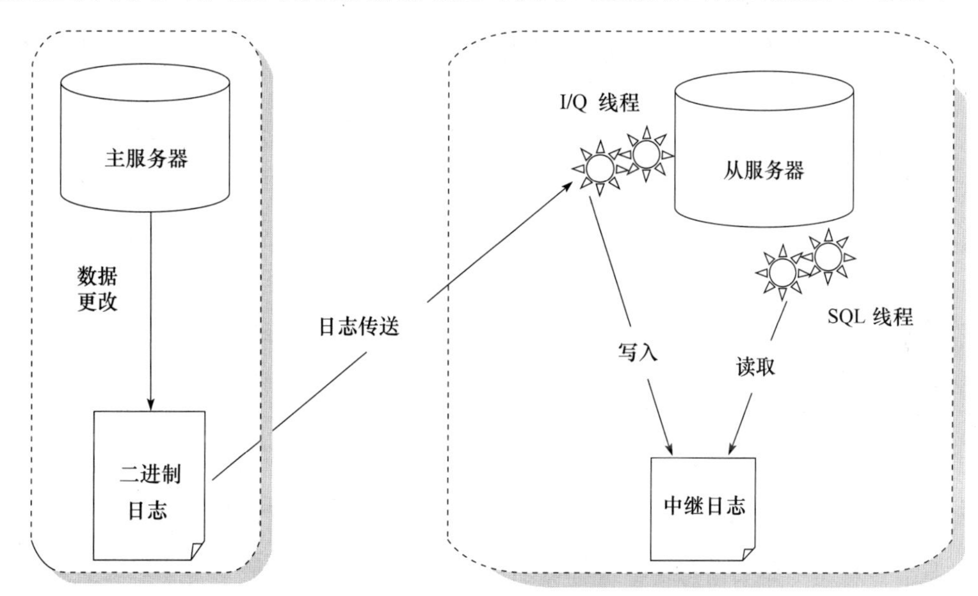

图 8-4　MySQL 数据库的复制工作原理

从服务器有 2 个线程，一个是 I/O 线程，负责读取主服务器的二进制日志，并将其保存为中继日志；另一个是 SQL 线程，复制执行中继日志。MySQL4.0 版本之前，从服务器只有 1 个线程，既负责读取二进制日志，又负责执行二进制日志中的 SQL 语句。这种方式不符合高性能的要求，目前已淘汰。因此如果查看一个从服务器的状态，应该可以看到类似如下内容：

```
mysql>SHOW FULL PROCESSLIST\G;
*************************** 1. row ***************************
     Id: 1
   User: system user
   Host:
     db: NULL
Command: Connect
   Time: 6501
  State: Waiting for master to send event
```

```
   Info: NULL
*************************** 2. row ***************************
     Id: 2
   User: system user
   Host: 
     db: NULL
Command: Connect
   Time: 0
  State: Has read all relay log; waiting for the slave I/O thread to update it
   Info: NULL
*************************** 3. row ***************************
     Id: 206
   User: root
   Host: localhost
     db: NULL
Command: Query
   Time: 0
  State: NULL
   Info: SHOW FULL PROCESSLIST
3 rows in set (0.00 sec)
```

可以看到ID为1的线程就是I/O线程，目前的状态是等待主服务器发送二进制日志。ID为2的线程是SQL线程，负责读取中继日志并执行。目前的状态是已读取所有的中继日志，等待中继日志被I/O线程更新。

在replication的主服务器上应该可以看到一个线程负责发送二进制日志，类似内容如下：

```
mysql>SHOW FULL PROCESSLIST\G;
……
*************************** 65. row ***************************
     Id: 26541
   User: rep
   Host: 192.168.190.98:39549
     db: NULL
Command: Binlog Dump
   Time: 6857
  State: Has sent all binlog to slave; waiting for binlog to be updated
   Info: NULL
……
```

之前已经说过MySQL的复制是异步实时的，并非完全的主从同步。若用户要想得知当前的延迟，可以通过命令SHOW SLAVE STATUS和SHOW MASTER STATUS得知，如：

```
mysql>SHOW SLAVE STATUS\G;
*************************** 1. row ***************************
             Slave_IO_State: Waiting for master to send event
                Master_Host: 192.168.190.10
                Master_User: rep
                Master_Port: 3306
              Connect_Retry: 60
            Master_Log_File: mysql-bin.000007
        Read_Master_Log_Pos: 555176471
             Relay_Log_File: gamedb-relay-bin.000048
              Relay_Log_Pos: 224355889
      Relay_Master_Log_File: mysql-bin.000007
           Slave_IO_Running: Yes
          Slave_SQL_Running: Yes
            Replicate_Do_DB:
        Replicate_Ignore_DB:
         Replicate_Do_Table:
     Replicate_Ignore_Table:
    Replicate_Wild_Do_Table:
Replicate_Wild_Ignore_Table: mysql.%,DBA.%
                 Last_Errno: 0
                 Last_Error:
               Skip_Counter: 0
        Exec_Master_Log_Pos: 555176471
            Relay_Log_Space: 224356045
            Until_Condition: None
             Until_Log_File:
              Until_Log_Pos: 0
         Master_SSL_Allowed: No
         Master_SSL_CA_File:

         Master_SSL_CA_Path:
            Master_SSL_Cert:
          Master_SSL_Cipher:
             Master_SSL_Key:
      Seconds_Behind_Master: 0
Master_SSL_Verify_Server_Cert: No
              Last_IO_Errno: 0
              Last_IO_Error:
             Last_SQL_Errno: 0
             Last_SQL_Error:
1 row in set (0.00 sec)
```

通过 SHOW SLAVE STATUS 命令可以观察当前复制的运行状态，一些主要的变量如表 8-1 所示。

表 8-1　SHOW SLAVE STATUS 的主要变量

变　量	说　明
Slave_IO_State	显示当前 IO 线程的状态，上述状态显示的是等待主服务发送二进制日志
Master_Log_File	显示当前同步的主服务器的二进制日志，上述显示当前同步的是主服务器的 mysql-bin.000007
Read_Master_Log_Pos	显示当前同步到主服务器上二进制日志的偏移量位置，单位是字节。上述的示例显示当前同步到 mysql-bin.000007 的 555176471 偏移量位置，即已经同步了 mysql-bin.000007 这个二进制日志中 529MB（555176471/1024/1024）的内容
Relay_Master_Log_File	当前中继日志同步的二进制日志
Relay_Log_File	显示当前写入的中继日志
Relay_Log_Pos	显示当前执行到中继日志的偏移量位置
Slave_IO_Running	从服务器中 IO 线程的运行状态，YES 表示运行正常
Slave_SQL_Running	从服务器中 SQL 线程的运行状态，YES 表示运行正常
Exec_Master_Log_Pos	表示同步到主服务器的二进制日志偏移量的位置。（Read_Master_Log_Pos - Exec_Master_Log_Pos）可以表示当前 SQL 线程运行的延时，单位是字节。上述例子显示当前主从服务器是完全同步的

命令 SHOW MASTER STATUS 可以用来查看主服务器中二进制日志的状态，如：

```
mysql>SHOW MASTER STATUS\G;
*************************** 1. row ***************************
            File: mysql-bin.000007
        Position: 606181078
    Binlog_Do_DB:
Binlog_Ignore_DB:
1 row in set (0.01 sec)
```

可以看到，当前二进制日志记录了偏移量 606181078 的位置，该值减去这一时间点时从服务器上的 Read_Master_Log_Pos，就可以得知 I/O 线程的延时。

对于一个优秀的 MySQL 数据库复制的监控，用户不应该仅仅监控从服务器上 I/O 线程和 SQL 线程运行得是否正常，同时也应该监控从服务器和主服务器之间的延迟，确保从服务器上的数据库总是尽可能地接近于主服务器上数据库的状态。

8.7.2　快照 + 复制的备份架构

复制可以用来作为备份，但功能不仅限于备份，其主要功能如下：

- ❑ 数据分布。由于 MySQL 数据库提供的复制并不需要很大的带宽要求，因此可以在不同的数据中心之间实现数据的复制。

- 读取的负载平衡。通过建立多个从服务器，可将读取平均地分布到这些从服务器中，并且减少了主服务器的压力。一般通过DNS的Round-Robin和Linux的LVS功能都可以实现负载平衡。
- 数据库备份。复制对备份很有帮助，但是从服务器不是备份，不能完全代替备份。
- 高可用性和故障转移。通过复制建立的从服务器有助于故障转移，减少故障的停机时间和恢复时间。

可见，复制的设计不是简简单单用来备份的，并且只是用复制来进行备份是远远不够的。假设当前应用采用了主从的复制架构，从服务器作为备份。这时，一个初级DBA执行了误操作，如DROP DATABASE或DROP TABLE，这时从服务器也跟着运行了。这时用户怎样从服务器进行恢复呢？

因此，一个比较好的方法是通过对从服务器上的数据库所在分区做快照，以此来避免误操作对复制造成影响。当发生主服务器上的误操作时，只需要将从服务器上的快照进行恢复，然后再根据二进制日志进行point-in-time的恢复即可。因此快照+复制的备份架构如图8-5所示。

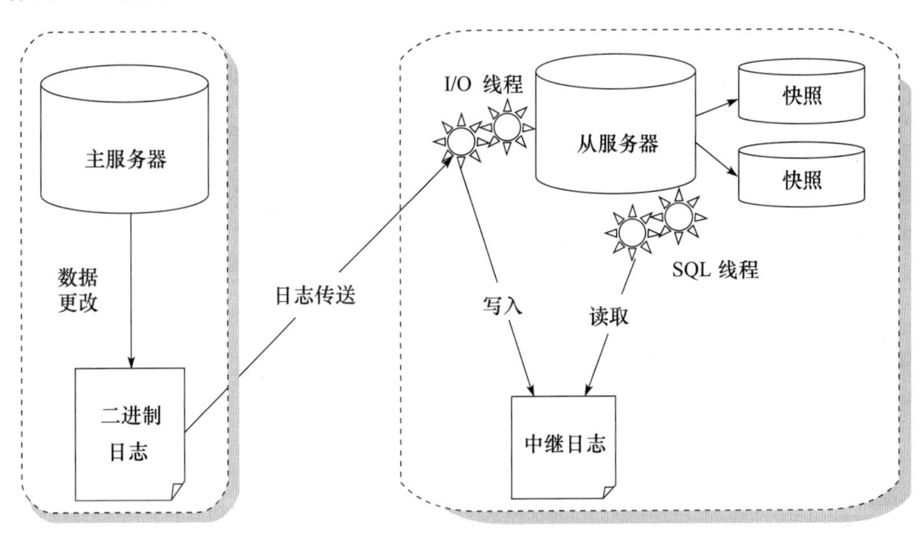

图8-5 快照+复制的备份架构

还有一些其他的方法来调整复制，比如采用延时复制，即间歇性地开启从服务器上的同步，保证大约一小时的延时。这的确也是一个方法，只是数据库在高峰和非高峰期间每小时产生的二进制日志量是不同的，用户很难精准地控制。另外，这种方法也不能完全起到对误操作的防范作用。

此外，建议在从服务上启用 read-only 选项，这样能保证从服务器上的数据仅与主服务器进行同步，避免其他线程修改数据。如：

```
[mysqld]
read-only
```

在启用 read-only 选项后，如果操作从服务器的用户没有 SUPER 权限，则对从服务器进行任何的修改操作会抛出一个错误，如：

```
mysql>INSERT INTO z SELECT 2;
ERROR 1290 (HY000): The MySQL server is running with the --read-only option so
it cannot execute this statement
```

8.8 小结

本章中介绍了不同的备份类型，并介绍了 MySQL 数据库常用的一些备份方式。同时主要介绍了对于 InnoDB 存储引擎表的备份。不管是 mysqldump 还是 xtrabackup 工具，都可以对 InnoDB 存储引擎表进行很好的在线热备工作。最后，介绍了复制，通过快照和复制技术的结合，可以保证用户得到一个异步实时的在线 MySQL 备份解决方案。

第9章　性能调优

性能优化不是一项简单的工作，但也不是复杂的难事，关键在于对InnoDB存储引擎特性的了解。如果之前各章的内容读者已经完全理解并掌握了，那就应该基本掌握了如何使InnoDB存储引擎更好地工作。本章将从以下几个方面集中讲解InnoDB存储引擎的性能问题：

- 选择合适的CPU
- 内存的重要性
- 硬盘对数据库性能的影响
- 合理地设置RAID
- 操作系统的选择也很重要
- 不同文件系统对数据库的影响
- 选择合适的基准测试工具

9.1　选择合适的CPU

用户首先需要清楚当前数据库的应用类型。一般而言，可分为两大类：OLTP（Online Transaction Processing，在线事务处理）和OLAP（Online Analytical Processing，在线分析处理）。这是两种截然不同的数据库应用。OLAP多用在数据仓库或数据集市中，一般需要执行复杂的SQL语句来进行查询；OLTP多用在日常的事物处理应用中，如银行交易、在线商品交易、Blog、网络游戏等应用。相对于OLAP，数据库的容量较小。

InnoDB存储引擎一般都应用于OLTP的数据库应用，这种应用的特点如下：

- 用户操作的并发量大
- 事务处理的时间一般比较短
- 查询的语句较为简单，一般都走索引

❑ 复杂的查询较少

可以看出，OLTP 的数据库应用本身对 CPU 的要求并不是很高，因为复杂的查询可能需要执行比较、排序、连接等非常耗 CPU 的操作，这些操作在 OLTP 的数据库应用中较少发生。因此，可以说 OLAP 是 CPU 密集型的操作，而 OLTP 是 IO 密集型的操作。建议在采购设备时，将更多的注意力放在提高 IO 的配置上。

此外，为了获得更多内存的支持，用户采购的 CPU 必须支持 64 位，否则无法支持 64 位操作系统的安装。因此，为新的应用选择 64 位的 CPU 是必要的前提。现在 4 核的 CPU 已经非常普遍，如今 Intel 和 AMD 又相继推出了 8 核的 CPU，将来随着操作系统的升级我们还可能看到 128 核的 CPU，这都需要数据库更好地对其提供支持。

从 InnoDB 存储引擎的设计架构上来看，其主要的后台操作都是在一个单独的 master thread 中完成的，因此并不能很好地支持多核的应用。当然，开源社区已经通过多种方法来改变这种局面，而 InnoDB1.0 版本在各种测试下已经显示出对多核 CPU 的处理性能的支持有了极大的提高，而 InnoDB 1.2 版本又支持多个 purge 线程，以及将刷新操作从 master thread 中分离出来。因此，若用户的 CPU 支持多核，InnoDB 的版本应该选择 1.1 或更高版本。另外，如果 CPU 是多核的，可以通过修改参数 innodb_read_io_threads 和 innodb_write_io_threads 来增大 IO 的线程，这样也能更充分有效地利用 CPU 的多核性能。

在当前的 MySQL 数据库版本中，一条 SQL 查询语句只能在一个 CPU 中工作，并不支持多 CPU 的处理。OLTP 的数据库应用操作一般都很简单，因此对 OLTP 应用的影响并不是很大。但是，多个 CPU 或多核 CPU 对处理大并发量的请求还是会有帮助。

9.2 内存的重要性

内存的大小是最能直接反映数据库的性能。通过之前各个章节的介绍，已经了解到 InnoDB 存储引擎既缓存数据，又缓存索引，并且将它们缓存于一个很大的缓冲池中，即 InnoDB Buffer Pool。因此，内存的大小直接影响了数据库的性能。Percona 公司的 CTO Vadim 对此做了一次测试，以此反映内存的重要性，结果如图 9-1 所示。

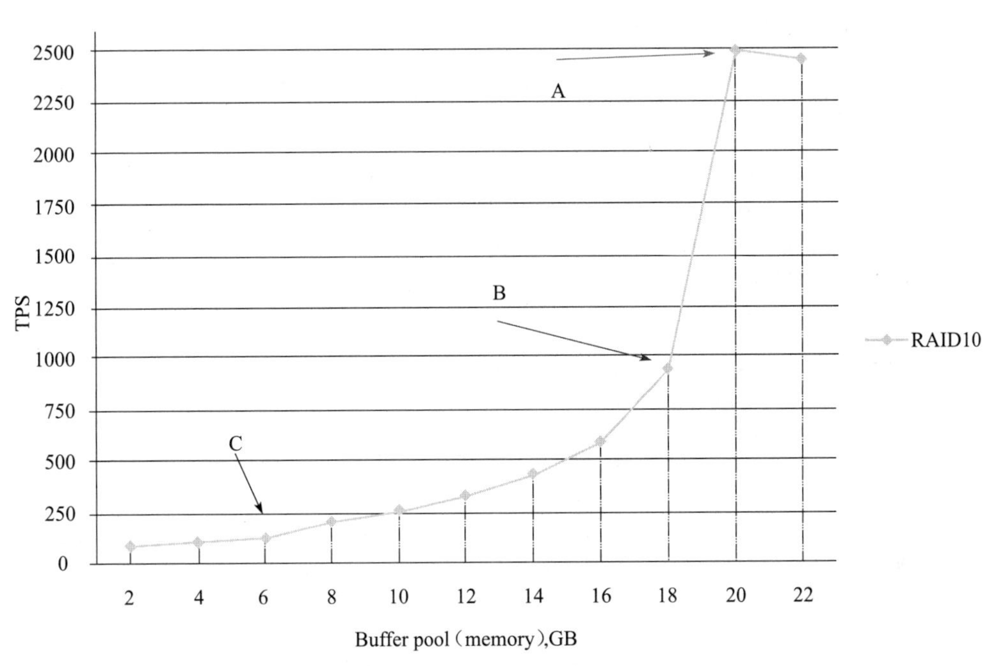

图 9-1 不同内存容量下 InnoDB 存储引擎的性能表现

在上述测试中，数据和索引总大小为 18GB，然后将缓冲池的大小分别设为 2GB、4GB、6GB、8GB、10GB、12GB、14GB、16GB、18GB、20GB、22GB，再进行 sysbench 的测试。可以发现，随着缓冲池的增大，测试结果 TPS（Transaction Per Second）会线性增长。当缓冲池增大到 20GB 和 22GB 时，数据库的性能有了极大的提高，因为这时缓冲池的大小已经大于数据文件本身的大小，所有对数据文件的操作都可以在内存中进行。因此这时的性能应该是最优的，再调大缓冲池并不能再提高数据库的性能。

所以，应该在开发应用前预估“活跃”数据库的大小是多少，并以此确定数据库服务器内存的大小。当然，要使用更多的内存还必须使用 64 位的操作系统。

如何判断当前数据库的内存是否已经达到瓶颈了呢？可以通过查看当前服务器的状态，比较物理磁盘的读取和内存读取的比例来判断缓冲池的命中率，通常 InnoDB 存储引擎的缓冲池的命中率不应该小于 99%，如：

```
mysql>SHOW GLOBAL STAUTS LIKE 'innodb%read%'\G;
*************************** 1. row ***************************
Variable_name: Innodb_buffer_pool_read_ahead
      Value: 0
```

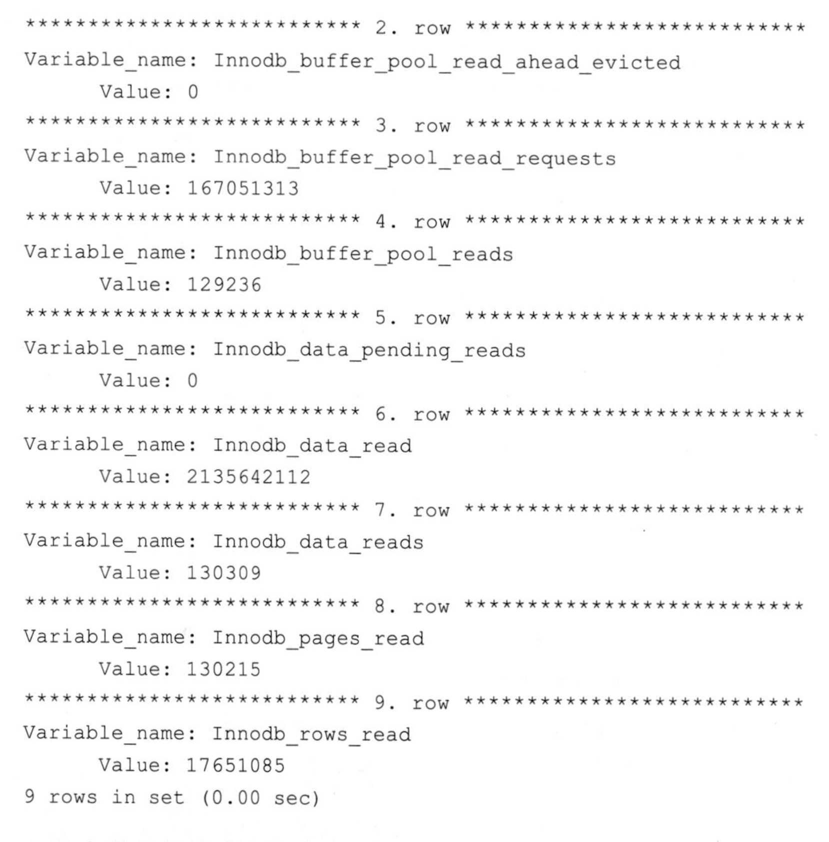

```
*************************** 2. row ***************************
Variable_name: Innodb_buffer_pool_read_ahead_evicted
        Value: 0
*************************** 3. row ***************************
Variable_name: Innodb_buffer_pool_read_requests
        Value: 167051313
*************************** 4. row ***************************
Variable_name: Innodb_buffer_pool_reads
        Value: 129236
*************************** 5. row ***************************
Variable_name: Innodb_data_pending_reads
        Value: 0
*************************** 6. row ***************************
Variable_name: Innodb_data_read
        Value: 2135642112
*************************** 7. row ***************************
Variable_name: Innodb_data_reads
        Value: 130309
*************************** 8. row ***************************
Variable_name: Innodb_pages_read
        Value: 130215
*************************** 9. row ***************************
Variable_name: Innodb_rows_read
        Value: 17651085
9 rows in set (0.00 sec)
```

上述参数的具体含义如表 9-1 所示。

表 9-1 当前服务器的状态参数

参　数	说　明
Innodb_buffer_pool_reads	表示从物理磁盘读取页的次数
Innodb_buffer_pool_read_ahead	预读的次数
Innodb_buffer_pool_read_ahead_evicted	预读的页，但是没有被读取就从缓冲池中被替换的页的数量，一般用来判断预读的效率
Innodb_buffer_pool_read_requests	从缓冲池中读取页的次数
Innodb_data_read	总共读入的字节数
Innodb_data_reads	发起读取请求的次数，每次读取可能需要读取多个页

以下公式可以计算各种对缓冲池的操作：

缓冲池命中率

$$=\frac{\text{Innodb\_buffer\_pool\_read\_requests}}{(\text{Innodb\_buffer\_pool\_read\_requests}+\text{Innodb\_buffer\_pool\_read\_ahead}+\text{Innodb\_buffer\_pool\_reads})}$$

$$\text{平均每次读取的字节数}=\frac{\text{Innodb\_data\_read}}{\text{Innodb\_data\_reads}}$$

从上面的例子看，缓冲池命中率 =167 051 313/（167 051 313+129 236+0）=99.92%。

即使缓冲池的大小已经大于数据库文件的大小，这也并不意味着没有磁盘操作。数据库的缓冲池只是一个用来存放热点的区域，后台的线程还负责将脏页异步地写入到磁盘。此外，每次事务提交时还需要将日志写入重做日志文件。

9.3　硬盘对数据库性能的影响

9.3.1　传统机械硬盘

当前大多数数据库使用的都是传统的机械硬盘。机械硬盘的技术目前已非常成熟，在服务器领域一般使用 SAS 或 SATA 接口的硬盘。服务器机械硬盘开始向小型化转型，目前大部分使用 2.5 寸的 SAS 机械硬盘。

机械硬盘有两个重要的指标：一个是寻道时间，另一个是转速。当前服务器机械硬盘的寻道时间已经能够达到 3ms，转速为 15 000RPM（rotate per minute）。传统机械硬盘最大的问题在于读写磁头，读写磁头的设计使硬盘可以不再像磁带一样，只能进行顺序访问，而是可以随机访问。但是，机械硬盘的访问需要耗费长时间的磁头旋转和定位来查找，因此顺序访问的速度要远高于随机访问。传统关系数据库的很多设计也都是在尽量充分地利用顺序访问的特性。

通常来说，可以将多块机械硬盘组成 RAID 来提高数据库的性能，也可以将数据文件分布在不同硬盘上来达到访问负载的均衡。

9.3.2　固态硬盘

固态硬盘，更准确地说是基于闪存的固态硬盘，是近几年出现的一种新的存储设备，其内部由闪存（Flash Memory）组成。因为闪存的低延迟性、低功耗，以及防震性，闪存设备已在移动设备上得到了广泛的应用。企业级应用一般使用固态硬盘，通过并联多块闪存来进一步提高数据传输的吞吐量。传统的存储服务提供商 EMC 公司已经开始提供基于闪存的固态硬盘的 TB 级别存储解决方案。数据库厂商 Oracle 公司最近也开始提供绑定固态硬盘的 Exadata 服务器。

不同于传统的机械硬盘，闪存是一个完全的电子设备，没有传统机械硬盘的读写磁头。因此，固态硬盘不需要像传统机械硬盘一样，需要耗费大量时间的磁头旋转和定位来查找数据，所以固态硬盘可以提供一致的随机访问时间。固态硬盘这种对数据的快速读写和定位特性是值得研究的。

另一方面，闪存中的数据是不可以更新的，只能通过扇区（sector）的覆盖重写，而在覆盖重写之前，需要执行非常耗时的擦除（erase）操作。擦除操作不能在所含数据的扇区上完成，而需要在删除整个被称为擦除块的基础上完成，这个擦除块的尺寸大于扇区的大小，通常为128KB或者256KB。此外，每个擦除块有擦写次数的限制。已经有一些算法来解决这个问题。但是对于数据库应用，需要认真考虑固态硬盘在写入方面存在的问题。

因为存在上述写入方面的问题，闪存提供的读写速度是非对称的。读取速度要远快于写入的速度，因此对于固态硬盘在数据库中的应用，应该好好利用其读取的性能，避免过多的写入操作。

图9-2显示了一个双通道的固态硬盘架构，通过支持4路的闪存交叉存储来降低固态硬盘的访问延时，同时增大并发的读写操作。通过进一步增加通道的数量，固态硬盘的性能可以线性地提高，例如我们常见的Intel X-25M固态硬盘就是10通道的固态硬盘。

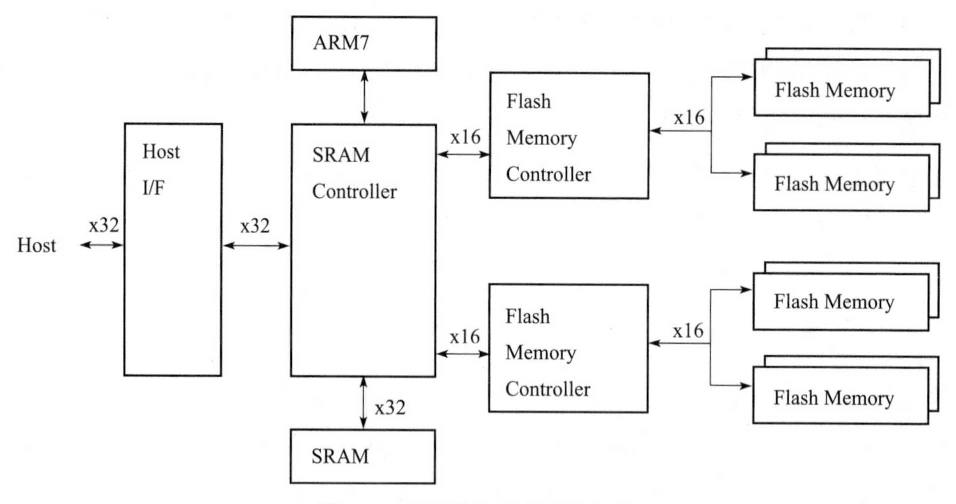

图9-2 双通道的固态硬盘架构

由于闪存是一个完全的电子设备，没有读写磁头等移动部件，因此固态硬盘有着较低的访问延时。当主机发布一个读写请求时，固态硬盘的控制器会把I/O命令从逻辑地址映射成实际的物理地址，写操作还需要修改相应的映射表信息。算上这些额外的开销，固态硬盘的访问延时一般小于 0.1ms 左右。图 9-3 显示了传统机械硬盘、内存、固态硬盘的随机访问延时之间的比较。

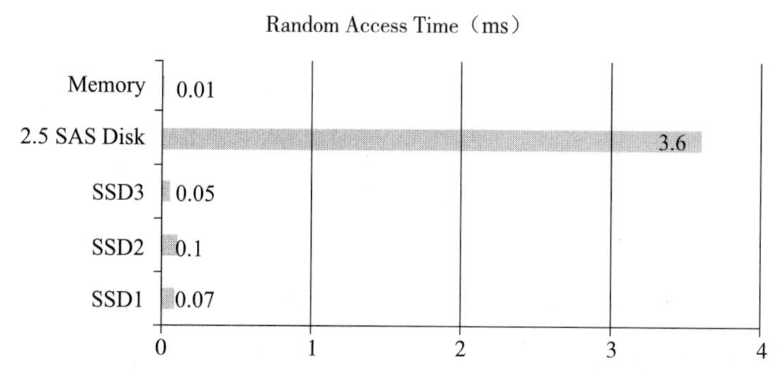

图 9-3 固态硬盘和传统机械硬盘随机访问延时的比较

对于固态硬盘在 InnoDB 存储引擎中的优化，可以增加 innodb_io_capacity 变量的值达到充分利用固态硬盘带来的高 IOPS 特性。不过这需要用户根据自己的应用进行有针对性的调整。在 InnoSQL 及 InnoDB1.2 版本中，可以选择关闭邻接页的刷新，同样可以为数据库的性能带来一定效果的提升。

此外，还可以使用 InnoSQL 开发的 L2 Cache 解决方案，该解决方案可以充分利用固态硬盘的超高速随机读取性能，在内存缓冲池和传统存储层之间建立一层基于闪存固态硬盘的二级缓冲池，以此来扩充缓冲池的容量，提高数据库的性能。与基于磁盘的固态硬盘 Cache 类似的解决方案还有 Facebook Flash Cache 和 bcache，只不过它们是基于通用文件系统的，对 InnoDB 存储引擎本身的优化较少。

9.4 合理地设置 RAID

9.4.1 RAID 类型

RAID（Redundant Array of Independent Disks，独立磁盘冗余数组）的基本思想就是把多个相对便宜的硬盘组合起来，成为一个磁盘数组，使性能达到甚至超过一个价格昂贵、容量巨大的硬盘。由于将多个硬盘组合成为一个逻辑扇区，RAID 看起来就像一个单独的硬盘或逻辑存储单元，因此操作系统只会把它当作一个硬盘。

RAID 的作用是：

- ❑ 增强数据集成度

- 增强容错功能
- 增加处理量或容量

根据不同磁盘的组合方式，常见的RAID组合方式可分为RAID 0、RAID 1、RAID 5、RAID 10和RAID 50等。

RAID 0：将多个磁盘合并成一个大的磁盘，不会有冗余，并行I/O，速度最快。RAID 0亦称为带区集，它将多个磁盘并列起来，使之成为一个大磁盘，如图9-4所示。在存放数据时，其将数据按磁盘的个数进行分段，同时将这些数据写进这些盘中。所以，在所有的级别中，RAID 0的速度是最快的。但是RAID 0没有冗余功能，如果一个磁盘（物理）损坏，则所有的数据都会丢失。理论上，多磁盘的效能就等于（单一磁盘效能）×（磁盘数），但实际上受限于总线I/O瓶颈及其他因素的影响，RAID效能会随边际递减。也就是说，假设一个磁盘的效能是50MB/s，两个磁盘的RAID 0效能约96MB/s，三个磁盘的RAID 0也许是130MB/s而不是150MB/s。

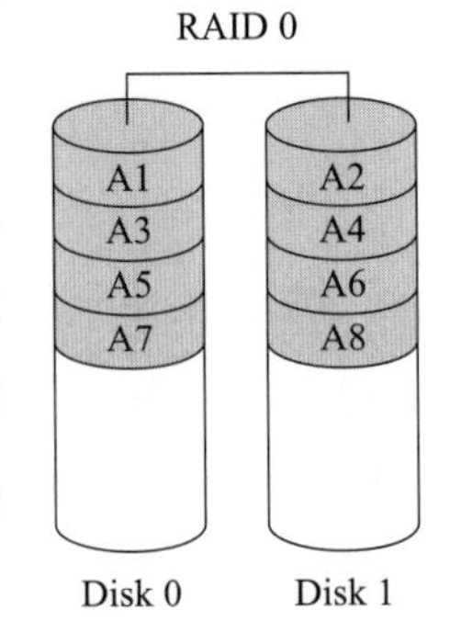

图9-4 RAID 0结构

RAID 1：两组以上的N个磁盘相互作为镜像（如图9-5所示），在一些多线程操作系统中能有很好的读取速度，但写入速度略有降低。除非拥有相同数据的主磁盘与镜像同时损坏，否则只要一个磁盘正常即可维持运作，可靠性最高。RAID 1就是镜像，其原理为在主硬盘上存放数据的同时也在镜像硬盘上写相同的数据。当主硬盘（物理）损坏时，镜像硬盘则代替主硬盘的工作。因为有镜像硬盘做数据备份，所以RAID 1的数据安全性在所有的RAID级别上来说是最好的。但是，无论用多少磁盘作为RAID 1，仅算一个磁盘的容量，是所有RAID中磁盘利用率最低的一个级别。

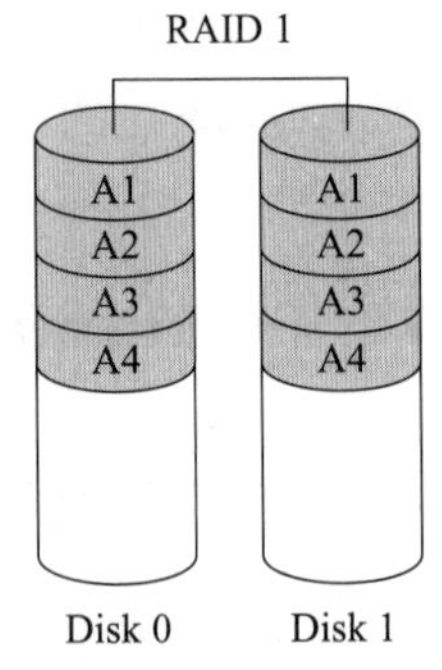

图9-5 RAID 1结构

RAID 5：是一种存储性能、数据安全和存储成本兼顾的存储解决方案。它使用的是Disk Striping（硬盘分区）技术。RAID 5至少需要三个硬盘，RAID 5不对存储的数据进行备份，而是把数据和相对应的奇偶校验信息存储到组成RAID 5的各个磁盘上，并且奇偶校验信息和相对应的数据分别存储于不同的磁盘上。当RAID 5的一个磁盘数据发生损坏后，利用剩下的数据和相应的奇偶校验信息去恢复被损坏的数据。RAID 5可以理解为是RAID 0和RAID 1的折中方案。RAID 5可以为系统提供数据安全保障，但保障程度要比镜像低而磁盘空间利用率要比镜像高。RAID 5 具有和 RAID 0 相近似的数据读取速度，只是多了一个奇偶校验信息，写入数据的速度相当慢，若使用 Write Back 可以让性能改善不少。同时，由于多个数据对应一个奇偶校验信息，RAID 5 的磁盘空间利用率要比 RAID 1 高，存储成本相对较低。RAID 5 的结构如图 9-6 所示。

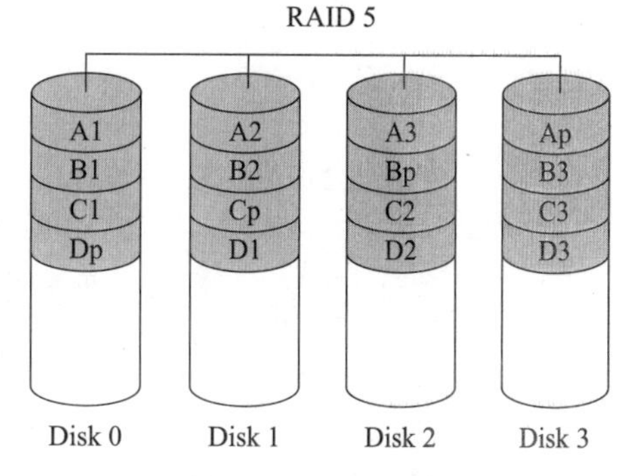

图 9-6 RAID 5 结构

RAID 10 和 RAID 01：RAID 10 是先镜像再分区数据，将所有硬盘分为两组，视为 RAID 0 的最低组合，然后将这两组各自视为 RAID 1 运作。RAID 10 有着不错的读取速度，而且拥有比 RAID 0 更高的数据保护性。RAID 01 则与 RAID 10 的程序相反，先分区再将数据镜射到两组硬盘。RAID 01 将所有的硬盘分为两组，变成 RAID 1 的最低组合，而将两组硬盘各自视为 RAID 0 运作。RAID 01 比 RAID 10 有着更快的读写速度，不过也多了一些会让整个硬盘组停止运转的几率，因为只要同一组的硬盘全部损毁，RAID 01 就会停止运作，而 RAID 10 可以在牺牲 RAID 0 的优势下正常运作。RAID 10 巧妙地利用了 RAID 0 的速度及 RAID 1 的安全（保护）两种特性，它的缺点是需要较多的硬盘，因为至少必须拥有四个以上的偶数硬盘才能使用。RAID 10 和 RAID 01 的结构如图 9-7 所示。

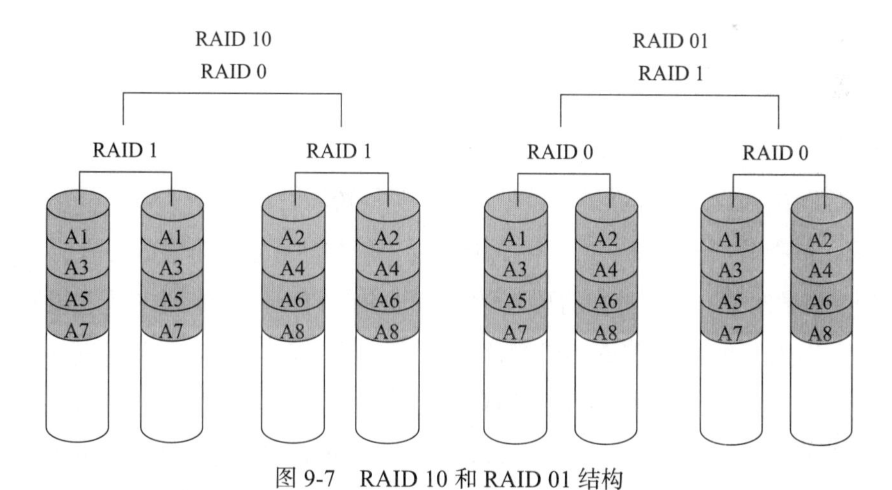

图 9-7 RAID 10 和 RAID 01 结构

RAID 50：RAID 50 也被称为镜像阵列条带，由至少六块硬盘组成，像 RAID 0 一样，数据被分区成条带，在同一时间内向多块磁盘写入；像 RAID 5 一样，也是以数据的校验位来保证数据的安全，且校验条带均匀分布在各个磁盘上，其目的在于提高 RAID 5 的读写性能。

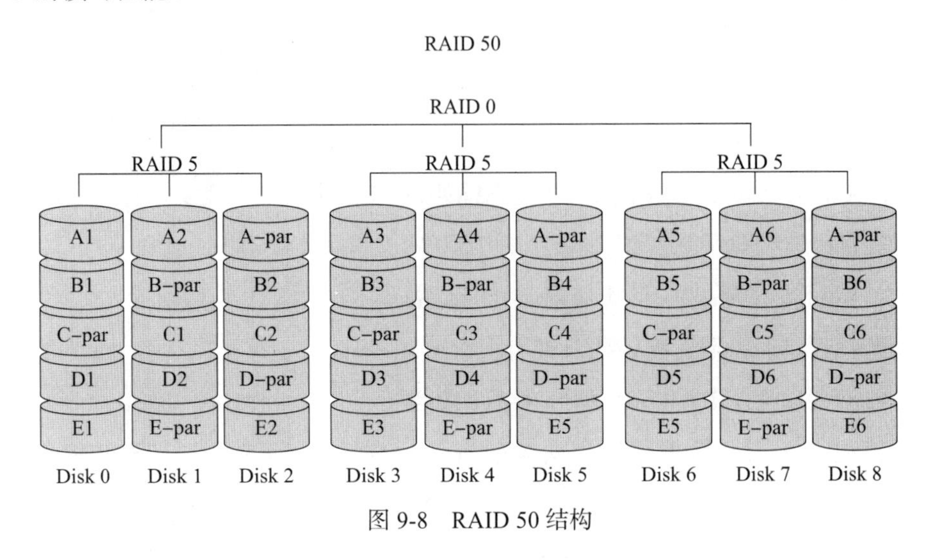

图 9-8 RAID 50 结构

对于数据库应用来说，RAID 10 是最好的选择，它同时兼顾了 RAID 1 和 RAID 0 的特性。但是，当一个磁盘失效时，性能可能会受到很大的影响，因为条带（strip）会成为瓶颈。我曾在生产环境下遇到过的情况是，两台负载基本相同的数据库，一台正常的服务器磁盘 IO 负载为 20% 左右，而另一台服务器 IO 负载却高达 90%。

9.4.2 RAID Write Back 功能

RAID Write Back 功能是指 RAID 控制器能够将写入的数据放入自身的缓存中，并把它们安排到后面再执行。这样做的好处是，不用等待物理磁盘实际写入的完成，因此写入变得更快了。对于数据库来说，这显得十分重要。例如，对重做日志的写入，在将 sync_binlog 设为 1 的情况下二进制日志的写入、脏页的刷新等都可以使性能得到明显的提升。

但是，当操作系统或数据库关机时，Write Back 功能可能会破坏数据库的数据。这是由于已经写入的数据库可能还在 RAID 卡的缓存中，数据可能并没有完全写入磁盘，而这时故障发生了。为了解决这个问题，目前大部分的硬件 RAID 卡都提供了电池备份单元（BBU，Battery Backup Unit），因此可以放心地开启 Write Back 的功能。不过我发现每台服务器的出厂设置都不相同，应该将 RAID 设置要求告知服务器提供商，开启一些认为需要的参数。

如果没有启用 Write Back 功能，那么在 RAID 卡设置中显示的就是 Write Through。Write Through 没有缓冲写入，因此写入性能可能不是很好，但它却是最安全的写入。

即使用户开启了 Write Back 功能，RAID 卡也可能只是在 Write Through 模式下工作。这是因为安全使用 Write Back 的前提是 RAID 卡有电池备份单元。为了确保电池的有效性，RAID 卡会定期检查电池状态，并在电池电量不足时对其进行充电，在充电的这段时间内会将 Write Back 功能切换为最为安全的 Write Through。

用户可以在没有电池备份单元的情况下强制启用 Write Back 功能，也可以在电池充电时强制使用 Write Back 功能，只是写入是不安全的。用户应该非常确信这点，否则不应该在没有电池备份单元的情况下启用 Write Back。

可以通过插入 20W 的记录来比较 Write Back 和 Write Through 的性能差异：

```
mysql>CREATE TABLE t ( a CHAR(2))Engine=InnoDB;
Query OK, 0 rows affected (0.00 sec)

mysql>DELIMITER //
mysql>
mysql>CREATE PROCEDURE p()
   ->BEGIN
   ->DECLARE v INT;
   ->SET v=0;
   ->WHILE v<200000 DO
   ->INSERTINTO t VALUES('aa');
   ->SET v=v+1;
   ->END WHILE;
   ->END
   -> //
Query OK, 0 rows affected (0.12 sec)

mysql>DELIMITER ;
```

首先创建一个向表 t 插入 20W 记录的存储过程，并在 Write Back 和 Write Through 的设置下分别进行测试，最终测试结果如表 9-2 所示。

表 9-2 Write Back 和 Write Through 的性能对比测试结果

RAID 卡设置	时　间
Write Back	43 秒
Write Through	31 分钟
Write Through with innodb_flush_log_at_trx_commit=0	68 秒

由于批量插入不是在一个事务中完成的，而是直接用命令 CALL P 来运行的，因此数据库实际执行了 20W 次的事务。很明显可以看到，在 Write Back 模式下执行时间只需要 43 秒，而在 Write Through 模式下执行时间需要 31 分钟，大约有 40 多倍的差距。

当然，在 Write Through 模式下，通过将参数 innodb_flush_log_at_trx_commit 设置为 0 也可以提高执行存储过程 P 的性能，这时只需要 68 秒了。因为，在此设置下，重做日志的写入不是发生在每次事务提交时，而是发生在后台 master 线程每秒钟自动刷新的时候，因此减少了物理磁盘的写入请求，所以执行速度也可以有明显的提高。

9.4.3 RAID 配置工具

对 RAID 卡进行配置可以在服务器启动时进入一个类似于 BIOS 的配置界面，然后再对其进行各种设置。此外，很多厂商都开发了各种操作系统下的软件对 RAID 进行配置，如果用户使用的是 LSI 公司生产提供的 RAID 卡，则可以使用 MegaCLI 工具来进行配置。

MegaCLI 为多个操作系统提供了支持，对 Windows 操作系统还提供了 GUI 界面的配置环境，因此相对来说比较简单。这里主要介绍命令行下 MegaCLI 的使用，在 Windows 下同样可以使用命令 MegaCLI.exe。

使用 MegaCLI 查看 RAID 卡的信息：

```
[root@xen-server ~]# /opt/MegaRAID/MegaCli/MegaCli64 -AdpAllInfo -a0

Adapter #0

==============================================================================
                    Versions
                ================
Product Name    : MegaRAID SAS 8708ELP
Serial No       : P012233608
FW Package Build: 9.0.1-0030

……
                HW Configuration
                ================
SAS Address     : 500605b000d1e180
BBU             : Present
Alarm           : Present
```

```
NVRAM            : Present
Serial Debugger : Present
Memory           : Present
Flash            : Present
Memory Size      : 256MB
TPM              : Absent

                Default Settings
                ================
Phy Polarity                     : 0
PhyPolaritySplit                 : 240
Background Rate                  : 30
Stripe Size                      : 64kB
Flush Time                       : 4 seconds
Write Policy                     : WB
Read Policy                      : None
Cache When BBU Bad               : Disabled
Cached IO                        : No
SMART Mode                       : Mode 6
Alarm Disable                    : Yes
Coercion Mode                    : 1GB
ZCR Config                      : Unknown
Dirty LED Shows Drive Activity   : No
BIOS Continue on Error           : No
Spin Down Mode                   : None
Allowed Device Type              : SAS/SATA Mix
Allow Mix in Enclosure           : Yes
Allow HDD SAS/SATA Mix in VD     : Yes
Allow SSD SAS/SATA Mix in VD     : No
Allow HDD/SSD Mix in VD          : No
Allow SATA in Cluster            : No
Max Chained Enclosures           : 3
Disable Ctrl-R                   : Yes
Enable Web BIOS                  : Yes
Direct PD Mapping                : No
BIOS Enumerate VDs               : Yes
Restore Hot Spare on Insertion   : No
Expose Enclosure Devices         : Yes
Maintain PD Fail History         : Yes
Disable Puncturing               : No
Zero Based Enclosure Enumeration : No
PreBoot CLI Enabled              : Yes
LED Show Drive Activity          : No
Cluster Disable                  : Yes
```

```
SAS Disable                          : No
Auto Detect BackPlane Enable         : SGPIO/i2c SEP
Use FDE Only                         : No
Enable Led Header                    : No
Delay during POST                    : 0
```

由于排版的原因，这里只列出了输出的一小部分。通过上述命令可以看到RAID卡的一些硬件设置，如这块RAID卡的型号是MegaRAID SAS 8708ELP，缓存大小是256MB。还可以看到一些默认的配置，如默认启用的Write Policy为WB（Write Back）等。

MegaCLI还可以用来查看当前物理磁盘的信息，如：

```
[root@xen-server ~]# /opt/MegaRAID/MegaCli/MegaCli64 -PDList -aALL

Adapter #0

Enclosure Device ID: 252
Slot Number: 0
Device Id: 8
Sequence Number: 2
Media Error Count: 0
Other Error Count: 0
Predictive Failure Count: 0
Last Predictive Failure Event Seq Number: 0
PD Type: SAS
Raw Size: 279.396 GB [0x22ecb25c Sectors]
Non Coerced Size: 278.896 GB [0x22dcb25c Sectors]
Coerced Size: 278.464 GB [0x22cee000 Sectors]
Firmware state: Online
SAS Address(0): 0x5000c5000f363b55
SAS Address(1): 0x0
Connected Port Number: 0(path0)
Inquiry Data: SEAGATE ST3300655SS     00023LM5MGZZ
FDE Capable: Not Capable
FDE Enable: Disable
Secured: Unsecured
Locked: Unlocked
Foreign State: None
Device Speed: Unknown
Link Speed: Unknown
Media Type: Hard Disk Device
……
```

可以看到当前使用的磁盘型号是SEAGATE ST3300655SS。可以从这个型号继续找到这个硬盘的具体信息，如在希捷官网 http://discountechnology.com/Seagate-ST3300655SS-SAS-Hard-Drive 上可以知道这块硬盘大小是 3.5 寸的，转速为 15 000，硬盘的 Cache 为 16MB，随机读取的寻道时间是 3.5 毫秒，随机写入的寻道时间是 4.0 毫秒等。

此外，还可以通过下面的命令来查看是否开启了 Write Back 功能：

```
[root@xen-server ~]# /opt/MegaRAID/MegaCli/MegaCli64  -LDGetProp -Cache -LALL
-aALL

Adapter 0-VD 0(target id: 0): Cache Policy:WriteBack, ReadAheadNone, Direct, No
Write Cache if bad BBU
Adapter 0-VD 1(target id: 1): Cache Policy:WriteBack, ReadAheadNone, Direct, No
Write Cache if bad BBU

Exit Code: 0x00
```

通过上面的结果可以发现当前开启了 RAID 卡的 Write Back 功能，并且当 BBU 有问题时或在充电时禁用 Write Back 功能。此外，这里还显示了不需要启用 RAID 卡的预读功能，写入方式为直接写入。

通过下面的命令可以对当前的写入策略进行调整：

```
#/opt/MegaRAID/MegaCli/MegaCli64 -LDSetPropWB -LALL -aALL
#/opt/MegaRAID/MegaCli/MegaCli64 -LDSetPropWT-LALL -aALL
```

特别需要注意地是，当 RAID 卡的写入策略从 Write Back 切换为 Write Through 时，该更改立即生效。然而从 Write Through 切换为 Write Back 时，必须重启服务器才能使其生效。

9.5 操作系统的选择

Linux 是 MySQL 数据库服务器中最常使用的操作系统。与其他操作系统不同的是 Linux 有着众多的发行版本，每个用户的偏好可能不尽相同。然而在将 Linux 操作系统作为数据库服务器时需要考虑更多的是操作系统的稳定性，而不是新特性。

除了 Linux 操作系统外，FreeBSD 也是另一个常见的优秀操作系统。之前版本的 FreeBSD 对 MySQL 数据库支持得不是很好，需要选择单独的线程库进行手动编译，但是新版本的 FreeBSD 对 MySQL 数据库的支持已经好了很多，直接下载二进制安装包即可。

Solaris也是非常不错的操作系统，之前是基于SPARC硬件的操作系统，现在已经移植到了X86平台上。Solaris是高性能、高可靠性的操作系统，同时其提供的ZFS文件系统非常适合MySQL的数据库应用。如果需要，用户可以尝试它的开源版本Open Solaris。

Windows操作系统在MySQL数据库应用中也非常普及。也有公司喜欢在开发环境下使用Windows版本的MySQL数据库，而在正式生产环境下选择使用Linux操作系统。这本身没有什么问题，但问题通常存在于文件系统大小写敏感对应用程序的影响。在Windows操作系统下表名不区分大小写，而Linux操作系统却是大小写敏感的，这点在开发阶段需要特别注意。

4G内存在当前已经非常普遍了，即使是桌面用户也开始使用8G的内存。为了可以更好地使用大于4G的内存容量，用户必须使用64位的操作系统，上述介绍的这些操作系统都提供了64位的版本。此外，使用64位的操作系统还必须使用64位的软件。这听上去像是句废话，但是我曾多次看到32位的MySQL数据库安装在64位的系统上，导致不能充分发挥64位操作系统的内存寻址能力。

9.6 不同的文件系统对数据库性能的影响

每个操作系统都默认支持一种文件系统并推荐用户使用，如Windows默认支持NTFS，Solaris默认支持ZFS。而对于Linux这样的操作系统，不同发行版本默认支持的文件系统各不相同，有的默认支持EXT3，有的是ReiserFS，有的是EXT4，有的是XFS。

虽然不同特性的文件系统有很多，但是在实际使用过程中从未感觉到文件系统的性能差异有多大。网上有多个关于XFS文件系统的“神话”，认为其是多么地适合数据库应用，性能较之EXT3有极大的提升。但是在实际测试和使用后发现，它的性能和EXT3在整体上没有大的差距。因此，DBA首先应该把更多的注意力放到数据库上，而不是纠结于文件系统。

文件系统可提供的功能也许是DBA需要关注的，例如ZFS文件系统本身就可以支持快照，因此就不需要LVM这样的逻辑卷管理工具。此外，可能还需要知道mount的参数，这些参数在每个文件系统中可能有所不同。

9.7 选择合适的基准测试工具

基准测试工具可以用来对数据库或操作系统调优后的性能进行对比。MySQL 数据库本身提供了一些比较优秀的工具，这里将介绍另外两款更为优秀和常用的基准测试工具：sysbench 和 mysql-tpcc。

9.7.1 sysbench

sysbench 是一个模块化的、跨平台的多线程基准测试工具，主要用于测试各种不同系统参数下的数据库负载情况。它主要包括以下几种测试方式：

- ❑ CPU 性能
- ❑ 磁盘 IO 性能
- ❑ 调度程序性能
- ❑ 内存分配及传输速度
- ❑ POSIX 线程性能
- ❑ 数据库 OLTP 基准测试

sysbench 的数据库 OLTP 测试支持 MySQL、PostgreSQL 和 Oracle。目前 sysbench 主要用于 Linux 操作系统，开源社区已经将 sysbench 移植到 Windows，并支持对 Microsoft SQL Server 数据库的测试。

sysbench 的官网地址是：http://sysbench.sourceforge.net，可以从该地址下载最新版本的 sysbench 工具，然后进行编译和安装。此外，有些 Linux 操作系统发行版本，如 RED HAT，本身可能已经提供了 sysbench 的安装包，直接安装即可。

sysbench 可以通过不同的参数设置来进行不同项目的测试，使用方法如下：

```
[root@xen-server ~]# sysbench
Missing required command argument.
Usage:
  sysbench [general-options]... --test=<test-name> [test-options]... command

General options:
  --num-threads=N            number of threads to use [1]
  --max-requests=N           limit for total number of requests [10000]
  --max-time=N               limit for total execution time in seconds [0]
  --thread-stack-size=SIZE   size of stack per thread [32K]
```

```
  --init-rng=[on|off]          initialize random number generator [off]
  --test=STRING                test to run
  --debug=[on|off]             print more debugging info [off]
  --validate=[on|off]          perform validation checks where possible [off]
  --help=[on|off]              print help and exit
  --version=[on|off]           print version and exit

Compiled-in tests:
  fileio - File I/O test
  cpu - CPU performance test
  memory - Memory functions speed test
  threads - Threads subsystem performance test
  mutex - Mutex performance test
  oltp - OLTP test

Commands: prepare run cleanup help version

See 'sysbench --test=<name> help' for a list of options for each test.
```

对于InnoDB存储引擎的数据库应用来说，用户可能更关心磁盘和OLTP的性能，因此主要测试fileio和oltp这两个项目。对于磁盘的测试，sysbench提供了以下的测试选项：

```
[root@xen-server ~]# sysbench --test=fileio help
sysbench 0.4.10:  multi-threaded system evaluation benchmark

fileio options:
  --file-num=N                  number of files to create [128]
  --file-block-size=N            block size to use in all IO operations [16384]
  --file-total-size=SIZE         total size of files to create [2G]
  --file-test-mode=STRING        test mode {seqwr, seqrewr, seqrd, rndrd, rndwr, 
rndrw}
  --file-io-mode=STRING          file operations mode {sync,async,fastmmap,slowmmap} 
[sync]
  --file-extra-flags=STRING additional flags to use on opening files 
{sync,dsync,direct} []
  --file-fsync-freq=N            do fsync() after this number of requests (0 - 
don't use fsync()) [100]
  --file-fsync-all=[on|off]     do fsync() after each write operation [off]
  --file-fsync-end=[on|off]     do fsync() at the end of test [on]
  --file-fsync-mode=STRING      which method to use for synchronization {fsync, 
fdatasync} [fsync]
  --file-merged-requests=N       merge at most this number of IO requests if 
possible (0 - don't merge) [0]
  --file-rw-ratio=N              reads/writes ratio for combined test [1.5]
```

各个参数的含义如下：

- --file-num，生成测试文件的数量，默认为 128。
- --file-block-size，测试期间文件块的大小，如果想知道磁盘针对 InnoDB 存储引擎进行的测试，可以将其设置为 16384，即 InnoDB 存储引擎页的大小。默认为 16384。
- --file-total-size，每个文件的大小，默认为 2GB。
- --file-test-mode，文件测试模式，包含 seqwr（顺序写）、seqrewr（顺序读写）、seqrd（顺序读）、rndrd（随机读）、rndwr（随机写）和 rndrw（随机读写）。
- --file-io-mode，文件操作的模式，同步还是异步，或者是选择 MMAP（map 映射）模式。默认为同步。
- --file-extra-flags，打开文件时的选项，这是与 API 相关的参数。
- --file-fsync-freq，执行 fsync 函数的频率。fsync 主要是同步磁盘文件，因为可能有系统和磁盘缓冲的关系。
- --file-fsync-all，每执行完一次写操作，就执行一次 fsync。默认为 off。
- --file-fsync-end，在测试结束时，执行 fsync。默认为 on。
- --file-fsync-mode，文件同步函数的选择，同样是和 API 相关的参数，由于多个操作系统对 fdatasync 支持的不同，因此不建议使用 fdatasync。默认为 fsync。
- --file-rw-ratio，测试时的读写比例，默认是 2 ∶ 1。

sysbench 的 fileio 测试需要经过 prepare、run 和 cleanup 三个阶段。prepare 是准备阶段，生产需要的测试文件，run 是实际测试阶段，cleanup 是清理测试产生的文件。例如进行 16 个文件、总大小 2GB 的 fileio 测试：

```
[root@xen-server ssd]# sysbench --test=fileio --file-num=16 --file-total-size=2G
prepare
sysbench 0.4.10:  multi-threaded system evaluation benchmark

16 files, 131072Kb each, 2048Mb total
Creating files for the test...
```

接着在相应的目录下就会产生 16 个文件，因为总大小是 2GB，所以每个文件的大小应该是 128MB。

```
[root@xen-server ssd]# ls -lh
total 2G
```

```
-rw------- 1 root  root  128M Aug 12 10:42 test_file.0
-rw------- 1 root  root  128M Aug 12 10:42 test_file.1
-rw------- 1 root  root  128M Aug 12 10:42 test_file.10
-rw------- 1 root  root  128M Aug 12 10:42 test_file.11
-rw------- 1 root  root  128M Aug 12 10:42 test_file.12
-rw------- 1 root  root  128M Aug 12 10:42 test_file.13
-rw------- 1 root  root  128M Aug 12 10:42 test_file.14
-rw------- 1 root  root  128M Aug 12 10:42 test_file.15
-rw------- 1 root  root  128M Aug 12 10:42 test_file.2
-rw------- 1 root  root  128M Aug 12 10:42 test_file.3
-rw------- 1 root  root  128M Aug 12 10:42 test_file.4
-rw------- 1 root  root  128M Aug 12 10:42 test_file.5
-rw------- 1 root  root  128M Aug 12 10:42 test_file.6
-rw------- 1 root  root  128M Aug 12 10:42 test_file.7
-rw------- 1 root  root  128M Aug 12 10:42 test_file.8
-rw------- 1 root  root  128M Aug 12 10:42 test_file.9
```

接着就可以基于这些文件进行测试了。下面是在16个线程下的随机读取性能：

```
[root@xen-server ssd]# sysbench --test=fileio --file-total-size=2G --file-test-mode=rndrd --max-time=180 --max-requests=100000000 --num-threads=16 --init-rng=on --file-num=16 --file-extra-flags=direct --file-fsync-freq=0 --file-block-size=16384 run
```

上述测试的最大随机读取请求是100 000 000次，如果在180秒内不能完成，测试即结束。测试结束后可以看到如下的测试结果：

```
[root@xen-server ssd]# sysbench --test=fileio --file-total-size=2G --file-test-mode=rndrd --max-time=180 --max-requests=100000000 --num-threads=16 --init-rng=on --file-num=16 --file-extra-flags=direct --file-fsync-freq=0 --file-block-size=16384 run
sysbench 0.4.10:  multi-threaded system evaluation benchmark

Running the test with following options:
Number of threads: 16
Initializing random number generator from timer.


Extra file open flags: 16384
16 files, 128Mb each
2Gb total file size
Block size 16Kb
Number of random requests for random IO: 100000000
Read/Write ratio for combined random IO test: 1.50
Calling fsync() at the end of test, Enabled.
Using synchronous I/O mode
Doing random read test
Threads started!
```

```
Time limit exceeded, exiting...
(last message repeated 15 times)
Done.

Operations performed:  619908 Read, 0 Write, 0 Other = 619908 Total
Read 9.459Gb  Written 0b  Total transferred 9.459Gb  (53.81Mb/sec)
 3443.85 Requests/sec executed

Test execution summary:
   total time:                          180.0044s
   total number of events:              619908
   total time taken by event execution: 2878.0750
   per-request statistics:
       min:                                  0.42ms
       avg:                                  4.64ms
       max:                                 27.30ms
       approx.  95 percentile:               8.13ms

Threads fairness:
   events (avg/stddev):           38744.2500/102.69
   execution time (avg/stddev):   179.8797/0.00
```

可以看到随机读取的性能为53.81MB/s，随机读的IOPS为3443.85。测试的硬盘是固态硬盘，因此随机读取的性能较为强劲。此外还可以看到每次请求的一些具体数据，如最大值、最小值、平均值等。

测试结束后，记得要执行cleanup，确保测试产生的文件都已删除：

```
    [root@xen-server ssd]# sysbench --test=fileio --file-num=16 --file-total-size=2G
cleanup
    sysbench 0.4.10:  multi-threaded system evaluation benchmark

    Removing test files...
```

可能用户需要测试随机读、随机写、随机读写、顺序写、顺序读等所有这些模式，并且还可能需要测试不同的线程和不同文件块下磁盘的性能表现，这时可能需要类似如下的脚本来帮用户自动完成这些测试：

```
#!/bin/sh
set -u
set -x
set -e
for size in 8G 64G; do
for mode in seqrd seqrw rndrd rndwr rndrw; do
for blksize in 4096 16384 ; do
```

```
sysbench --test=fileio --file-num=64 --file-total-size=$size prepare
for threads in 1 4 8 16 32; do
echo "====== testing $blksize in $threads threads"
echo PARAMS $size $mode $threads $blksize>sysbench-size-$size-mode-$mode-threads-$threads-blksz-$blksize
for i in 1 2 3 ; do
sysbench --test=fileio --file-total-size=$size --file-test-mode=$mode\
--max-time=180 --max-requests=100000000 --num-threads=$threads --init-rng=on \
--file-num=64 --file-extra-flags=direct --file-fsync-freq=0 --file-block-size=$blksize run \
| tee -a sysbench-size-$size-mode-$mode-threads-$threads-blksz-$blksize 2>&1
done
done
sysbench --test=fileio --file-total-size=$size cleanup
done
done
done
```

对于MySQL数据库的OLTP测试，和fileio一样需要经历prepare、run和cleanup阶段。prepare阶段会根据选项产生一张指定行数的表，默认表在sbtest架构下，表名为sbtest（sysbench默认生成表的存储引擎为InnoDB）。例如创建一张8000W的表：

```
[root@xen-server ~]#  sysbench --test=oltp --oltp-table-size= 80000000 --db-driver=mysql  --mysql-socket=/tmp/mysql.sock --mysql-user=root prepare
sysbench 0.4.10:  multi-threaded system evaluation benchmark

Creating table 'sbtest'...
Creating 80000000 records in table 'sbtest'...
```

接着就可以根据产生的表进行oltp的测试：

```
sysbench --test=oltp --oltp-table-size=80000000 --oltp-read-only=off --init-rng=on --num-threads=16 --max-requests=0 --oltp-dist-type=uniform --max-time=3600 --mysql-user=root  --mysql-socket=/tmp/mysql.sock --db-driver=mysql  run > res
```

用户可将测试结果放入到了文件res中，查看res可得类似如下结果：

```
sysbench 0.4.10:  multi-threaded system evaluation benchmark

WARNING: Preparing of "BEGIN" is unsupported, using emulation
(last message repeated 15 times)
Running the test with following options:
Number of threads: 16
Initializing random number generator from timer.


Doing OLTP test.
```

```
Running mixed OLTP test
Using Uniform distribution
Using "BEGIN" for starting transactions
Using auto_inc on the id column
Threads started!
Time limit exceeded, exiting...
(last message repeated 15 times)
Done.

OLTP test statistics:
   queries performed:
      read:                            6043324
      write:                           2158330
      other:                           863332
      total:                           9064986
   transactions:                        431666 (119.90 per sec.)
   deadlocks:                           0      (0.00 per sec.)
   read/write requests:                 8201654 (2278.07 per sec.)
   other operations:                    863332 (239.80 per sec.)

Test execution summary:
   total time:                          3600.2672s
   total number of events:              431666
   total time taken by event execution: 57598.5965
   per-request statistics:
       min:                                  6.84ms
       avg:                                133.43ms
       max:                               7155.61ms
       approx.  95 percentile:             325.84ms

Threads fairness:
   events (avg/stddev):           26979.1250/64.14
   execution time (avg/stddev):   3599.9123/0.06.
```

结果中罗列出了测试时很多操作的详细信息，transactions代表了测试结果的评判标准，即TPS，上述测试的结果是119.9tps。用户可以对数据库进行调优后再运行sysbench的OLTP测试，看看TPS是否有所提高。注意，sysbench的测试只是基准测试，并不代表实际生产环境下的性能指标。

9.7.2　mysql-tpcc

TPC（Transaction Processing Performance Council，事务处理性能协会）是一个用来

评价大型数据库系统软硬件性能的非盈利组织。TPC-C 是 TPC 协会制定的，用来测试典型的复杂 OLTP（在线事务处理）系统的性能。目前在学术界和工业界普遍采用 TPC-C 来评价 OLTP 应用的性能。

TPC-C 用 3NF（第三范式）虚拟实现了一家仓库销售供应商公司，拥有一批分布在不同地方的仓库和地区分公司。当公司业务扩大时，将建立新的仓库和地区分公司。通常每个仓库供货覆盖 10 家地区分公司，每个地区分公司服务 3000 名客户。公司共有 100 000 种商品，分别储存在各个仓库中。该系统包含了库存管理、销售、分发产品、付款、订单查询等一系列操作，一共包含了 9 个基本关系，基本关系如图 9-9 所示。

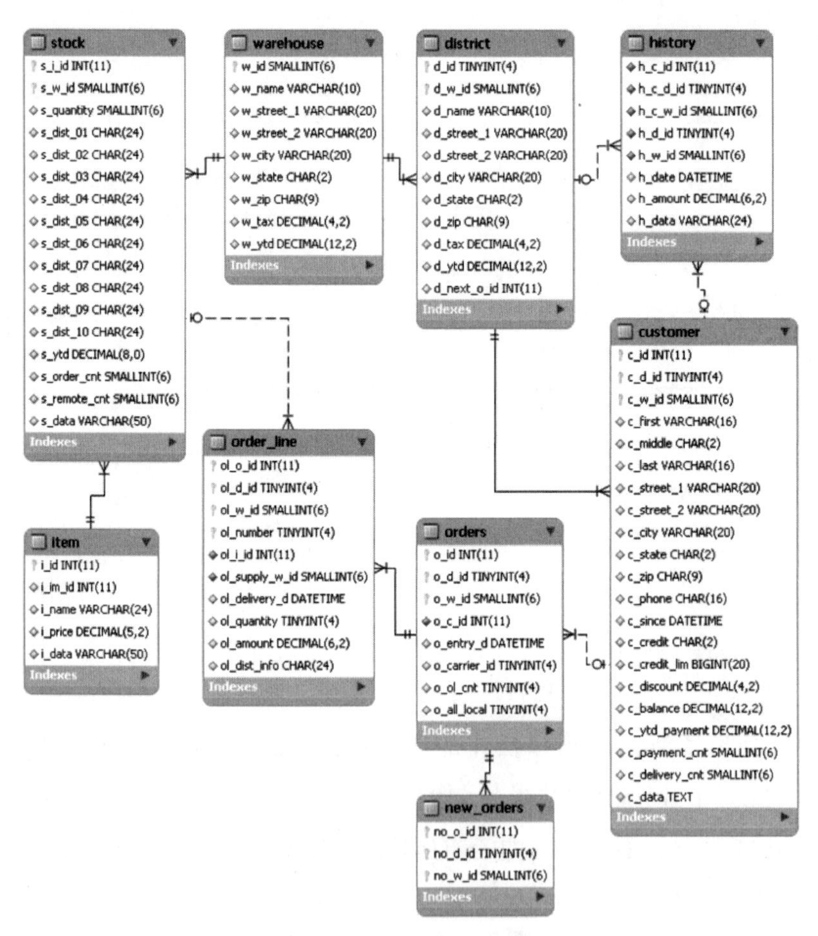

图 9-9　TPC-C 基本关系图

TPC-C 的性能度量单位是 tpmC，tpm 是 transaction per minute 的缩写，C 代表 TPC 的 C 基准测试。该值越大，代表事务处理的性能越高。

tpcc-mysql 是开源的 TPC-C 测试工具，该测试工具完全遵守 TPC-C 的标准。其官方网站为：https://code.launchpad.net/ ～ percona-dev/perconatools/tpcc-mysql。之前 tpcc-mysql 主要工作在 Linux 操作系统上，我已经将其移植到了 Windows 平台，可以在 http://code.google.com/p/david-mysql-tools/downloads/list 下载到 Windows 版本的 tpcc-mysql。

tpcc-mysql 由以下两个工具组成。

- tpcc_load：根据仓库数量，生成 9 张表中的数据。
- tpcc_start：根据不同选项进行 TPC-C 测试。

tpcc_load 命令的使用方法如下：

```
[root@xen-server ~]# tpcc_load
*************************************
*** ###easy### TPC-C Data Loader  ***
*************************************

usage: tpcc_load [server] [DB] [user] [pass] [warehouse]
    OR
      tpcc_load [server] [DB] [user] [pass] [warehouse] [part] [min_wh] [max_wh]

        * [part]: 1=ITEMS 2=WAREHOUSE 3=CUSTOMER 4=ORDERS
```

各参数的意义如下：

- server，导入的 MySQL 服务器 IP。
- DB，导入的数据库。
- user，MySQL 的用户名。
- pass，MySQL 的密码。
- warehouse，要生产的仓库数量。

如果用 tpcc_load 工具创建 100 个仓库的数据库 tpcc，可以这样：

```
[root@xen-server tpcc-mysql]# mysql tpcc<create_table.sql
[root@xen-server tpcc-mysql]# mysql tpcc<add_fkey_idx.sql
[root@xen-server tpcc-mysql]# tpcc_load 127.0.0.1 tpcc2 root xxxxxx 100
*************************************
*** ###easy### TPC-C Data Loader  ***
*************************************
<Parameters>
    [server]: 127.0.0.1
```

```
    [DBname]: tpcc2
      [user]: root
      [pass]:
 [warehouse]: 100
TPCC Data Load Started...
Loading Item
.................................................. 5000
.................................................. 10000
.................................................. 15000
……（略）
...DATA LOADING COMPLETED SUCCESSFULLY.
```

tpcc_start命令的使用方法如下：

```
[root@xen-server ~]# tpcc_start
*************************************
*** ###easy### TPC-C Load Generator ***
*************************************

usage: tpcc_start [server] [DB] [user] [pass] [warehouse] [connection] [rampup]
[measure]
```

相关参数的作用如下：

- connection，测试时的线程数量。
- rampup，热身时间，单位秒，这段时间的操作不计入统计信息。
- measure，测试时间，单位秒。

如使用tpcc_start进行16个线程的测试，热身时间为10分钟，测试时间为20分钟，如下：

```
[root@xen-server ~]# tpcc_start 127.0.0.1 tpcc root xxxxxx 100 16 600 1200
*************************************
*** ###easy### TPC-C Load Generator ***
*************************************
<Parameters>
     [server]: 127.0.0.1
     [DBname]: tpcc
       [user]: root
       [pass]: xxxxxx
  [warehouse]: 100
 [connection]: 16
     [rampup]: 600 (sec.)
    [measure]: 1200 (sec.)
……
```

在测试的时候用户或许会在终端上看到类似如下的输出：

```
RAMP-UP TIME.(1 sec.)


MEASURING START.

  10, 624(0):0.4, 624(0):0.2, 62(0):0.2, 63(0):0.6, 62(0):0.8
  20, 990(0):0.2, 988(0):0.2, 98(0):0.2, 99(0):0.4, 98(0):0.6
  30, 1435(0):0.2, 1436(0):0.2, 144(0):0.2, 143(0):0.2, 144(0):0.4
  40, 1736(0):0.2, 1739(0):0.2, 174(0):0.2, 174(0):0.2, 174(0):0.4
  50, 2041(0):0.2, 2044(0):0.2, 204(0):0.2, 204(0):0.2, 207(0):0.2
  60, 2195(0):0.2, 2193(0):0.2, 220(0):0.2, 221(0):0.2, 218(0):0.2
  70, 2332(0):0.2, 2335(0):0.2, 233(0):0.2, 232(0):0.2, 234(0):0.2
  80, 2408(0):0.2, 2401(0):0.2, 241(0):0.2, 239(0):0.2, 241(0):0.2
  90, 2473(0):0.2, 2476(0):0.2, 247(0):0.2, 250(0):0.2, 248(0):0.2
 100, 2350(0):0.2, 2347(0):0.2, 235(0):0.2, 233(0):0.2, 235(0):0.2
......
```

这些信息是每 10 秒 TPC-C 测试的结果数据，TPC-C 测试一共测试 5 个模块，分别是 New Order、Payment、Order-Status、Delivery、Stock-Level。第一个值即为 New Order，这也是 TPC-C 测试结果的一个重要考量标准 New Order Per 10 Second（每十秒订单处理能力），可以将测试时所有的数据组成一张折线图或散点图，观察 InnoDB 存储引擎每 10 秒的性能表现，如图 9-10 所示。

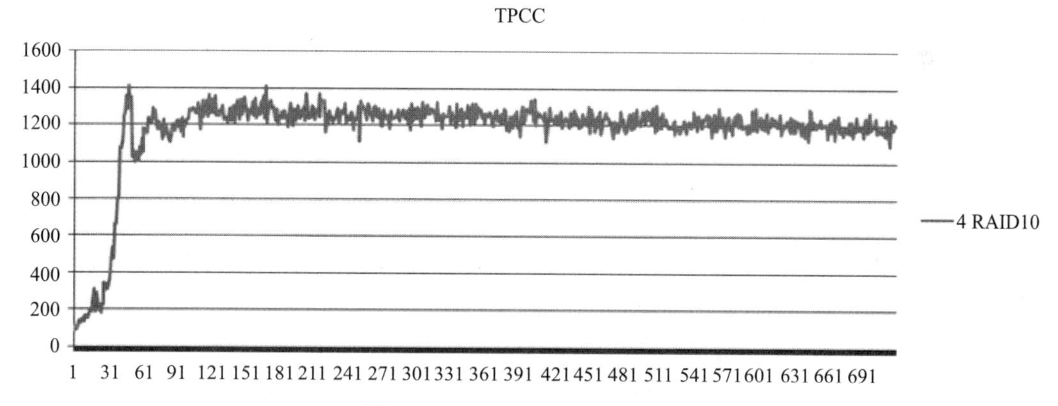

图 9-10 New Order Per 10 Second

而 tpcc_load 最后结束时产生的 tpmC 也是通过 New Order Per 10 Second 来进行的，首先求出 New Order Per 10 Second 的平均值，然后乘以 6，得到的就是最终的 tpmC。

```
......
<Constraint Check> (all must be [OK])
 [transaction percentage]
        Payment: 43.48% (>=43.0%) [OK]
    Order-Status: 4.35% (>= 4.0%) [OK]
       Delivery: 4.35% (>= 4.0%) [OK]
     Stock-Level: 4.35% (>= 4.0%) [OK]
 [response time (at least 90% passed)]
      New-Order: 99.72%  [OK]
        Payment: 99.95%  [OK]
    Order-Status: 99.93%  [OK]
       Delivery: 100.00%  [OK]
     Stock-Level: 100.00%  [OK]

<TpmC>
               7949.942 TpmC
```

9.8 小结

在这一章中我们根据InnoDB存储引擎的应用特点对CPU、内存、硬盘、固态硬盘、RAID卡做了详细的介绍，相信只有通过理解InnoDB存储引擎的应用场合和范围才能更好地对其进行调优。最后，介绍了两个在Linux操作系统平台下常用的基准测试工具sysbench和tpcc-mysql，借助这两个工具可以更有效地得知当前系统的负载承受能力，以及对MySQL数据库的调优结果进行分析。

第 10 章　InnoDB 存储引擎源代码的编译和调试

InnoDB 存储引擎是开源的，这意味着用户可以获得其源代码并查看内部的具体实现。任何时候 Why 都比 What 重要，通过研究源代码可以更好地理解数据库是如何工作的，从而知道如何使数据库更好地为你工作。如果你有一定的编程能力，完全可以对 InnoDB 存储引擎进行扩展，开发出新的功能模块来更好地支持数据库应用。

10.1　获取 InnoDB 存储引擎源代码

InnoDB 存储引擎的源代码被包含在 MySQL 数据库的源代码中，在 MySQL 的官方网站[㊀]上下载 MySQL 数据库的源代码即可，如图 10-1 所示。

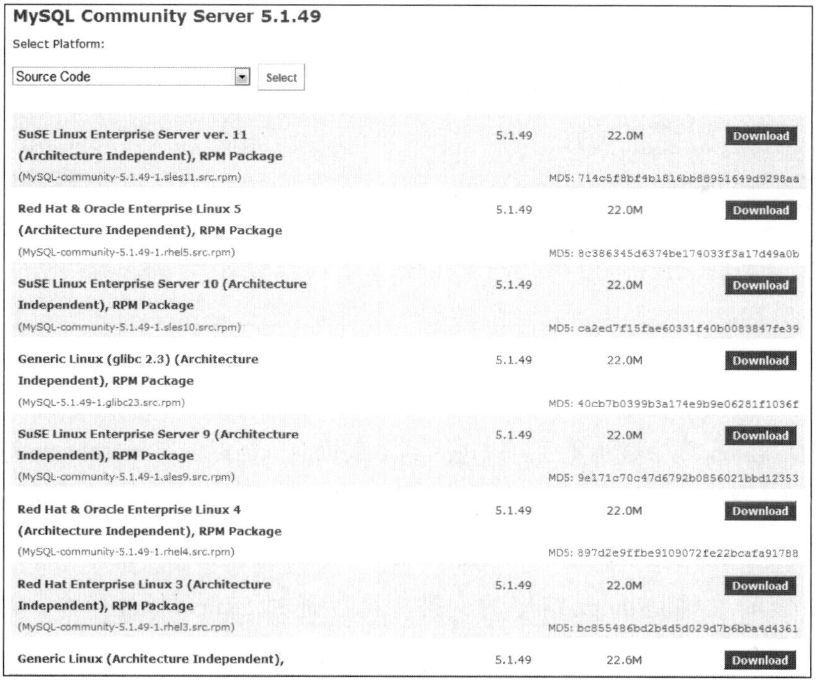

MySQL Community Server 5.1.49

Select Platform:

Source Code　Select

Package	Version	Size	
SuSE Linux Enterprise Server ver. 11 (Architecture Independent), RPM Package (MySQL-community-5.1.49-1.sles11.src.rpm)	5.1.49	22.0M	Download MD5: 714c5f8bf4b1816bb88951649d9298aa
Red Hat & Oracle Enterprise Linux 5 (Architecture Independent), RPM Package (MySQL-community-5.1.49-1.rhel5.src.rpm)	5.1.49	22.0M	Download MD5: 8c386345d6374be174033f3a17d49a0b
SuSE Linux Enterprise Server 10 (Architecture Independent), RPM Package (MySQL-community-5.1.49-1.sles10.src.rpm)	5.1.49	22.0M	Download MD5: ca2ed7f15fae60331f40b0083847fe39
Generic Linux (glibc 2.3) (Architecture Independent), RPM Package (MySQL-5.1.49-1.glibc23.src.rpm)	5.1.49	22.0M	Download MD5: 40cb7b0399b3a174e9b9e06281f1036f
SuSE Linux Enterprise Server 9 (Architecture Independent), RPM Package (MySQL-community-5.1.49-1.sles9.src.rpm)	5.1.49	22.0M	Download MD5: 9e171c70c47d6792b0856021bbd12353
Red Hat & Oracle Enterprise Linux 4 (Architecture Independent), RPM Package (MySQL-community-5.1.49-1.rhel4.src.rpm)	5.1.49	22.0M	Download MD5: 897d2e9ffbe9109072fe22bcafa91788
Red Hat Enterprise Linux 3 (Architecture Independent), RPM Package (MySQL-community-5.1.49-1.rhel3.src.rpm)	5.1.49	22.0M	Download MD5: bc855486bd2b4d5d029d7b6bba4d4361
Generic Linux (Architecture Independent),	5.1.49	22.6M	Download

图 10-1　MySQL 源代码下载

㊀　链接为：http://www.mysql.com/downloads/mysql/。

可以看到，这里有不同操作系统下的源代码可供下载，一般只需下载 Generic Linux 的版本即可。通过 MySQL 官网首页的 Download 链接可以迅速地找到 GA 版本的下载，但是如果想要下载目前正在开发的 MySQL 版本，如 MySQL 5.5.5（现在是 milestone 的版本，离 GA 版本还有很长的开发时间），用户可能在官网找了很久都找不到链接，这时只要把下载的链接从 www 换到 dev 即可，如 http://dev.mysql.com/downloads/mysql，在这里就可以找到开发中的 MySQL 版本的源代码了，如图 10-2 所示。

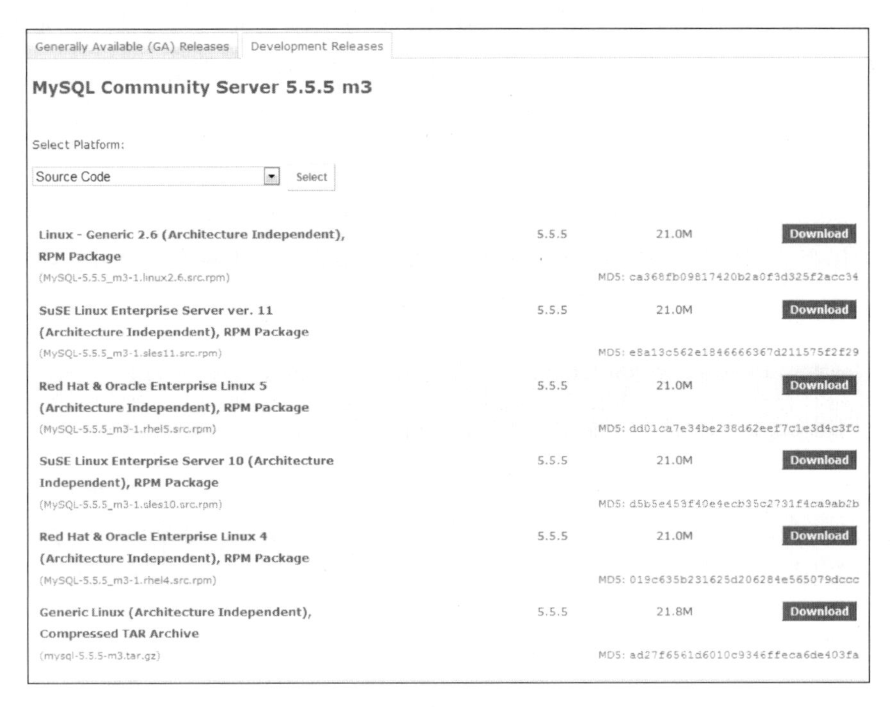

图 10-2　MySQL 开发中版本的源代码下载

单击“Download”下载标签后可以进入到下载页面，当然，有 mysql.com 账号的用户可以进行登录，MySQL 官方提供了大量的镜像用来分流下载，用户可以根据所在的位置选择下载速度最快的地址。中国用户一般可以在“Asia”这里镜像下载，如图 10-3 所示。

如果下载的文件是 tar.gz 结尾的文件，可以通过 Linux 的 tar 命令，Windows 的 WinRAR 工具来进行解压，解压后得到一个文件夹，其中包含了 MySQL 数据库的所有源代码。源代码的结构如图 10-4 所示。

所有存储引擎的源代码都被放在 storage 的文件夹下，其源代码结构如图 10-5 所示。

Asia		
sPD Hosting, Israel	HTTP	
JAIST, Japan	HTTP	FTP
Internet Initiative Japan Inc., Japan	HTTP	FTP
Lahore University of Management Sciences, Pakistan	HTTP	FTP
Kyung Hee University Linux User Group, Republic of Korea	HTTP	FTP
ezNetworking Solutions Pte. Ltd., Singapore	HTTP	FTP
mirror.tw (Taiwan Mirror), Taiwan	HTTP	FTP
Providence University, Taiwan	HTTP	FTP
National Taiwan University, Taiwan	HTTP	FTP
National Sun Yat-Sen University, Taiwan	HTTP	FTP
Computer Center, Shu-Te University / Kaohsiung, Taiwan	HTTP	FTP

图 10-3 MySQL 亚洲下载镜像

可以看到所有存储引擎的源代码都在这里，文件夹名一般就是存储引擎的名称，如 archive、blackhole、csv、fedorated、heap、ibmdb2i、myisam、innobase。从 MySQL 5.5 版本开始，InnoDB Plugin 已经作为默认的 InnoDB 存储引擎版本，而在 MySQL 5.1 的源代码中，应该可以看到两个版本的 InnoDB 存储引擎源代码，如图 10-6 所示。

可以看到有 innobase 和 innodb_plugin 两个文件夹，innobase 文件夹是旧的 InnoDB 存储引擎的源代码，innodb_plugin 文件夹是 InnoDB Plugin 存储引擎的源代码。如果想将 InnoDB Plugin 直接静态编译到 MySQL 数据库中，那么需要删除 innobase 文件夹，再将 innodb_plugin 文件夹重命名为 innobase。

10.2 InnoDB 源代码结构

进入 InnoDB 存储引擎的源代码文件夹，应该可以看到如图 10-7 所示的源代码结构。下面介绍一些主要文件夹内的源代码的具体作用。

- btr：B+ 树的实现。
- buf：缓冲池的实现，包括 LRU 算法，Flush 刷新算法等。
- dict：InnoDB 存储引擎中内存数据字典的实现。
- dyn：InnoDB 存储引擎中动态数组的实现。
- fil：InnoDB 存储引擎中文件数据结构以及对文件的一些操作。
- fsp：可以理解为 file space，即对 InnoDB 存储引擎物理文件的管理，如页、区、段等。
- ha：哈希算法的实现。

图 10-5　存储引擎源代码文件夹

图 10-4　MySQL 源代码目录结构

图 10-6　MySQL 5.1 存储引擎目录结构

图 10-7　InnoDB 存储引擎源代码的文件夹结构

❑ handler：继承于 MySQL 的 handler，插件式存储引擎的实现。

❑ ibuf：插入缓冲的实现。

❑ include：InnoDB 将头文件（.h，.ic）文件都统一放在这个文件夹下。

❑ lock：InnoDB 存储引擎锁的实现，如 S 锁、X 锁，以及定义锁的一系列算法。

❑ log：日志缓冲和重组日志文件的实现。对重组日志感兴趣的应该好好阅读该源代码。

❑ mem：辅助缓冲池的实现，用来申请一些数据结构的内存。

❑ mtr：事务的底层实现。

❑ os：封装一些对于操作系统的操作。

- page：页的实现。
- row：对于各种类型行数据的操作。
- srv：对于 InnoDB 存储引擎参数的设计。
- sync：InnoDB 存储引擎互斥量（Mutex）的实现。
- thr：InnoDB 储存引擎封装的可移植的线程库。
- trx：事务的实现。
- ut：工具类。

10.3 MySQL 5.1 版本编译和调试 InnoDB 源代码

10.3.1 Windows 下的调试

在 Windows 平台下，可以通过 Visual Studion 2003、2005 和 2008 开发工具对 MySQL 的源代码进行编译和调试。在此之前，用户需要预先安装如下的工具。

- CMake：可以从 http://www.cmake.org 下载。
- bison：可以从 http://gnuwin32.sourceforge.net/packages/bison.htm 下载。

安装之后还需要通过 configure.js 这个命令进行配置：

```
C:\workdir>win\configure.js options
```

options 比较重要的选项如下：

- WITH_INNOBASE_STORAGE_ENGINE，支持 InnoDB 存储引擎。
- WITH_PARTITION_STORAGE_ENGINE，分区支持。
- WITH_ARCHIVE_STORAGE_ENGINE，支持 Archive 存储引擎。
- WITH_BLACKHOLE_STORAGE_ENGINE，支持 Blackhole 存储引擎。
- WITH_EXAMPLE_STORAGE_ENGINE，支持 Example 存储引擎，这个存储引擎是展示给开发人员的，用户可以从这个存储引擎开始构建自己的存储引擎。
- WITH_FEDERATED_STORAGE_ENGINE，支持 Federated 存储引擎。
- WITH_NDBCLUSTER_STORAGE_ENGINE，支持 NDB Cluster 存储引擎。

如果我们只是比较关心 InnoDB 存储引擎，可以这样进行设置，如图 10-8 所示。

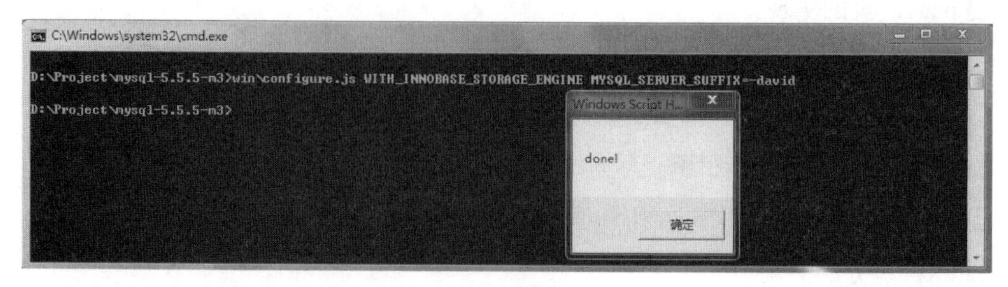

图10-8 configure.js 配置

之后可以根据用户使用的是 Visual Studio 2005 还是 Visual Studio 2008 在 win 文件下运行 build-vsx.bat 文件来生成 Visual Studio 的工程文件。build-vs8.bat 表示 Visual Studio 2005，build-vs8_x64.bat 表示需要编译 64 位的 MySQL 数据库。例如，我们需要在 32 位的操作系统下使用 Visual Studio 2008 进行调试工作，可以使用如下命令：

```
D:\Project\mysql-5.5.5-m3>win\build-vs9.bat
-- Check for working C compiler: C:/Program Files/Microsoft Visual Studio 9.0/
VC/bin/cl.exe
-- Check for working C compiler: C:/Program Files/Microsoft Visual Studio 9.0/
VC/bin/cl.exe -- works
-- Detecting C compiler ABI info
-- Detecting C compiler ABI info - done
-- Check for working CXX compiler: C:/Program Files/Microsoft Visual Studio 9.0/
VC/bin/cl.exe
-- Check for working CXX compiler: C:/Program Files/Microsoft Visual Studio 9.0/
VC/bin/cl.exe -- works
-- Detecting CXX compiler ABI info
-- Detecting CXX compiler ABI info - done
-- Check size of void *
-- Check size of void * - done
SIZEOF_VOIDP=4
-- Looking for include files HAVE_CXXABI_H
-- Looking for include files HAVE_CXXABI_H - not found.
-- Looking for include files HAVE_NDIR_H
-- Looking for include files HAVE_NDIR_H - not found.
-- Looking for include files HAVE_SYS_NDIR_H
-- Looking for include files HAVE_SYS_NDIR_H - not found.
-- Looking for include files HAVE_ASM_TERMBITS_H
-- Looking for include files HAVE_ASM_TERMBITS_H - not found.
-- Looking for include files HAVE_TERMBITS_H
-- Looking for include files HAVE_TERMBITS_H - not found.
-- Looking for include files HAVE_VIS_H
-- Looking for include files HAVE_VIS_H - not found.
-- Looking for include files HAVE_WCHAR_H
```

```
-- Looking for include files HAVE_WCHAR_H - found
-- Looking for include files HAVE_WCTYPE_H
-- Looking for include files HAVE_WCTYPE_H - found
-- Looking for include files HAVE_XFS_XFS_H
-- Looking for include files HAVE_XFS_XFS_H - not found.
-- Looking for include files CMAKE_HAVE_PTHREAD_H
-- Looking for include files CMAKE_HAVE_PTHREAD_H - not found.
-- Found Threads: TRUE
-- Looking for pthread_rwlockattr_setkind_np
-- Looking for pthread_rwlockattr_setkind_np - not found
-- Performing Test HAVE_SOCKADDR_IN_SIN_LEN
-- Performing Test HAVE_SOCKADDR_IN_SIN_LEN - Failed
-- Performing Test HAVE_SOCKADDR_IN6_SIN6_LEN
-- Performing Test HAVE_SOCKADDR_IN6_SIN6_LEN - Failed
-- Cannot find wix 3, installer project will not be generated
-- Configuring done
-- Generating done
-- Build files have been written to: D:/Project/mysql-5.5.5-m3
```

这样就生成了 MySQL.sln 的工程文件，打开这个工程文件并将 mysqld 这个项目设置为默认的启动项就可以进行 MySQL 的编译和调试了。

之后的编译，断点的设置和调试与在 Visual Studio 下操作一般的程序没有什么区别，图 10-9 演示了对 InnoDB 存储引擎的 master thread 进行调试。

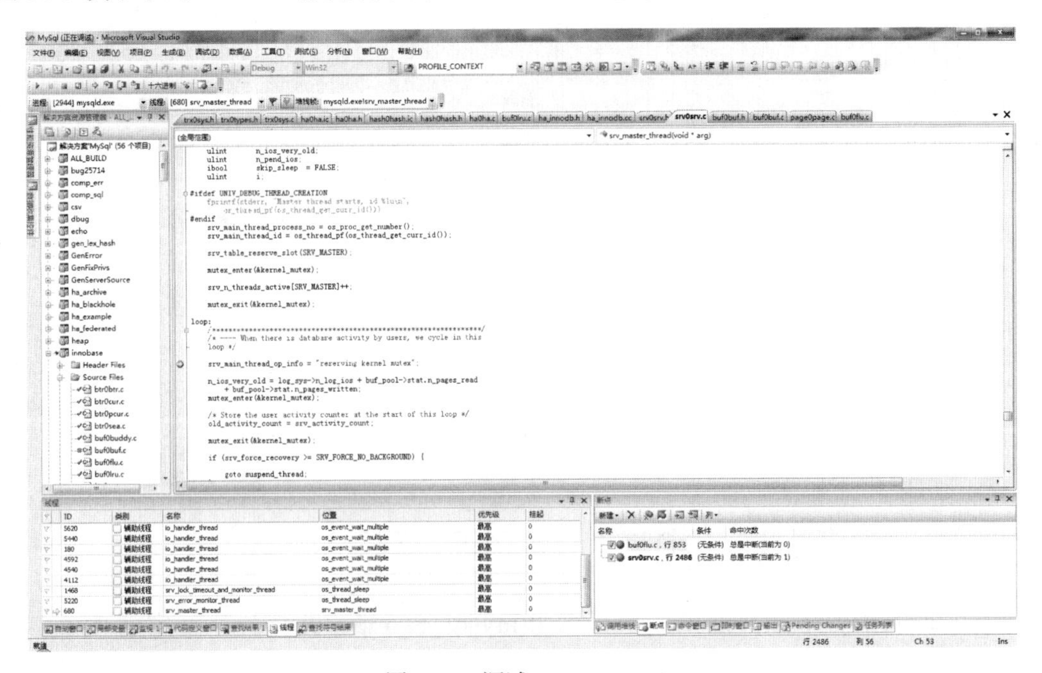

图 10-9 调试 master thread

10.3.2　Linux下的调试

Linux下的调试通常使用Eclipse。对于其他类UNIX的操作系统，如Solaris、FreeBSD、MAC同样可以使用Eclipse进行调试。首先到http://www.eclipse.org/downloads/下载并安装Eclipse IDE for C/C++Developers。然后，解压MySQL源代码到指定目录，如解压到/root/workspace/mysql-5.5.5-m3，接着运行如下命令产生Make文件，Eclipse会使用产生的这些Make文件：

```
[root@xen-server mysql-5.5.5-m3]# BUILD/compile-amd64-debug-max-no-ndb -c
```

BUILD下有很多compile文件，用户可以从中选择所需要的文件。本书编译的平台是64位的Linux系统，并且我希望可以进行Debug，因此选择了compile-amd64-debug-max-no-ndb文件。注意-c选项，这个选项只生产Make文件，不进行编译。

接着打开Eclipse，新建一个C++的项目，如图10-10所示。

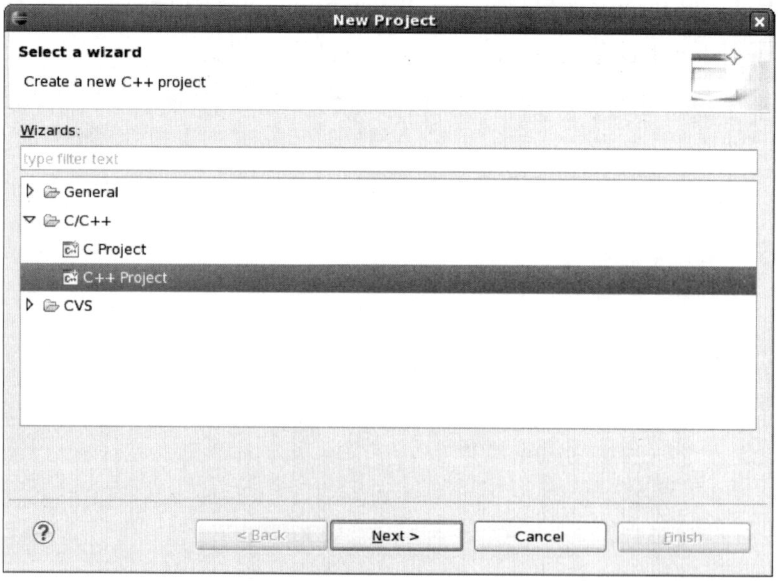

图10-10　新建一个C++项目

为项目取个名字，如这里的项目名为mysql_5_5_5，并选择一个空的项目，如图10-11所示。

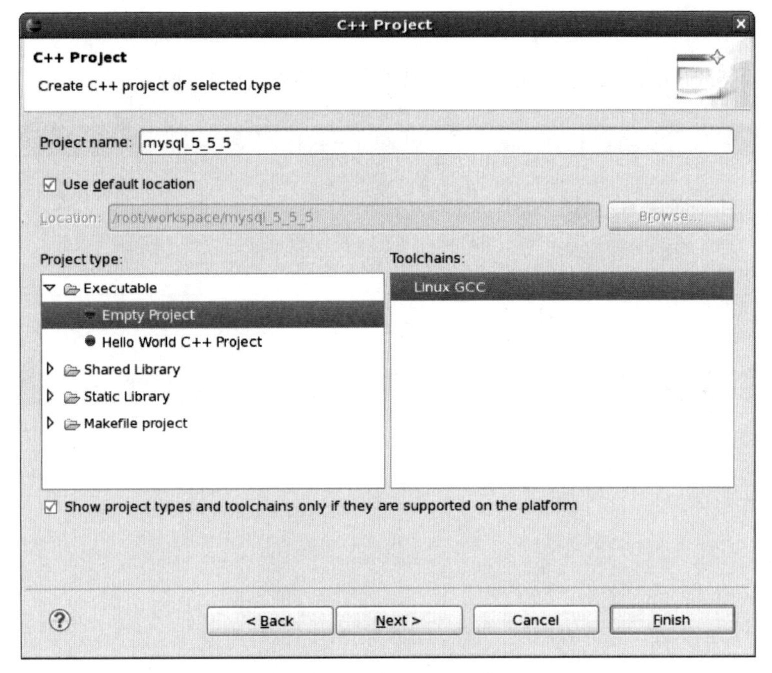

图 10-11 选择空项目

选择 Finish 按钮后，可以看到新产生的一个空项目，如图 10-12 所示。

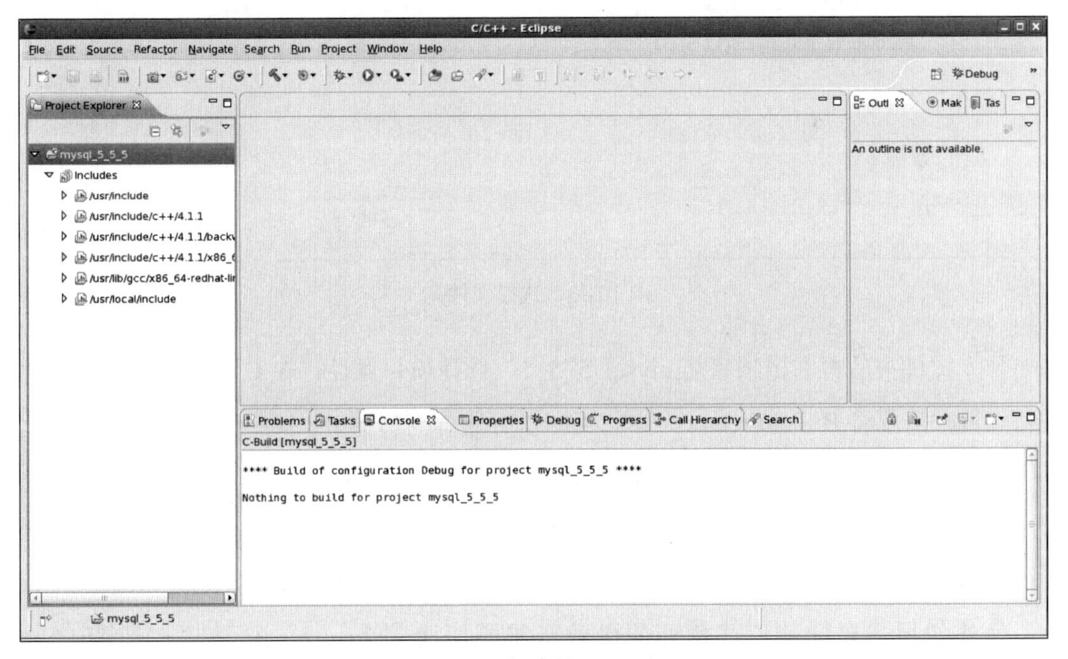

图 10-12 新建的 C++ 项目

之后选择左边的 Project Explorer，右击项目 mysql_5_5_5，选择新建文件夹，将文件夹 /root/workspace/mysql-5.5.5-m3 导入到工程，如图 10-13 所示。

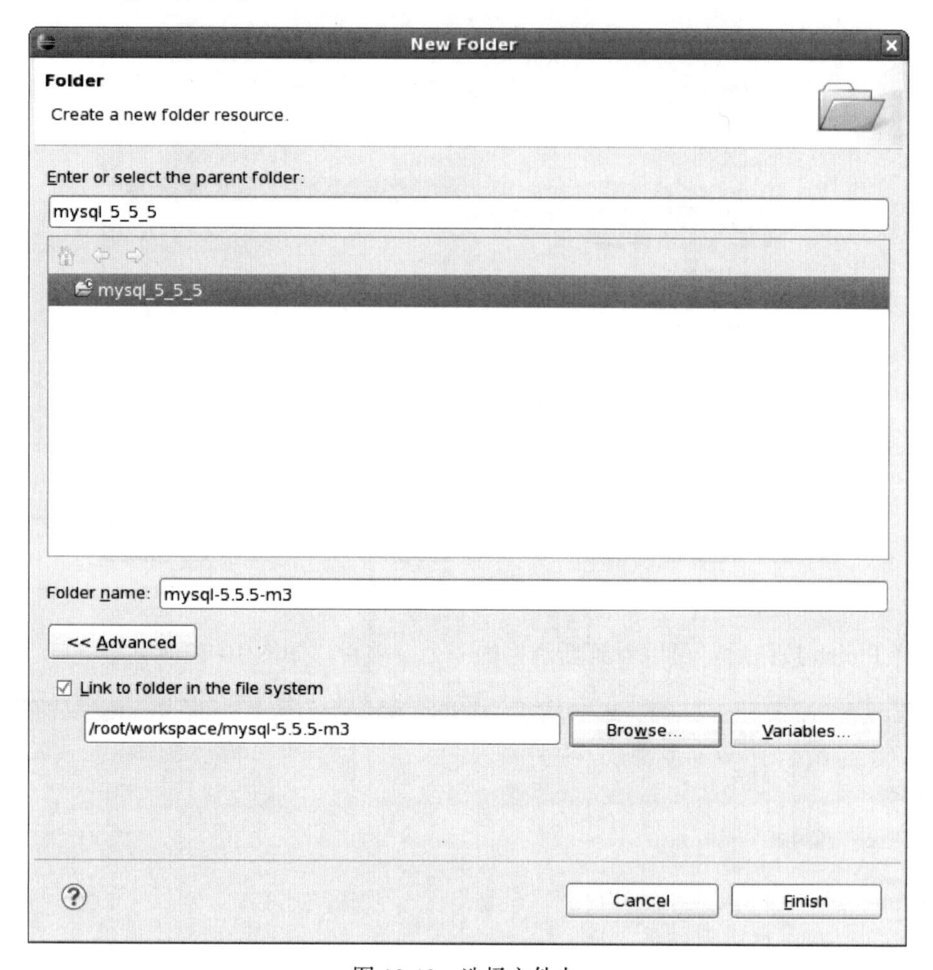

图 10-13 选择文件夹

导入文件夹后再右击项目名 mysql_5_5_5，选择项目属性，在 C/C++Build 选项这里进行设置，需要将 Build directory 选择为源代码所在路径，如图 10-14 所示。

编译配置完后，程序就会自动开始执行编译工作了，如图 10-15 所示。

上述的这个过程只是编译的过程，换句话说，编译完后就产生了 mysqld 这样的执行文件。如果想要进行调试，我们还需要在 Debug 这里进行如下的配置，如图 10-16 所示。

另外如果需要配置一些额外的参数，需要切换到 Arguments 选项，如图 10-17 所示。

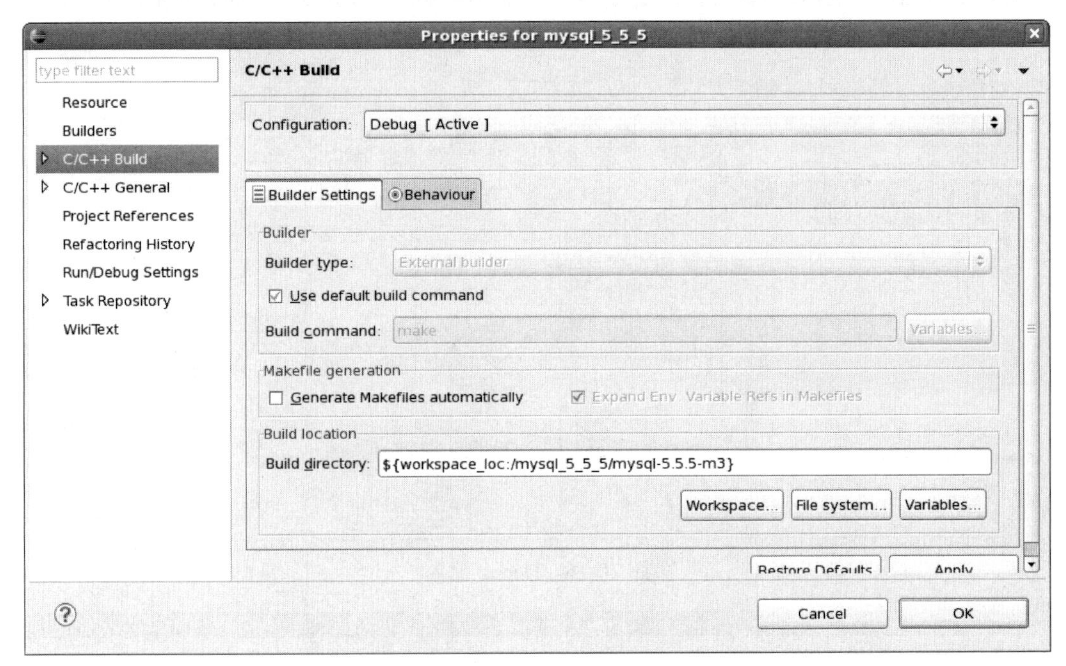

图 10-14 编译配置

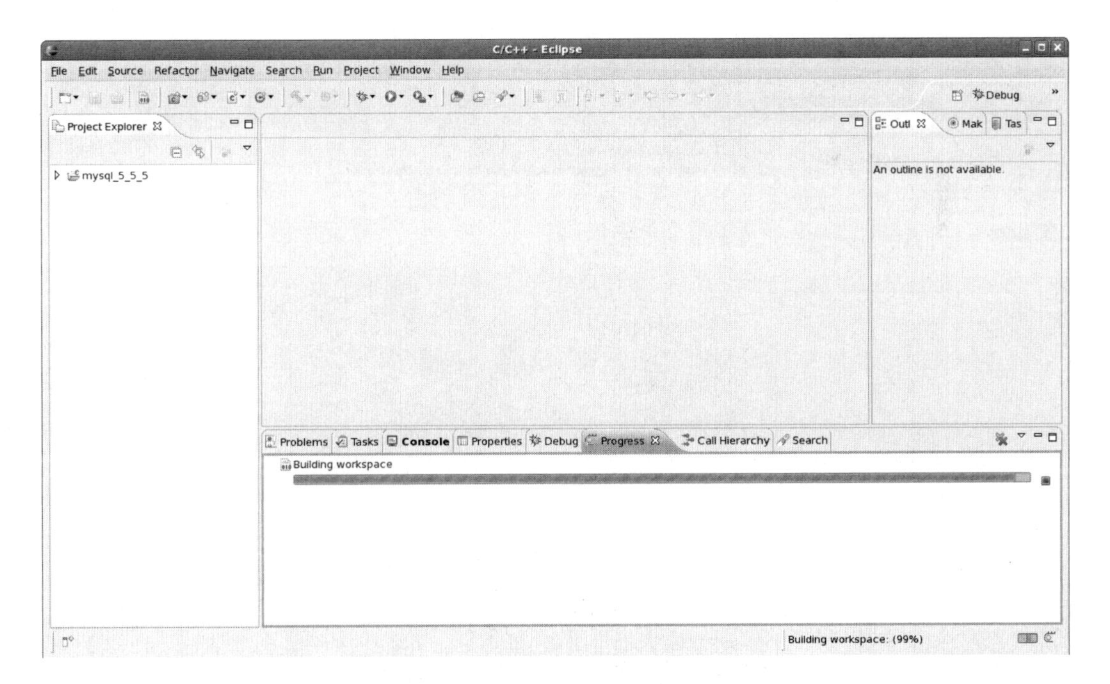

图 10-15 执行编译

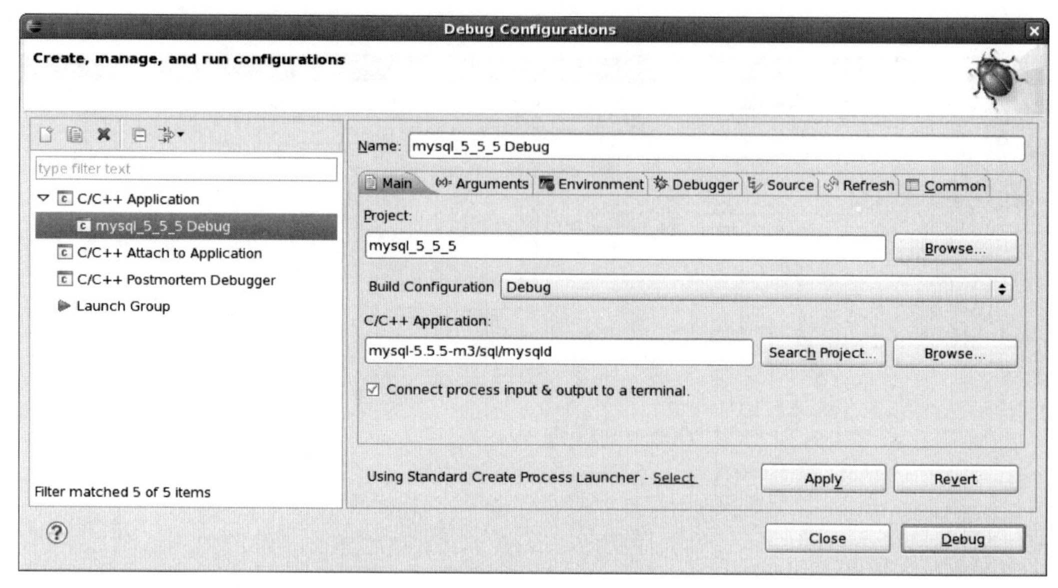

图 10-16 Debug 配置

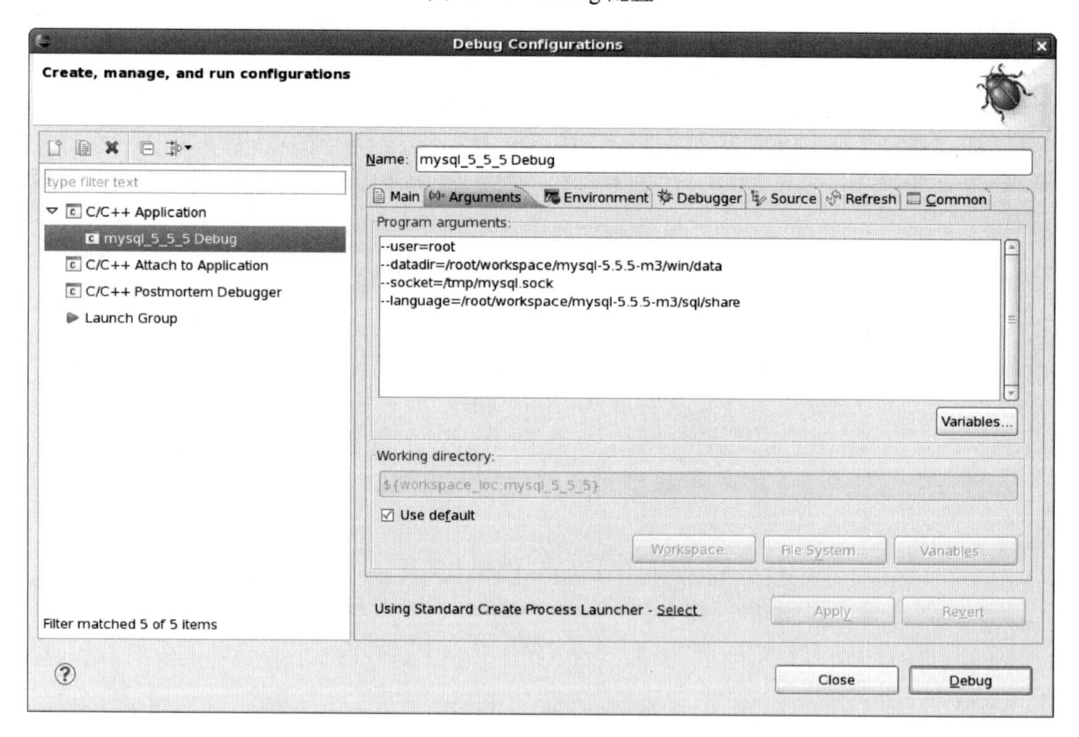

图 10-17 调试参数

之后就可以设置断点，进行调试工作了，这和一般的程序并没有什么不同，如图 10-18 所示。

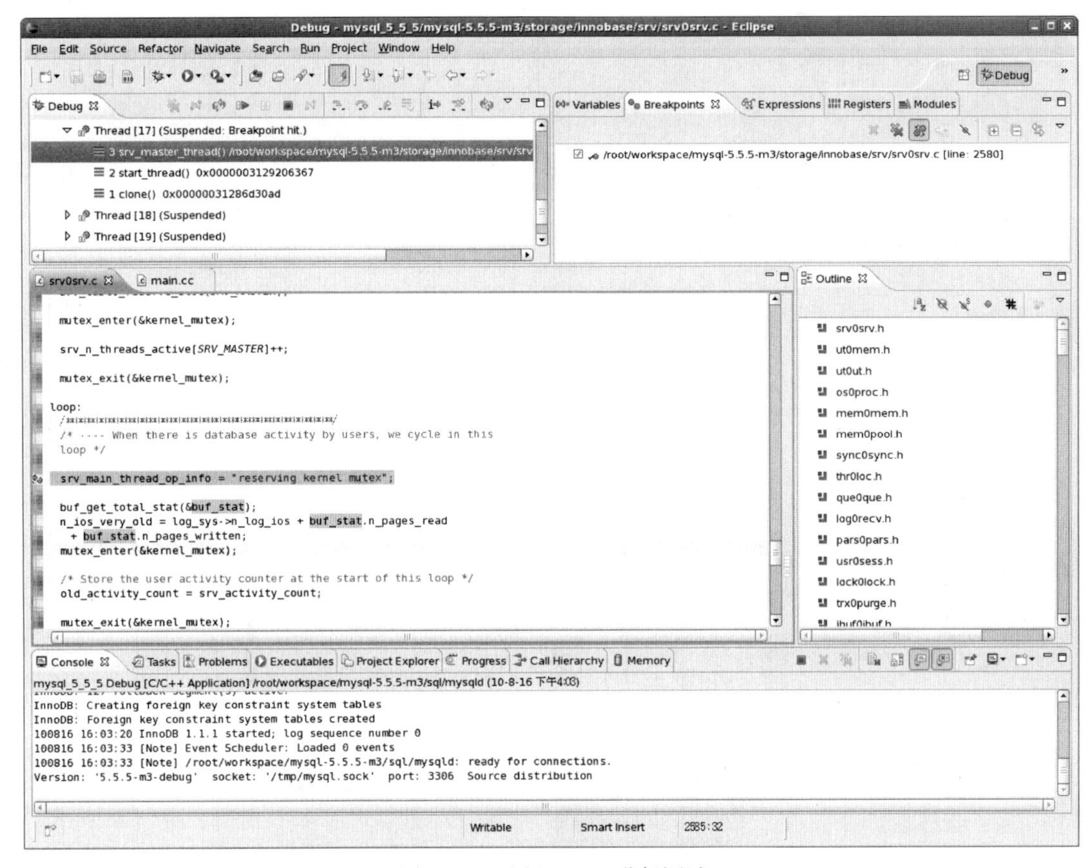

图 10-18 用 Eclipse 进行调试

10.4 cmake 方式编译和调试 InnoDB 存储引擎

MySQL 数据库从 5.5 版本开始可以直接通过命令 cmake 生成对应的 MySQL 工程文件，例如在 Mac OSX 操作系统下，用户可以直接通过下列命令产生 xcode 对应的 MySQL 工程文件：

```
cd mysql-xxx
mkdir bld
cd bld
cmake .. -G Xcode
```

上述命令在 MySQL 源码文件夹下创建了 bld 文件夹，接着通过命令 cmake 产生对应 xcode 的工程文件，之后在文件夹下就能看到工程文件 MySQL.xcodeproj，双击该文件就能对 MySQL 数据库和 InnoDB 存储引擎进行编译，如图 10-19 所示。

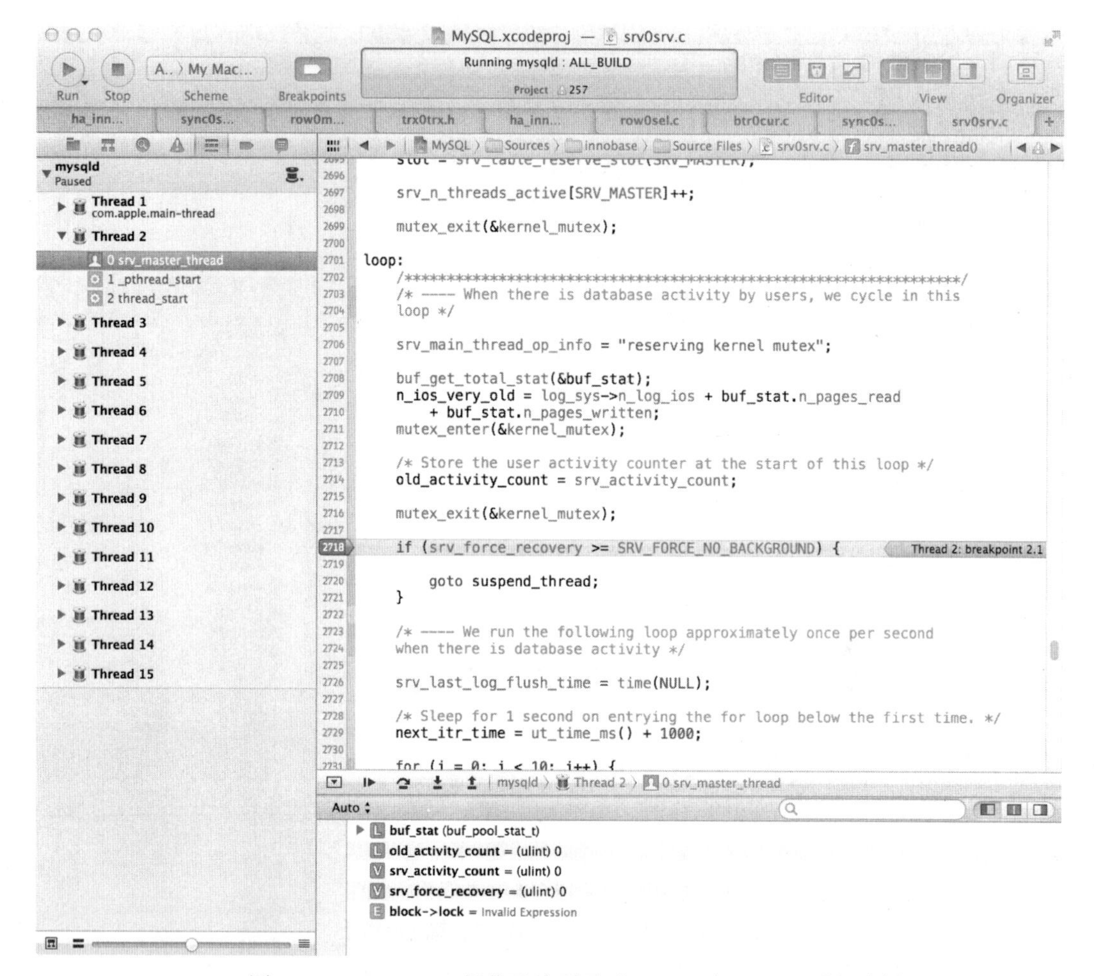

图 10-19　Mac OS X 操作系统下通过 xcode 对 MySQL 进行编译

总之，cmake 大大简化了编译 MySQL 数据库的难度。更多关于 cmake 的参数及说明可见 MySQL 官方手册说明。

10.5　小结

MySQL 数据库和 InnoDB 存储引擎都是开源的，我们可以通过常用的开发工具，如 Visual Studio、Eclipse 对其进行编译和调试，以此来更好地了解数据库内部运行机制。有能力的开发人员可以进一步扩展数据库的功能，这就是开源的魅力，这在 Oracle、Microsoft SQL Server、DB2 等商业数据库中是永远不可能发生的。